职业教育机电类技能人才培养规划教材
ZHIYE JIAOYU JIDIANLEI JINENG RENCAI PEIYANG GUIHUA JIAOCAI

基础课程与实训课程系列

钳工工艺与技能训练

□ 黄春永 许宝利 程美 主编
□ 柯闽 杨小刚 李红 副主编

人民邮电出版社
北京

图书在版编目（CIP）数据

钳工工艺与技能训练 / 黄春永，许宝利，程美主编
. -- 北京 : 人民邮电出版社，2012.7（2018.4 重印）
职业教育机电类技能人才培养规划教材
ISBN 978-7-115-28693-2

Ⅰ. ①钳… Ⅱ. ①黄… ②许… ③程… Ⅲ. ①钳工－工艺－职业教育－教材 Ⅳ. ①TG9

中国版本图书馆CIP数据核字(2012)第159187号

内容提要

本书根据国家职业标准对钳工中级工和高级工的考核要求，采用理实一体化教学方式，以划线、工具、量具、配合件、设备等为载体设计了划线、工具制作、量具制作、配合件制作和设备装配与调整 5 个项目。每个项目都以项目工作任务为过程引导，综合介绍钳工工艺知识、操作技能和职业素养，利于培养学习者的职业习惯和能力。

本书不仅可以作为职业院校机械类相关专业学生的教材，也可作为有关工程技术人员的培训用书。

◆ 主　　编　黄春永　许宝利　程　美
　副 主 编　柯　闽　杨小刚　李　红
　责任编辑　刘盛平
◆ 人民邮电出版社出版发行　　北京市丰台区成寿寺路 11 号
　邮编　100164　　电子邮件　315@ptpress.com.cn
　网址　http://www.ptpress.com.cn
　固安县铭成印刷有限公司印刷
◆ 开本：787×1092　1/16
　印张：18　　　　2012 年 7 月第 1 版
　字数：465 千字　　　2018 年 4 月河北第 3 次印刷

ISBN 978-7-115-28693-2

定价：36.00 元

读者服务热线：(010)81055256　印装质量热线：(010)81055316
反盗版热线：(010)81055315
广告经营许可证：京东工商广登字 20170147 号

前言 PREFACE

钳工加工是一门历史悠久的技术，其历史可以追溯到公元前二三千年以前，如古代铜镜，就是用研磨、抛光工艺最终制成的。在金属切削机床中最早出现的车床，它的产生也是钳工技术的功劳。随着科学技术的迅速发展，很多钳工工作都已被机器加工所代替，但钳工作为机械制造中一种必不可少的工序仍然具有相当重要的地位。如机械产品的装配、维修；精密模具无法用机床加工的部位都需钳工来完成。可见，钳工技术在机械制造技术的发展中起到了十分重要的作用，它是机械制造冷加工技术的开创者，也是冷加工技术进步的推动者，它是很多机器零件制造中不可缺少的一种工艺环节，也是所有机械设备最终制造完成所必需的工种。

钳工工作范围很广，随着生产技术的发展要求其掌握的技术知识和技能、技巧在深度和广度上也逐步加深加大，钳工专业也有了详细的分工。目前，国家规定在工种分类中将钳工分成机修钳工、装配钳工和工具钳工三大类。而在工厂，尤其是现代化程度较高的大型工厂中，钳工的分工较细，专业化程度也较高，如划线钳工、装配钳工、修理钳工、工具钳工、模具钳工、普通钳工等。但无论哪种钳工，其基本操作技能的内容是一致的，包括划线、錾削、锯削、锉削、钻扩铰锪孔加工、攻丝和套丝、刮削、研磨、矫正和弯曲、检测技能以及切削原理和简单热处理等。

本书是钳工工艺和钳工技能的一体化教材，内容突出实用性，旨在培养学习者掌握钳工工艺理论知识，具有工量具使用技能，具有较复杂工件的工艺分析和制作技能，具备良好的现代化生产职业素质。

在编写思路上，本书遵循了以下思路。

（1）以国家职业标准为依据，理论和技能并重，涵盖国家职业标准对中级工和高级工知识和技能的要求。

（2）以技能训练为主线，相关知识为支撑，合理安排教材内容，切实落实“管用、够用、适用”这一教学指导思想。

（3）以实际案例为载体设计项目情境，尽量采用以图代文的编写形式，降低学习难度，提高学生的学习兴趣。

（4）每一项目包括多个任务，均由任务引入、任务分析、相关知识、任务实施、项目拓展、强化训练组成，通过每一任务的学习，使学生掌握必须的知识点和技能点。

（5）突出教材的先进性，加入新技术、新设备、新材料、新工艺的内容，以期缩短学校教育与企业需要的距离，更好地满足企业用人的需要。

全书分为5个项目，具体如下。

项目一　划线

通过平面样板划线和轴承座立体划线2个引导项目，以及2个拓展项目和6个强化训练任务，使学习者掌握划线工艺知识，掌握相关工具使用技能和划线技巧，具有相应的职业素养。

项目二 工具制作

通过錾口榔头、对开夹板、M12 螺母螺杆等 3 个引导项目，以及 2 个拓展项目和 2 个强化训练任务，使学习者掌握钳工工具制作的工艺知识，具有锯、锉、钻孔、攻丝、套丝等所需工具使用技能及操作技巧，同时培养工具制作和修理等工具钳工必要的素质。

项目三 量具制作

钳工知识在量具制作中应用非常广泛，本项目通过 90° 刀口角尺、内卡钳、30° 三角尺和斜 T 形检测样板等 4 个引导项目，以及 3 个拓展项目和 2 个强化训练任务，使学习者掌握研磨、刮削、錾削、铰孔、弯曲、矫正、铆接等工艺知识，具有制作精密量具的工艺设计、操作技能和相关工量具使用技巧，并培养学习者具备专用量具制作的精益求精的素质。

项目四 配合件制作

本项目通过凸凹开口配件、角度开口配件、四方封闭配件和六方封闭配件等 4 个引导项目，以及 2 个拓展项目和 3 个强化训练任务，能极大地提高学习者的思维能力、加工水平和综合技能水平。

项目五 设备装配与调整

本项目通过单级圆柱齿轮减速器、单工序冷冲模装配与调整 2 个引导项目，以及 2 个拓展项目和 2 个强化训练任务，使学习者掌握装配工艺知识，具备装配工具使用技能和装配调整技巧，并养成细致工作的习惯。

本书由黄春永、许宝利和程美主编，并得到了兄弟院校各同仁的指导和帮助，在此对他们表示感谢。

由于时间和编者水平有限，书中难免存在不足之处，敬请读者批评指正。

编者

2012 年 5 月

CONTENTS
目录

划线

划线是指根据设计图样或技术要求，在毛坯或工件上用划线工具划出待加工部位的轮廓线或作为基准的点、线的操作过程。通过划线所标明的点、线，反映了工件某部位的形状、尺寸和特性，并确定加工的尺寸界线。

任务 I 平面样板划线

图 1.1 所示为工件尺寸图，本项目任务 I 是要在该工件上划出使线条清晰、打样冲眼均匀合理、尺寸符合图纸要求的线条。

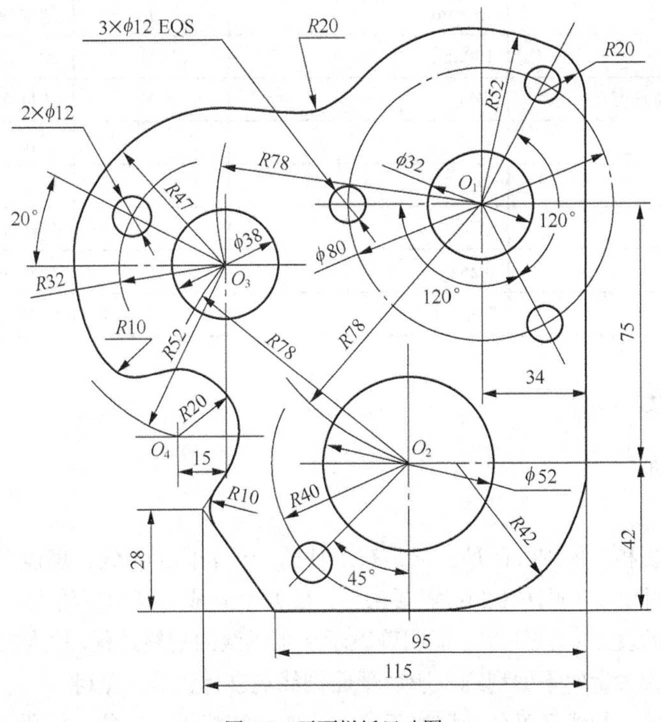

图 1.1 平面样板尺寸图

学习目标

平面样板划线需熟练运用划线基本工具、掌握直线和曲线划线方法，以及打样冲眼工艺，通过完成本项目训练可达成如下学习目标。

（1）明确钳工划线类型和作用。

（2）掌握划线常用方法。

（3）理解基准选择原则。

（4）掌握钳工划线工艺知识。

（5）具有平面划线工具使用和维护保养能力。

（6）掌握基本图形划线方法和技巧。

（7）具备平面划线基准选择、工艺步骤等设计能力。

（8）具备样板工件快速、准确划线的能力。

（9）了解并逐步养成钳工职业素养。

工具清单

完成本项目任务所需的工具见表 1.1。

表 1.1　工量具清单

序　号	名　称	规　格	数　量	用　途
1	棉纱	—	若干	清洁划线平板及工件
2	划线平板	160mm×160mm	1	支掌工件和安放划线工具
3	钢直尺	150mm	1	划线导向
4	直角尺	100mm	1	划垂直线和平行线
5	游标万能角度尺	普通	1	划角度 140°斜线
6	划规	普通	1	圆弧
7	划针	$\phi 3$	1	划线
8	样冲	普通	1	打样冲眼
9	手锤	0.25kg	1	打样冲眼
10	高度尺	250mm	1	划线

相关知识和工艺

一、划线基础

1．概述

划线分平面划线和立体划线两种。只需在工件的一个表面上划线，就能明确表示加工界线的划线过程，称为平面划线（见图 1.2）；需要在工件的几个互成不同角度的表面（通常是互相垂直，反映工件三个方向的表面）上划线，才能明确表示加工界线的划线过程，称为立体划线（见图 1.3）。由于立体划线中包含大量的平面划线，所以平面划线是立体划线的基础。

按加工中的作用，划线又可分为划加工线、证明线和找正线三种，如图 1.4 所示。其中根据图样的尺寸要求，在零件表面上划出作为加工界限的线，称为加工线；而用来检查发现工具在加工后的各种差错，甚至在出现废品时，作为分析原因的线，称为证明线；零件在机床上加工时，用以校正或定位的线，称为找正线。

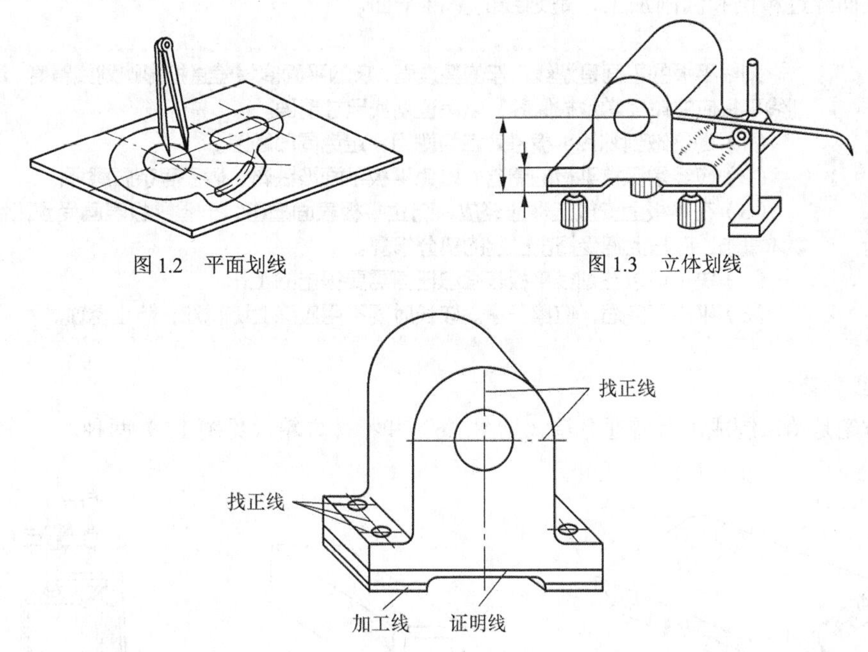

图 1.2　平面划线　　图 1.3　立体划线

图 1.4　工件的加工线、找正线和证明线

2．划线的作用

划线工作可以在毛坯上进行，也可以在已加工表面上进行，其作用如下。

（1）确定工件加工面的位置及加工余量，明确尺寸的加工界线，以便实施机械加工。

（2）在板料上按划线下料，可以正确排样，合理使用材料。

（3）复杂工件在机床上装夹时，可按划线位置找正、定位和夹紧。

（4）通过划线能及时地发现和处理不合格的毛坯（如通过借料划线可以使误差不大的毛坯得到补救，使加工后的零件仍能达到要求），避免加工后造成更大的损失。

3．划线的要求

（1）在对工件进行划线之前，必须详细阅读工件图纸的技术条件，看清各个尺寸及精度要求，并熟悉加工工艺。

（2）划线时工件的定位一定要稳固，特别是不规则的工件更应注意这一点。调节找正工件时，一定要注意安全，对大型工件需有安全措施。

（3）划线时要保证尺寸正确，在立体划线中还应注意使长、宽、高 3 个方向的划线相互垂直。

（4）划出的线条要清晰均匀，不得画出双层重复线，也不要有多余线条。一般粗加工线条宽度为 0.2～0.3mm，精加工线条宽度要小于 0.1mm。

（5）样冲眼深浅合适，位置正确，分布合理。

二、划线工具

在平面划线工作中，为了保证划线尺寸的准确性，提高工作效率，应当熟悉各种划线工具并能正确使用这些工具。常用的划线工具及用法如下。

1．划线平板

划线平板（见图 1.5）也称划线平台，用铸铁制成，其作用是支撑工件和安放划线工具。划线平板工作表面经过精刨和刮削加工，是划线的基准平面。

技师指点

划线平板的平面是划线工作的基准面，它的平面度误差直接影响划线精度，所以对于划线平板应注意经常维护保养，以保证划线尺寸精确。

（1）尽量做到划线平板各处均匀使用，避免局部磨凹。

（2）应经常保持平板的清洁，以免平板平面被铁屑、砂子等杂质磨坏。

（3）在平板上安放工件应轻放，防止平板表面撞击，一旦平板表面受到工件或其他物体撞击，应马上把受撞击凸起的部分修复。

（4）决不可以在划线平板表面做任何需要锤击的工作。

（5）平板用完后，应擦干净。较长时间不用应涂上防锈油，防止锈蚀。

2．划线方箱

划线方箱是铸铁制成，有普通方箱（见图 1.6）和特殊方箱（见图 1.7）两种。

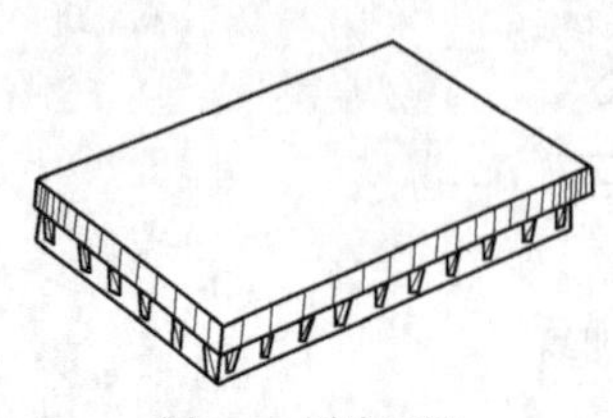

图 1.5 划线平板

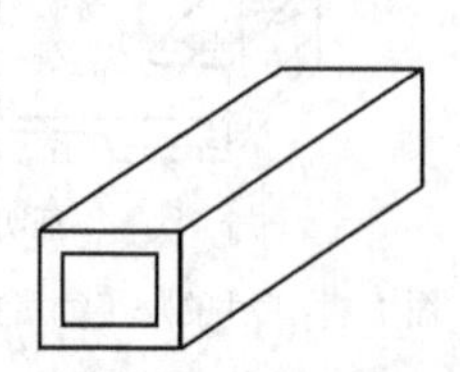

图 1.6 普通方箱

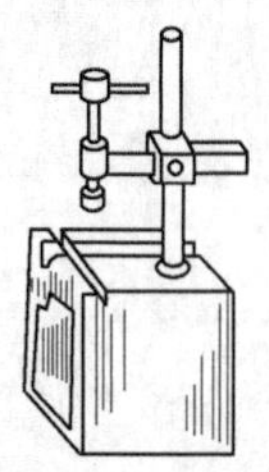

图 1.7 特殊方箱

普通方箱可用于把工件平行垫高，当高度游标尺不够高时，也可在高度游标尺下垫上几块方箱，也可用作直角尺。有些工件可用 C 形夹头夹在方箱上，翻转方箱就可一次划出全部相互垂直的线。

特殊方箱是由铸铁制成的空心立方体，所有的外表面都经过精刨和刮削加工，相邻各面互成直角，在一个表面上开有两条相互垂直的 V 形槽，并设有夹紧装置（见图 1.8）。

3．V 形铁

V 形铁的形状有很多种，但根据用途分类有长 V 形铁和短 V 形铁两种（见图 1.8），长 V 形铁单独使用，上面带有 U 形压紧装置，可翻转 3 个方向，在工件上划出相互垂直的线。短 V 形铁是两个为一组同时制造完成的，各部尺寸误差很小，用来放置圆柱形工件，划出中线，找出中心等。

一般 V 形铁都是一副两块，两块的平面和 V 形槽都是在一次安装中磨出的。精密 V 形块的尺寸应做成 $b=h$，相互表面间的平行度、垂直度误差为 0.001mm。V 形槽的中心线在 V 形块的对称平面内并与底面平行，对称度、平行度的误差均为 0.01mm。V 形槽半角误差在 $\pm 30' \sim \pm 1'$范围内。精密 V 形块也可作划线方箱使用。带有夹持弓架的 V 形块，可以把圆柱形的工件牢固地夹持在 V 形块上，翻转到各个位置来进行划线。

V 形块属于精密工具，用后应涂油放在专用的木盒中。

4．直角板

直角板（见图 1.9）用铸铁制成，经过精刨加工，有的还经过刮削。它的两个平面的垂直精度较高。直角板上的孔或槽是搭压板时穿螺钉用的。

C 形夹头（见图 1.10）一般与直角板配套使用，用于将工件固定在直角板上，特别是薄而且面积较大的工件划线时，可将工件夹在直角板的垂直面上。当需要在工件上划与底面垂直的线时，可把工件底面C形夹头或压板固定在直角板的垂直面上。

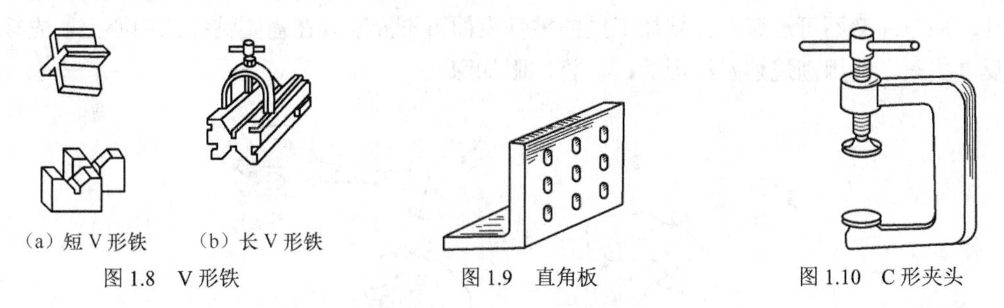

图1.8　V形铁　　图1.9　直角板　　图1.10　C形夹头

5．划针

划针通常是用ϕ3～5mm的弹簧铜丝直接磨成或用高速钢锻造而成，针体截面有圆形、四方形和六方形，如图1.11（a）所示。尖端磨成15°～20°尖角，并经淬火使之硬化。划针一般以钢直尺、角尺或样板等作为导向工具配合使用。划线时针尖要靠紧导向工具的边缘，上部向外侧倾斜15°～20°，向划线方向倾斜45°～75°，并一次划出，不可以重复，如图1-11（b）所示。针尖要保持尖锐锋利，使划出的线条既清晰又准确。针尖用钝后，可用油石修磨，需在砂轮机上刃磨时应避免过热而退火。

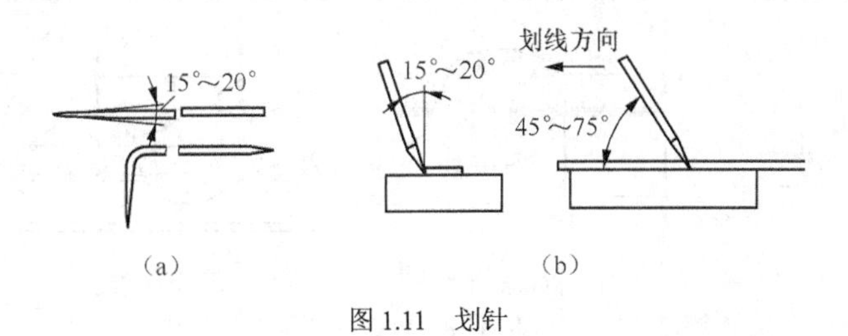

图1.11　划针

6．划规

划规（见图1.12）主要用来划圆、圆弧，等分角度，等分线段，量取尺寸等。使用划规时要保持脚尖锐利，以保证划出的线条清晰。划圆时，作为旋转中心的一脚应给以较大压力，另一脚则以较轻的压力在工件的表面上移动，这样可使中心不会滑动。

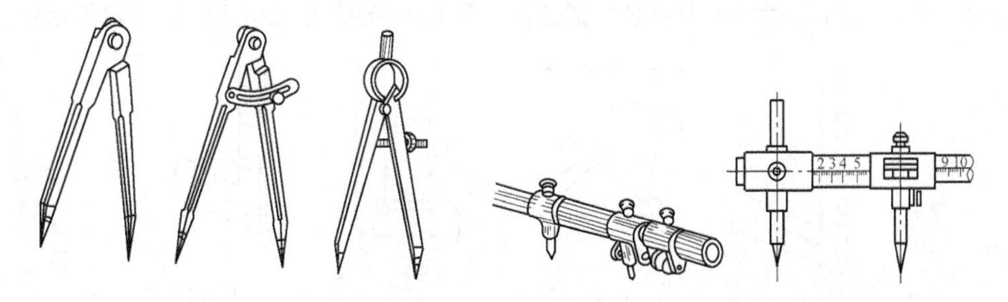

图1.12　划规

7．样冲

样冲用于在工件所划加工线条上冲眼，目的是加强加工界线并便于寻找线迹，如图1.13所示。它也可用于划圆弧或钻孔时中心的定位。冲眼时，先将样冲外倾约30°，使冲尖对准线的正中，然后再将样冲立直冲眼。冲眼位置要准确，中点不可偏离线条，冲眼的距离要适当，不要过远，以保证所划线条清晰为宜。一般在十字线中心、线条交叉点、折角处都要冲眼。较长的直线冲眼距离可稀疏些，但短直线至少要有 3 个冲眼。在曲线上冲眼距离要稍密些。冲眼时要注意，除毛坯面外，冲眼深度不可过深，已精加工过的零件表面可不冲眼。在需要钻孔的中心上，先轻轻冲眼并反复找正，待用划规划好线形后，再将冲眼加深。

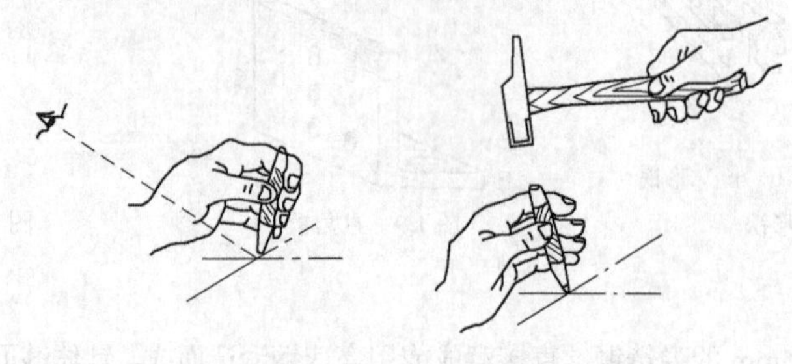

（a）样冲与冲眼的位置　　（b）冲眼操作

图 1.13　样冲的使用方法

8．钢直尺

钢直尺由不锈钢制成（见图 1.14），其长度有 150mm、300mm、500mm、1000mm 等多种规格。它主要用于量取尺寸、测量工件，也可代替直尺作划线的导向工具。使用时应紧靠测量部位直视读数。

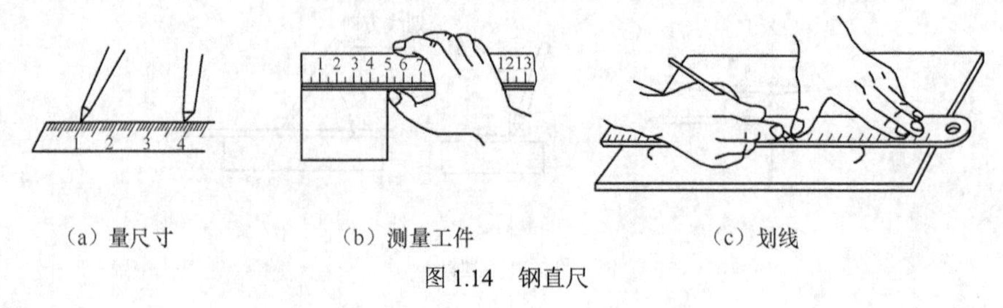

（a）量尺寸　　（b）测量工件　　（c）划线

图 1.14　钢直尺

9．角尺

角尺分为 90° 角尺和游标万能角度尺两种。

90° 角尺的形状如图 1.15 所示。图 1.15（a）、（c）所示为一般的矩形角尺。图 1.15（b）所示为三角形角尺，在划线中也经常使用。除此之外，还有圆柱角尺，刀口矩形角尺，刀口角尺等多种形状的角尺，一般用于生产现场检验普通工件。图 1.16 所示为几种应用 90° 角尺的划线方法。

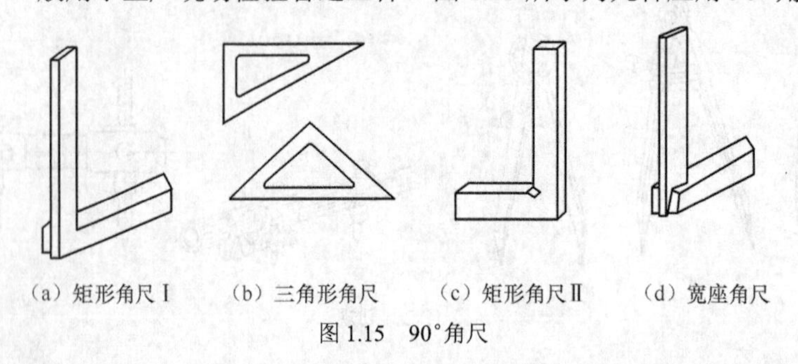

（a）矩形角尺Ⅰ　　（b）三角形角尺　　（c）矩形角尺Ⅱ　　（d）宽座角尺

图 1.15　90° 角尺

游标万能角度尺有 1 型（见图 1.17）和 2 型两种，主要用于划线后的检验与产品的检验。2 型游标万能角度尺加设了微动轮和放大镜、附加量尺，测量角度更为精确。

图 1.18 所示的为几种简易的划线用角尺。图 1.18（a）所示为直径角尺，用于在圆柱形工件的断面划中心线和找中心点；图 1.18（b）所示为滑动角尺，用途和固定角尺相同，它的一个尺臂可滑动，适应面较大；图 1.18（c）所示为可转动角尺，可在 180° 范围内检查、测量和划出工件上所需的角度。

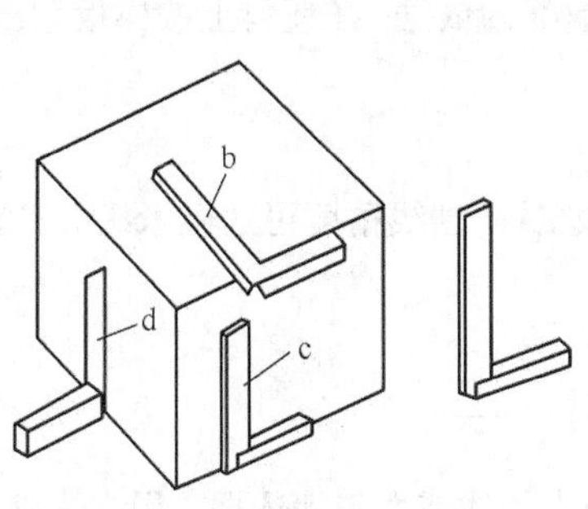

图 1.16　用 90°角尺划线的方法

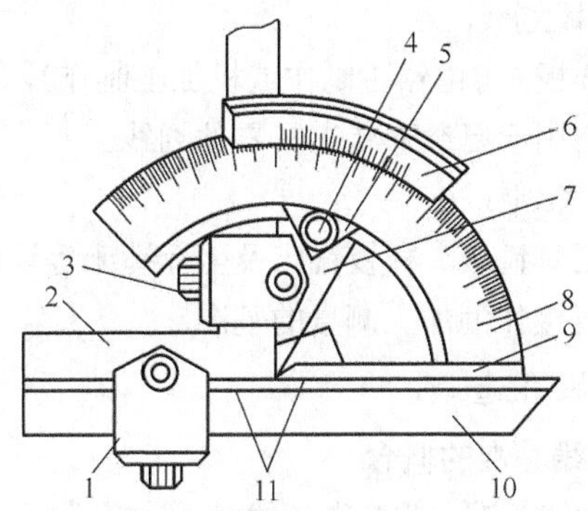

图 1.17　游标万能角度尺（1 型）

1—卡块；2—角尺；3、4—螺母；

5—制动头；6—游标尺；7—扇形板；

8—主尺；9—基尺；10—可换尺；11—测量面

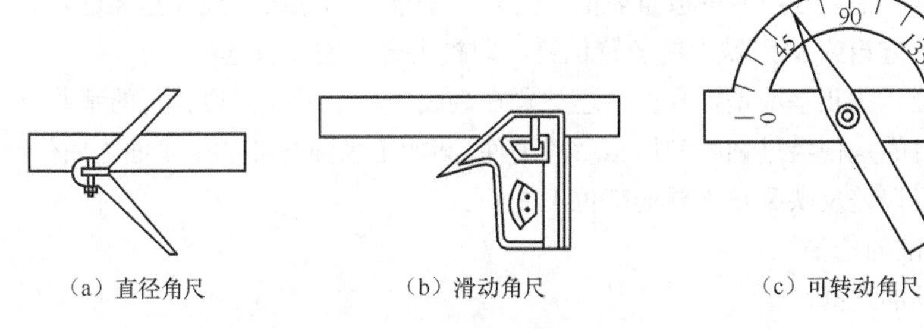

（a）直径角尺　　（b）滑动角尺　　（c）可转动角尺

图 1.18　简易划线角度尺

10．高度尺

高度尺有普通高度尺和游标高度尺两种。

普通高度尺如图 1.19（a）所示，由尺座和钢直尺组成。尺座侧面有两个锁紧螺钉，用来紧固钢直尺。普通高度尺的作用是给划针盘量取高度尺寸。

游标高度尺如图 1.19（b）所示，附有用硬质合金做成的划脚，它是一种既可测量零件高度又可进行精密划线的量具。

三、划线方法

无论是平面划线还是立体划线，在具体实施划线操作时，常采用以下方法。

1．普通划线法

利用常规划线工具，以基本线条或典型曲线的划线法进行划线，划线精度可达 0.1～0.2mm。

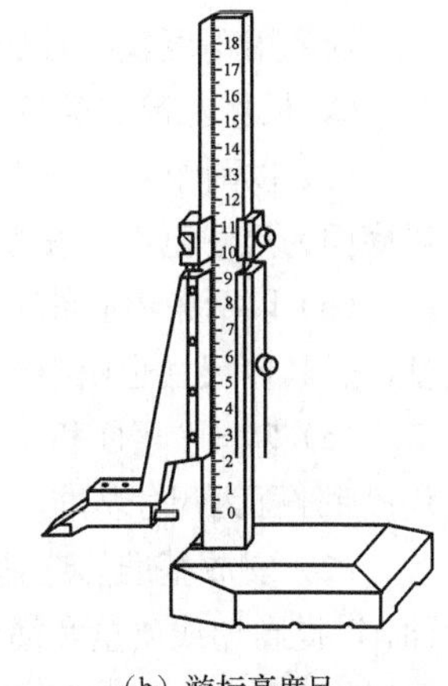

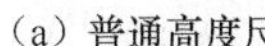

（a）普通高度尺　　（b）游标高度尺

图 1.19　高度尺

2．配划线

在单件、小批量生产和装配工作中，常采用配划线的方法。如电动机底座、法兰盘、箱盖观察板等工件上的螺钉孔，加工前就可以用配划线的方法进行划线。

3．样板划线法

利用样板（可由钳工制作或机加工制作），以某一基准为依据，在坯料上按样板划出加工界线。这种方法常用于复杂形状工具零件划线。

4．精密划线法

利用工具铣床、样板铣床及坐标镗床等设备进行划线，划线精度可达微米级。精密划线的加工线，可直接作为加工测量的基准。

四、基准选择

1．划线基准的概念

所谓划线基准，就是在划线时，选择毛坯上的某个点、线或面作为依据，用它来确定工件上各个部分的尺寸、几何形状和相对位置。根据作用的不同，划线基准分为尺寸基准、安放基准和找正基准 3 种形式。

（1）尺寸基准。用来确定工件上各点、线和面的尺寸的基准称为尺寸基准。划线时应使尺寸基准与设计基准尽可能一致。

（2）安放基准。毛坯划线时的放置表面称为安放基准。当划线的尺寸基准选好后，就应考虑毛坯在划线平板、方箱或 V 形铁上的放置位置，即找出合理的安放基准。

（3）找正基准。找正基准是指零件毛坯放置在划线平板上后，需要找正的那些点、线或面。确定找正基准的目的是使经过划线和加工后的工件，其加工表面与非加工表面之间保持尺寸均匀，使无法弥补的外形误差反映到较次要的部位上去。

2．划线中基准的选择

（1）尺寸基准的选择。

① 选择原则。在选择尺寸基准时，应使图纸的设计基准与尺寸基准一致。但根据零件毛坯的形状，有时可用下列原则选择尺寸基准。

（a）用已加工过的表面作尺寸基准。

（b）用对称性工件的对称中心作尺寸基准。

（c）用精度较高且加工余量又较少的表面作尺寸基准。

② 尺寸基准的类型。

（a）以两个互相垂直的平面（或线）为基推，如图 1.20（a）所示。在划高度方向的尺寸线应以底面为尺寸基准；在划水平方向的尺寸线时，应以已有表面为尺寸基准。

（b）以两条中心线为基准，如图 1.20（b）所示。该件两个方向上的尺寸与其中心线具有对称性，且其他尺寸也由中心线标注出。所以中心线Ⅰ、Ⅱ就分别是这两个方向上的尺寸基准。

（c）以一个平面和一条中心线为基准，如图 1.20（c）所示。该工件在划高度方向上的尺寸线时，均以底平面为尺寸基准，而宽度方向的尺寸均对称于中心线，所以中心线就是宽度方向的尺寸基推。

（2）安放基准的选择。选择安放基准应使零件上的主要中心线、加工线平行于划线平板的板面，以提高划线质量和简化划线过程，如图 1.21 所示的减速器箱体，划线时若以 A 面为安放基难，可以划出两个孔的中心线Ⅰ和Ⅱ，如图 1.21（a）所示，保证了划线质量。若以 B 面为安放基准，只能划出一个孔的中心线Ⅰ，如图 1.21（b）所示，这样不易保证两中心的位置要求，因此不宜采用。

在选择安放基准时，还应考虑毛坯放置的安全平稳性（如图 1.22 所示的托架）。当划完高度方向的尺寸线后，将工件翻转到第二划线位置时，选择 A 面为安放基准，能使毛坯放置平稳，确保安全。

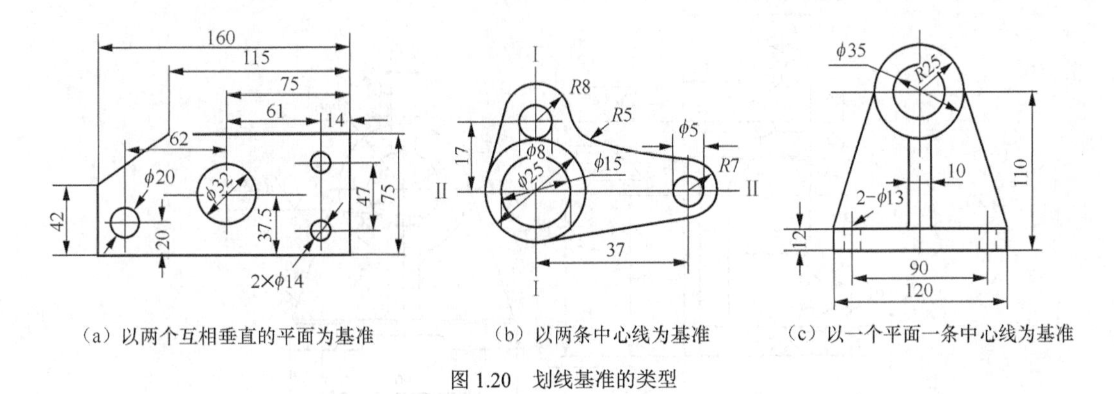

（a）以两个互相垂直的平面为基准　（b）以两条中心线为基准　（c）以一个平面一条中心线为基准

图 1.20　划线基准的类型

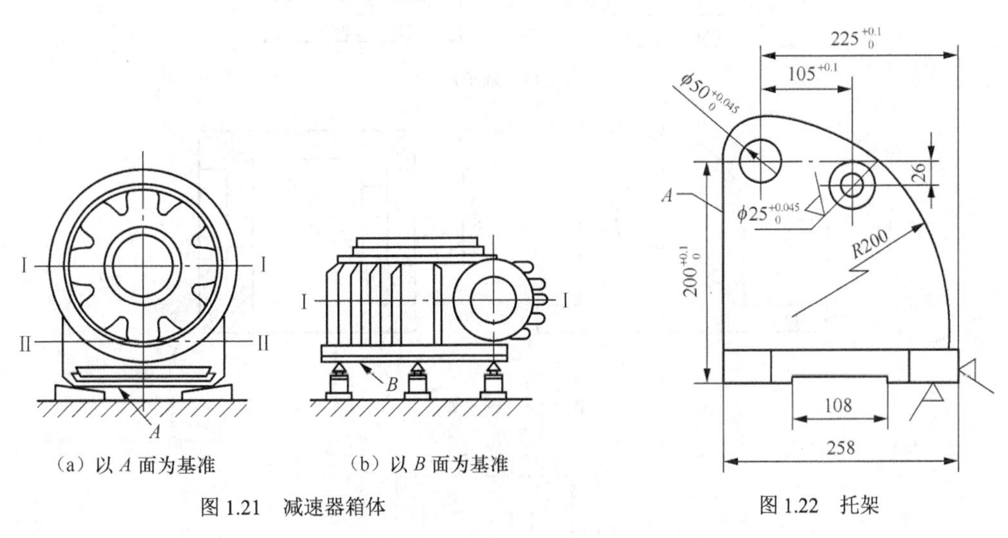

（a）以 *A* 面为基准　（b）以 *B* 面为基准

图 1.21　减速器箱体

图 1.22　托架

（3）找正基准的选择。根据不同零件的特点，选择找正基准的原则有以下几种。

① 选择零件毛坯上与加工部位有关，而且比较直观的面（如凸台、对称中心和非加工的自由表面等）作为找正基准，使非加工面与加工面之间厚度均匀，并使其形状误差反映到次要部位或不显著部位。如图 1.23 所示轴承座，找正时应首先以 *R*40mm 外圆的中心线Ⅰ—Ⅰ为找正基准，保证ϕ40mm 孔与 *R*40mm 外圆之间壁厚均匀。同时应以底板上缘 *A* 面和 *B* 面为找正基准，以保证底板加工后厚度均匀。

② 选择有装配关系的非加工部位作为找正基准，以保证零件经划线和加工后，能顺利地进行装配。如图 1.24 所示轴承座，为使其传动轴装配后不与非加工孔ϕ50mm 相干涉，划线找正时，首先要以两个ϕ50mm 孔中心线Ⅰ—Ⅰ为找正基准，再以底板上平面 *A* 为找正基准进行找正划线，加工后才能保证装配要求。

③ 很多情况下，在找正毛坯水平方向上的非加工表面的同时，还必须有一个与划线平板垂直（或成角度）的找正基准，以保证不在同一水平位置上的各非加工表面与加工表面之间的厚度均匀。如图 1.25 所示毛织机轴承脚零件，为保证 3 个非加工表面 *A*、*B*、*C* 与各加工表面之间的壁厚均匀，划线时首先应分别找正 *A*、*B* 两面，使之与划线平板基本平行，然后再找正 *C* 面，使其与划线平扳基本垂直，如有差异，则应相对借正。

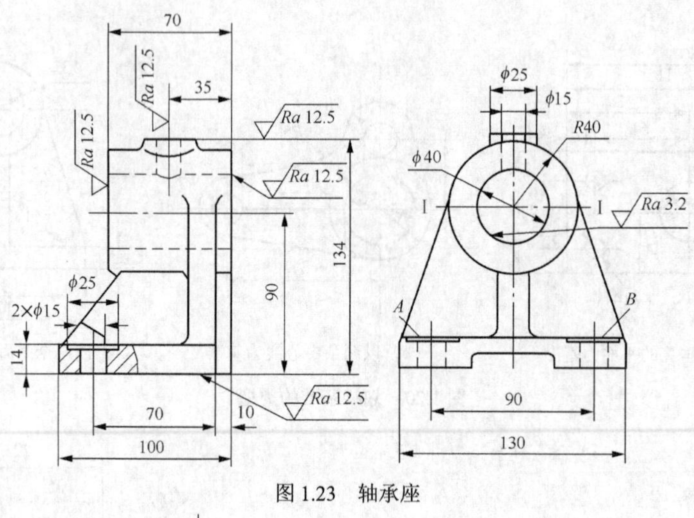

图 1.23　轴承座

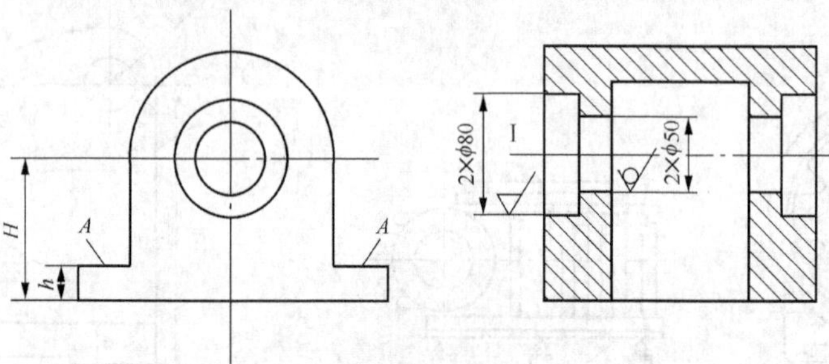

图 1.24　轴承座

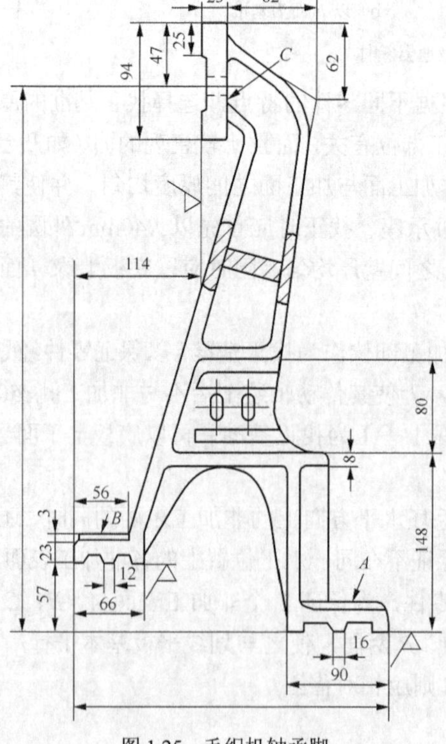

图 1.25　毛织机轴承脚

任务实施

一、划基础线

1．定边基准

如图 1.1 所示的工件，根据图纸的分析可知，底边和右边为工件尺寸的设计基准。划线时要以这两个基准为尺寸基准来确定其他尺寸，具体步骤如图 1.26 所示。先用钢直尺在板料边缘划出底边基准，再用直角尺划出右边基准，即得如图 1.27 所示的两条基准。

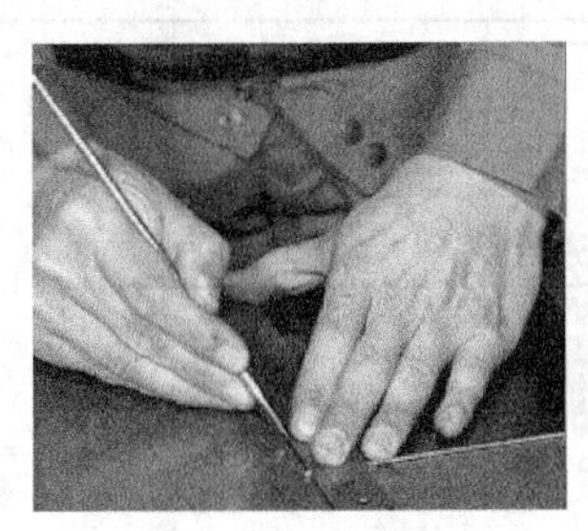

（a）划底边基准

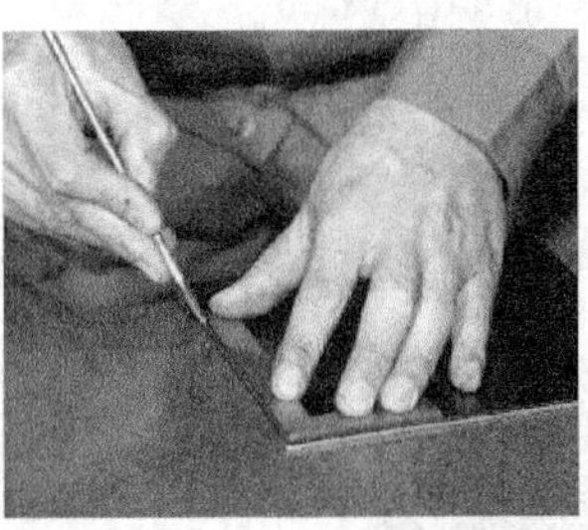

（b）划右边基准

图 1.26　划基准的操作

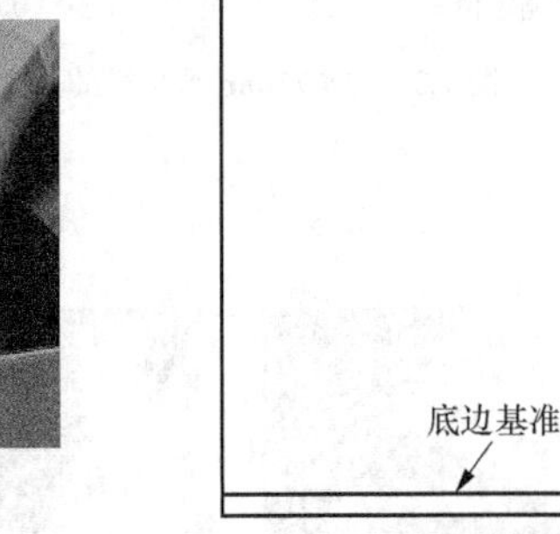

图 1.27　划基准的效果

2．划尺寸 42mm 水平线

如图 1.28 所示，以底边为基准，用划规量取 42mm，划出与右边基准交点进行定位，以此为一点划出 42mm 水平线，得到图 1.29 所示效果。

（a）划规定位

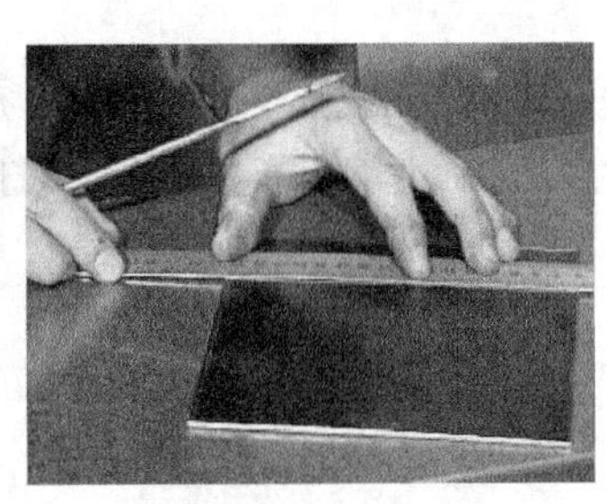

（b）划直线

图 1.28　划 42mm 水平线的操作

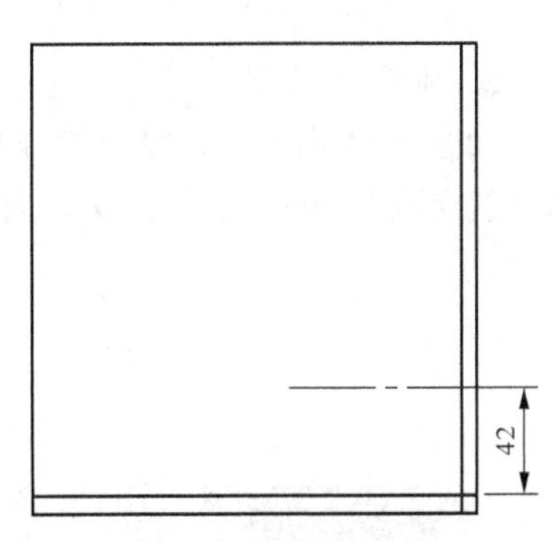

图 1.29　划 42mm 水平线效果

3．划尺寸 75mm 水平线

如图 1.30 所示，以 42mm 水平线为基准，用划规量取 75mm，划出与右边基准交点进行定位，以此为一点划出 75mm 水平线，得到图 1.31 所示效果。

二、定圆心

1．确定 O_1 位置

如图 1.32 所示，以右边基准线为基准，用划规量取 43mm，划出与 75mm 水平线的交点进行定位，以此为一点用直角尺划出 34mm 垂直线，该垂直线与 75mm 水平线交点即为图 1.1 上的 O_1，效果如图 1.33 所示。

（a）划规定位

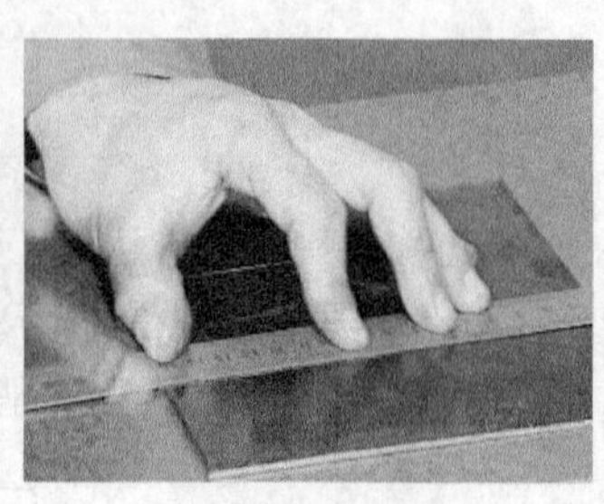

（b）划直线

图 1.30 划 75mm 水平线的操作

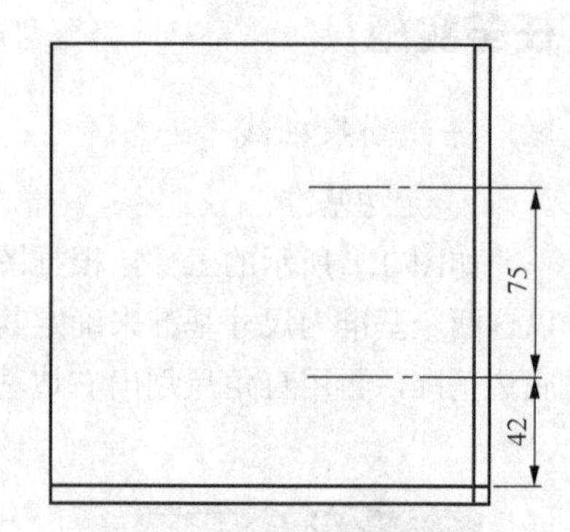

图 1.31 划 75mm 水平线的效果

（a）划规定位

（b）划直线

图 1.32 确定 O_1 位置的操作

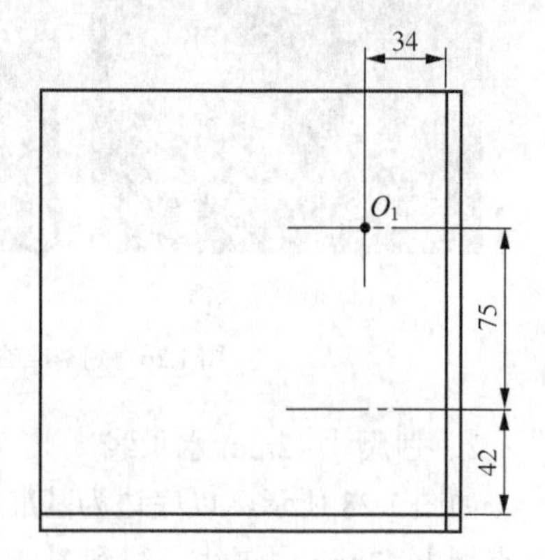

图 1.33 确定 O_1 位置的效果

2．确定 O_2 位置

如图 1.34 所示，在 O_1 点打样冲，以样冲眼为圆心划半径为 78mm 的圆弧，该圆弧与 42mm 水平线交点即为图 1.1 上的 O_2，通过 O_2 点做垂直线，并在 O_2 点打样冲，效果如图 1.35 所示。

（a）打 O_1 点样冲

（b）划 R78mm 圆弧

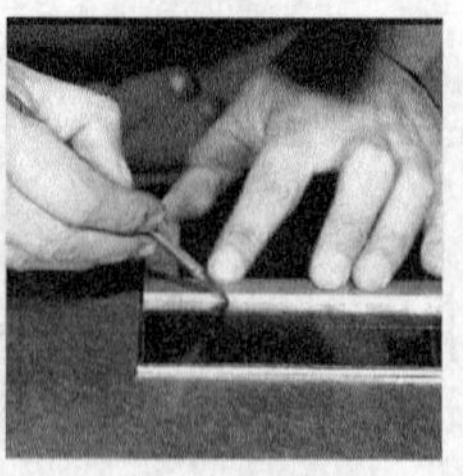

（c）划垂直线

图 1.34 确定 O_2 位置的操作

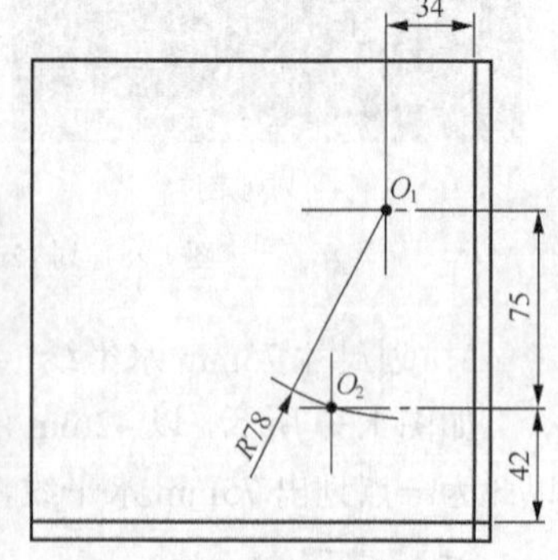

图 1.35 确定 O_2 位置的效果

3．确定 O_3 位置

如图 1.36 所示，分别以 O_1 点和 O_2 点为圆心划半径为 78mm 的圆弧，交点即为图 1.1 上的 O_3 点，通过 O_3 点做水平线和垂直线，效果如图 1.37 所示。

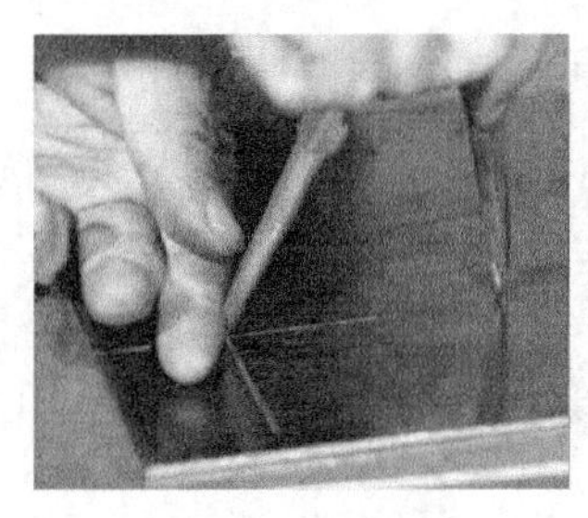

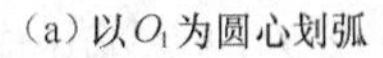

（a）以 O_1 为圆心划弧

（b）以 O_2 为圆心划弧

（c）划垂直线

图 1.36 确定 O_3 位置的操作

4．确定 O_4 位置

如图 1.38 所示，划距离 O_3 垂直线 15mm 的垂直线，以 O_3 点为圆心划半径 52mm 圆弧，相交即得到图 1.2 上的 O_4 点，通过 O_4 点做水平线，效果如图 1.39 所示。

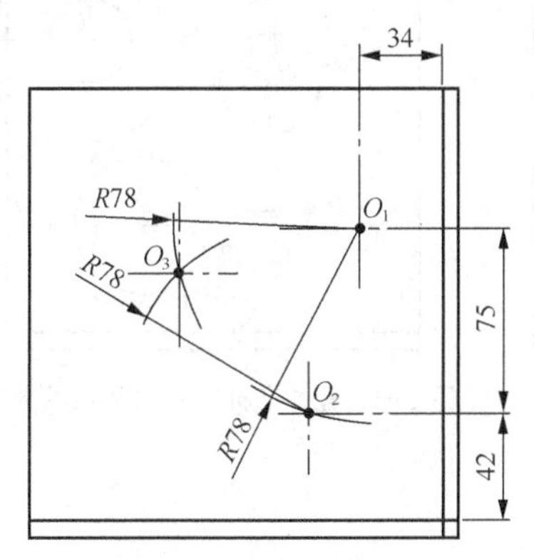

图 1.37 确定 O_3 位置的效果

（a）划 15mm 的垂直线

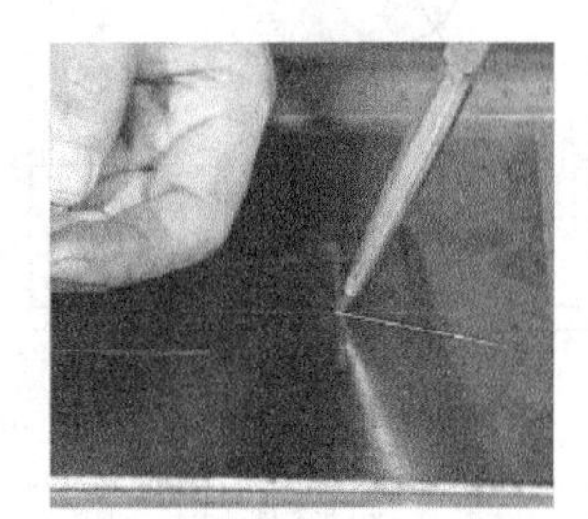

（b）以 O_3 为圆心划弧

图 1.38 确定 o_4 位置的操作

三、划倒角线

划距离垂直基准 95mm 和 115mm 的垂直线，划距离水平基准 28mm 的水平线，连接交点得到图 1.40 所示的左下方倒角线。

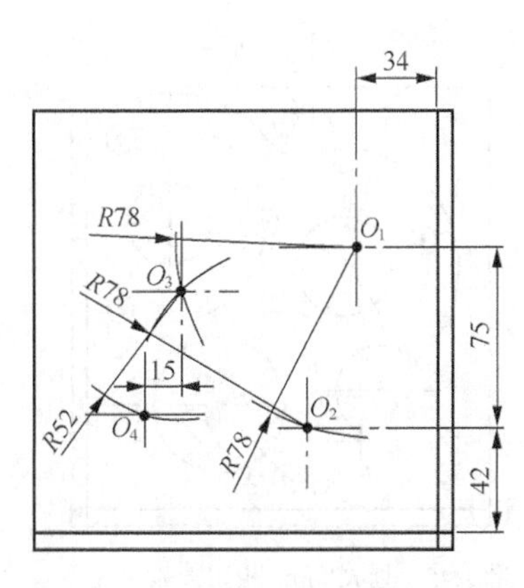

图 1.39 确定 o_4 位置的效果

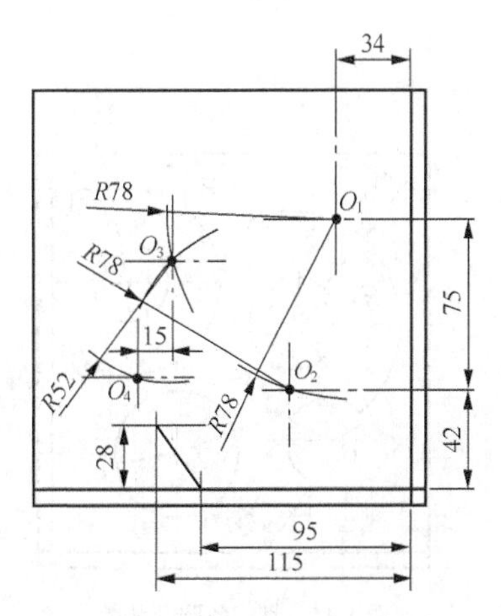

图 1.40 划左下方倒角的效果

四、划圆

1．划ϕ32、ϕ52、ϕ38 圆周线

分别以O_1、O_2、O_3为圆心划出直径为ϕ32mm、ϕ52mm、ϕ38mm 的圆周线，得到如图 1.41 所示效果。

2．划 5 个ϕ12 圆周线

以O_1为圆心划出直径为ϕ80mm 的圆周线，以O_2为圆心划出半径 R40mm 的圆弧，以O_3为圆心划出半径为 R32mm 的圆弧，得到如图 1.42 所示效果。

将o_1为圆心的ϕ80mm 的圆等分 3 分，得到 A、B、C 三点；以O_2为端点划出与垂直线夹角为 45° 的斜线交 R40 圆弧于点 D；以O_3为端点划出与水平线夹角为 20° 的斜线交 R32 圆弧于点 E；并以 A、B、C、D、E 五个点为圆心划出直径为ϕ12mm 的圆周线，得到如图 1.43 所示效果。

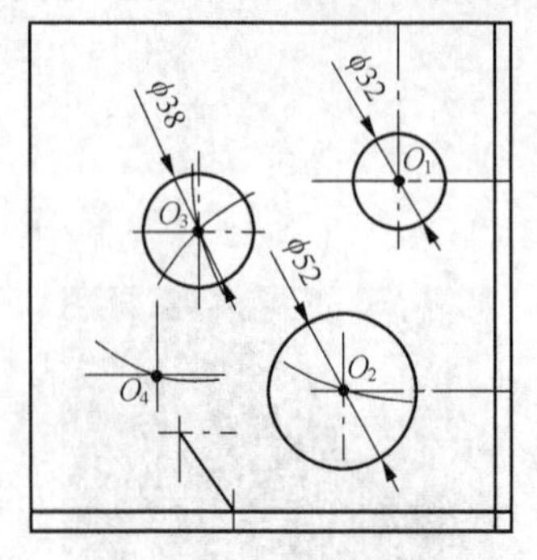

图 1.41 划圆周线的效果

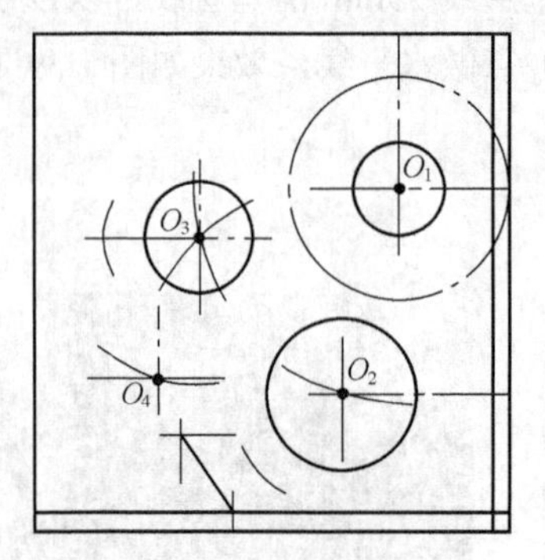

图 1.42 划定位圆弧的效果

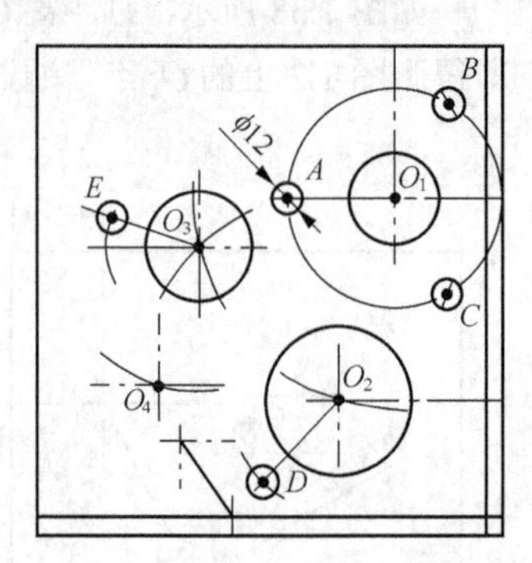

图 1.43 划 5 个ϕ12mm 圆周线的效果

五、划轮廓线

1．划外轮廓线

以O_1为圆心划出半径为 R52mm 圆周线，以O_3为圆心划出半径为 R47mm 的圆弧，以O_4为圆心划出半径为 R20mm 的圆弧，得到如图 1.44 所示效果。

以O_1为圆心划出半径为 R72mm 圆弧，以O_3为圆心划出半径为 R67mm 的圆弧，以两圆弧交点 F 为圆心划出半径为 R20mm 的相切圆弧，得到如图 1.45 所示效果。

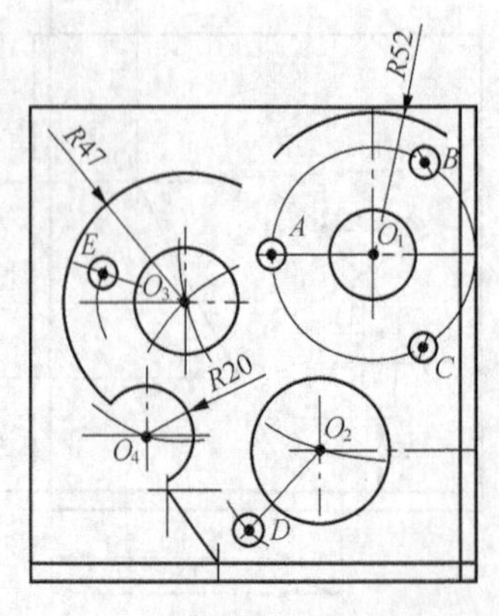

图 1.44 划三条圆弧的效果

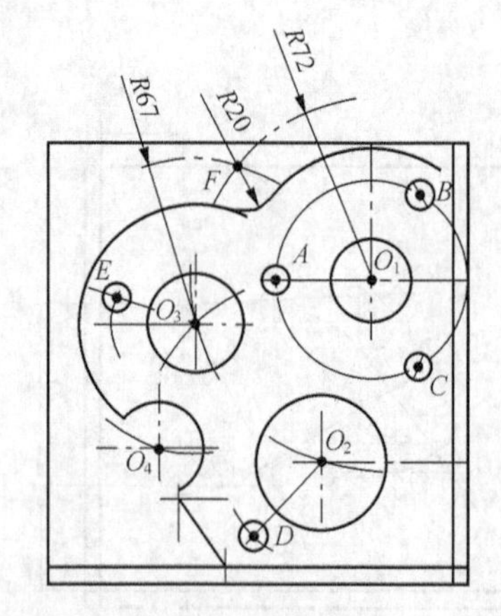

图 1.45 划 R20mm 相切圆弧的效果

以 42mm 水平线与右边基准圆心划出半径为 *R*42mm 圆弧，该圆弧与 42mm 水平线交于 *G* 点，以 *G* 点为圆心划出半径为 *R*42mm 的相切圆弧，得到如图 1.46 所示效果。

2．划 *R*20mm、*R*10mm 的圆角

划出 1 个 *R*20mm 和 2 个 *R*10mm 的圆弧，得到如图 1.47 所示效果。

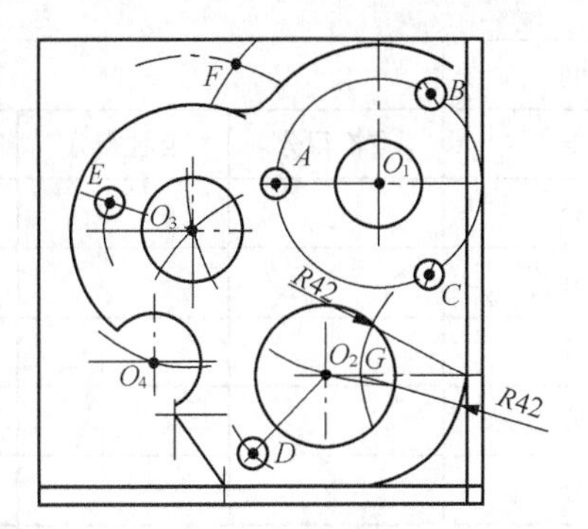

图 1.46 划 *R*42mm 相切圆弧的效果

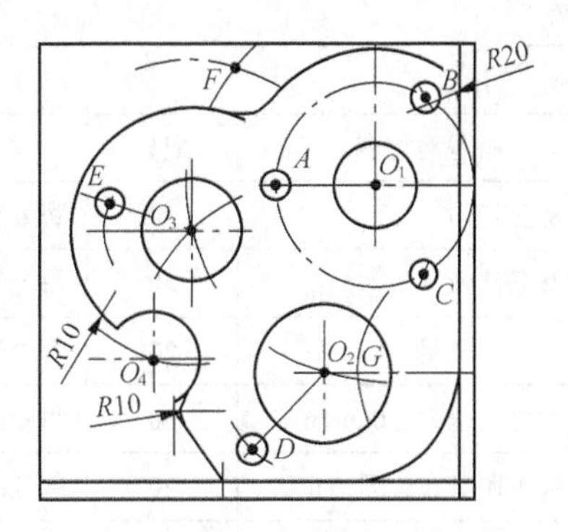

图 1.47 划 *R*20mm、*R*10mm 圆角的效果

六、打样冲

用游标卡尺逐个复查划线尺寸，如无误，则如图 1.48 所示打上样冲。在划线交点位置，以及划线上按一定间隔打上样冲，得到如图 1.49 所示的效果。

图 1.48 打样冲的操作

图 1.49 划线效果

注意事项

（1）看懂图样，了解零件的作用，分析零件的加工顺序和方法。

（2）工件放置要稳妥，以防滑倒或移动。

（3）在一次放置中应将要划出的平行线全部划全，以免再次放置补划，造成误差。

（4）正确使用划线工具，划出的线条要准确、清晰。

（5）划线完成后，要反复核对尺寸，才能进行机械加工。

质量评价

按照表 1.2 中的要求，学习者进行自检、同伴之间互检、教师进行抽检，并填写于表中，学习者根据质量评价归纳总结存在的不足，做出整改计划。

表 1.2 作品质量检测卡

平面样板划线项目作品质量检测卡						
班级			姓名			
小组成员						
指导老师			训练时间			
序号	检测内容	配分	评价标准	自检得分	互检得分	抽检得分
1	涂色均匀	10	每处缺陷扣 2 分			
2	线条清晰	20	每处缺陷扣 3 分			
3	线条无重复	20	每处缺陷扣 3 分			
6	尺寸公差为±0.3mm	30	每处缺陷扣 3 分			
7	样冲眼分布合理、正确	20	每处缺陷扣 3 分			
8	文明生产	—	违者不计成绩			
			总分			
			签名			

任务II 轴承座立体划线

一些比较复杂的工件毛坯和半成品，在进入粗、精加工时，就是凭借划线作为加工和校正依据的，而这些划线大多属于立体划线。本项目通过图 1.50 所示的轴承座立体划线训练达到掌握如下立体划线知识和训练立体划线技能的目标。

图 1.50 轴承座立体划线

学习目标

本次任务的重点是在巩固前面划线工具使用的基础上掌握立体划线的有关知识和技能，尤其要领会相应的要领和操作技能，具体如下。

（1）掌握立体划线找正、借料的方法和技巧。

（2）掌握立体划线时工件的支掌和安放方法。

（3）理解仿划线的方法。

（4）掌握立体划线工艺知识。

（5）具有立体划线工具使用和维护保养能力。

（6）具备立体划线安放、找正、借料等能力。

（7）具备立体毛坯快速、准确划线的能力。

工具清单

完成本项目任务所需的工具见表 1.3。

表 1.3 工量具清单

序 号	名 称	规 格	数 量	用 途
1	棉纱	—	若干	清洁划线平板及工件
2	划线平板	160mm×160mm	1	支撑工件和安放划线工具
3	钢直尺	150mm	1	划线导向
4	直角尺	100mm	1	划垂直线和平行线
5	划规	普通	1	划角度 140°斜线
6	划针	$\phi3$	1	划圆弧
7	划线盘	普通	1	划线
8	样冲	普通	1	打样冲眼
9	手锤	0.25kg	1	打样冲眼
10	千斤顶	普通	3	支撑工件
11	M6 内六角扳手	普通	1	调节千斤顶
12	塞块	木质	2	塞中心孔

相关知识和工艺

一、相关工具

1．划线盘

划线盘主要有如图 1.51 所示的三种。图 1.51（a）所示为可以微调的划线盘，旋动调整螺钉，使装有支杆的摆动杠杆转动很小角度，这样划针尖就有微量的上下移动。这种划线盘目前主要用在刨床、车床上校正工件位置，因为它刚性较差，划线效果不太好。图 1.51（b）所示为划线工作中经常使用的普通划线盘，划针的一端焊上硬质合金，另一端弯头是校正工件用的，适用于划中小型零件。图 1.51（c）所示的一种是大型划线盘，用于划大型工件，它的高度在 1.5～3.5m 不等。为使推动方便，在地盘下配装若干钢球。为防止划线盘主杆在使用时摇摆，底盘可作得大一些、重一些。紧固划针的螺钉宜用“山”字螺钉。

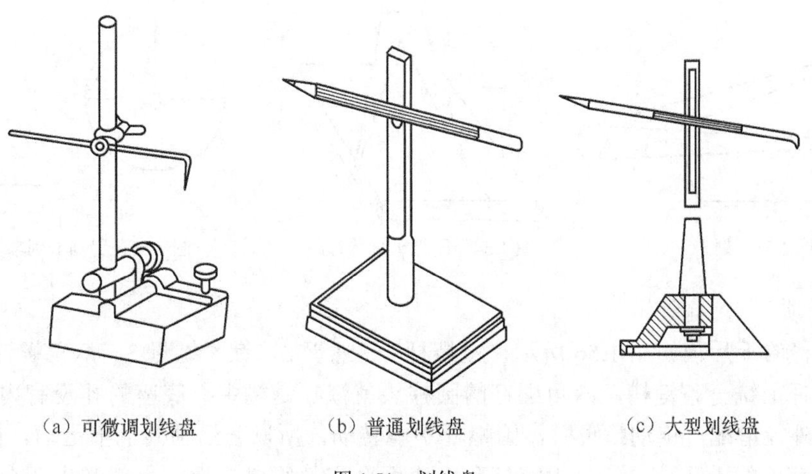

（a）可微调划线盘　（b）普通划线盘　（c）大型划线盘

图 1.51 划线盘

用划线盘划线时，应使划针尽量与被划表面垂直，使划针的针尖和被划面接触，这样划出的线就准确、可靠。在成批划线时，为了减少调整划针高度的时间，一般每一划线盘只划一个尺寸的线，所以要使用许多个划线盘。划针伸出的长度应该尽量短些，这样划线盘的刚性较好，划针不会抖动。用大的划线盘划线时，在划线盘移动的地方要涂上一层油，这样推动划线盘省力，划线时划针也不会抖动。

划线盘不用时，划针尖要朝下放或者划针尖上套一段塑料管，不使针尖露出，以保护划针尖不被撞坏或扎伤他物。

划线时，手握住底座（见图 1.52），使底座始终与划线平板贴紧，不能摇晃或抖动。同时要使划针在划线方向与工件表面成 40°～60°夹角，以减小划线阻力。划针盘用毕后应使划针处于直立状态，以保证安全。

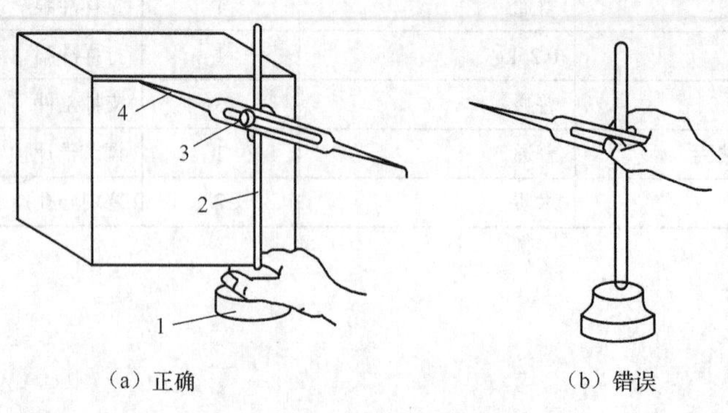

（a）正确　　（b）错误

图 1.52　划线盘的使用

1—底座；2—立杆；3—蝶形螺母夹头；4—划针

2．划卡

划卡的形状如图 1.53 所示。夹角磨成约 15°，尖脚部分的合金头内侧，应和卡脚内侧成一个平面（图 1.53 中 *M* 向），外侧磨成圆弧形，两只脚尖应基本平齐。划卡的长度大约在 100～500mm。划卡一般用于毛坯划线，一些大中型工件不宜夹持在夹具上或不能放置在平台上划线时，用划卡弯脚钩住作为基准的面，尖脚一端即可划线，如图 1.54 和图 1.55 所示。

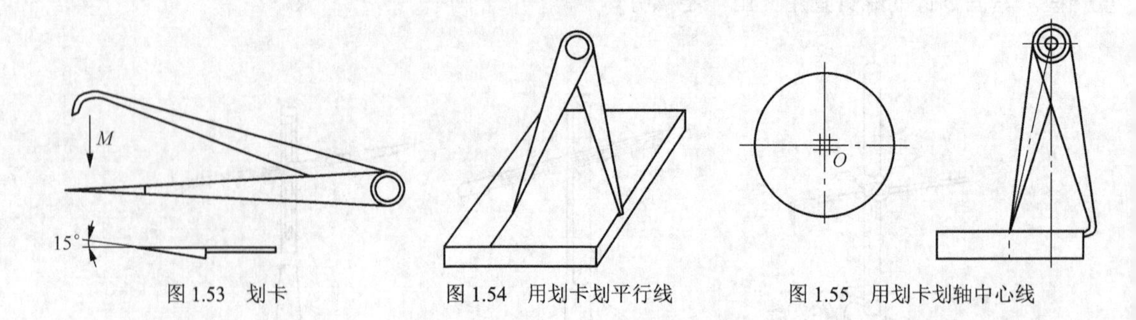

图 1.53　划卡　　图 1.54　用划卡划平行线　　图 1.55　用划卡划轴中心线

3．千斤顶

结构完善的千斤顶如图 1.56 所示，由螺杆 1、螺母 2、锁紧螺母 3、六角螺钉 4 与底座 5 组成。在螺杆上铣一条键槽，六角螺钉的圆柱头就嵌在键槽中。底座的孔没有内螺纹，其内孔与螺杆的外径滑配。旋动螺母时，因螺杆不能转动，所以它沿轴向上下运动。图 1.56（b）所示为一种简单的千斤顶，它只由螺杆和底座两个零件组成，螺杆上部铣出两个扁平面，可用扳手转动螺杆。

千斤顶螺杆的顶端，做成略带圆角的锥面，这样支撑点稳定，尤其是对图 1.56（b）所示的简单千斤顶更应如此。因为这种千斤顶如果采用顶端为平端如图 1.56（d）所示，一方面转动螺杆时很吃力，另外很可能使零件移动位置，甚至从千斤顶上掉下来。为了使千斤顶的螺杆易于转动，可在螺杆顶端嵌入钢球，如图 1.56（c）所示。带 V 形块的千斤顶，可用于支持工件的圆柱面，如图 1.56（e）所示。

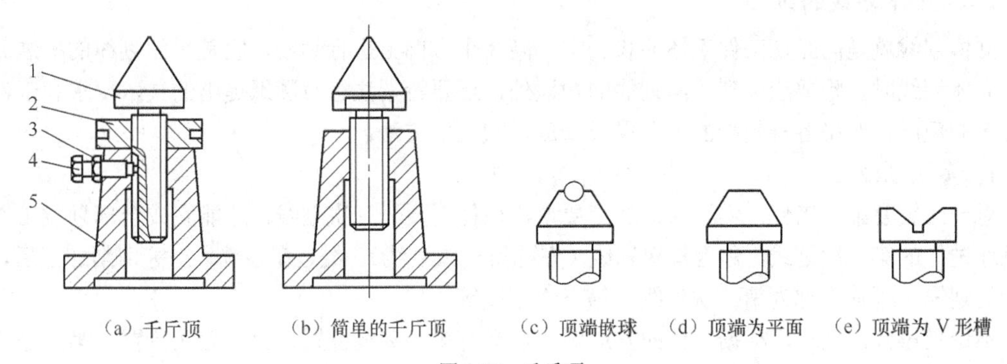

图 1.56　千斤顶

1—螺杆；2—螺母；3—锁紧螺母；4—六角螺钉；5—底座

4．分度头

分度头（见图 1.57）是铣床上用来等分圆周的附件。钳工在对较小的轴类、圆盘类零件作等分圆周或划角度线时，使用分度头是十分方便准确的。划线时，把分度头置于划线平板上，将工件用分度头的三爪卡盘夹持住，利用分度机构并配合划针盘或高度尺，即可划出水平线、垂直线、倾斜线、等分线以及不等分线等。分度头的外形如图 1.58 所示，主要规格有 FW100、FW125、FW160 等。

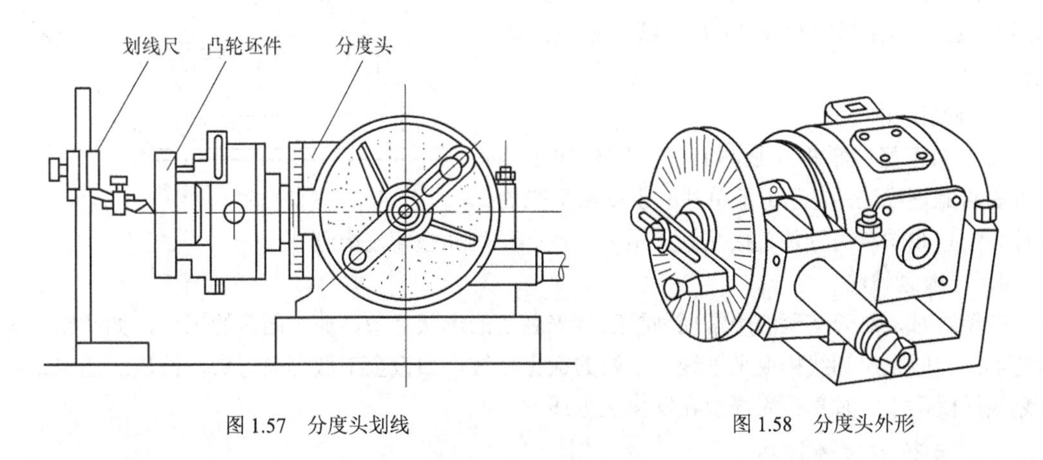

图 1.57　分度头划线　　图 1.58　分度头外形

5．划线涂料

为了使划线明显清晰，划线前一般都要在工件的划线部位涂敷一层薄面均匀的涂料，涂料的种类有以下几种。

（1）石灰水。将石灰粉加乳胶用水调成稀糊状，一般用于表面粗糙的铸、锻件毛坯上的划线。

（2）酒精色溶液。在酒精中加入3%～5%的漆片和2%～4%的蓝基绿或青莲等颜料混合而成，用于精加工表面的划线。

（3）硫酸铜溶液。在每杯水中加入两三匙硫酸铜，再加入微量硫酸即成。多用于已加工表面的划线。

二、立体划线的方法

立体划线就是同时在工件毛坯的长、宽、高3个方向上进行划线，它是平面划线的扩展。在进行立体划线时，除要应用到平面划线的知识外，还要特别注意对图纸提出的技术要求和工件加工工艺的理解，明确各种基准的位置以及安放、找正的方法。

1．多次划线法

对于比较复杂的工件，为了保证加工质量，往往需要分几次划线，才能完成全部划线工作。对毛坯进行的第一次划线，称为首次划线（亦称第一次划线）。经过车、铣、刨等切削加工后，再进行的划线，则依次称为第二次划线、第三次划线等。

不论是第几次划线，根据工件的安放顺序，又有第一划线位置、第二划线位置、第三划线位置等。

2．仿划线法

仿划线是仿照原始工件的廓线对毛坯进行划线。如图1.59所示，将轴承座样品件和毛坯件放置在划线平板上，使各个待加工表面与划线平板基本平行，同时应使毛坯件在与样品件对应的位置上有加工余量，且各处均匀。划线时，用划针在样品件上找线并将此线直接划在毛坯件的相应位置上即可。

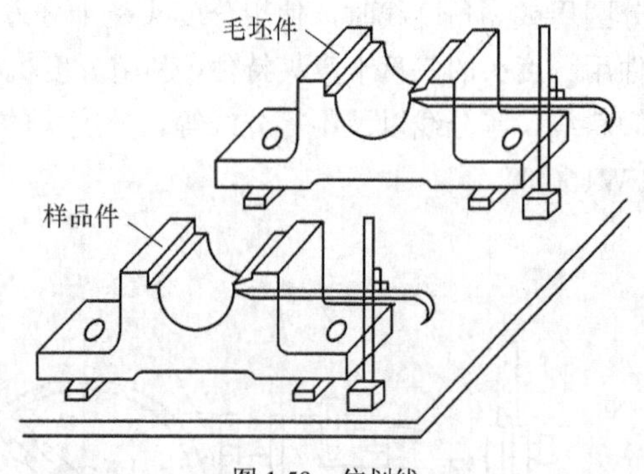

图1.59　仿划线

这种划线方法，在机修紧急加工配件时多用。在大批量生产中，可将数个毛坯一起放置在划线平板上，同时划出每一条尺寸线，划线效率较高。

3．配划线法

按已加工好的零件配划与其配合零件加工线的方法叫配划线法。它适用于单件或小批量生产的零件。配划线法有用零件直接配划、用纸片反印配划和按印迹配划。

4．样板划线法

在划线时，对一些无法用常规划线工具来划线的形状复杂、加工面多的工件，如凸轮、大型齿轮等，一般采用划线样板来划线。一般的钣金划线，如钣金工做烟筒弯头、铁皮三通也都要做成划线样板，下料时直接用样板在铁皮上划线。

三、立体划线的技巧

1．立体划线的找正和借料

所谓找正，就是利用划线工具（如划针盘、直角尺等）使毛坯表面处于合适的位置，即使需要找正的点、线或面与划线平扳平行或垂直。

（1）划线的找正。在对毛坯进行划线之前，首先要分析清楚各个基准的位置，即明确尺寸基准、安放基准和找正基准的位置。在具体划线时，不论是平向划线，还是立体划线，找正的方法一般有以下几种。

① 找正找正基准。如图 1.23 所示，为保证 *R*40mm 外缘与 ϕ40mm 内孔之间壁厚的均匀以及底座厚度的均匀，选 *R*40mm 外缘两端面中心连线 I—I 和底座上缘 *A*、*B* 两面为找正基准。找正时也应首先将其找正，即用划针盘将 *R*40mm 两端面中心连线 I—I 和 *A*、*B* 两面找成与划线平板平行，这样才能使上述两处加工后壁厚均匀。

② 找正尺寸基准。如图 1.60 所示工件，所有加工部位的尺寸基准在两个方向上均为对称中心，所以划线找正时，应将水平和垂直两个方向的对称中心在二个方向找成与划线平板平行，以保证所有部位尺寸的对称。

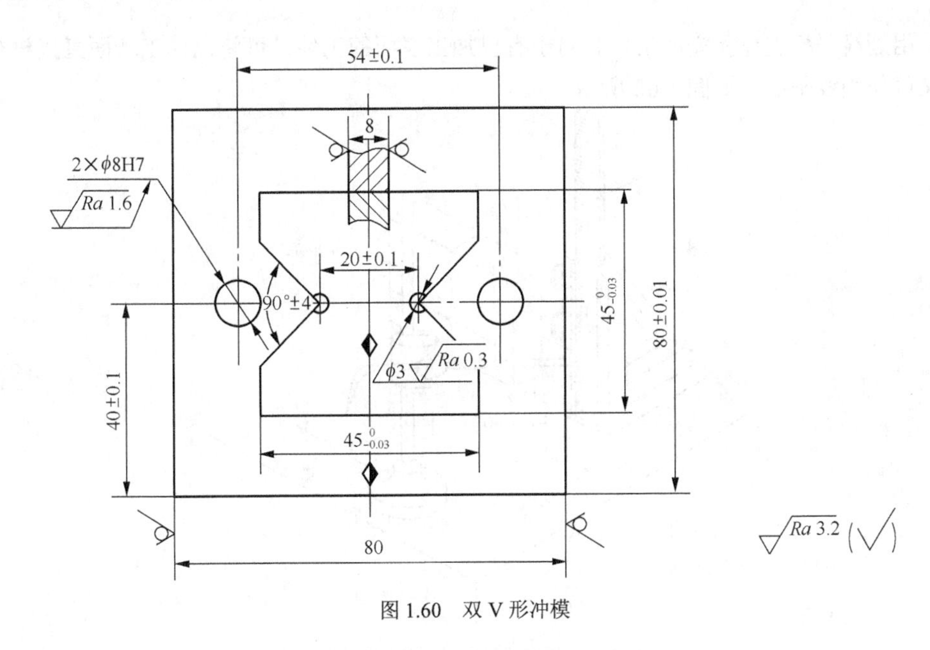

图 1.60 双 V 形冲模

（2）划线的借料。铸、锻件毛坯因形状复杂，在毛坯制作时常会产生尺寸、形状和位置方面的缺陷。当按找正基准进行划线时，就会出现某些部位加工余量不够的问题，这时就要用借料的方法进行补救。

如图 1.61 所示的齿轮箱体毛坯，由于铸造误差，使 *A* 孔向右偏移 6mm，毛坯孔距减小为 144mm。若拉找正基准划线，如图 1.61（a）所示，应以 ϕ125mm 凸台外圆的中心连线为划线基准和找正基准，并保证两孔中心距为 150mm，然后再划出两孔的 ϕ75mm 圆周线。但这样划线就使 *A* 孔的右边没有加工余量。这时就要用借料的方法，如图 1.61（b）所示，即将 *A* 孔毛坯中心向左 3mm，用借过料的中心再划两孔的圆周线，就可使两孔都能分配到加工余量，从而使毛坯得以利用。

2．立体划线工件的支撑与安放

工件的支撑与安放，是立体划线中的基础工作。它对基准的找正，划线的合理性与准确性都有很大的关系。工件在进行立体划线时，常用以下几种方法进行支撑与安放。

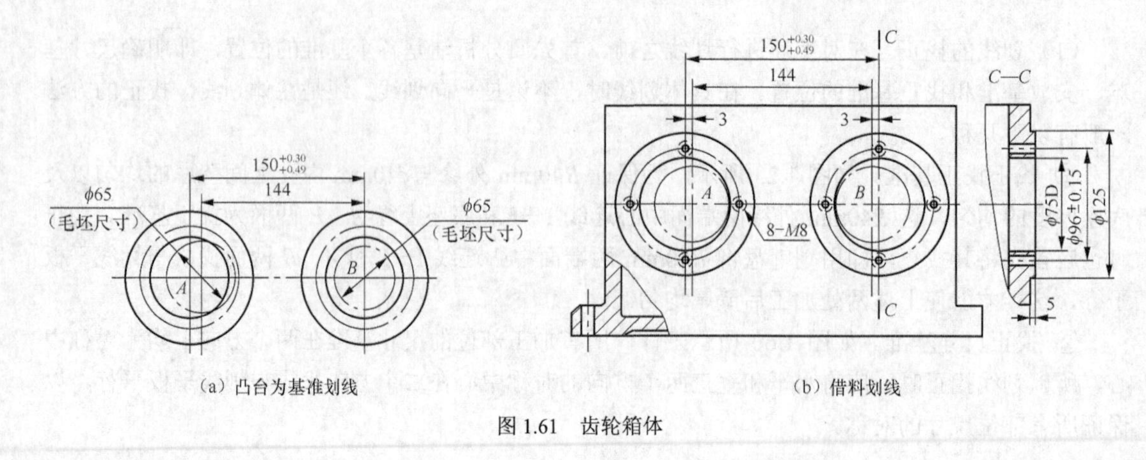

（a）凸台为基准划线 （b）借料划线

图 1.61 齿轮箱体

（1）用划线平板支撑和安放工件。对于有已加工表面的工件，可将已加工表面直接放在划线平板上又可作划线基准，如图 1.62 所示。

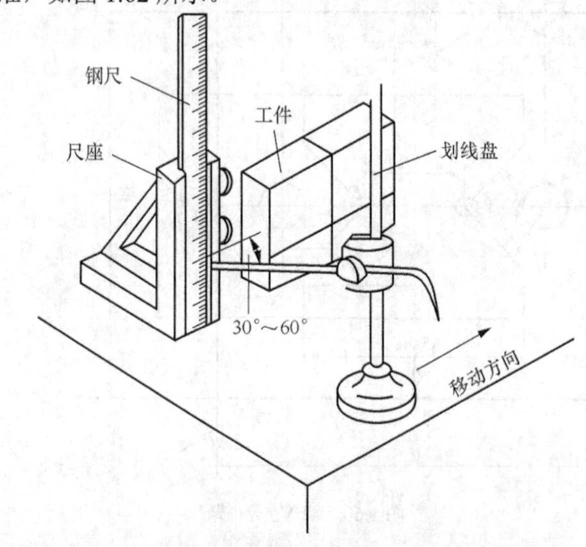

图 1.62 用划线平板支撑和安放工件

（2）用千斤顶支撑和安放工件。如图 1.63 所示，对于未加工过的毛坯或形状不规则的大工件，划线时可用千斤顶来支撑。使用时，一般 3 个为 1 组，成三角形放在划线平板上。将工件置于 3 个千斤顶之上，并使千斤顶组成的三角形面积尽量地大，以保证工件安放稳定可靠，且便于调整找正。3 个千斤顶的位置应是在工件较重的部位放两个，较轻的部位放 1 个。还要特别注意工件的支撑点不要选在容易发生打滑的部位，必要时需附加安全保护措施，如在工件上面用绳子吊住或在工件下部加垫木等，以防工件倾倒。

（3）用 V 形铁支撑和安放工件。对圆柱形工件划线时，用 V 形铁来安放工件较为方便，如图 1.64 所示。V 形铁的类型有多种，使用时要根据工件的特点来选择。安放较长的等直径圆柱形工件时，应选用两个等高 V 形铁；安放直径不等的圆柱形工件时，根据情况可将 1 个普通 V 形铁和 1 个可调 V 形铁配合使用，也可在两个等高 V 形铁中一个的下面垫合适的垫铁。

（4）用斜铁支撑工件。用斜铁支撑工件的方法（见图 1.65）与用千斤顶支撑工件类似，即要保证三点支撑。调节斜铁位置可对工件进行找正。由于斜铁高度小，接触边较长，所以对工件的支撑更稳定更安全。

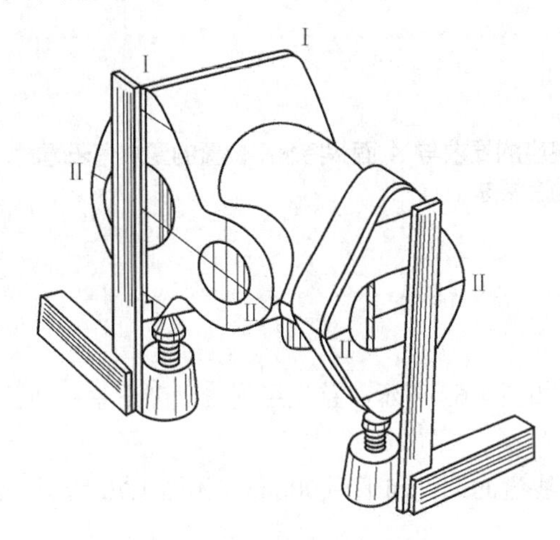

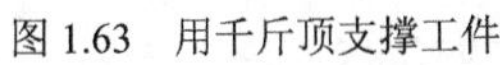
图 1.63 用千斤顶支撑工件

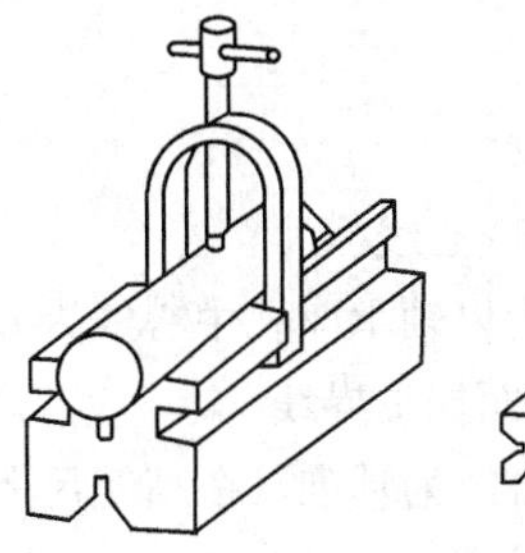
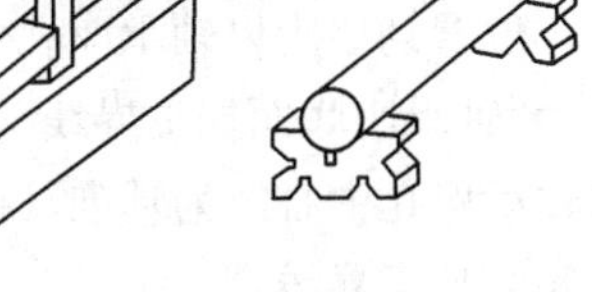
图 1.64 用 V 形铁安放工件

（5）用方箱安放工件。对于小型工件，特别是不规则的异形工件，用方箱来安放划线较为方便。如图 1.66 所示，由于方箱各个相邻表面都是垂直的，所以工件在方箱上一次安装后，通过方箱的翻转，可划出 3 个方向的尺寸线。

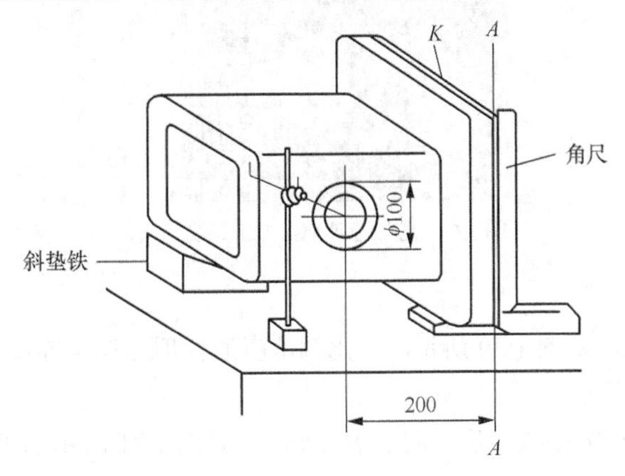

图 1.65 用斜铁支撑工件

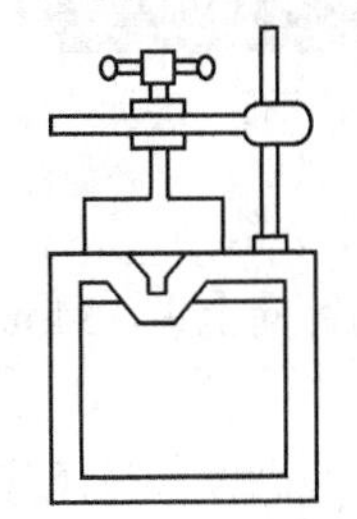
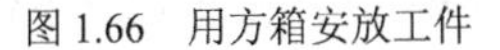
图 1.66 用方箱安放工件

任务实施

轴承座要加工的部位有底面、轴承座内孔、两端面、油杯孔顶面、两螺柱孔，为了加工出符合要求的零件，需要在工件三个相互垂直方向上进行划线。

一、第一位置划线

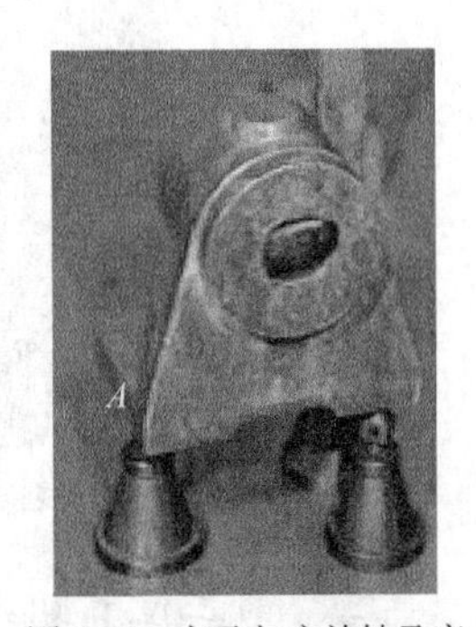

图 1.67 支承与安放轴承座

如图 1.67 所示，用三个千斤顶支掌轴承座底面，调整千斤顶的高度，并用划线盘找正，使两端孔中心初步调整到同一高度。为了使底座厚度尺寸 14mm 在各处都比较均匀，还要用划线盘的弯头划针找正 *A* 面，使 *A* 面尽量处于水平位置。

第一位置划线应划高度方向的所有线条，包括轴承座孔中心线、底座厚度方向尺寸、顶部孔高度尺寸。

技师指点

当轴承座两端孔中心保持同一高度的要求与 A 面保持水平位置的要求有矛盾时，就应兼顾两方面的要求，使外观质量符合要求。

1．划轴承座孔中心线

第一位置划线应以轴承座孔中心线为基准，如图 1.69 所示，首先用划线盘划出中心线。

2．划轴承座底面加工界线

以轴承座孔中心线为基准，在高度尺上将划线盘的划针向下调 90mm，如图 1.70 所示，划出轴承座底面加工界线。

图 1.68 划轴承座孔中心线

图 1.69 划轴承座底面加工界线

3．划轴承座油杯顶面加工界线

在高度尺上将划线盘的划针向上调 134mm，如图 1.70 所示，划出轴承座油杯顶面加工界线。

4．划轴承座孔上下切线

将划线盘的划针调至基准线高度（轴承座孔中心线）后，向上调 20mm，如图 1.71 所示划出轴承座孔上切线，同样操作划出下切线。

图 1.70 划轴承座油杯顶面加工界线

图 1.71 划轴承座孔上切线

二、第二位置划线

第二位置划线要划轴承座左右对称的中心线、两螺柱孔中心线。如图 1.72 所示，将工件翻转至第二划线位置后，用千斤顶支撑工件。通过调整千斤顶使轴承孔的前后中心等高，并按底面加工线用 90° 角尺找正到垂直位置。此时，划线基准是轴承孔中心线所决定的平面。

图 1.72　第二位置划线支撑与找正

1．划轴承座孔对称中心线

如图 1.73 所示，用划线盘划出轴承座孔对称中心线。

2．划两螺柱孔中心线

如图 1.74 所示，用划线盘上下各量取 45mm 划出螺柱孔中心线。

三、第三位置划线

第三位置划线要划出油杯孔中心线、两端面的加工线及两螺柱孔中心线。如图 1.75 所示，将工件翻转至要求位置后，用千斤顶支撑工件。划线基准以油杯孔中心线为依据（即按油杯孔中心线用 90° 角尺找正到垂直位置），并符合右端面至油杯孔中心 35mm 和 10mm 的尺寸。

图 1.73　划轴承座孔对称中心线

图 1.74　划两螺柱孔中心线

图 1.75　第三位置划线支撑与找正

1．划油杯孔中心线

如图 1.76 所示，用划线盘划出油杯孔中心线。

2．划两端面的加工线和螺柱孔中心线

如图 1.77 所示，用划线盘上下各量取 35mm 划出两端面的加工线及螺柱孔中心线。

图 1.76　划油杯孔中心线

图 1.77　划两端面的加工线

四、划圆

如图 1.78 所示，撤下千斤顶，用划规划出两端轴承座孔、螺柱孔和油杯孔，用划线盘上下各量取 35mm 划出两端面的加工线及螺柱孔中心线。

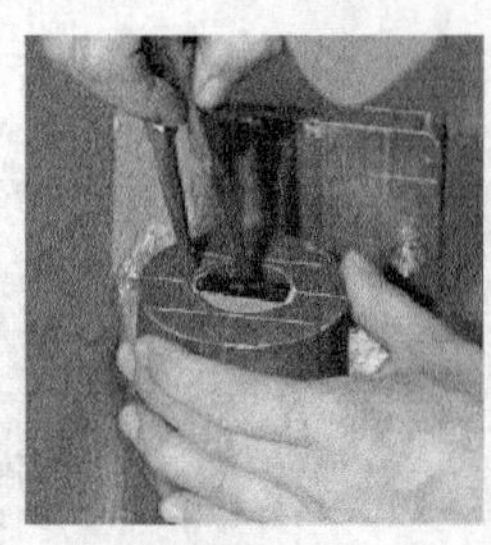

（a）划轴承座孔

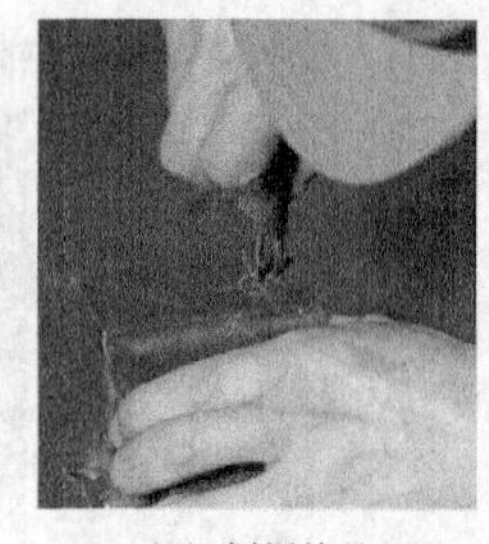

（b）划螺柱孔

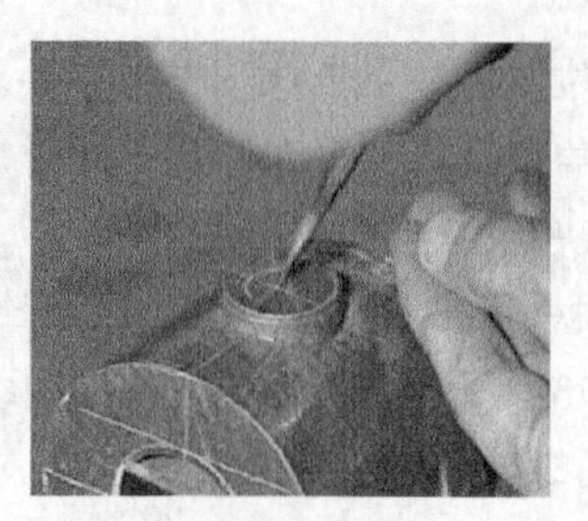

（c）划油杯孔

图 1.78　划圆

五、复查、打样冲眼

全面复查所有划线尺寸，如果毛坯刷了油漆，则可结束划线工作得到如图 1.79 所示效果。如果毛坯没有刷油漆，还需要在所有划线上打样冲眼。

图 1.79　划线最终效果

注意事项

（1）在划线前需认真了解图样要求，对照工件毛坯检查其质量。要研究各个加工部位与加工工艺之间的关系，确定划线次数，尽量避免因划线被加工掉而重划；分析各加工部位之间、加工部位与装配零件之间的相互关系，确定划线时的支撑位置、基准以及找正部位。

（2）将工件置于平台上的第一面划线称为第一划线位置。它应该是待加工的面和孔最多的一面，这样有利于减少翻转次数，保证划线质量。翻转工件的另一面称为第二划线位置。

（3）立体划线一边要划出十字校正线，以供下次划线和加工时校正位置用。

（4）在某些立体划线工件上划垂直线时，为了避免和减少翻转次数，可在平台上放一角铁，把划线底座靠在角铁上，可划出垂直线。

质量评价

按照表 1.4 中的要求，学习者进行自检、同伴之间互检、教师进行抽检，并填写于表中，学习者根据质量评价归纳总结存在的不足，做出整改计划。

表 1.4　作品质量检测卡

轴承座立体划线项目作品质量检测卡						
班　级			姓　名			
小组成员						
指导老师			训练时间			
序号	检测内容	配分	评价标准	自检得分	互检得分	抽检得分
1	涂色均匀	5	每处缺陷扣 1 分			
2	线条清晰	15	每处缺陷扣 3 分			
3	线条无重复	15	每处缺陷扣 3 分			
4	三个位置找正误差小于 0.4mm	18	每处缺陷扣 3 分			

续表

轴承座立体划线项目作品质量检测卡						
班　级			姓　名			
小组成员						
指导老师			训练时间			
序号	检测内容	配分	评价标准	自检得分	互检得分	抽检得分
5	三个位置尺寸基准误差小于 0.4mm	17	每处缺陷扣 3 分			
6	尺寸公差为±0.3mm	20	每处缺陷扣 3 分			
7	样冲眼分布合理、正确	10	每处缺陷扣 3 分			
8	文明生产	—	违者不计成绩			
			总分			
			签名			

项目拓展

一、知识拓展

1．基本图形的划法

各种基本图形的划法见表 1.5～表 1.9。

表 1.5　平行线划法

名　称	图　例	划法说明
平行线作图法则		以直线 $A—A$ 上两点为圆心，按要求的平行线之间的距离 R 为半径，划出两段圆弧，作两圆弧公切线，即得所要求的平行线
过线外一点划平行线		以直线 $A—B$ 外点 C 为圆心，用较大半径划弧交直线 $A—B$ 于 D 点，再以 D 点为圆心，以同样半径划弧交直线于 E 点；再以 D 点为圆心，CE 为半径划弧交第一弧线于 F 点，连接 CF，即得所要求的平行线
用直角尺划平行线		将直角尺尺座紧靠工件基准边，并沿基准边移动，用钢直尺量准尺寸后，沿直角尺边划出线条，即为所要求的平行线
用平板划针盘划平行线		将工件垂直安放在划线平板上（紧靠方箱或角铁侧面），用划针盘量好尺寸后，沿平板移动即划出平行线

表 1.6 垂直线划法

名　称	图　例	划 法 说 明
直线的垂直线	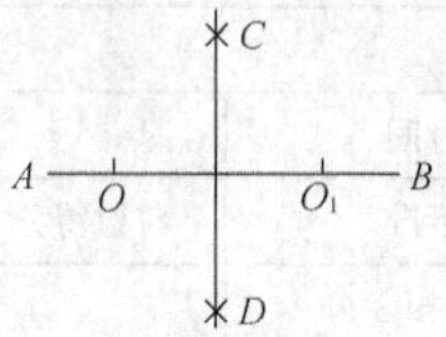 C A O O_1 B D	在直线 $A—B$ 上任取两点 O 和 O_1 为圆心，作圆弧交于上下两点 C 和 D，过 C、D 连线，即得直线 $A—B$ 的垂直线
直线端点的垂直线	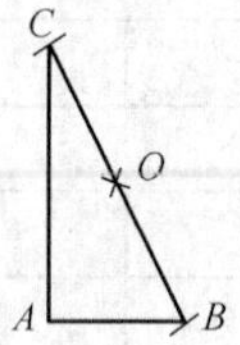 C O A B	过 A 点作直线 AB 的垂直线。分别以 A、B 为圆心，AB 为半径，交于点 O；再以 O 为圆心，AB 为半径，在 BO 的延长线上作弧，交于 C 点连接 CA 即得 AB 的垂直线
过线外一点的垂直线	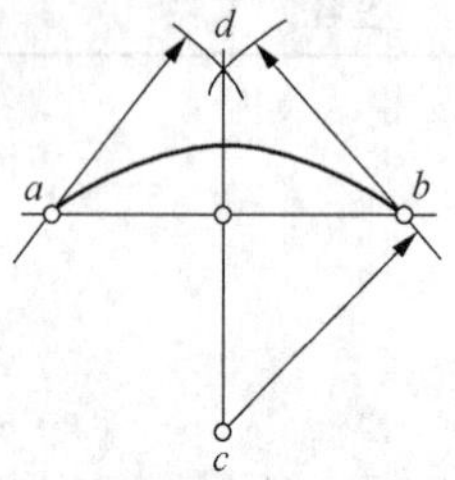 d a b c	以线外 c 点为圆心，适当长度为半径，划弧同直线交于 a 和 b 点，再以 a、b 为圆心，适当长度为半径划弧交于 d 点。连接 c、d，即得过 c 点且垂直 ab 的直线
过线内一点的垂直线	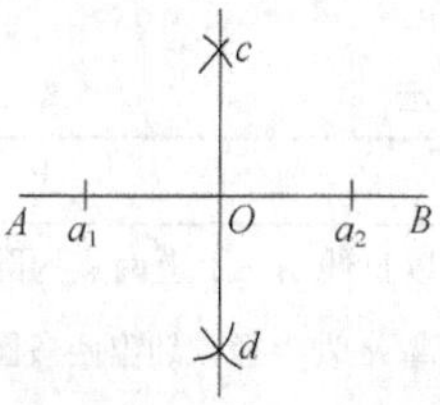 c A a_1 O a_2 B d	过 O 点划 AB 直线的垂直线。以 a 为圆心，适当长度为半径，划弧交直线 AB 于 a_1 和 a_2，分别以 a_1、a_2 为圆心，适当长度为半径划弧得 c、d 两点，连接 c、d 即得过 O 点、AB 的垂直线
与某一平面垂直的垂直线	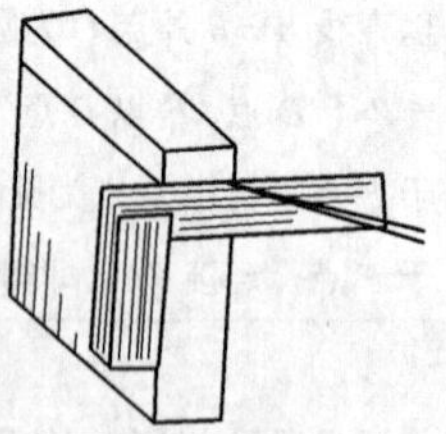	将直角尺尺座紧靠平面上，对准尺寸划线，即得垂直于平面的直线

表 1.7 角度线划法

名　称	图　例	划 法 说 明
角平分线	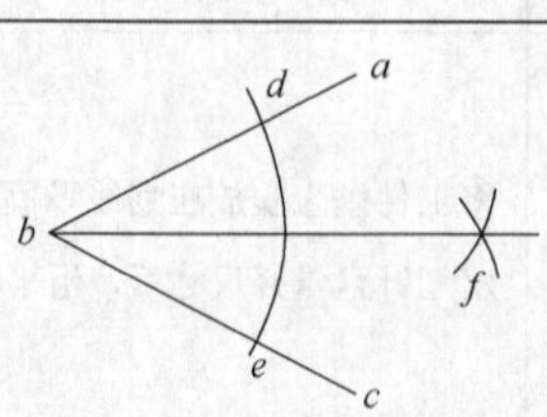 d a b f e c	以角 abc 的顶点为圆心，适当长度为半径，划弧交两边于 d、e 两点。再以 d、e 为圆心，适当长度为半径，划弧交于 f 点，连接 b、f 即得角平分线

续表

名　　称	图　　例	划 法 说 明
30°、60°、75°、120°角度线	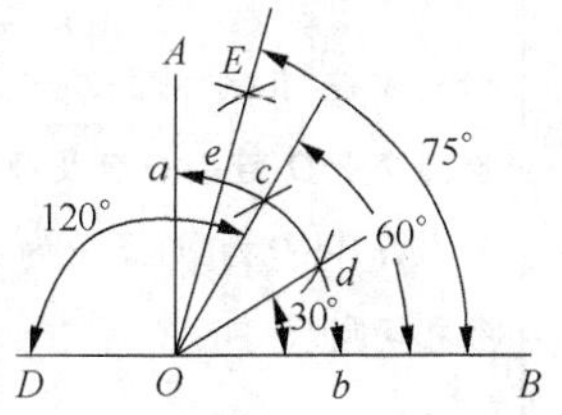	先作直线 DB 的垂线 AO，再以 O 为圆心，适当的长度 R 为半径划弧，交两边于 a、b 两点；分别以 a、b 为圆心，原 R 为半径划弧，与前所作弧交于点 c 和 d，连接 Oc、Od 即得 30°、60°角；平分角 aOc，得 E 点，角 EOB 为 75°，角 cOD 为 120°

表 1.8　　正多边形划法

名　　称	图　　例	划 法 说 明
正六边形	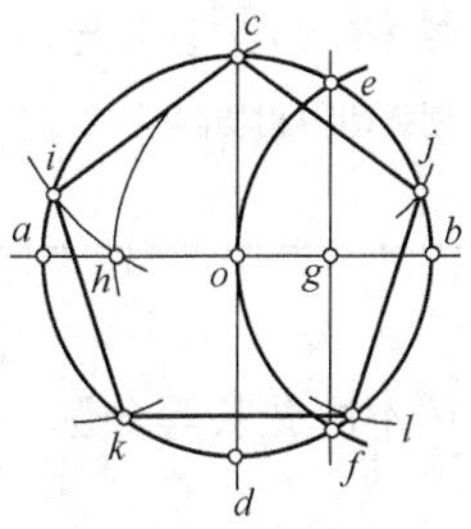	过圆心 o，作直线 ab，分别以 a、b 为圆心，oa 为半径划弧交已知圆于 c、d 和 e、f 点，依次连接各点即得正六边形
正五边形	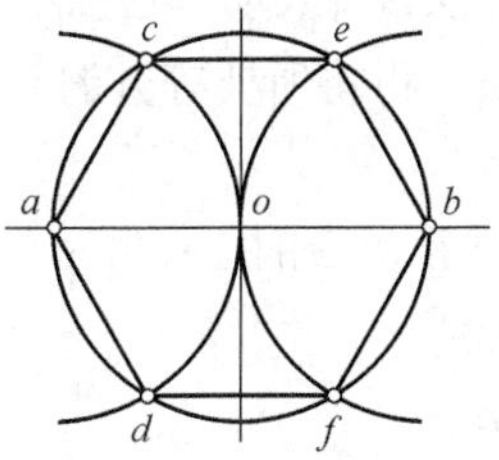	在已知圆上，以 o 点为圆心，ob 为半径划弧交圆于 e、f 两点，连接 e、f 交直径 ab 于 g 点。以 g 为圆心，cg 为半径划弧交直线 ab 于 h 点。以 c 点为圆心，ch 为半径划弧交圆于 i 及 j 点。分别以 i、j 两点为圆心，ch 为半径划弧交圆于 k、l 两点。依次连接 c、i、k、l、j、c 各点，即得正五边形

表 1.9　　圆弧连接划法

名　　称	图　　例	划 法 说 明
圆弧与直线连接	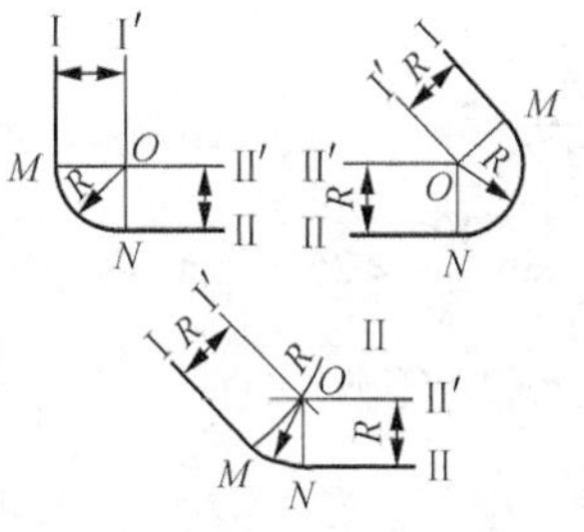	分别划距离为 R 且平行于直线Ⅰ、Ⅱ的直线Ⅰ′、Ⅱ′，并使Ⅰ′和Ⅱ′交于点 O；再以 O 为圆心，R 为半径划圆弧即可与Ⅰ和Ⅱ直线相切
圆弧与圆弧外切	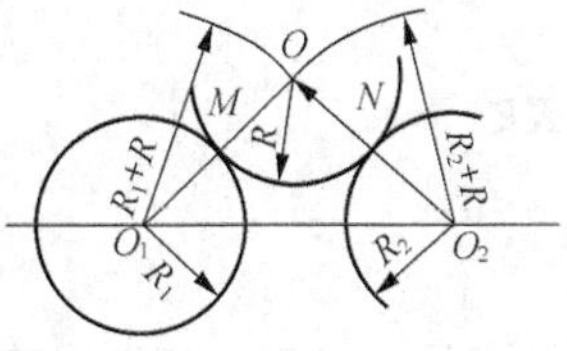	分别以 O_1 和 O_2 为圆心，以 R_1+R 以及 R_2+R 为半径，划圆弧交于 O；连接 O_1O 与已知圆 R_1 交于 M 点，连接 O_2O 与已知圆 R_2 交于 N 点；以 O 为圆心，R 为半径，自 M 点到 N 点划弧即得相切圆弧

续表

名　称	图　例	划 法 说 明
圆弧与圆弧内切		分别以 O_1 和 O_2 为圆心，以 R_1-R 以及 R_2-R 为半径，划圆弧交于 O；连接 O_1O 及 O_2O 并延长得已知圆上的交点 M、N；以 O 为圆心，R 为半径，自 M 点到 N 点划弧即得相切圆弧
圆弧与圆弧内外切		以 R_1+R 以及 R_2-R 为半径，以 O_1 和 O_2 为圆心划圆弧交于 O；连接 O_1O 与已知圆交于 M 点，连接 O_2O 与已知圆交于 N 点；以 O 为圆心，R 为半径，自 M 点到 N 点划弧即得相切圆弧

2．等分圆周划线

圆周的等分划线通常有按同一弦长等分圆周，按不同弦长等分圆周和用分度头等分圆周 3 种方法。

（1）按同一弦长等分圆周。这是一种数学计算法，即按数学公式计算出所要等分圆周的弦长，然后用划规定好弦长，再将所要等分的圆周逐一划线等分。

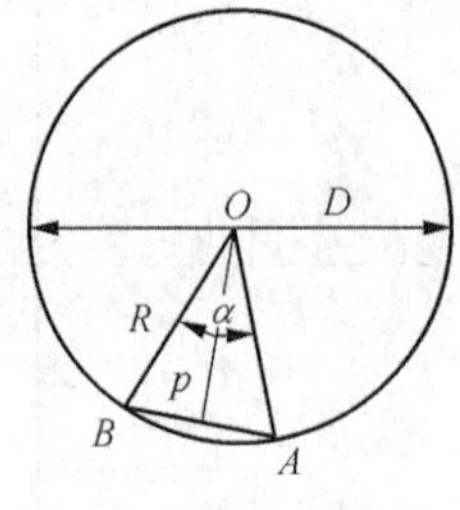

图 1.80　按同一弦长等分圆周

如图 1.80 所示，将圆周作 n 等分，则每等分弧长所对应的圆心角为

$$\alpha=\frac{360^\circ}{n} \tag{1.1}$$

根据三角函数关系得弦长

$$L=AB=D\sin\frac{\alpha}{2}=2R\sin\frac{\alpha}{2} \tag{1.2}$$

例如，将直径为 100mm 的圆周作 12 等分。

则
$$\alpha=\frac{360^\circ}{12}=30^\circ$$

$$L=2R\sin\frac{\alpha}{2}=100\times\sin\frac{30^\circ}{2}\approx 25.88\text{mm}$$

用划规量取尺寸 25.88mm，就可在该圆周上作 12 等分。

如果设式（1.2）中的 $2\sin\frac{\alpha}{2}=K$

则弦长：

$$L=KR \tag{1.3}$$

式中　K——弦长系数；

　　R——等分圆半径。

按同一弦长作圆周等分的方法，由于划规在量取尺寸时难免产生误差，加之在划等分圆的等分线时每次变动划规脚的位置所产生的误差，常使等分的准确性不能一次达到，等分数越多，其积累误差越大，所以要反复调整划规尺寸，直至等分准确为止。

这种等分圆周的方法通常用于等分数较多且在毛坯上不便用作图法来等分圆周的情况。

（2）按不同弦长等分圆周。按不同弦长等分圆周的方法是一种作图方法，可以对圆周进行任意等分，其具体步骤如下。

① 将直径 *AB* 按要等分数量的一半进行等分。如图 1.81 所示，要将圆周进行 10 等分，作图时，首先将直径 *AB* 分为 5 等分。

②分别以 *A*、*B* 为圆心，*AB* 为半径划弧，相交于 *C* 点和 *D* 点。

③自 *C* 点和 *D* 点分别与直径 *AB* 上的分段点相连（图 1.82 中连接 1、2、3、4、5 点），并延长与圆周相交，则交点 *E*、*F*、*G*、*H*、*I*、*J*……*N* 就是圆周上的各等分点。

（3）用分度头等分圆周。利用分度头在对较小的轴类或盘类零件进行四周等分或划角度线是十分方便准确的。分度头有多种类型，其中万能分度头比较常见。它可使工件绕其自身的轴线旋转，还可以使工件轴线相对于划线平板成一定角度。用分度头进行等分圆周划线，主要有两种方法。

① 直接分反法。在分度头主轴前端固定着一刻度盘，可与主轴一起旋转，刻度盘上 0°～360°的刻线。直接分度法就是利用刻度盘进行直接分度。

利用图 1.82 所示的分度头进行直接分度时，先将主轴锁紧手柄松开，再用脱落蜗杆手柄将蜗轮与蜗杆脱开，这时主轴即可用手自由扳转，所要分的度数，由刻度盘直接读出，然后用锁紧手柄固定主轴，进行划线。

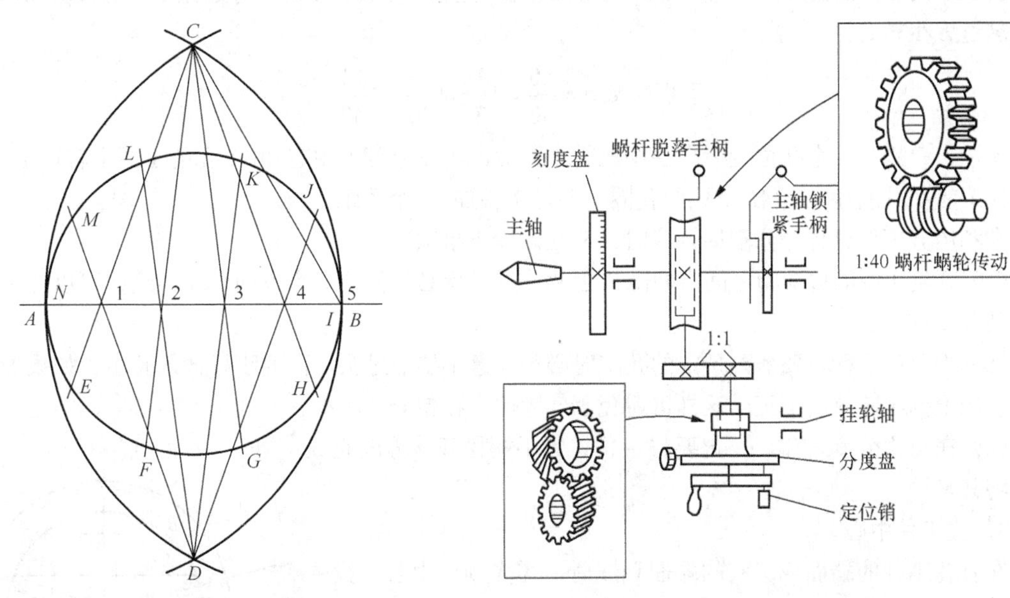

图 1.81 按不同弦长等分圆周

图 1.82 分度头传动系统

② 间接分度法（简单分度法）。由图 1.82 可知，当分度手柄转一整转时，通过 1:1 的直齿圆柱齿轮使蜗杆也转一整转，再通过 1:40 的蜗杆蜗轮副使主轴和工件转 $\frac{1}{40}$ 转。间接分度法就是用手柄旋转的因数 *N* 来进行等分的。

若要将工件进行 Z 等分，则划线时工件每次应转过 $\frac{1}{Z}$ 转，而分度手柄应转过的圈数

$$N = \frac{40}{Z} \tag{1.4}$$

式中　N——分度手柄转动圈数；

Z——工件的等分数；

40——蜗轮齿数（称分度头定数）。

按式（1.4）算出的数值若为整数，则手柄就转整数圈。若算出的数值为分数，则应将分数的分母按分度盘上具有的孔数进行转化。转化后的分数，其分母即为分度盘上某一圈的孔数（分度盘孔数见表 1.10），而分子为分度手柄定位销在孔圈上应转过的孔数。

表 1.10　　分度头定数、分度盘孔数

分度头形式	定　数	分度盘的孔数
带 1 块分度盘	40	正面：24、25、28、30、37、38、39、41、42、43 反面：46、47、49、51、53、54、57、58、59、62、66
带 2 块分度盘	40	第一块　正面：24、25、28、30、34、37 反面：38、39、41、42、43 第二块　正面：46、47、49、51、53、54 反面：46、47、49、51、53、54

例如，某工件在圆周上均布有 30 个孔，试确定利用分度头分度时，每划完 1 个孔位置后，手柄应转过多少转？

$$手柄转数\ n = \frac{40}{30} = 1\frac{1}{3} = 1\frac{10}{30} = 1\frac{14}{42}$$

所以，每划完 1 个孔位置后，手柄应转 1 圈后，再在分度盘中有 30 个孔的 1 圈上转过 10 个孔距，或者在分度盘上有 42 个孔的孔圈上转过 1 转加 14 个孔距。

在利用分度头进行等分圆周划线时，应注意以下事项。

（a）分度头中的传动副之间有间隙，因此分度手柄必须保持一个方向转动，这样可以消除间隙，使分度准确。

（b）当分度手柄将要摇到预定的孔眼时必须注意不要摇过头，而要刚好插入孔中。如果摇过了头，应退回半圆重新摇正，这样可避免因间隙的存在使分度不准。

（c）在每次分度之前，一定要将主轴锁紧手柄松开，分度完成后再将其紧固。

3．找工件中心

在有孔工件的端面或圆料的端面划线时，需先划出中心。找中心的方法如下。

（1）用几何作图法找中心。首先以硬木或铅块紧嵌于圆孔内，使其表面与端面高低一致，然后在内孔边缘上选三点 A、B、C（见图 1.83），作弦 AB 与弦 BC 的垂直平分线，相交点 O 即为圆心。

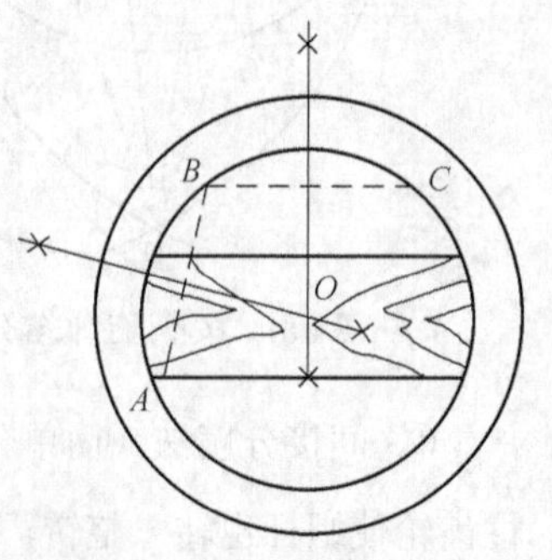

图 1.83　用几何作图法找中心

（2）用划线盘找中心。将工件放在 V 形架上，把划针调整至接

近于工件的中心位置上划一条线，然后把工件转 180°，并把刚才划的线找平，用原划线盘（划针高度不变）再划一条线（见图 1.84）。这时如果两条线恰好重合，说明它就是中心线；如果不重合，说明中心线在这两条平行线之间。于是，把划针调整到两条线的中间，再划一条线，然后转 180° 校正一次。这样就能划出正确的中心线。中心线找出后，将工件任意转过一个角度（最好是 90° 左右），再找一条中心线，二者的交点就是所找的中心。

（3）用定心角尺找中心。定心角尺是在角尺的上边铆接一个直尺，将角尺直角分成两半。使用时，把角尺放在工件的端面上，使角尺内边和工件的圆柱表面相切，沿直尺划一条线，然后转一个角度再划一条线，两线的交点，就是所找的中心（见图 1.85）。

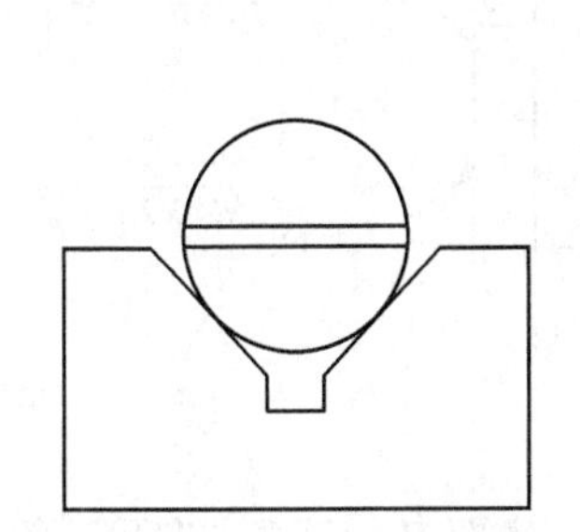
图 1.84　用划线盘在 V 形架上找中心

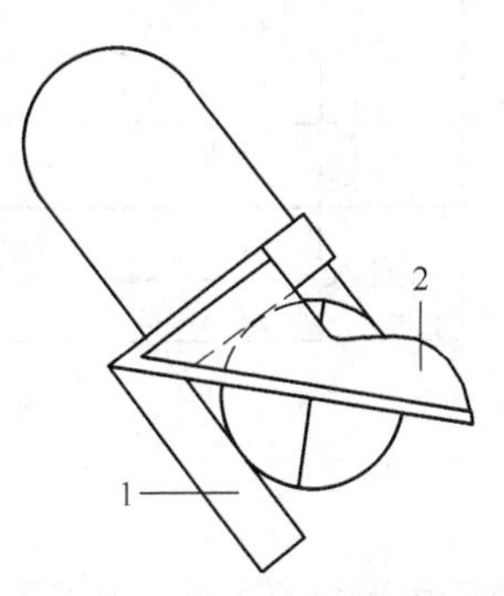

图 1.85　用定心角尺找中心
1—角尺；2—直尺

4．划线产生废品的原因与预防措施

划线时产生废品的原因及预防方法见表 1.11。

表 1.11　划线时产生废品的原因及预防方法

序　号	产生废品的原因	预 防 方 法
1	图样有错误	划线前要认真检查工件图，发现错误及时提出并改正
2	划线人员粗枝大叶，没有弄清图样尺寸和要求就急于划线	要认真熟悉图样，按图样要求进行划线
3	没有选定基准就盲目划线	划线前一定要选好基准
4	工件放得不稳，划针固定得不牢，划线时出现移位，致使划线歪斜	划线前一定要将工件安置稳妥，并将划针固紧
5	划线工具、量具本身有缺陷，划线前未能及时修理和校正	划线前一定要对工具、量具进行认真检查、修理和校正
6	划线后不经仔细检查，便进行加工	划完线后，一定要认真检查和校对
7	划线人员缺乏工作经验及操作不得法，量错和算错尺寸	划线人员要加强学习和锻炼，不断提高操作水平

二、技能拓展

1．扇形挫配工件平面划线

细读图 1.86 所示的扇形挫配工件图形，划出所需线条。划线线条清晰，打样冲眼均匀合理，尺寸符合图纸要求。

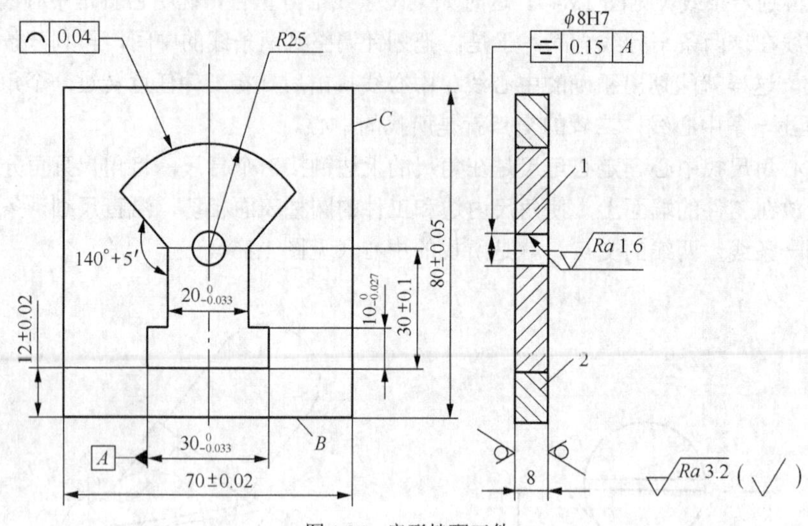

图 1.86 扇形挫配工件

操作提示：

如图 1.86 所示扇形挫配工件，根据图纸的分析可知，底面 *B* 为垂直方向尺寸的设计基准，而水平方向的设计基准为对称中心线。划线时要以这两个基准为尺寸基准来确定其他尺寸，具体步骤如下。

（1）将毛坯的 *B*、*C* 两面加工垂直，并使其直线度、平面度达到要求。用这两个面作安放基准和找正基准。

（2）将划线基准 *B* 面（亦为尺寸基形）置于划线平板并将工件大平面紧靠在方箱的垂直平面上。用高度游标尺划出 12mm、80mm 尺寸线，再以 12mm 尺寸线为基推向上划出 10mm、30mm 尺寸线。

（3）将毛坯翻转 90°，使 *C* 面（亦为安放基准、找正基准）贴划线平板并将工件大平面紧靠在方箱的垂直平面上。用高度游标尺划出距 *B* 面 35mm 的尺寸基准线 *A* 和 70mm 外廓尺寸线，而后分别向上、向下划出 10mm、15mm 线段，并完成 20mm、30mm 尺寸线。

（4）将毛坯平放于划线平板上，以 30mm 与 *A* 的交线为圆心，25mm 为半径用划规划出圆弧。

（5）作出两边的 140° 角度线。

（6）全面检查尺寸线。

（7）打样冲眼。

2．车床尾架立体划线

图 1.87 所示为车床尾架零件图，图中所注的

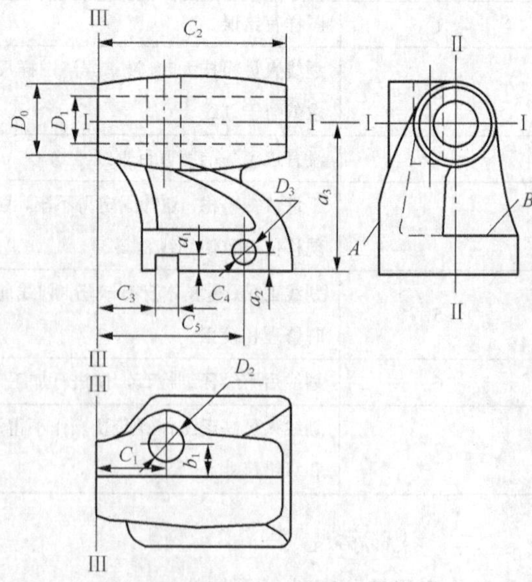

图 1.87 车床尾架零件图

尺寸是三组互相垂直的尺寸。

a 组：a_1、a_2、a_3

b 组：b_1

c 组：c_1、c_2、c_3、c_4、c_5

工件要三次不同的位置安放才能全部划完所有的线，划线基准选择Ⅰ—Ⅰ、Ⅱ—Ⅱ、Ⅲ—Ⅲ。

（1）第一划线位置（划出 a 组尺寸），按图 1.88 所示放置。先确定 D_0、D_1 的中心。由于 D_0 是最大、最重要的毛坯外表面，外轮廓不加工，而且加工 D_1 孔后，要保证与 D_0 同心（即保证 D_1 孔的壁厚均匀），所以要以 D_0 外圆找正，分别在两端中心校正到同一高度后划出Ⅰ—Ⅰ基准线。A、B 两面（见图 1.87）是不加工面，调整千斤顶时，不但在纵向要使两端中心校正到同一高度，而且在横向要用直角尺校正 A 面，使 A 面垂直，同时兼顾 B 面，用带弯头划针的划线盘校正 B 面，使其水平。若毛坯 A、B 两面不垂直，校正时应兼顾两个面进行校正。然后试划底面的加工线，若各处加工余量比较均匀即可确定。否则，要调整（借料）确定中心，最后划出底面加工线，然后划 a 组尺寸线。

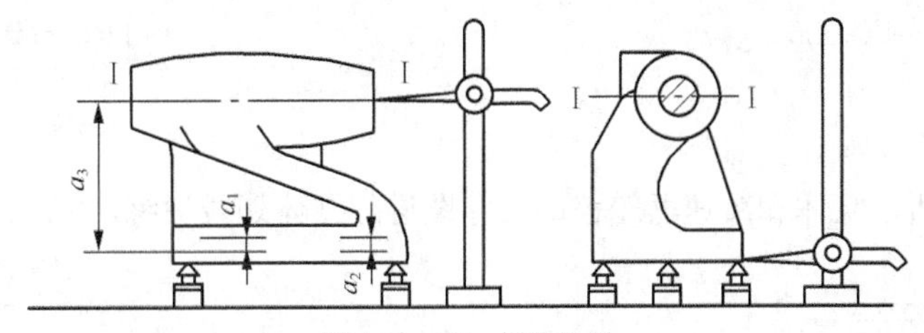

图 1.88　第一划线位置

（2）第二划线位置（划出 b 组尺寸），按图 1.89 所示将尾座翻转 90°后放置，用划线盘对准孔两端中心，调整到同一高度，同时用直角尺校正已划出的地面线 a_3，调整千斤顶，使 a_3 线垂直，这样第二安装位置校正就完成了，划出Ⅱ—Ⅱ基准线后就可划 b 组尺寸线。

（3）第三次划线位置（划出 c 组尺寸），按图 1.90 所示将尾座再翻转 90°后放置，用直角尺分别校正Ⅰ—Ⅰ、Ⅱ—Ⅱ中心线，调整千斤顶，使Ⅰ—Ⅰ、Ⅱ—Ⅱ线均垂直，这样第三安装位置校正就完成了。先根据筒形部分的尺寸 c_2，适当分配两端加工余量，试划 c_1 尺寸线，若 D_2 孔在凸面中心，则可在工件四周划出Ⅲ—Ⅲ基准线，若 D_2 孔偏离凸面中心，则要进行借料，最后确定Ⅲ—Ⅲ基准线后划出 c 组尺寸线。

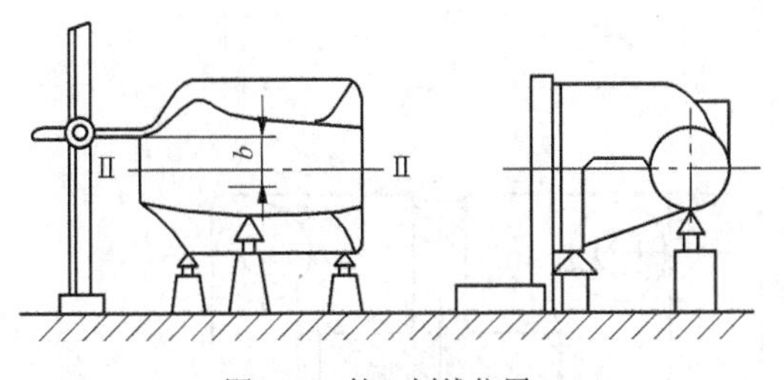

图 1.89　第二划线位置

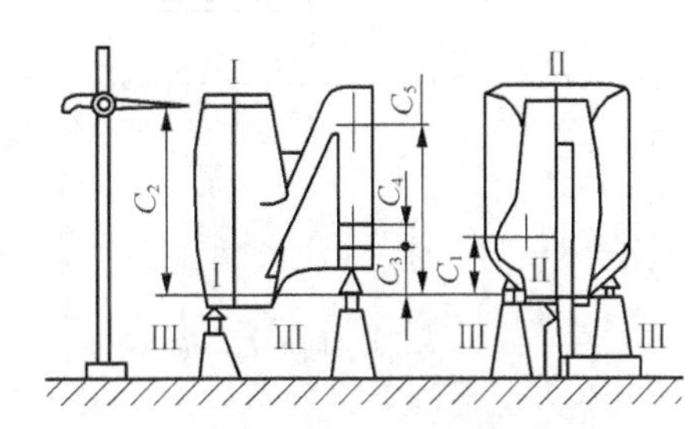

图 1.90　第三次划线位置

强化训练

1．平面划线训练

参照图 1.91～图 1.92 所示的图形进行平面划线训练。

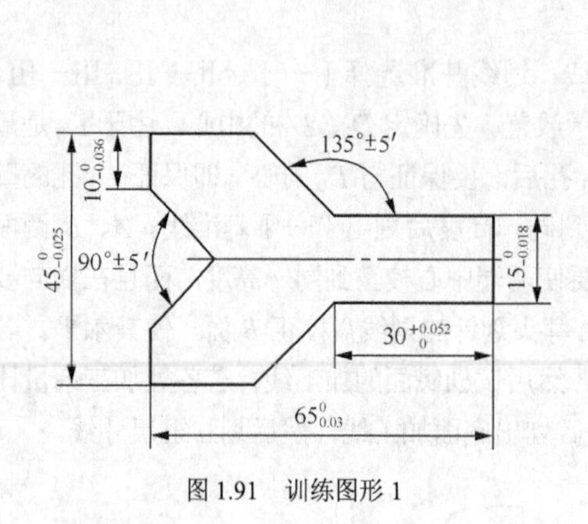

图 1.91 训练图形 1

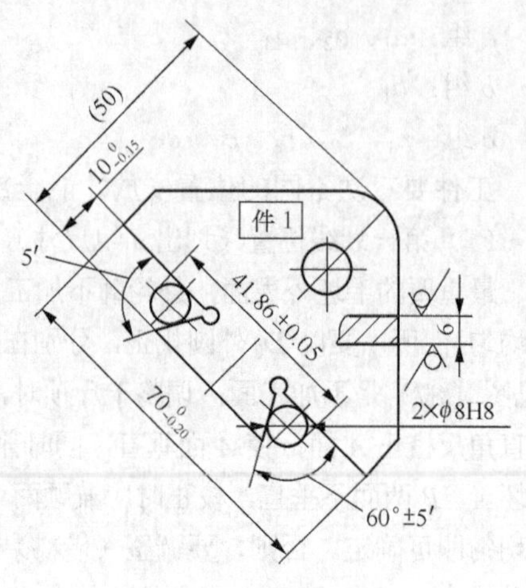

图 1.92 训练图形 2

2．立体划线训练

参照如图 1.93 所示泵体和减速器箱盖的尺寸图进行立体划线训练。

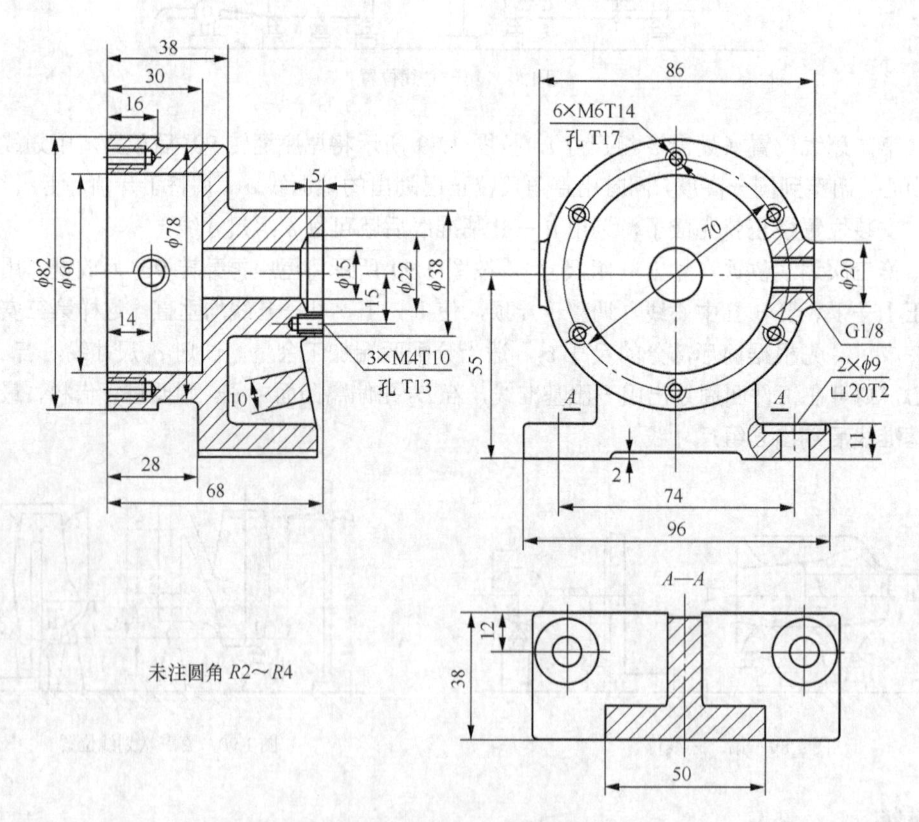

图 1.93 泵体和减速器箱盖

工具制作

工具是指能够方便人们完成工作的器具，在生产实践中需要錾口榔头、夹板等小批量的工具通常是钳工手工制作，具有成本低、精度高、易修复等特点。同时，工具制作和修理是工具钳工的一项重要职责。

任务1 制作錾口榔头

本项目的第一个任务就是用45钢坯料制作图2.1所示的錾口榔头，錾口榔头是钳工技能训练的一个重要项目，该项目包含了钳工全部基本操作技能，如锯、錾、锉平面、测量、划线、钻孔、锉圆弧面等。其主要要求四处垂直度为0.03mm，表面粗糙度 $Ra \leqslant 3.2$，纹理要整齐。

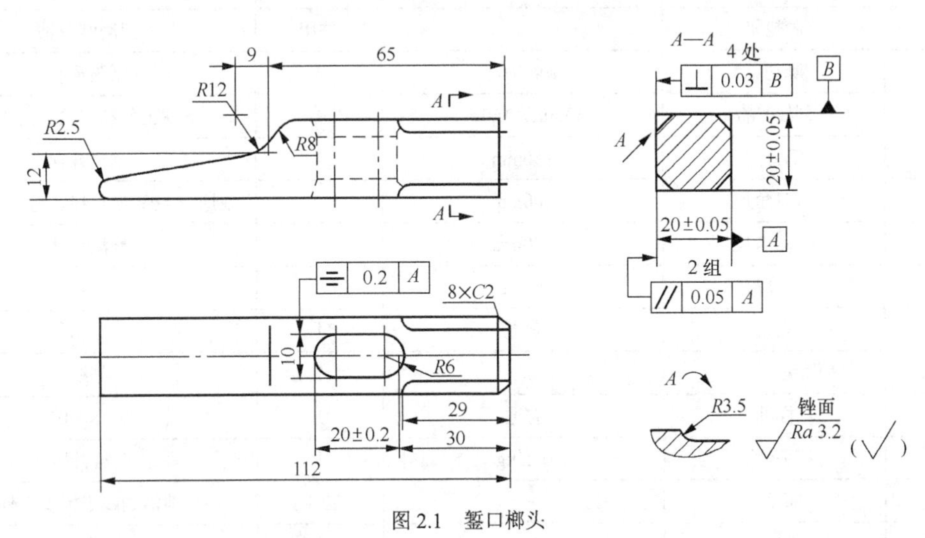

图2.1　錾口榔头

学习目标

（1）掌握制作常用工具工艺规程知识。

（2）掌握锯削、锉削、钻孔加工的方法和技巧。

（3）掌握制作工具的常用工具的使用、维护方法和技巧。

（4）具有运用锯削、锉削、钻孔、攻丝和套丝等手段制作常用工具的能力。

（5）具有制作工具的常用工具使用和保养的能力。

（6）具有依图设计工具制作工艺规程的能力。

（7）具有正确执行安全操作规程、文明生产、岗位责任制、工艺规程等要求的能力。

工具清单

完成本项目任务所需的工具见表2.1。

表2.1 工量具清单

序　号	名　称	规　格	数　量	用　途
1	平锉	粗齿350mm	1	锉削平面
2	平锉	细齿150mm	1	精锉平面
3	半圆锉	中齿250mm	1	精锉圆弧面
4	圆锉	中齿ϕ10mm	1	锉削腰形孔
5	圆锉	细齿ϕ6mm	1	锉削腰形孔
6	整形锉	100mm	1	精修各面
7	钢丝刷	—	1	清洁锉刀
8	锯弓	可调式	1	装夹锯条
9	锯条	细齿	1	锯削余量
10	砂纸	200	1	抛光
11	台钻（配附件）	—	共用	钻腰形孔
12	砂轮机	—	共用	刃磨麻花钻
13	麻花钻	ϕ9.7mm	1	钻腰形孔
14	划线平板	160mm × 160mm	1	支撑工件和安放划线工具
15	钢直尺	150mm	1	划线导向
16	刀口角尺	100mm	1	划垂直线和平行线、检测垂直度
17	游标卡尺	250mm	1	检测尺寸
18	高度尺	250mm	1	划线
19	划规	普通	1	圆弧
20	划针	ϕ3	1	划线
21	样冲	普通	1	打样冲眼
22	手锤	0.25kg	1	打样冲眼
23	棉纱	—	若干	清洁划线平板及工件
24	毛刷	4寸	1	清洁台面

相关知识和工艺

一、台虎钳与钳台

1．台虎钳

台虎钳是用来夹持工件的通用夹具，其规格用钳口宽度来表示，常用规格有100mm、125mm

和 150mm 等。台虎钳有固定式和回转式两种，如图 2.2 所示。

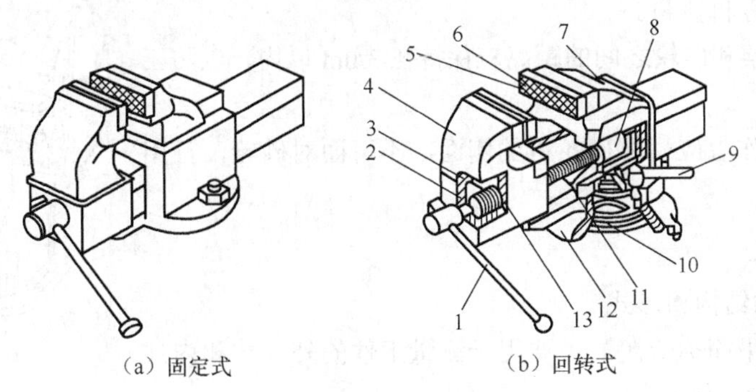

（a）固定式　　（b）回转式

图 2.2　台虎钳

1—手柄；2—弹簧；3—挡圈；4—活动钳身；5—钢制钳口；6—螺钉；7—固定钳身；
8—丝杠螺母；9—夹紧手柄；10—夹紧螺母；11—丝杆；12—转座；13—开口销

技师指点

使用台虎钳的注意事项：

（1）夹紧工件时要松紧适当，只能用手扳紧手柄，不得借助其他工具加力。

（2）强力作业时，应尽量使力朝向固定钳身。

（3）不许在活动钳身和光滑平面上敲击作业。

（4）对台虎钳内丝杠、螺母等活动表面应经常清洗、润滑，以防生锈。

2．钳台

钳台也称为钳桌（见图 2.3），其样式有单排式和双排式两种。双排式钳台由于操作者是面对面的，故钳台中央必须加设防护网以保证安全。钳台的高度一般为 800～900mm，装上台虎钳后，能得到合适的钳口高度。一般钳口高度以齐人手肘为宜，如图 2.4 所示。

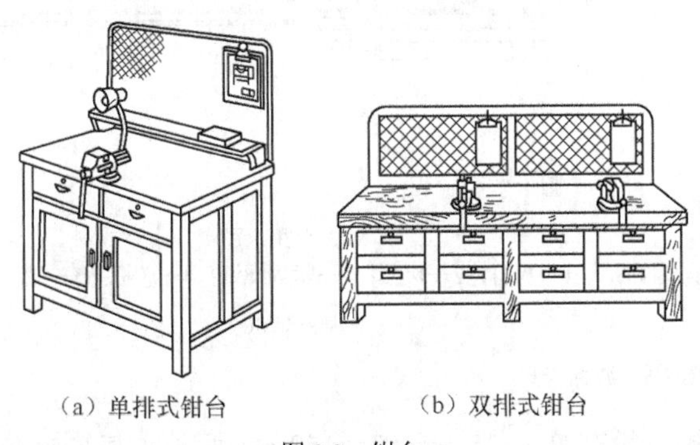

（a）单排式钳台　　（b）双排式钳台

图 2.3　钳台

图 2.4　钳台合适的高度

二、砂轮机

砂轮机（见图 2.5）是用来刃磨各种刀具、工具的常用设备，由电动机、砂轮机座、托架和防护罩等部分组成。为保证安全，砂轮机一般安装在场地的边缘。

砂轮较脆、转速较高，使用时应严格遵守以下安全操作规程。

（1）砂轮机的旋转方向要正确，只能使磨屑向下飞离砂轮。

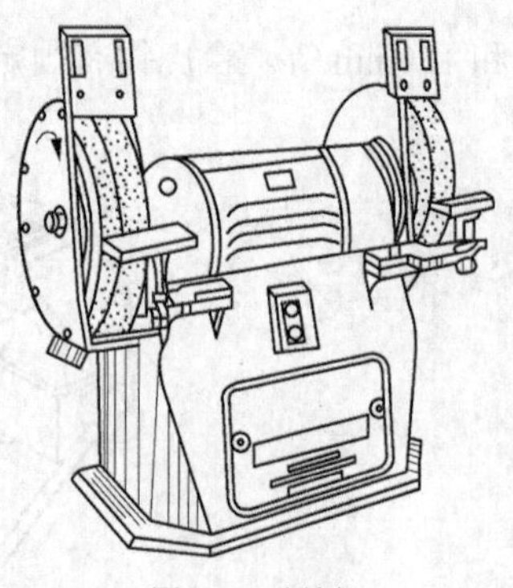

图 2.5 砂轮机

（2）砂轮机启动后，应在砂轮旋转平稳后再进行磨屑。若砂轮跳动明显，应及时停机修整。

（3）砂轮机托架和砂轮之间的距离应保持在 3mm 以内，以防工件扎入造成事故。

（4）磨削时操作者应站在砂轮机的侧面，不可面对砂轮，且用力不宜过大。

三、游标卡尺

1．游标卡尺的结构和形式

游标卡尺（以下简称卡尺）主要用于测量工件的外尺寸和内尺寸，结构形式如图 2.6 所示。

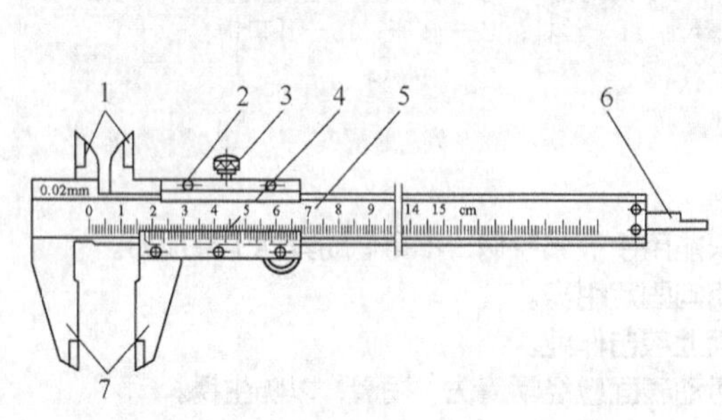

（a）三用卡尺

1—刀口内量爪；2—尺框；3—紧固螺钉；4—游标；5—尺身；6—深度尺；7—外量爪

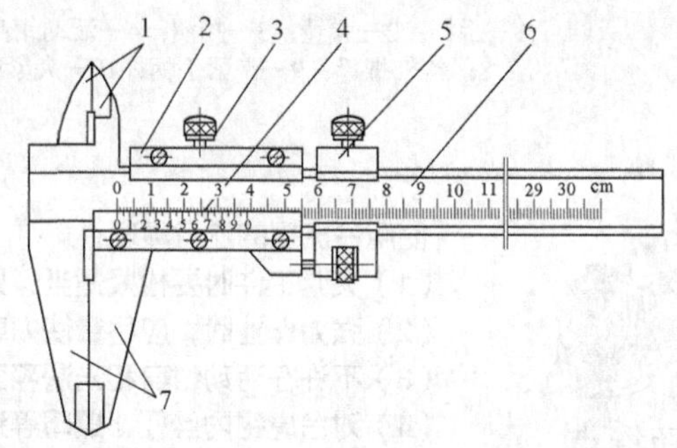

（b）两用卡尺

1—刀口内量爪；2—尺框；3—紧固螺钉；4—游标；5—微动装置；6—尺身；7—外量爪

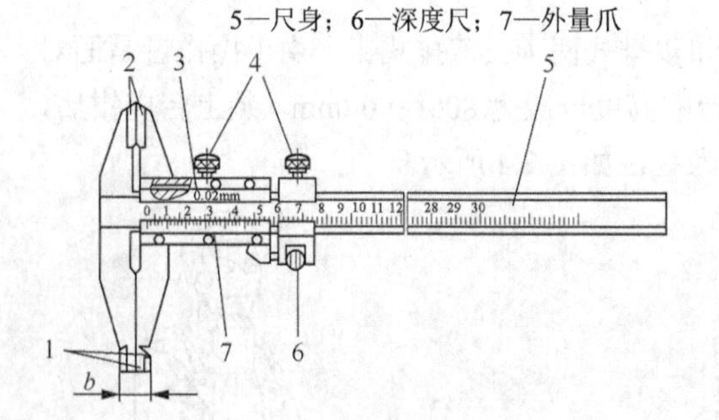

（c）两面卡尺

1—内外量爪；2—刀口内量爪；3—尺框；4—紧固螺钉；5—尺身；6—微动装置；7—游标

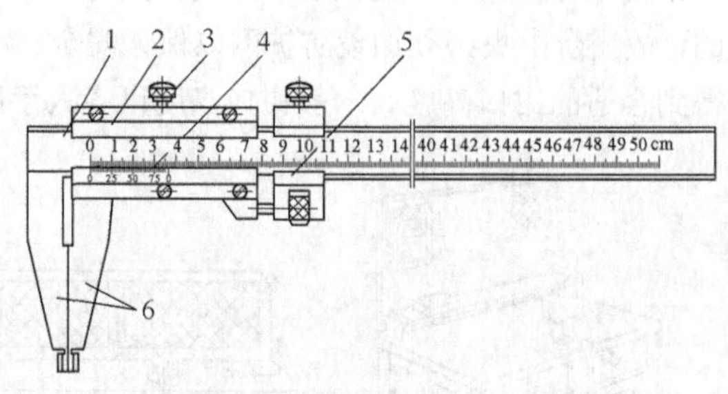

（d）单用卡尺

1—尺身；2—尺框；3—紧固螺钉；4—游标；5—微动装置；6—内外量爪

图 2.6 游标卡尺

图 2.6（a）所示为三用卡尺，测量范围一般有 0～125mm、0～150mm 两种。其结构主要由尺身（主尺）、尺框和深度尺三部分组成。尺身上部有间距为 1mm 的刻度，游标用螺钉固定在尺框上，尺框可由紧固螺钉固紧在尺身的任何位置上，片状弹簧可使尺框沿尺身移动保持平稳。深度尺的一端固定在尺框内，能随尺框在尺身背部的导向槽中移动；另一端是测量面，为了减少接触面，提高测量精度，把该测量面制成楔形。

图 2.6（b）所示为两用卡尺，测量范围一般有 0～200mm 和 0～300mm 两种。两用卡尺一般不带深度尺，而在尺框上装有微动装置，能使尺框沿尺身微小移动与工件接触，减少测量误差。

图 2.6（c）所示为双面卡尺。测量范围一般有 0～200mm 和 0～300mm 两种。使用圆柱形内量爪测量工件内尺寸时，卡尺的读数值应加上圆柱形内量爪尺寸 b，才能得出工件的实际尺寸。

图 2.6（d）所示为单面卡尺。测量范围一般有 0～200mm、0～300mm、0～500mm 等，直至测量上限为 2000mm。

为了读数方便，有的卡尺在其尺身上刻有双排刻度，在其尺框上装有双排游标，如图 2.7 所示。当测量工件内尺寸时，可直接读数，不必再加上圆柱形内量爪尺寸。

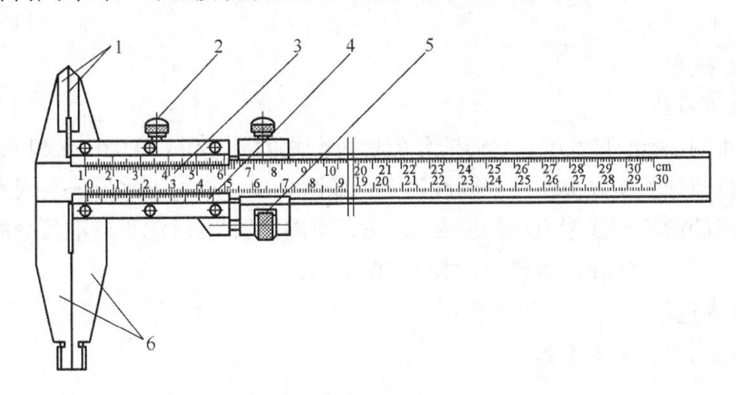

图 2.7 双排游标的卡尺

1—刀口外量爪；2—紧固螺钉；3—尺身；4—游标；5—微动装置；6—内外量爪

近年来，我国生产的卡尺在结构和工艺上均有很大改进，如无视差卡尺的游标刻线与尺身刻线相接，以减少视差。又如俗称的四用卡尺，还可用来测量工件的高度。另外，有的测量范围为 0～1000mm、0～2000mm 和 0～3000mm 的卡尺，其尺身采用截面为矩形的无缝钢管制成，这样既减轻了重量，又增强了尺身的刚性。目前，非游标类卡尺，如带表卡尺（见图 2.8）、电子卡尺（见图 2.9）等正在普及使用。

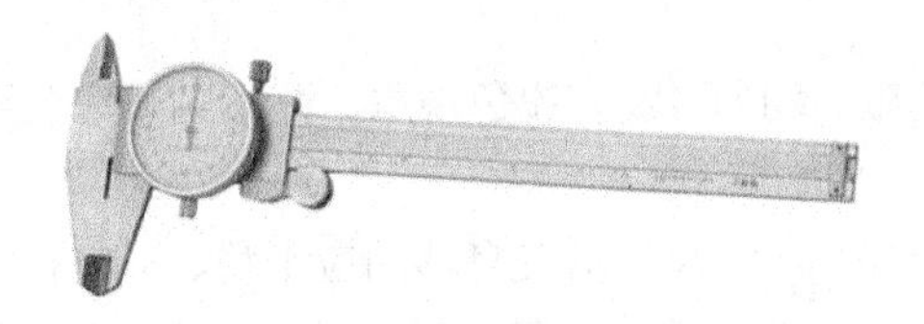

图 2.8 带表卡尺

图 2.9 电子卡尺

2. 卡尺的读数原理

卡尺的读数原理如图 2.10（a）所示。图中游标的刻度间距 α' 为 1.9mm，尺身刻度间距 α 为 1mm。因此尺身相邻两个刻度间距 2α 与游标刻度间距的差值 i 为 0.1mm。即 $i = 2\alpha - \alpha'$，这样读数更为方便，这个“2”称为游标模数，用 r 表示。

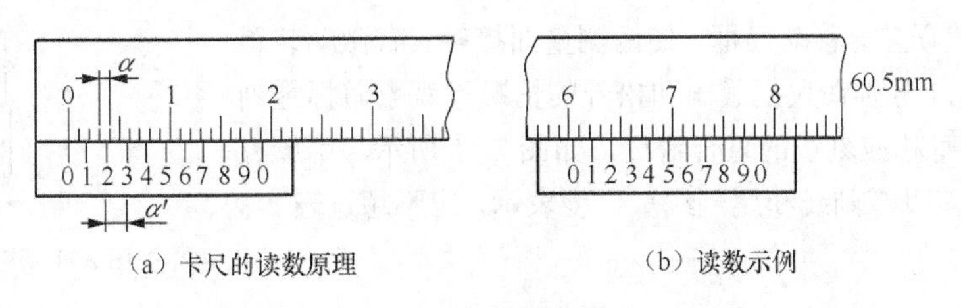

（a）卡尺的读数原理 （b）读数示例

图 2.10 卡尺的读数原理

游标工作长度 L、游标刻度间距 α' 和游标刻度数 n 可按下列公式计算。

$$n = \frac{\alpha}{i}$$

$$\alpha' = r\alpha - i$$

$$L = n\alpha' = n(r\alpha - i)$$

式中 α ——尺身刻度间距；

i ——分度值；

r ——游标模数。

3．卡尺的读数方法

尺身刻度间距为 1mm 的卡尺，它们的分度值可分别为 0.1mm、0.05mm 和 0.02mm。在测量读数时，尺身整数部分的读数由游标零刻线确定，如图 2.10（b）中的 60mm。尺身小数部分的读数由对准尺身刻线的游标刻线读出，如图 2.10（b）中游标的刻线“5”对准尺身的刻线，则小数部分的读数为 $0.1 \times 5 = 0.5$mm，而整个读数为 60.5mm。

4．卡尺的合理选用

卡尺的合理选用范围见表 2.2。

表 2.2 游标卡尺的合理选用范围

分度值/mm	被测工件的公差等级
0.02	IT11～IT16
0.05	IT12～IT16
0.1	IT14～IT16

5．卡尺的使用

（1）使用前的检查。

① 检查外观。目视观察外观，如刻线和数字应清晰、均匀，没有脱色现象。游标刻线应刻至斜面下边缘。

② 检查各部分相互作用。观察和试验各部分相互作用（如尺框沿尺身移动应平稳、不应有阻滞现象），紧固螺钉的作用应可靠，深度尺不应有串动，微动装置的空程应不超过 1/2 转，尺身和尺框的配合不应有明显的晃动现象。

③ 检查外量爪两测量面的合并间隙。移动尺框，使两量爪测量面至手感接触，观察两量爪测量面间隙，以光隙法检查。这一检查应分别在尺框紧固和松开两种状态进行。当分度值为 0.02mm 时，外量爪两测量面间隙不应超过 0.006mm；当分度值为 0.05 和 0.1mm 时，间隙不应超过 0.010mm。

④ 检查零值误差。移动尺框，使两测量面接触（有微动装置的须用微动装置），分别在尺框紧固和松开的情况下观察游标零刻线和尾刻线与尺身相应刻线的重合情况，如图 2.11 所示。用放大镜观察，零值误差以零刻线和尾刻线重合度表示，应不超过表 2-3 的规定。

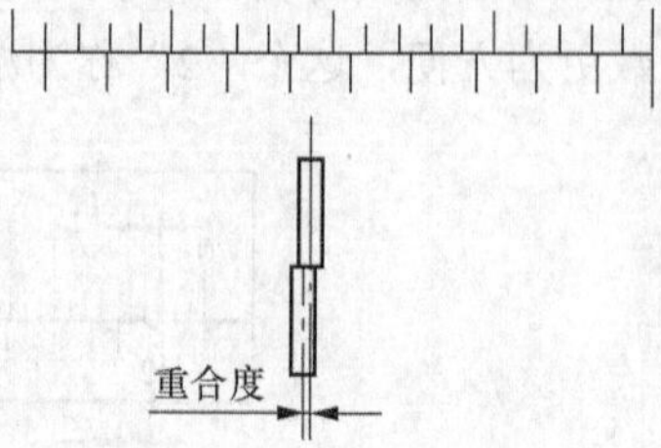

重合度

图 2.11 卡尺的零值误差

表 2.3 游标卡尺的零值误差/mm

分度值	零刻线重合度	尾刻线重合度
0.02	±0.005	±0.01
0.05	±0.005	±0.02
0.1	±0.010	±0.03

（2）卡尺的使用。

① 一定要尽量使被测长度放置在靠近游标刻线面的棱边与尺身刻线面交线的延长线上。

② 具有微动装置的卡尺，可将微动尺框固紧在尺身上，通过旋转螺母，使尺框往复移动。操作者移动尺框的压力能作一定程度的调节。

③ 在一般情况下，测量时应以固定量爪定位，摆动活动量爪，找到正确接触位置后读数。此时两量爪测量面与工件表面接触应能正常摩擦滑动。

④ 用图 2.6（a）卡尺测量深度尺寸时，应以尺身端面定位，伸出深度尺至被测表面（见图 2.12），不得向任意方向倾斜。

⑤用图 2.6（c）卡尺测量内尺寸时，卡尺的读数加上圆弧内量爪的尺寸 b。

⑥读数过程中，眼睛应平行于尺身方向移动，并使眼睛处于游标刻线看得相短的位置上，并平行于尺身读数。眼睛的正确位置如图 2.13 所示。

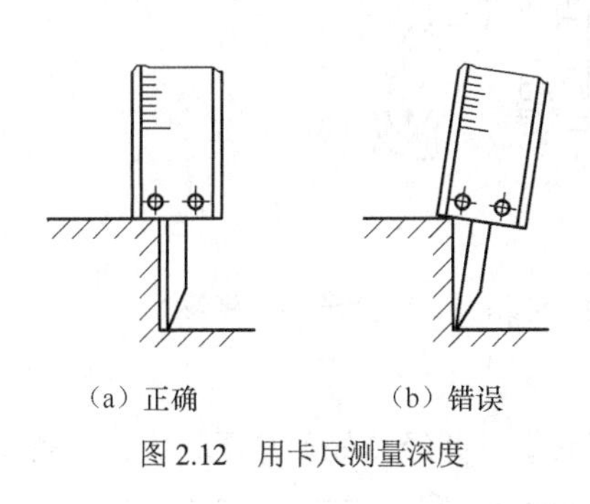

图 2.12 用卡尺测量深度

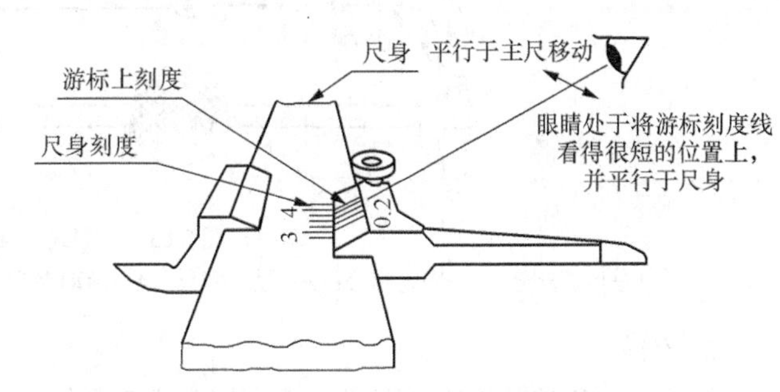

图 2.13 卡尺上读数时眼睛的正确位置

⑦ 根据被测工件的几何形状，合理选用圆弧内量爪、刀口内量爪、外量爪、刀口外量爪。如测量弯管外径和圆弧形空刀槽直径，应用刀口外量爪。

⑧ 为了进一步提高测量精度，可以多次进行测量，取平均读数，也可先按照被测工件的基本尺寸选用 3 级或 6 级量块检查该点的示值误差。示值误差以该读数值与量块尺寸之差确定。然后换上被测工件进行测量，再将测得值依据示值误差进行修正。例如，测得值为 96.04mm，该点的示值误差为 0.02mm，修正后的测得值为 96.02mm。

技师指点

卡尺的维护：

（1）不要将卡尺放置在强磁场附近(如磨床的磁性工作台)。

（2）卡尺要平放，尤其是大尺寸的卡尺，否则易弯曲变形。

（3）使用后，应擦拭清洁，并在测量面涂敷防锈油。

（4）存放时，两测量面保持 1mm 距离并安放在专用盒内。

四、锯削

1. 锯弓

锯弓是用来夹持和拉紧锯条的工具，它有固定式和可调式两种（见图2.14）。

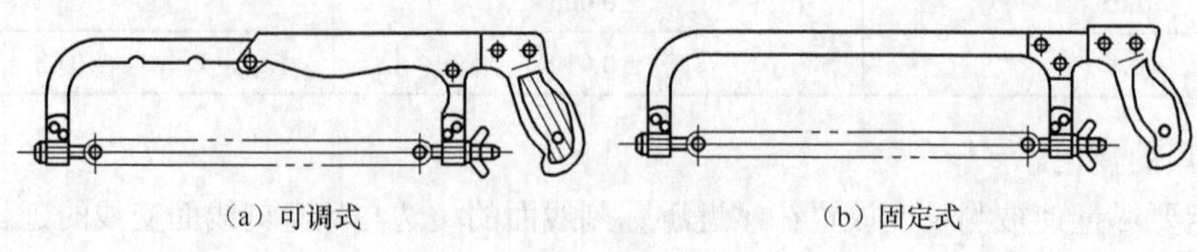

（a）可调式　　（b）固定式

图2.14　锯弓

固定式锯弓只能安装一种长度的锯条；可调式锯弓通过调节可以安装几种长度的锯条。一般常用的为可调式。

可调式锯弓两端装有夹头，一端是固定的，另一端是活动的，锯条就装在两端夹头的销子上。当锯条装在两端夹头销子上后，旋转活动夹头上的蝶形螺母就能把锯条拉紧，如图2.15所示。

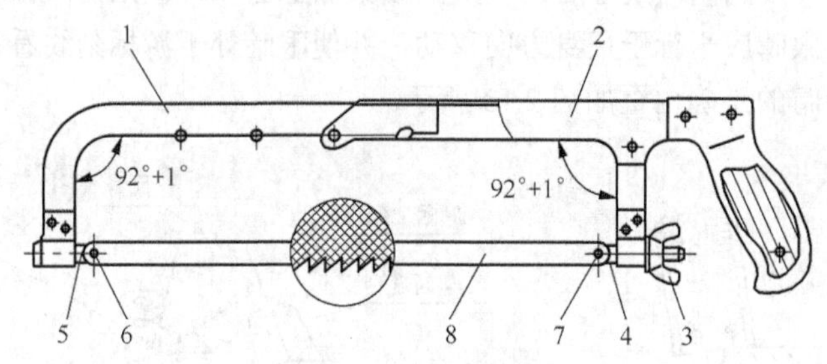

图2.15　可调式手锯

1—可调部分；2—固定部分；3—蝶形螺母；4—活动夹头；5—固定夹头；6、7—销子；8—锯条

2. 锯条

锯条一般用渗碳钢冷轧而成，也有用碳素工具钢或合金工具钢，并经热处理淬硬制成。锯条的长度是以两端安装孔的中心距来表示，常用的锯条约长300mm，宽12mm，厚0.8mm。

（1）锯齿的切削角度。锯齿的切削角度如图2.16所示，其中前角$\gamma_0 = 0°$，后角$\alpha_0 = 40°$，楔角$\beta_0 = 50°$，锯齿为S。

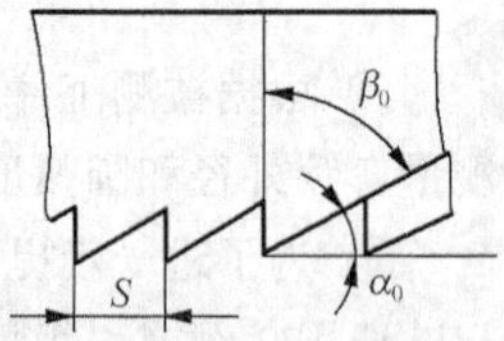

（2）锯齿的粗细及其选择。锯齿的粗细是以锯条每25mm长度内的齿数表示的，一般分粗、中、细3种，见表2.4。

图2.16　锯齿的切削角度

表2.4　锯齿粗细规格及应用

	每25mm长度内的锯齿数	应　用
粗	14～18	锯割软钢、黄铜、铝、铸铁、紫铜、人造胶质材料
中	22～24	锯割中等硬度钢、厚壁的钢管、铜管
细	32	薄片金属、薄壁管子
细变中	32～20	一般工厂中用，易于起锯

锯齿的粗细应根据加工材料的硬度和锯削断面的大小来选择。粗齿锯条的容屑槽较大，适用于锯软材料和锯较大的断面，因为此时每锯一次的切屑较多，容屑瘤大就不致产生堵塞而影响切削效率。细齿锯条适用于锯削硬材料，因为硬材料不易切入，每锯一次的切屑较少，不会堵塞容屑槽，锯齿增多后，同时参加的切削齿数增多，则每齿的锯削量减少则易于切削，推锯过程比较省力，锯齿也不易磨损。锯削薄板或管子时，必须用细齿锯条，截面上至少要有两个以上的锯齿同时参加锯削，如图 2.17 所示，否则锯齿很容易被钩住以致崩断。

（3）锯路。锯条制造时，将全部锯齿按一定规律左右错开，并排成一定的形状，称为锯路，如图 2.18 所示，锯路有交叉形和波浪形两种。锯路的作用是减小锯缝对锯条的摩擦，使锯条在锯削时不被锯缝夹住或折断。

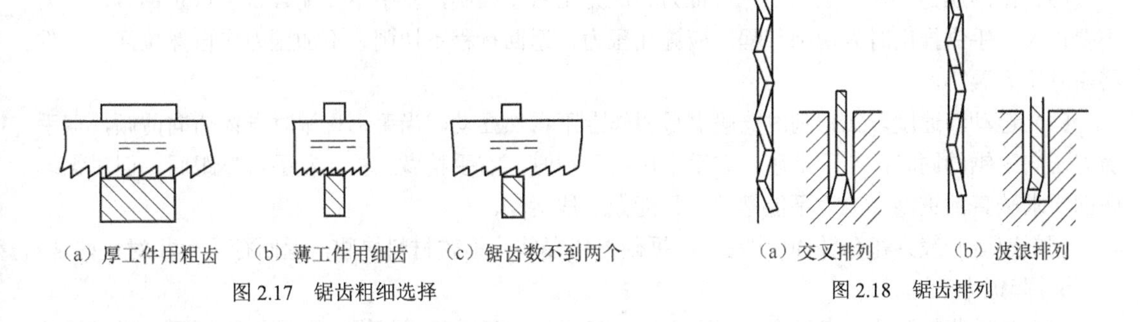

（a）厚工件用粗齿　（b）薄工件用细齿　（c）锯齿数不到两个

图 2.17　锯齿粗细选择

（a）交叉排列　（b）波浪排列

图 2.18　锯齿排列

3．锯条的安装

安装锯条时齿尖的力向朝前，如图 2.19 所示，否则为负前角就不能正常锯削。

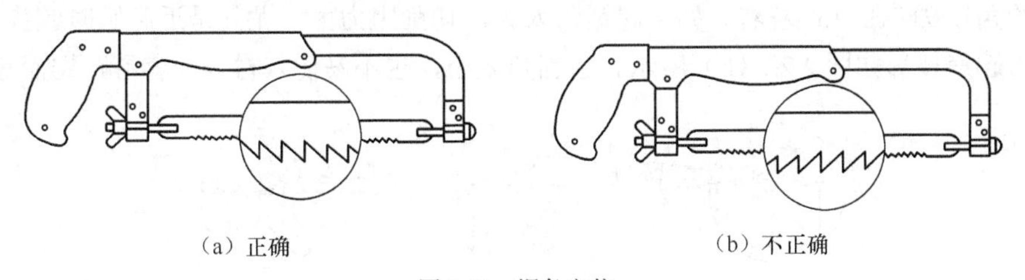

（a）正确　（b）不正确

图 2.19　锯条安装

锯条安装在锯弓两端上的夹头以后，再用蝶形螺母调节锯条的松紧，松紧要适合。过紧，锯削时稍有不当，锯条便很易折断；过松，锯削时锯条受力易扭曲，也易折断，并且锯出的锯缝易走斜。调节锯条的松紧程度，可用手扳锯条，感觉硬实不会发生弯曲即可。锯条安装调节后，还要检查锯条平面与锯弓中心平面平行，不得倾斜或扭曲，否则锯削时锯缝极易歪斜。

4．工件的安装

工件应尽可能夹在虎钳的左边，方便操作，以免操作时碰伤左手。工件伸出钳口要短，要避免将工件夹变形或夹坏已加工表面。

5．握锯方法和锯削姿势

（1）握锯方法。右手满握锯柄，左手轻扶在锯弓前端，如图 2.20 所示。

（2）锯削姿势。锯削时操作者的站立位置，如图 2.21 所示，身体略向下倾斜，以便于向前推压用力。

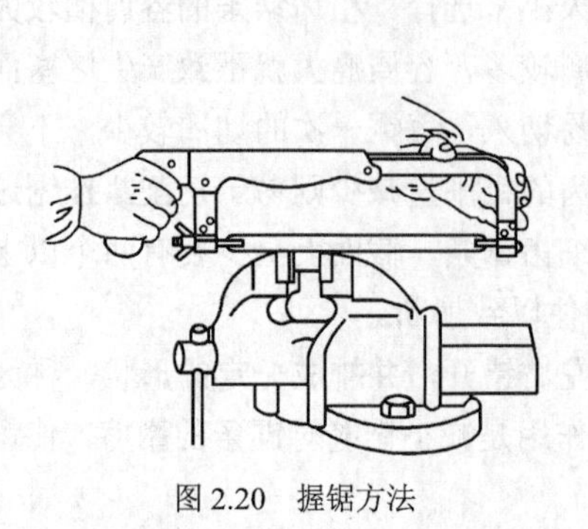

图 2.20 握锯方法

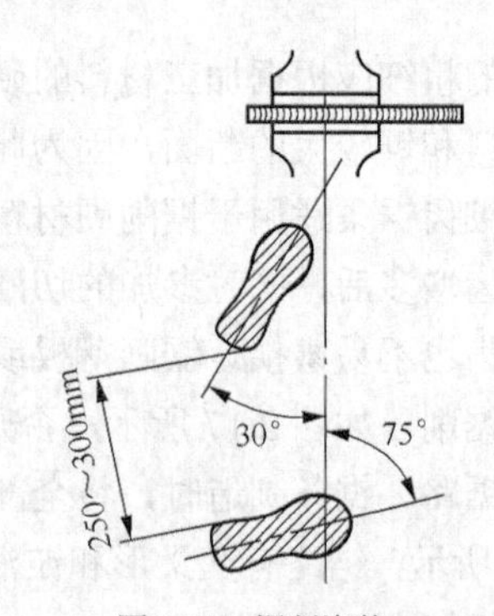

图 2.21 锯削姿势

（3）锯削压力。在锯削运动时，推力和压力由右手控制，左手主要配合右手扶正锯弓，压力不要过大。手锯推出时为切削行程，应施加压力，返回行程不切削，不加压力作自然拉回。工件将断时压力要小。

（4）运动和速度。在锯削时一般锯弓稍作上下自然摆动。当手锯推进时身体略向前倾，双手随着压向手锯的同时，左手上翘，右手下压；回程时，右手稍微上抬，左手自然跟回。但对锯缝底面要求平直的锯削，双手不能摆动，只能做直线运动。

锯削速度一般为每分钟 40 次左右，锯硬材料慢些，锯软材料快些，返回行程也相对快些。

6．起锯方法

起锯是锯削的开头，直接影响锯削质量。起锯分远起锯和近起锯，如图 2.22 所示。通常情况下采用远起锯，如图 2.22（a）所示。因为这种方法锯齿不易被卡住，起锯时左手拇指靠住锯条，使锯条能正确地锯在所需要的位置上，行程要短，压力要小，速度要慢。无论用远起锯还是近起锯，起锯的角度θ应在 15°左右。如果起锯角太大，切削阻力大，尤其是近起锯时锯齿会被工件棱边卡住引起崩裂，如图 2.22（b）所示。起锯角太小，也不易切入材料，容易跑锯而划伤工件。

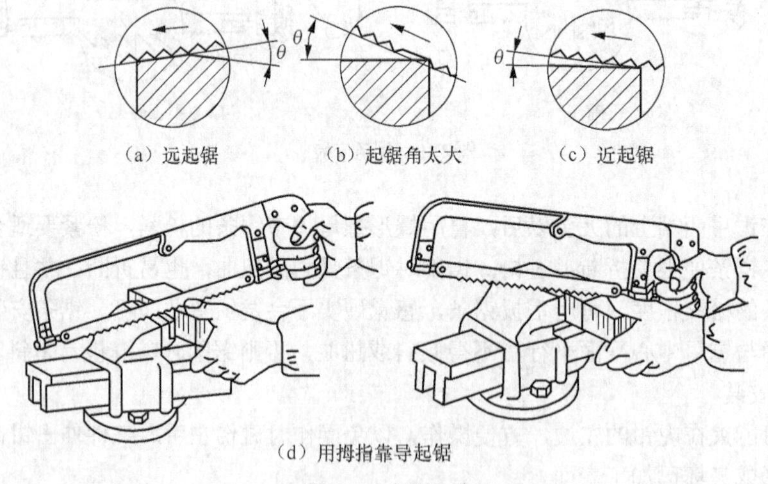

（a）远起锯　（b）起锯角太大　（c）近起锯

（d）用拇指靠导起锯

图 2.22 起锯方法

7．各种材料的锯削方法

（1）棒料的锯削。如果要求锯削的断面比较平整，应从开始连续锯至结束。若锯出的断面要求不高，则可改变棒料的位置，转过一定角度，可分几个方向锯下。这样，由于锯削面变小而容易锯入，使锯削比较省力，又可提高效率。

（2）管子的锯削。锯削薄壁管子或外圆经过精加工过的管子，管子须夹在有 V 形槽的木垫之间，如图 2.23（a）所示，以免将管子夹扁或损坏外圆表面。锯削时不可在一个方向连续锯削到结束，否则锯齿会被管壁钩住而导致崩裂。应该先在一个方向锯至管子的内壁处，转过一定角度，锯条仍按原来锯缝再锯到管子的内壁处，这样不断改变方向，直到锯断为止，如图 2.23（b）所示。

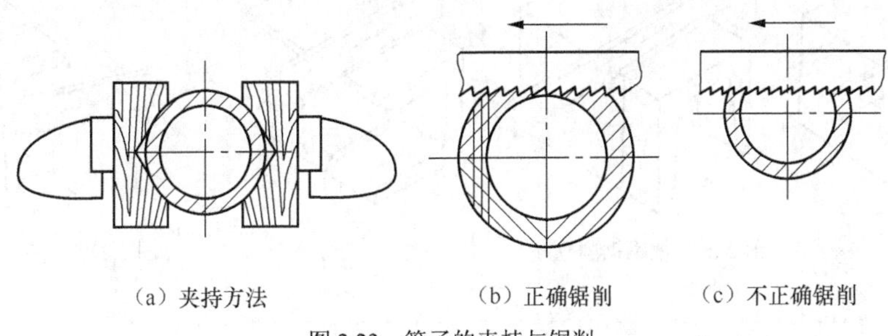

（a）夹持方法　　（b）正确锯削　　（c）不正确锯削

图 2.23　管子的夹持与锯削

（3）薄板的锯削。锯削薄板时，尽量从宽的面上锯下去，使锯齿不易被钩住。当只能在薄板的窄面锯下时可用两块木板夹持薄板，一起夹在台虎钳上，锯削时连木板一起锯下，如图 2.24 所示。这样可防止锯齿被钩住，同时也增加薄板的刚性，使锯削时不会产生颤振。也可将薄板夹在台虎钳上，用手锯作横向斜推锯削，如图 2.24（b）所示，使手锯与薄板接触的齿数增加，避免锯齿崩裂。

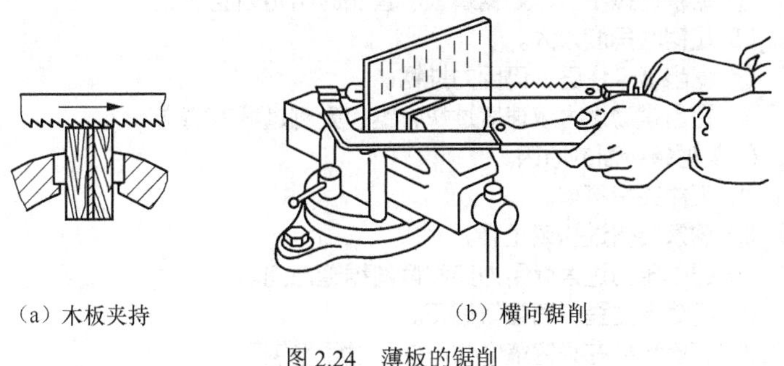

（a）木板夹持　　（b）横向锯削

图 2.24　薄板的锯削

（4）深缝的锯削。如图 2.25（a）所示，当锯缝的深度到达锯弓的高度时，为了防止与工件相碰，应把锯条转过 90° 安装，使锯弓转到工件的侧面，如图 2.25（b）所示。也可将锯条向内转过 180° 安装，再使锯弓转过 180°，让锯齿在锯弓内进行锯削，如图 2.25（c）所示。

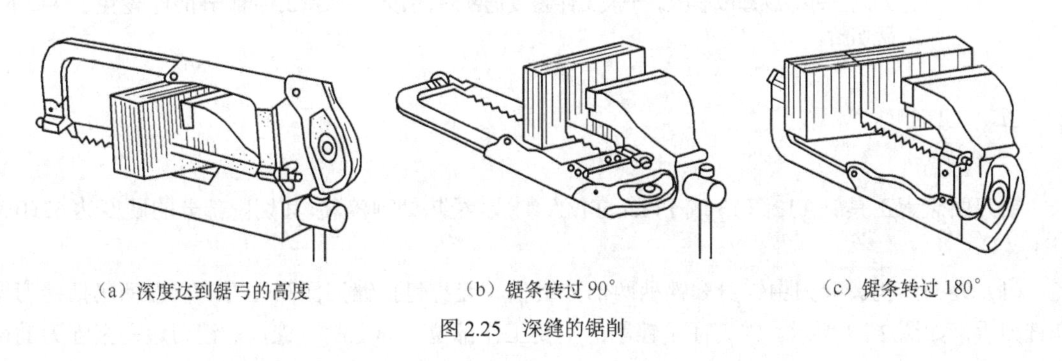

（a）深度达到锯弓的高度　　（b）锯条转过 90°　　（c）锯条转过 180°

图 2.25　深缝的锯削

（5）槽钢的锯削。锯削槽钢时，一开始尽量在宽的一面上进行锯削，按照图 2.26 所示的顺序从 3 个方向锯削。这样可得到较平整的断面，并且锯缝较浅，锯条不会被卡住，从而延长锯条的使用寿命。如果将槽钢装夹一次，从上面一直锯到底，这样锯缝深，不易平整，锯削的效率低，锯齿也易折断，如图 2.27 所示。

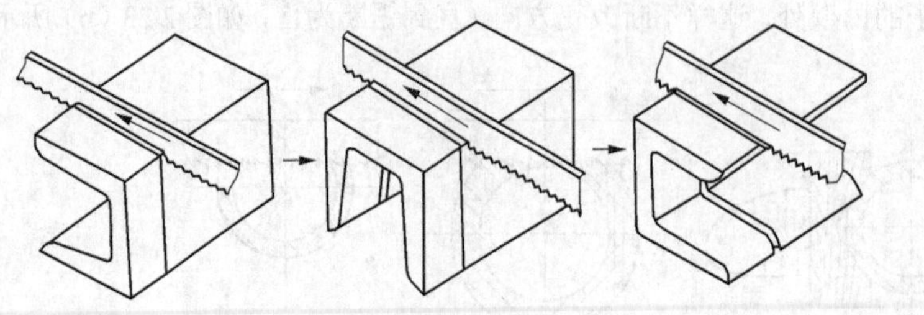

图 2.26 槽钢锯削顺序

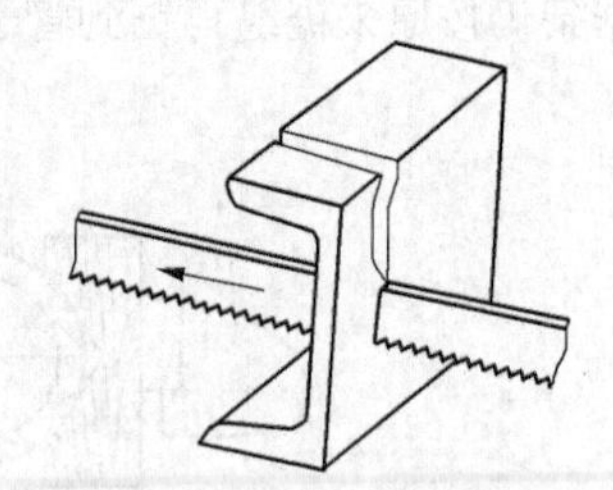

图 2.27 槽钢不正确的锯削

技师指点

（1）锯缝产生歪斜的原因。

① 工件安装歪斜。

② 锯条安装太松或与锯弓平面产生扭曲。

③ 使用两面锯齿磨损不均匀的锯条。

④ 锯削时压力过大，使锯条偏摆。

③ 锯弓不正或用力后产生歪斜，使锯条背偏离锯缝中心平面。

（2）锯齿崩裂的原因。

① 锯条选择不当，如锯薄板、管子时用粗齿锯条。

② 起锯时角度太大。

③ 锯齿被卡住后，仍用力推锯。

④ 锯齿摆动过大或速度过快，锯齿受到过猛的撞击。

（3）锯条折断的原因。

① 工件夹持不牢。

② 锯条装得过松或过紧。

③ 锯削压力过大或用力突然偏离锯缝方向。

④ 锯缝产生歪斜后强行借正。

⑤ 新换锯条在原锯缝中被卡住，过猛地锯下。

⑥ 工件锯断时操作不当，使手锯与台虎钳等相撞。

（4）锯削安全知识。

① 锯条安装后松紧度适宜，锯削时不要突然用力过猛，以防锯条折断后崩出伤人。

② 工件将要锯断时，应减小压力及减慢速度。压力过大使工件突然断开，而手仍用力向前冲，易造成事故。一般工件将要锯断时，用左手扶持工件断开部分，避免工件掉下砸伤脚。

五、锉削

1．锉刀

锉刀由碳素工具钢 T12、T13 或 T12A、T13A 制成，经热处理淬硬，其切削部分的硬度达 62HRC 以上。

（1）锉刀结构。锉刀由锉身和锉柄两部分组成。锉身包括锉刀面和锉刀边；锉柄包括锉刀尾和锉刀舌，如图 2.28 所示。锉刀面是锉削的主要工作部位，其上制有锉齿。锉刀边是指锉刀的两个侧面，有的没有锉齿，有的其中一边有锉齿。无锉齿的边称为光边，可使在锉削内直角的一个面时，不会碰伤相邻的一面。锉刀舌用以安装锉刀手柄，锉刀手柄为木质，安装时在有孔的一端应套有铁箍，防止破裂。

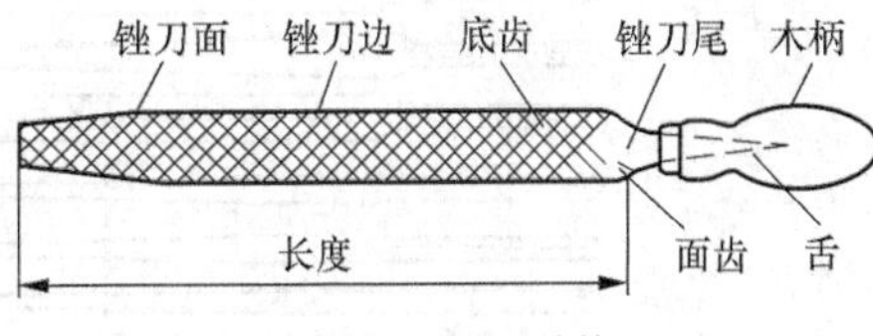

图 2.28 锉刀结构

（2）锉齿和锉纹。锉齿是锉刀面上用以切削的齿型，其制造方法分剁齿和铣齿两种。铣齿法加工出的锉齿称为铣齿，其切削角 δ 小于 90°，如图 2.29（a）所示；剁齿系由剁齿机剁成，每个齿的切削角 δ 大于 90°，如图 2.29（b）所示。锉削时每个锉齿相当于一个刀刃，对金属材料进行切削。

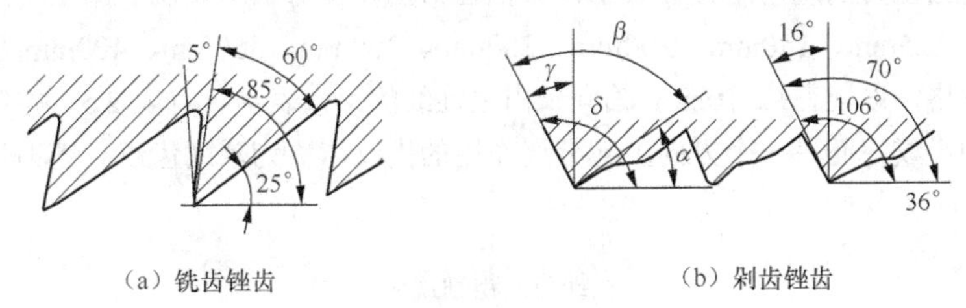

（a）铣齿锉齿　（b）剁齿锉齿

图 2.29 锉齿的切削角度

锉纹是锉齿有规则排列的图案。锉刀的齿纹有单齿纹和双齿纹两种，如图 2.30 所示。单齿纹指锉刀上只有一个方向上的齿纹，锉削时全齿宽同时参加切削，切削力大，因此常用来锉削软材料。双齿纹指锉刀上有两个方向排列的齿纹，齿纹浅的叫底齿纹，齿纹深的叫面齿纹。底齿纹和面齿纹的方向角度不一样，锉削时能使每一个齿的锉痕交错而不重叠，使锉削表面粗糙度小。采用双齿纹锉刀锉削时，锉屑是碎断的，切削力小，再加上锉齿强度高，所以适合于硬材料的锉削。

（3）锉刀的种类。锉刀按其用途不同可分为钳工锉、异形锉和整形锉三种。

钳工锉按其断面形状又可分为扁锉（板锉）、方锉、三角锉、半圆锉和圆锉等五种，如图 2.31 所示。

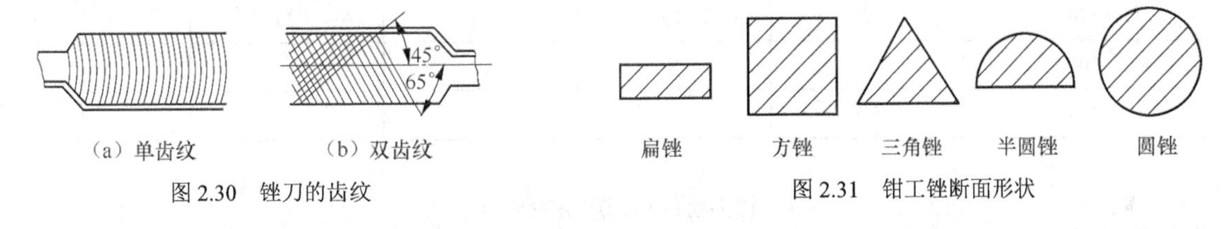

（a）单齿纹　（b）双齿纹

图 2.30 锉刀的齿纹　图 2.31 钳工锉断面形状

异形锉有刀口锉、菱形锉、扁三角锉、椭圆锉、圆肚锉等，如图 2.32 所示。异形锉主要用于锉削工件上特殊的表面。

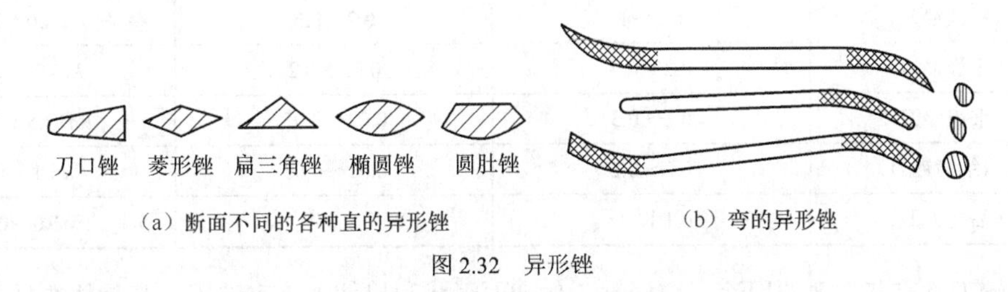

（a）断面不同的各种直的异形锉　（b）弯的异形锉

图 2.32 异形锉

整形锉又称什锦锉，主要用于修整工件细小部分的表面，如图 2.33 所示。

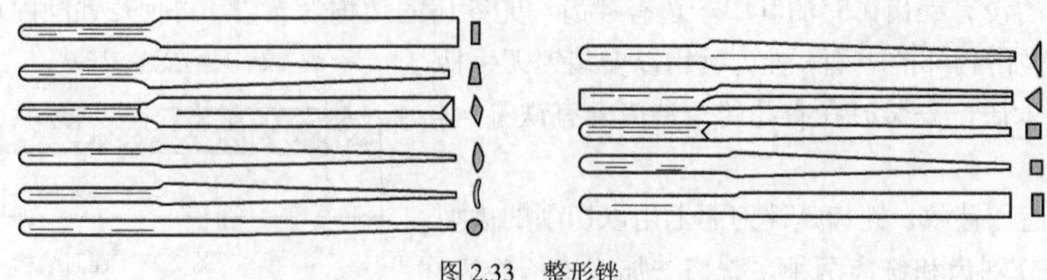

图 2.33 整形锉

（4）锉刀的规格及选用。锉刀的规格分尺寸规格和齿纹粗细规格两种。方锉刀的尺寸规格以方形尺寸表示；圆锉刀的规格用直径表示；其他锉刀则以锉身长度表示。钳工常用的锉刀，锉身长度有 100mm、125mm、150mm、200mm、250mm、300mm、350mm、400mm 等多种。

齿纹粗细规格，以锉刀每 10mm 轴向长内主锉纹的条数表示，见表 2.5。主锉纹指锉刀上起主要切削作用的齿纹；而另一个方向上起分屑作用的齿纹，称为辅助齿纹。锉刀齿纹规格选用，见表 2.6。

表 2.5 锉刀的粗细规格

长度规格/mm	主锉纹条数（10mm 内）				
	锉纹号				
	1	2	3	4	5
100	14	20	28	40	56
125	12	18	25	36	50
150	11	16	22	32	45
200	10	14	20	28	40
250	9	12	18	25	36
300	8	11	16	22	32
350	7	10	14	20	—
400	6	9	12	—	—
450	5.5	8	11	—	—

表 2.6 锉刀齿纹粗细规格的选用

锉 刀 粗 细	适 用 场 合		
	锉削余量/mm	尺寸精度/mm	表面粗糙度/μm
1 号（粗齿锉刀）	0.5～1	0.2～0.5	*Ra*100～25
2 号（中齿锉刀）	0.2～0.5	0.05～0.2	*Ra*25～6.3
3 号（细齿锉刀）	0.1～0.3	0.02～0.05	*Ra*12.5～3.2
4 号（双细齿锉刀）	0.1～0.2	0.01～0.02	*Ra*6.3～1.6
5 号（油光锉刀）	0.1 以下	0.01	*Ra*1.6～0.8

每种锉刀都有其主要的用途，应根据工件表面形状和尺寸大小来选用，其具体选择如图 2.34 所示。

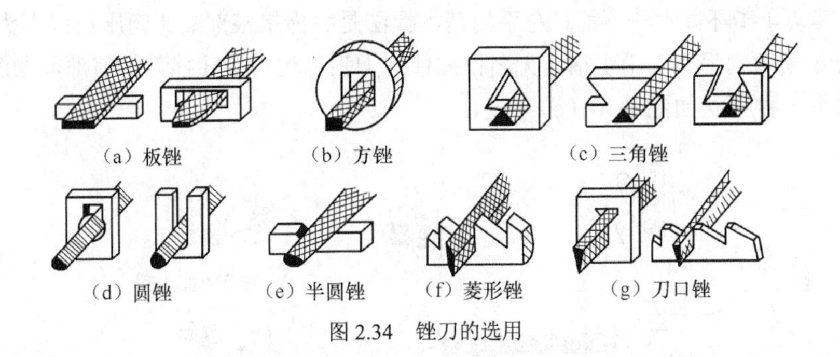

图 2.34　锉刀的选用

技师指点

锉刀的保养：

（1）新锉刀要先使用一面，用钝后再使用另一面。

（2）在粗锉时，应充分使用锉刀的有效全长，既提高了锉削的效率，又可避免锉齿局部磨损。

（3）锉刀上不可沾水或油。

（4）如锉屑嵌入齿缝内必须用钢丝刷沿着锉齿的纹路进行清除。

（5）不可锉毛坯件的硬皮及经过淬硬的工件。

（6）铸件表面如有硬皮，应先用旧锉刀或锉刀的有齿侧边锉去，然后再进行正常的锉削加工。

2．锉刀手柄的装拆

锉刀手柄用硬木（胡桃木或檀木等）或塑料制成，从小到大分为 1～5 号。木质手柄在装锉刀的一端应先钻出一个小孔，孔的大小以能使锉刀舌自由插入 1/2 为宜，并在该端外圆处镶一铁箍。安装锉刀手柄一般有两种方法，即蹾装法和敲击法，如图 2.35（a）所示。锉刀舌的插入深度为舌长的 3/4 即可。安装后，手柄必须稳固，避免锉削时松脱造成事故。

拆卸锉刀手柄时可用图 2.35（b）所示的方法，也可用手锤轻击木柄的方法。

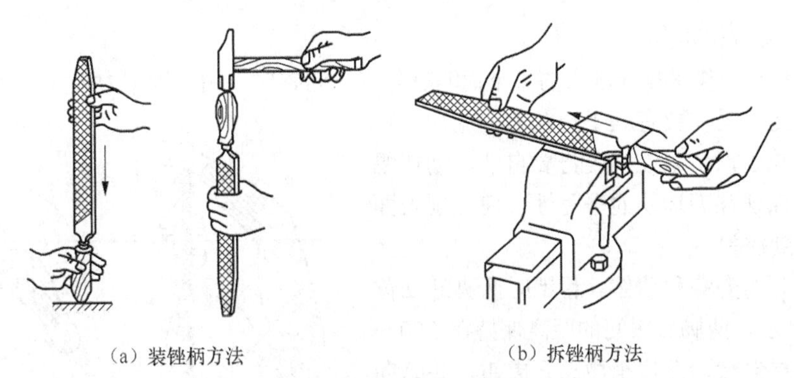

图 2.35　锉刀柄的装拆

3．锉刀的握法

锉刀的握法，应根据锉刀的大小及使用情况而有所不同。使用锉刀时，一般用右手紧握木柄，左手握住挫身的头部或前部。

大锉（大于 250mm）的握法如图 2.36（a）所示。右手紧握木柄，柄端顶住手掌心，大拇指放在木柄上部，其余 4 指环握木柄下部。左手的基本握法是将拇指根部的肌肉压在锉刀头部，拇指自然伸直，其余 4 指弯向手心，用中指、无名指握住锉刀尖，也可握住挫刀的前部，如图 2.36（b）所示。左手的另一种握法如图 2.36（c）所示。

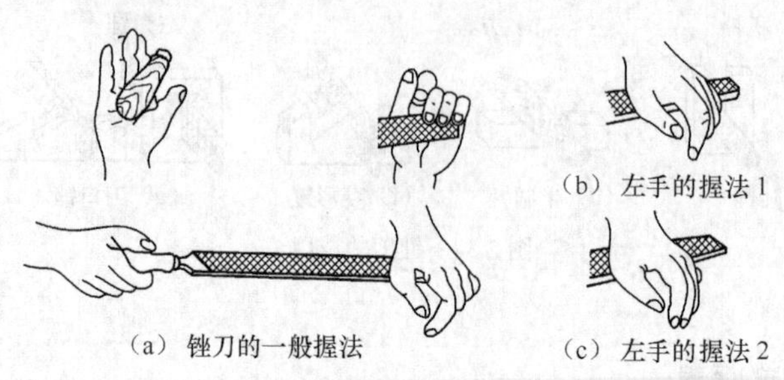

图 2.36 大扁锉的握法

中型锉（200mm 左右）的握法，右手与上述大锉握法相同。左手用大拇指、食指，也可加中指握住锉刀头部，不必像使用大挫那样用很大的力量，如图 2.37（a）所示。

小型挫（150mm 左右）的握法如图 2.37（b）所示。右手食指靠住锉边，拇指与其余手指握住木柄。左手的食指和中指（也可加无名指和小拇指）轻按在锉刀面上。

用整形锉锉削时，一般只用右手拿锉刀。将食指放在锉刀面上，大拇指伸直，其余 3 个手指自然合拢握住锉刀柄即可，如图 2.37（c）所示。

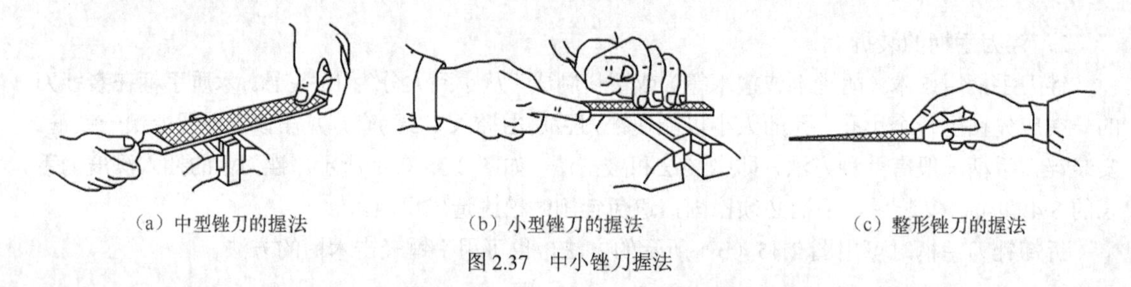

图 2.37 中小锉刀握法

4．锉削的姿势和动作

锉削的姿势和动作根据锉削力的大小而略有差异。粗锉时，由于锉削力较大，所以姿势要有利于身体的稳定，动作要有利于推锉力的施加。精锉时，锉削力较小，所以锉削姿势要自然，动作幅度要小些，以保证锉刀运动的平稳性，使锉削表面的质量容易得到控制。

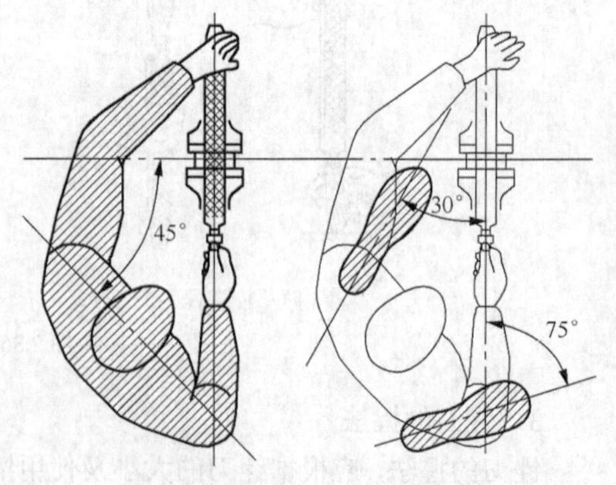

图 2.38 锉削时的站立步位和姿势

（1）粗锉时的姿势和动作。粗锉时两脚站立位置如图 2.38 所示。两脚后跟间的距离保持在 200～300mm，姿势要自然，身体稍微离开虎钳，并略向前倾 10°左右，左腿弯曲并支撑身体质量，右腿伸直。右小臂要与工件锉削面的前后方向保持基本平行，并尽量向后伸，但要自然。

在锉刀向前锉削的动作过程中，身体和手臂的运动情况如图 2.39 所示。开始，身体向前倾斜 10°左右，右肘尽量向后收缩；最初 1/3 行程时，身体向前倾斜 15°左右，左膝稍有弯曲；锉至 2/3 时，右肘向前推进锉刀，身体逐渐倾斜到 18°左右；锉最后 1/3 行程时，右肘继续推进锉刀，身体则随锉削时的反作用力自然地退回到 15°左右；锉削行程结束后，手和身体都恢复到原来姿势，同时将锉刀略提起退回。

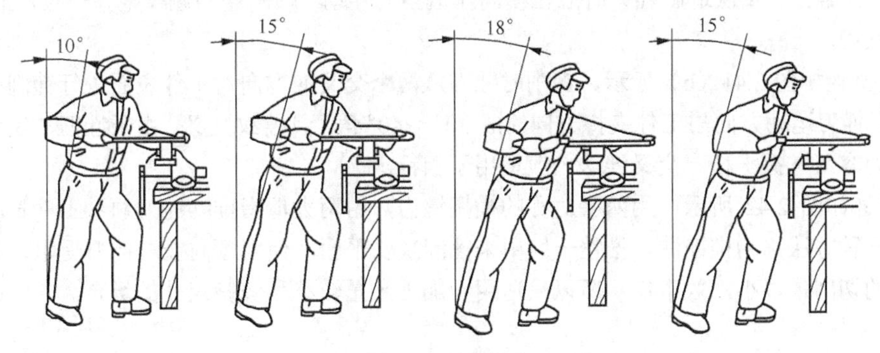

图 2.39 锉削姿势

（2）精锉时的姿势和动作。精锉时两脚的站立位置同前，但距离较近（200mm 左右）。锉削时，左腿不弯曲，身体基本不动，只用臂力即可。

5．锉削用力

不论是粗锉还是精锉，要锉出平直的平面，必须使锉刀保持直线的锉削运动。为此，在锉削过程中两手的力度要随时变化。起锉时左手距工件最近，压力要大，推力要小，而右手则要压力小，推力大。随着锉刀的向前推进，左手压力逐渐减小，右手压力则逐渐增大。当工件在锉身中点位置时，双手压力变为均等。再向前推锉，右手压力逐渐大于左手，如图 2.40 所示。回锉时，两手不加压力而是拖回原位，以减少锉齿的磨损。

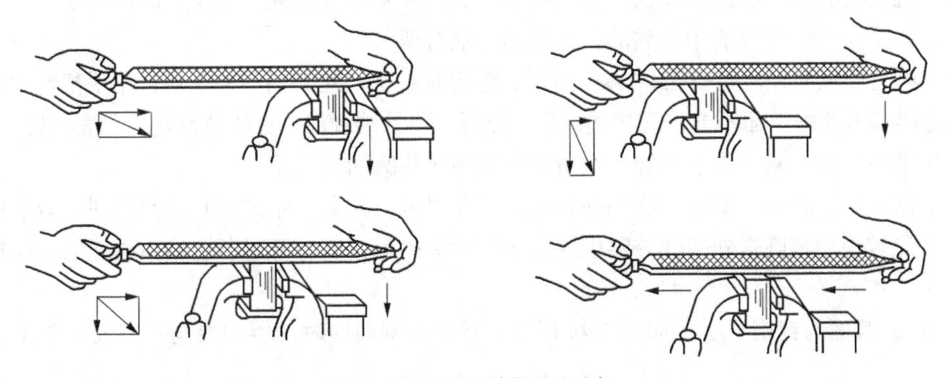

图 2.40 锉平面时的两手用力

6．锉削速度

锉削时应使两肩自然放松，前胸和手臂要有推压感，不要挺腹，右手运锉不能与身体摩擦相碰。锉削时要注意两手的运动频率，保持锉削速度为每分钟 30～60 次，推出时稍慢，回锉时稍快。锉削速度不宜太快，否则人身容易疲劳，锉齿磨损也快。

7．各种平面的锉削方法

（1）平面的锉法。进行平面锉削时，根据锉削平面的精度和平面长、宽尺寸的大小，平面的锉削方法是不同的，一般有以下 3 种方法。

① 顺向锉如图 2.41（a）所示，顺着同一方向对工件进行锉削的方法称为顺向锉，顺向锉是最基本的一种锉削方法。锉刀运动方向与工件夹持方向始终一致，在锉宽平面时，为使整个加工平面能均匀地锉削，每次退回锉刀时应在横向作适当的移动。顺向锉的锉纹整齐一致，比较美观，精锉时常采用。

② 交叉锉如图 2.41（b）所示，锉削时锉刀从两个交叉的方向对工件表面进行锉削的方法称为交叉锉，锉刀运动方向与工件夹持方向约成 30°～40° 角，且锉纹交叉。由于锉刀与工件的接触面大，锉刀容易掌握平稳。交叉锉法一般适用于粗锉。

③ 推锉如图 2.42 所示，用两手对称的横握锉刀，用两大拇指推动锉刀顺着工件长度方向进行锉削的一种方法称为推锉法，推锉一般用来锉削狭长平面，使用顺向锉法锉刀受阻时才采用。因推锉时的切削量很小，效率低，所以只适用于加工余量较小和修整尺寸的场合。

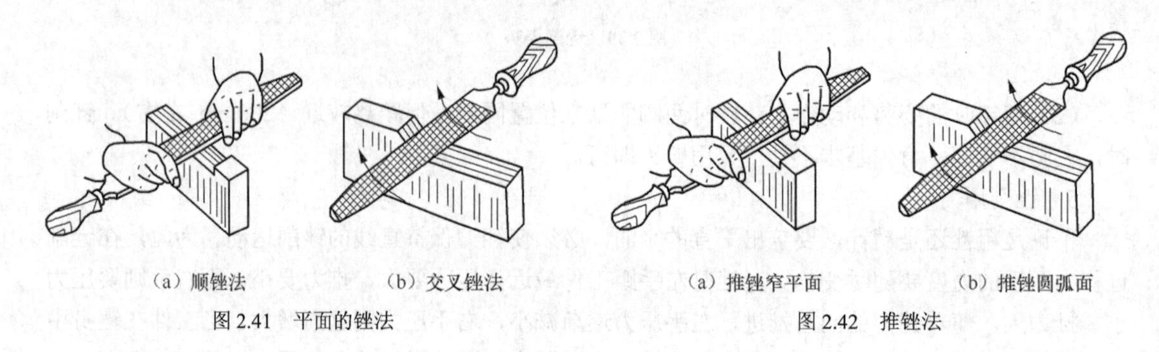

（a）顺锉法　（b）交叉锉法

图 2.41　平面的锉法

（a）推锉窄平面　（b）推锉圆弧面

图 2.42　推锉法

（2）曲面的锉法。

① 外圆弧面的锉削方法。锉削外圆弧面时，锉刀要同时完成两个运动，即锉刀在作前进运动的同时，还应绕工件圆弧的中心转动。其锉削方法有两种。

（a）顺着圆弧面锉，如图 2.43（a）所示。锉削时右手把锉刀柄部往下压，左手把锉刀前端向上抬，这样锉出的圆弧面不会出现棱边现象，使圆弧面光洁圆滑。它的缺点是不易发挥锉削力量，而且锉削效率不高，只适用于在加工余量较小或精锉圆弧面时采用。

（b）横着圆弧面锉，如图 2.43（b）所示。锉削时锉刀向着图示方向作直线推进，容易发挥锉削力量，能较快地把圆弧外的部分锉成接近圆弧的多棱形，然后再用顺着圆弧面锉的方法精锉成圆弧。

② 内圆弧面的锉削方法。如图 2.44 所示，锉削内圆弧面时，锉刀要同时完成三个运动，即

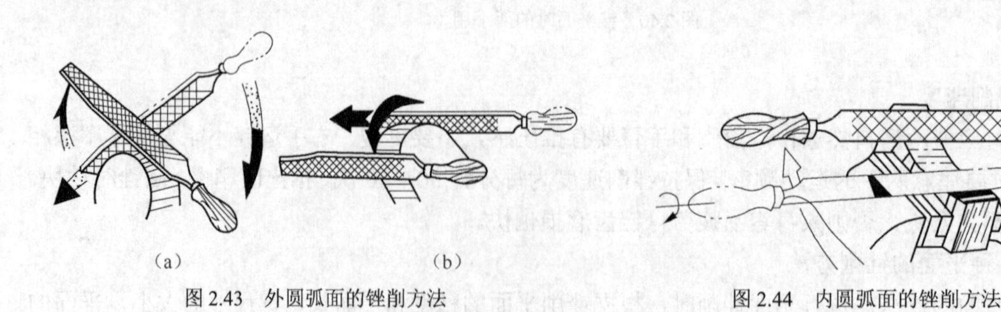

（a）　（b）

图 2.43　外圆弧面的锉削方法

图 2.44　内圆弧面的锉削方法

前进运动、随圆弧面向左或向右移动（约半个到一个锉刀直径）、绕锉刀中心线转动（顺时针或逆时针方向转动）。

如果锉刀只作如图 2.45（a）所示的前进运动，即圆锉刀的工作面不作沿工件圆弧曲线的运动，而只作垂直于工件圆弧方向的运动，那么就将圆弧面锉成凹形（深坑）。

如果锉刀只有如图 2.45（b）所示的前进和向左（或向右）的移动，锉刀的工作面仍不作沿工件圆弧曲线的运动，而作沿工件圆弧的切线方向的运动，那么锉出的圆弧面将成棱形。

锉削时只有如图 2.45（c）所示，将三个运动同时完成，才能使锉刀工作面沿工件的圆弧面作锉削运动，加工出圆滑的内圆弧面来。

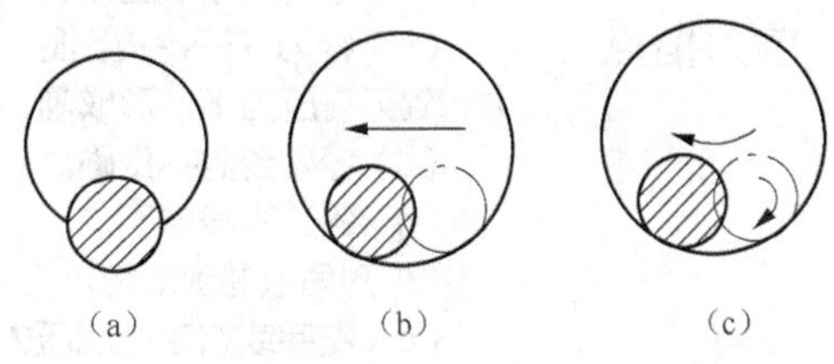

图 2.45　内圆弧面的锉削时的三个运动分析

（3）平面与曲面的锉接方法。在一般情况下，应先加工平面，然后加工曲面，就容易保证平面与曲面的圆滑连接。如果先加工曲面后加工平面，则在加工平面时，由于锉刀侧面无依靠（平面与内圆弧面连接时）而产生左右移动，使已加工的曲面损伤，同时连接处也不易锉得圆滑。

（4）球面的锉削方法。锉削球面的锉刀均为板锉。锉削时，除有推锉运动外，锉刀还要有直向或横向两种曲线运动，才容易获得所要求的球面，如图 2.46 所示。

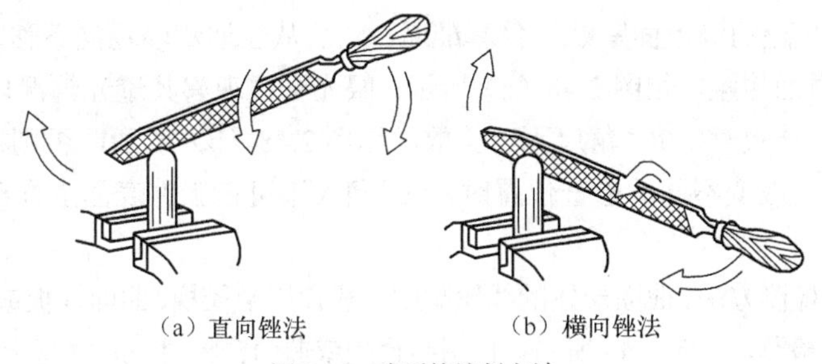

图 2.46　球面的锉削方法

8．锉削质量的检测

（1）平面度的检测。锉削工件时，其平面度通常采用刀口形直尺通过透光法来检查。检查时，刀口形直尺应垂直放在工件表面上，并在加工面的纵向、横向、对角方向多处逐一进行，以透过光线的均匀强弱来判断加工表面是否平直，如图 2.47 所示。平面度误差值的确定，可用塞尺作塞入检查。

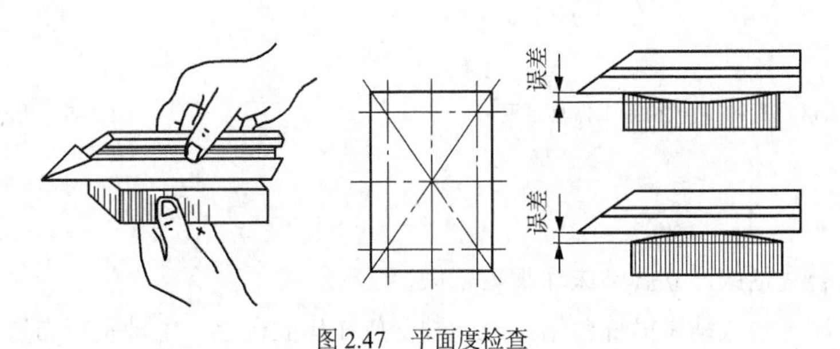

图 2.47　平面度检查

技师指点

（1）刀口直尺在改变检查位置时，不能在工件表面上拖动，应抬起后再轻放到另一检查位置。否则直尺的刃口易磨损而降低其精度。

（2）锉削平面不平的形式和原因。

① 平面中凸。

（a）锉削时双手的用力不能使锉刀保持平衡。

（b）锉刀在开始推出时，右手压力太大，锉刀被压下，锉刀推到前面，左手压力太大，锉刀在压力下，形成前、后面多样。

（c）锉削姿势不正确。

（d）锉刀本身中凹。

② 对角扭曲或塌角。

（a）左手或右手施加压力时重心偏在锉刀一侧。

（b）工件未夹正确。

（c）锉刀本身扭曲。

③ 平面横向中凹或中凸。

锉刀在锉削时左右移动不均匀。

（2）平行度的检测。平行度可用卡钳、游标卡尺来检测，也可将工件上某一平面度合格的表面贴放在划线平台板上，用百分表来检测其相对平面的平行度，以最大差值作为平行度的数值。

（3）垂直度的检查。用90°角尺检查工件垂直度前，应先用锉刀将工件的锐边倒钝。检查时，要掌握以下两点。

① 先将90°角尺座的测量面紧贴工件基准面，然后从上逐步轻轻向下移动，使90°角尺的测量面与工件的被测量面接触，如图2.48（a）所示，眼光平视观察其透光情况以此判断工件被测面与基准面是否垂直。检查时，90°角尺不可斜放，如图2.48（b）所示，否则检查结果不准确。

② 在同一平面上改变不同的检查位置时，90°角尺不可在工件表面上拖动，以免磨损角尺本身精度。

（4）曲面形体的检测方法。曲面形体的线轮廓度一般使用半径规、曲面样板或验棒通过厚薄规（塞尺）或透光法来进行检测，如图2.49所示。使用半径规或曲面样板时，应垂直于曲面测量。验棒是按曲面半径的要求制成的，测量时通过与曲面比较或用显示剂（如红丹粉）对研来检查曲面的误差。

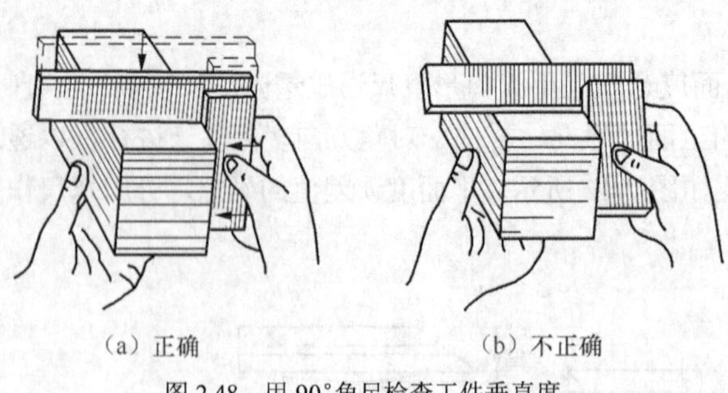

（a）正确　　（b）不正确

图2.48　用90°角尺检查工件垂直度

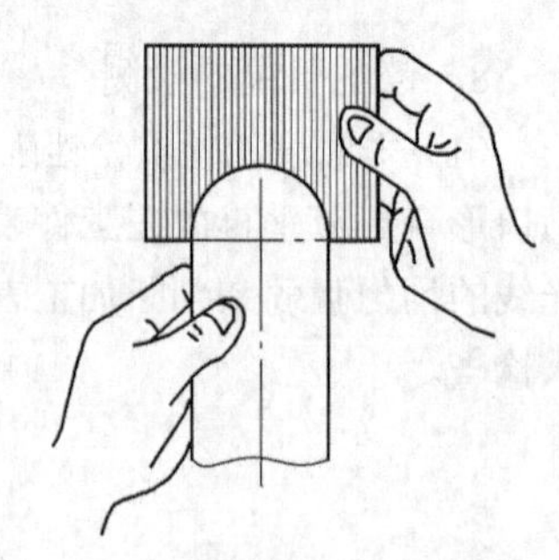

图2.49　用样板检查曲面轮廓

六、钻孔

1．钻床

常用钻床有台式钻床、立式钻床和摇臂钻床。

（1）台式钻床。台式钻床简称台钻，是一种安放在作业台上、主轴垂直布置的小型钻床，最大钻孔直径为 13mm，结构如图 2.50 所示。

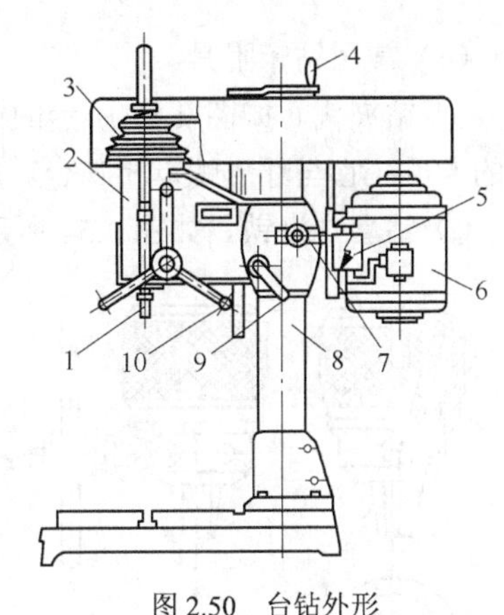

图 2.50　台钻外形

1—主轴；2—头架；3—带轮；4—旋转摇把；5—转换开关；6—电动机；7—螺钉；8—立柱；9—手柄；10—进给手柄

台钻由机头、电动机、塔式带轮、立柱、回转工作台和底座等组成。电动机和机头上分别装有五级塔式带轮，通过改变 V 形带在两个塔式带轮中的位置，可使主轴获得五种转速。机头与电动机连为一体，可沿立柱上下移动，根据钻孔工件的高度，将机头调整到适当位置后，通过锁紧手柄使机头固定方能钻孔。回转工作台可沿立柱上下移动，或绕立柱上下移动，或绕立柱轴线做水平转动，也可在水平面内做一定角度的转动，以便钻斜孔时使用。较大或较重的工件钻孔时，可将回转工作台转到一侧，直接将工件放在底座上，底座上有两条 T 形槽，用来装夹工件或固定夹具。在底座的四个角上有安装孔，用螺栓将其固定。

（2）立式钻床。立式钻床简称立钻，如图 2.51 所示。主轴箱和工作台安置在立柱上，主轴垂直布置。立钻的刚性好、强度高、功率较大，最大钻孔直径有 25mm、35mm、40mm 和 50mm 等几种。立钻可用来进行钻孔、扩孔、镗孔、铰孔、攻螺纹和锪端面等。

立钻由主轴变速箱、电动机、进给箱、立柱、工作台、底座和冷却系统等主要部分组成。电动机通过主轴变速箱驱动主轴旋转，改变变速手柄位置，可使主轴得到多种转速。通过进给变速箱，可使主轴得到多种机动进给速度，转动手柄可以实现手动进给。工作台上有 T 形槽，用来装夹工件或夹具。工作台能沿立柱导轨上下移动，根据钻孔工件的高度，适当调整工作台位置，然后通过压板、螺栓将其固定在立柱导轨上。底座用来安装和固定立钻，并设有油箱，为孔加工提供切削液，以保证较高的生产效率和孔的加工质量。

（3）摇臂钻床。如图 2.52 所示，摇臂钻床主要由摇臂、主电动机、立柱、主轴箱、工作台、底座等部分组成。主电动机旋转直接带动主轴变速箱中的齿轮，使主轴得到十几种转速和进给速度，可实现机动进给、微量进给、定程切削和手动进给。主轴箱能在摇臂上左右移动，以加工同一平面上、相互平行的孔系。摇臂在升降电机驱动下能沿立柱轴线任意升降，操作者可手拉摇臂绕立柱做 360° 任意旋转，根据工作台的位置，将其固定在适当角度。工作台面上有多条 T 形槽，用来安装中、小型工件或钻床夹具。大型工件加工时，可将工作台移开，工件直接安放在底座上加工，必要时可通过底座上的 T 形槽螺栓将工件固定，然后进行加工。

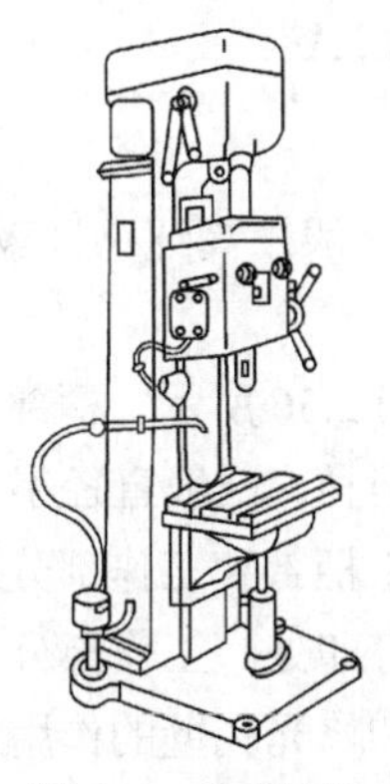
图 2.51　立式钻床

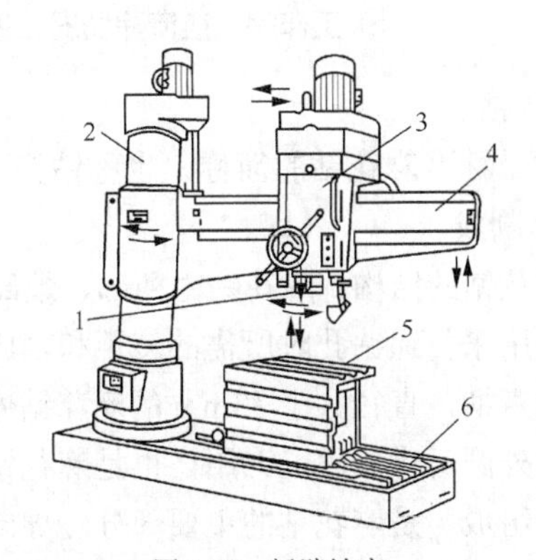

图 2.52　摇臂钻床

1—麻花钻夹；2—立柱；3—主轴箱；4—摇臂；5—工作台；6—底座

（4）常用钻床附具。

① 钻夹头。如图 2.53 所示的钻夹头用来装夹圆柱柄钻头。在夹头的 3 个斜孔内部装有带螺纹的卡爪，它与环形螺母相啮合。旋转外套时，螺母随同旋转，从而使三爪张开或合拢。

② 钻套与楔铁。如图 2.54 所示的钻套用来装夹锥柄钻头。楔铁用来从钻套中卸下钻头。

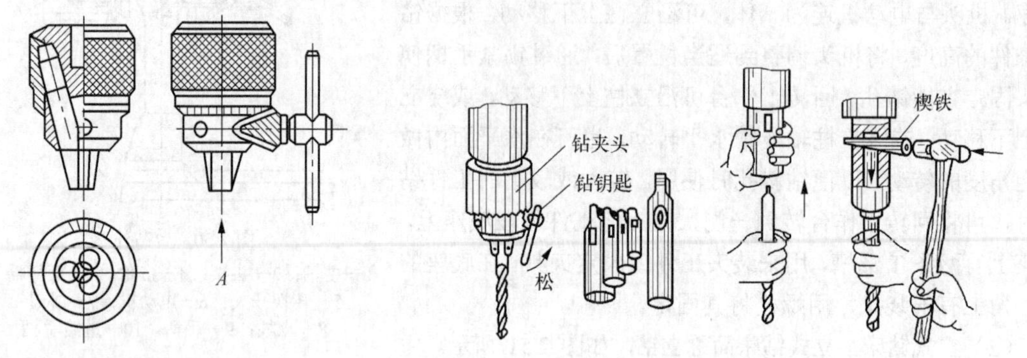

图 2.53 钻夹头

图 2.54 钻套与楔铁

③ 快换夹头。在钻床上加工孔时，往往需要不同的刀具经过几次更换和装夹才能完成（如使用钻头、扩孔钻、锪孔钻、铰刀等）。在这种情况下，采用快换夹头，能在主轴旋转的时候，更换刀具，装卸迅速，减少更换刀具的时间。图 2.55 所示就是这种夹头。更换刀具时，只要将外环向上提起，钢球受离心力的作用就会落入外环下部槽中，可换套筒不再受到钢球的卡阻，而和刀具一起自动落下。把另一个装有刀具的可换套筒装上，放下外环，钢球又落入可换套筒的凹入部分，于是更换过的刀具便随着插入主轴内的锥柄一起转动，继续进行加工。

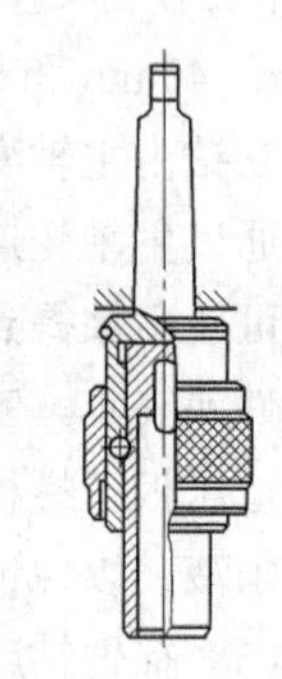

图 2.55 快换钻夹头

技师指点

钳工在日常工作中应经常对钻床进行维护保养，以保持钻床的精度，延长使用寿命。使用钻床必须遵守操作规程，并注意以下事项。

① 工作前根据机床的润滑系统图，了解和熟悉各注油孔，并在机床所有运动部分（导轨面）各注油孔处上好润滑油，检查注油处有标记的油标是否在油线之上。

② 检查各部分手柄是否在应有的位置上，然后开车作空运转检查，同时还要检查各部分夹紧机构是否有效。

③ 工作完后应清除切屑，擦净机床，上好润滑油防止生锈。

2．麻花钻

麻花钻是标准麻花钻的简称，也称钻头，是钻孔常用的工具，一般用高速钢（W18Cr4V 或 W9Cr4V2）制成。

（1）麻花钻的结构。麻花钻由柄部、颈部和工作部分组成，如图 2.56 所示。柄部是麻花钻的夹持部分，用来传递钻孔时所需的转矩和轴向力。它有直柄和锥柄两种。一般直径小于 13mm 的麻花钻做成直柄，直径大于 13mm 的麻花钻做成莫氏锥柄。颈部位于柄部和工作部分之间，用于磨制麻花钻外圆时供砂轮退刀用，也是麻花钻规格、商标、材质的打印处。工作部分由切削部分和导向部分组成，是麻花钻的主要部分。导向部分起引导钻削方向和修光孔壁的作用，是切削部分的备用部分。

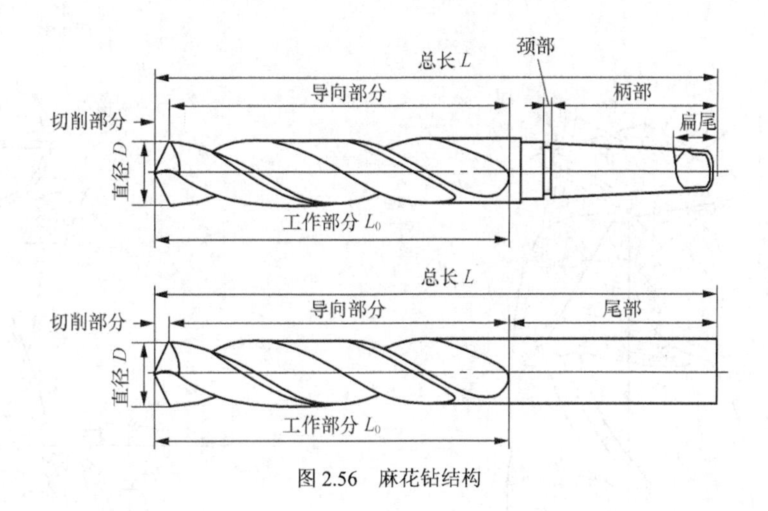

图 2.56　麻花钻结构

（2）麻花钻的 4 个辅助平面。为了便于确定麻花钻切削部分的几何角度，先确定 4 个辅助平面，如图 2.57 所示。

① 基面。主切削刃上任一点的基面是垂直于该点的切削速度方向的平面，即通过该点与钻头轴线形成的径向平面。麻花钻主切削刃上各点的基面是不相同的。

② 切削平面。主切削刃上任一点的切削平面是由该点的切削速度方向和通过该点的切削刃的切线两者所构成的平面。

③ 主截面。通过主切削刃上任一点并垂直于该点切削平面和基面的平面为该点的主截面。

④ 柱截面。通过主切削刃上任一点作与钻头轴线平行的线，该直线绕钻头轴线旋转所形成的圆柱截面即为试点的柱截面。

（3）标准麻花钻的切削角度。

① 前角 γ。麻花钻主切削刃上任一点的前角为该点主截面（见图 2.58）内，前刀面与基面之间的夹角。由于麻花钻的前刀面为一螺旋面，沿主切削刃各点的倾斜方向不同，所以主切削刃各点的前角大小不等。近外缘处最大，$\gamma \approx 30°$，自外缘向中心逐渐减小。靠近钻心处为负前角。前角的大小与螺旋角、顶角有关。前角的大小决定切削难易程度。前角越大，切削越省力。

② 后角 α。主切削刃上任一点的后角为该点柱截面内（见图 2.58 中 $N_1—N_1$），后刀面与切削平面之间的夹角。主切削刃上的各后角不相等。外缘处后角较小，越接近钻心后角越大。直径 $D = 15～30$mm 的钻头，外缘处α为 $9°～12°$，钻心处α为 $20°～26°$，横刃处α为 $30°～60°$。

③ 顶角 2ϕ。顶角两主切削刃在与它们平行的平面上投影的夹角。它的大小影响前角、切削厚度、切削宽度、切屑流出方向、切削力、粗糙度和孔的扩张量，以及外缘转折点的散热条件。顶角越小，轴向力越小，外缘处刀尖角越大，有利于散热和提高钻头的耐用度。但顶角减小后，在相同条件下，钻头所受的扭矩增大，切屑变形加剧，排屑困难，会妨碍冷却液进入。顶角的大小可根据加工条件（工件的材料、硬度）在刃磨时决定。标准麻花钻的顶角 $2\phi = 118° \pm 2°$。这时两主切削刃呈直线形。若 2ϕ 大于此值则主切削刃呈内凹形，反之呈外凸形。

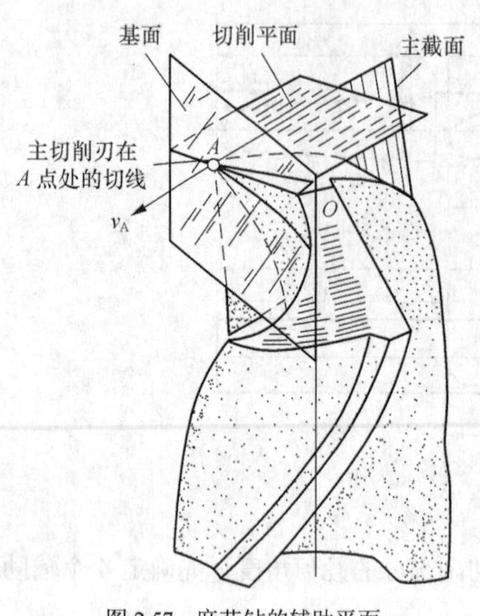

图 2.57 麻花钻的辅助平面

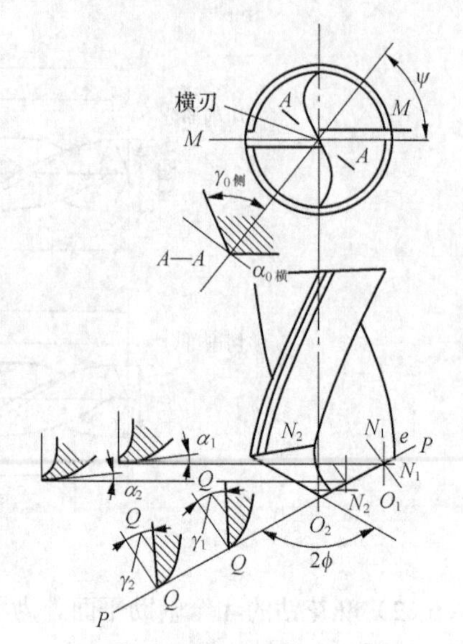

图 2.58 麻花钻的切削角度

④ 横刃斜角 ψ。在钻头的端面投影图中，横刃与主切削刃所夹的锐角为横刃斜角。

3．工件装夹

将工件划好线，检查后打样冲眼，然后选择合适的方法进行装夹。钻孔时，工件的装夹方法应根据钻孔直径的大小及工件的形状来决定。一般钻削直径小于 8mm 的孔，而工件又可用手握牢时，可用手拿住工件钻孔，但工件上锋利的边角要倒钝，当孔快要钻穿时要特别小心，进给量要小，以防发生事故。除此之外，还可采用其他不同的装夹方法来保证钻孔质量和安全。

（1）用手虎钳夹紧。在小型工件、板上钻小孔或不能用手握住工件钻孔时，必须将工件放置在定位块上，用手虎钳夹持来钻孔，如图 2.59 所示。

（2）用平口钳夹紧。钻孔直径超过 8mm 且在表面平整的工件上钻孔时，可用平口钳来装夹，如图 2.60 所示。装夹时，工件应放置在垫铁上，防止钻坏平口钳，工件表面与钻头要保持垂直。

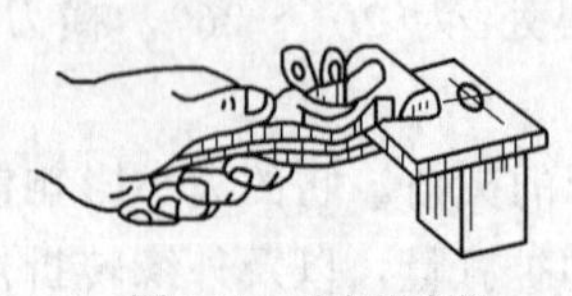

图 2.59 手虎钳夹紧

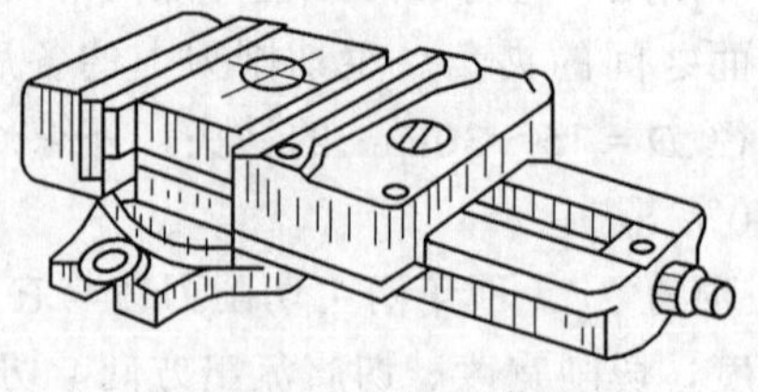

图 2.60 平口虎钳

（3）用压板夹紧。钻大孔或不便用平口钳夹紧的工件，可用压板、螺栓、垫铁直接固定在钻床工作台上进行钻孔，如图 2.61 所示。

（4）用三爪自定心卡盘夹紧。圆柱工件端面上进行钻孔，用三爪自定心卡盘来夹紧，如图 2.62 所示。

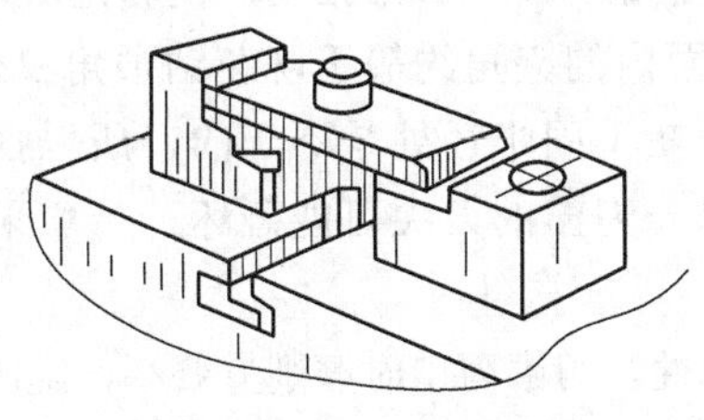

图 2.61 用夹板夹持工件

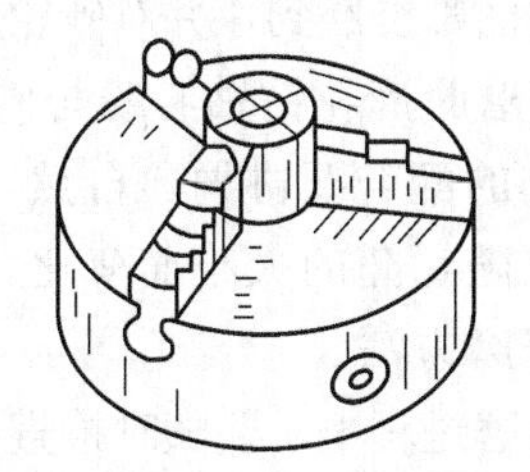

图 2.62 用三爪自定心卡盘夹紧

（5）用 V 形铁夹紧。在圆柱形工件上进行钻孔，可用带夹紧装置的 V 形铁夹紧，也可将工件放在 V 形铁上并配以压板压牢，以防止工件在钻孔时转动，如图 2.63 所示。

4．钻削用量的选择

钻削用量包括切削深度、进给量、切削速度 3 个方面。钻孔时，切削深度由钻头直径的大小决定。一般情况被钻孔径小于 30mm 时一次钻出；被钻孔径为 30～60mm 时，为减小切削深度可分为两次钻出，即先用 0.5*D*～0.7*D* 的较小钻头钻孔，再用直径等于 *D* 的钻头扩孔。钻孔时，进给量和切削速度对生产串的影响基本相同，在切削条件允许的范围内，进给量越大切削速度越高则生产率越高，面对钻孔的表面租糙度和钻头的耐用度影响却不同。进给量是影响表面粗糙度的主要因素，切削速度是影响钻头耐用度的主要因素，即进给量越小，孔的表面粗糙度越细，切削速度越高钻头耐用度越小。

在实际生产中，选择钻削用量要根据工件材料的硬度、强度、表面粗糙度、孔径大小和深度等方面综合考虑。特别需注意以下几点。

（1）工件材料硬度高，钻孔孔径较大时，要首先考虑钻头本身强度的限制，宜选较低的切削速度，否则将明显地缩小钻头的耐用率，降低生产率，增加刀具消耗。

（2）钻孔的精度要求高或需攻丝铰孔时，应选较小的进给量，以免留下较大的加工误差，影响下道工序。

（3）钻深孔时，由于排屑困难，切削液不易流入，切削热不易散开，改对加工精度和钻头耐用度均有影响，要选用较小的切削速度。

5．麻花钻的刃磨与修磨

（1）麻花钻的刃磨。麻花钻的刃磨直接关系到麻花钻切削能力的优劣、钻孔精度的高低、表面粗糙度值的大小等。因此，当麻花钻磨钝或在不同材料上钻孔要改变切削角度时，必须进行刃磨。一般麻花钻采用手工刃磨，主要刃磨两个主后刀面（两条主切削刃）。

刃磨时，如图 2.64 所示，右手握住麻花钻的头部作为定位支点，使其绕轴线转动，使麻花钻

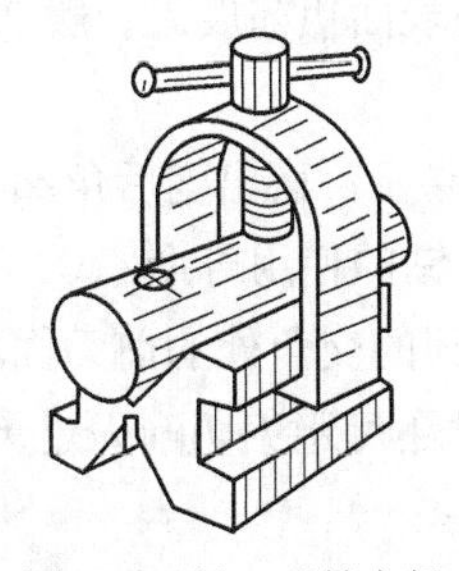

图 2.63 用 V 形铁夹紧

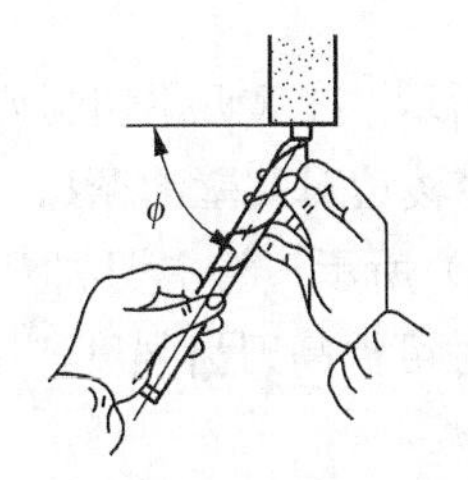

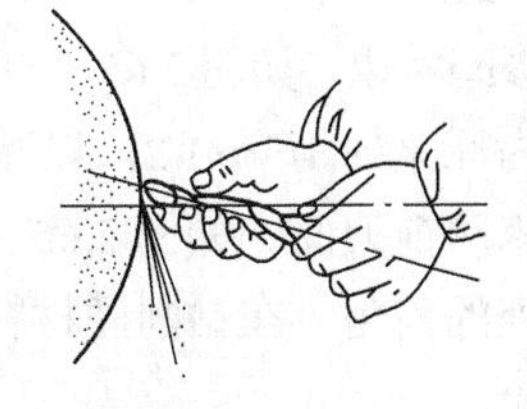

图 2.64 麻花钻的刃磨

整个后刀面都能磨到，并对砂轮施加压力；左手握住柄部作上下弧形摆动，使麻花钻磨出正确的后角。刃磨时麻花钻轴心线与砂轮圆柱母线在水平面内的夹角约等于麻花钻顶角 2ϕ 的 1/2，两手动作的配合要协调、自然。由于麻花钻的后角在不同半径处是不等的，所以摆动角度的大小也要随后角的大小而变化。为防止在刃磨时另一刀瓣的刀尖可能碰坏，一般采用前刀面向下的刃磨方法。

在刃磨过程中，要随时检查角度的正确性和对称性。刃磨刃口时磨削量要小，随时将麻花钻浸入水中冷却，以防切削部分过热而退火。

主切削刃刃磨后，一般采用目测的方法进行检验，主要做以下几方面的检查。

① 检查顶角 2ϕ 的大小是否正确（118°±2°），两主切削刃是否对称、长度是否一致。检查时，将麻花钻竖直向上，两眼平视主切削刃。为避免视差，应将麻花钻旋转 180° 后反复观察，若结果一样，说明对称。

② 检查主切削刃外缘处的后角 α_0（8°～14°）是否达到要求的数值。

③ 检查主切削刃近钻心处的后角是否达到要求的数值。可以通过检查横刃斜角 ψ（50°～55°）是否正确来确定。

（2）麻花钻的修磨。标准麻花钻存在如下缺点。

① 主切削刃上各点前角数值变化很大，接近钻心处已为负值，切削条件差。

② 横刃很长，又有很大的负前角，切削条件差，因此轴向力大，定心不好。

③ 主刃长，切屑宽，各点切屑流出速度相差很大，切屑卷曲成螺卷，所占空间体积大，导致排屑不顺利，切削液难以流入。

④ 切屑厚度沿切削刃分布不匀，在外缘处切削厚度大，而且此处切削速度最高，副后角为零，刃带与孔壁摩擦很大。因此外缘处切削负荷大，磨损快。

⑤ 横刃的前后角与主刃后角密切相关不能分别控制。

⑥ 高速钢的耐热性和耐磨性仍不够高。

由于标准麻花钻存在上述缺点，通常要对其切削部分进行修磨，以改善切削性能。一般是按钻孔的具体要求，有选择地对钻头进行修磨，改善切削性能。

（a）修磨横刃。如图 2.65（a）所示，修磨横刃主要是把横刃磨短，增大横刃处的前角。修磨后的横刃长度为原来长度的 1/3～1/5，以减少轴向阻力和挤刮现象，提高麻花钻的定心作用和切削稳定性，一般 5mm 以上的麻花钻都要修磨横刃。麻花钻修磨后形成内刃，内刃斜角 $r = 20° \sim 30°$，内刃处前角 $\gamma_0 = 0° \sim -15°$。

（b）修磨主切削刃。如图 2.65（b）所示，修磨主切削刃主要是磨出第二顶角 $2\phi_0$，即在外缘处磨出过渡刃，以增加主削刃的总长度，增大刀尖角 E_r，从而增加刀齿强度，改善散热条件，提高切削刃与棱边交角处的抗磨性，延长麻花钻使用寿命，减少孔壁表面粗糙度。一般 $2\phi_0 = 70° \sim 75°$，$f_0 = 0.2D$。

（c）修磨棱边。如图 2.65（c）所示，在靠近主切削刃的一段棱边上，磨出副后角 $\alpha_0 = 6° \sim 8°$，棱边宽度为原来的 1/3～1/2，以减少棱边对孔壁的摩擦，提高麻花钻的使用寿命。

（d）修磨前刀面。如图 2.65（d）所示，将主切削刃和副切削刃的交角处的前刀面磨去一块，以减少此处的前角。在钻削硬材料时可提高刀齿强度，钻削黄铜时还可避免切削刃过于锋利而引起扎刀现象。

（e）磨出分屑槽。在直径大于 15mm 的麻花钻都可磨出分屑槽。如图 2.65（e）所示，在两个后刀面上磨出几条相互错开的分屑槽，使原来的宽切屑变窄，有利于排屑，尤其适合钻削钢料。

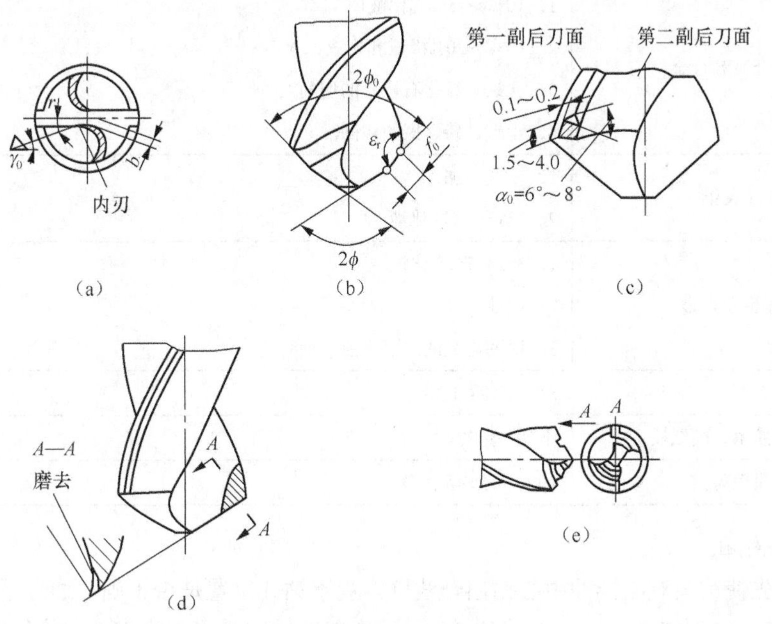

图 2.65 麻花钻的修磨

(f) 钻头刃磨的检验。钻头刃磨后，其角度和几何参数是否准确必须通过检验。通常的检验方法有两种。第一种是目测方法，即将钻头切削刃朝上，使钻头轴线与视线垂直，反复使钻头绕轴作 180°旋转，观察各切削刃是否对称，各切削角度是否大致准确。根据钻头的具体误差情况，再作反复修正，直至符合要求为止。第二种是用简易量具检验，根据被测钻头切削部分的几何参数，先用钢板制成“刃磨样板”，在刃磨中进行检验，如图 2.66 所示。

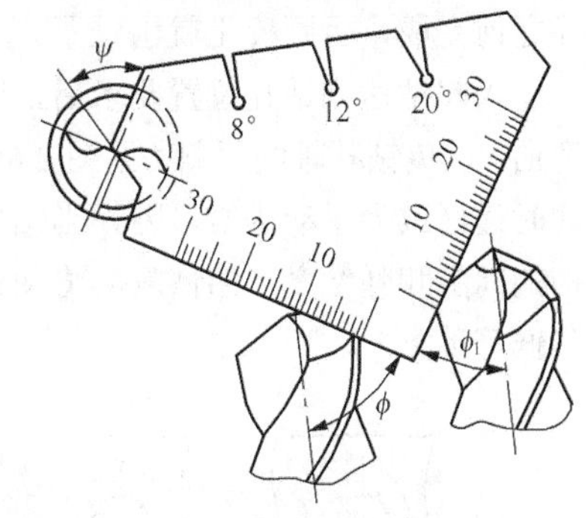

图 2.66 用样板检验钻头

6. 冷却液的准备

钻孔时，由于加工材料和加工要求不一，所用冷却润滑液的种类和作用也不一样。

对于一般粗加工中的钻孔，其主要目的是提高钻头的切削能力和耐用度，宜选择以冷却作用为主的切削液。对精度要求较高的孔，主要是减少刀具与切屑的摩擦与黏结，提高孔壁表面质量，宜选用以润滑为主的冷却润滑液。钻削不同材料所用的冷却润滑液可参见表 2.7。

表 2.7 钻削不同材料时的冷却润滑液

加 工 材 料	冷却润滑液
碳钢、合金钢	1．3%～5%乳化液 2．5%～10%极压乳化液

续表

加工材料	冷却润滑液
不锈钢及高温合金	1．10%～15%乳化液 2．10%～20%极压乳化液 3．含氯（氯化石蜡）的切削油 4．含硫、磷、氯的切削油
铸铁及黄铜	1．一般不加 2．3%～5%乳化液
紫铜、铝及合金	1．3%～5%乳化液 2．煤油 3．煤油与菜油的混合油
青铜	3%～5%乳化液
硬橡胶、胶木、硬纸板	不加、风冷
有机玻璃	10%～15%乳化液

7．按划线钻孔

钻孔时，先使钻头对准样冲中心钻出一浅坑，观察钻孔位置是否正确，通过不断找正使浅坑与钻孔中心同轴。具体找正方法：若偏位较少，可在起钻的同时用力将工件向偏位的反方向推移，达到逐步校正；若偏位较多，如图 2.67 所示，可在校正方向打上几个样冲眼或用油槽錾錾出几条槽，以减少此处的切削阻力，达到校正目的。无论采用何种方法，都必须在浅坑外圆小于钻头直径之前完成，否则校正就困难了。

当起钻达到钻孔位置要求后，即可按要求完成钻孔。手动进给时，进给用力不应使钻头产生弯曲，以免钻孔轴线歪斜（见图 2.68）。当孔将要钻穿时，必须减少进给量，如果是采用自动进给，此时最好改为手动进给。因为当钻尖将要钻穿工件材料时，轴向阻力突然减少，由于钻床进给机构的间隙和弹性变形的恢复，将使钻头以很大的进给量自动切入，以致造成钻头折断或钻孔质量降低等现象。

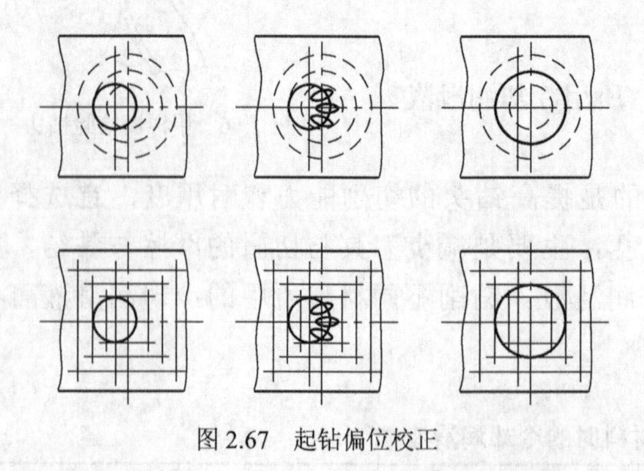

图 2.67 起钻偏位校正

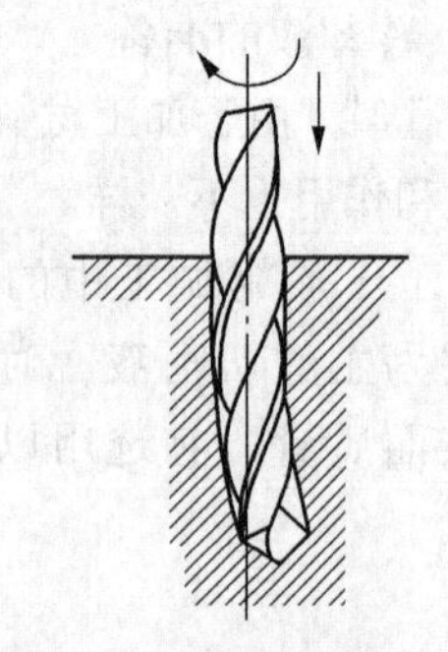

图 2.68 钻孔轴线歪斜

钻不通孔（盲孔）时，需利用钻床上的深度尺来控制钻孔的深度，也可在钻头上套定位环或用粉笔作记号。定位环或粉笔记号的高度为钻孔深度的 $D/3$（D 钻头直径）。

技师指点

钻孔时应注意以下事项。

（1）钻孔前检查钻床的润滑、调速是否良好，工作台面清洁干净，不准放置刀具、量具等物品。

（2）操作钻床时不可戴手套，袖口必须扎紧，女生戴好工作帽。

（3）工件必须夹紧牢固。

（4）开动钻床前，应检查钻钥匙或斜铁是否插在钻轴上。

（5）操作者的头部不能太靠近旋转的钻床主轴，停车时应让主轴自然停止，不能用手刹住，也不能反转制动。

（6）钻孔时不能用手和棉纱或用嘴吹来清除切屑，必须用刷子清除，长切屑或切屑绕在钻头上要用钩子钩去或停车清除。

（7）严禁在开车状态下装拆工件，检验工件和变速须在停车状态下完成。

（8）清洁钻床或加注润滑油时，必须切断电源。

8．钻特殊孔

（1）扩孔。扩孔是用扩孔钻对工件上已有的孔进行扩大加工，如图 2.69 所示。扩孔可以作为孔的最终加工，也可作为铰孔、磨孔前的预加工工序。扩孔后，孔的尺寸精度可达到 IT9 ～IT10，表面粗糙度可达到 Ra12.5～3.2μm。

扩孔时的切削深度α_p按下式计算：

$$\alpha_p = \frac{D-d}{2}$$

式中 D——扩孔后直径，mm；

d——预加工孔直径，mm。

实际生产中，一般用麻花钻代替扩孔钻使用，扩孔钻多用于成批大量生产。扩孔时的进给量为钻孔的 1.5～2.0 倍，切削速度为钻孔时的 1/2。

（2）锪孔。用锪孔刀具在孔口表面加工出一定形状的孔或表面的加工方法，称为锪孔。常见的锪孔形式有锪圆柱形沉孔、锪锥形沉孔和锪凸台平面（见图 2.70）。

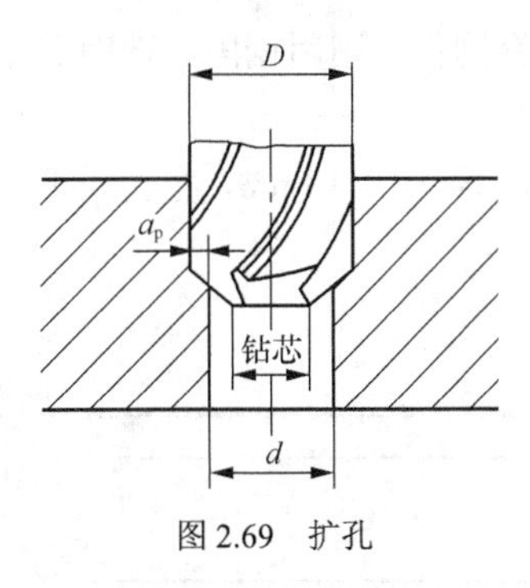

图 2.69 扩孔

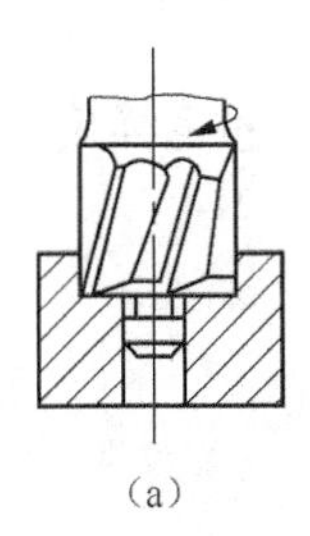

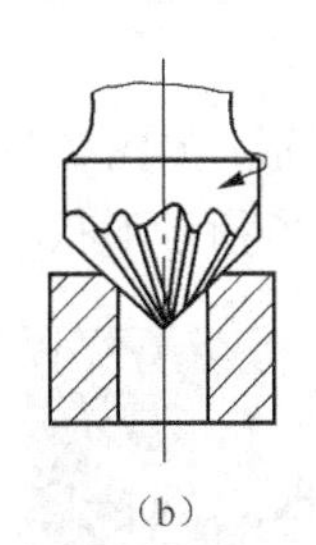

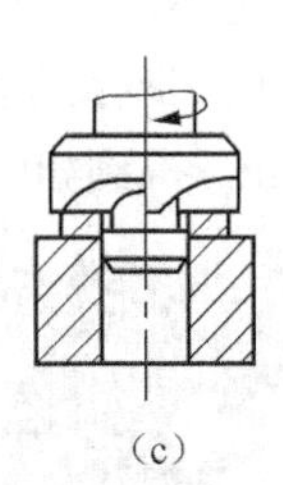

图 2.70 锪孔形式

① 锪锥形埋头孔。按图纸锥角要求选用锥形锪孔钻，锪孔深度一般控制在埋头螺钉装入后低于工件表面约 0.5mm，加工表面无振痕。使用专用锥形锪钻（见图 2.71）或用麻花钻刃磨改制（见图 2.72）。

② 锪柱形埋头孔。使用麻花钻刃磨改制的钻头锪孔（见图 2.73）。柱形埋头孔要求底面平整并与底孔轴线垂直，加工表面无振痕。锪孔方法如图 2.74 所示。

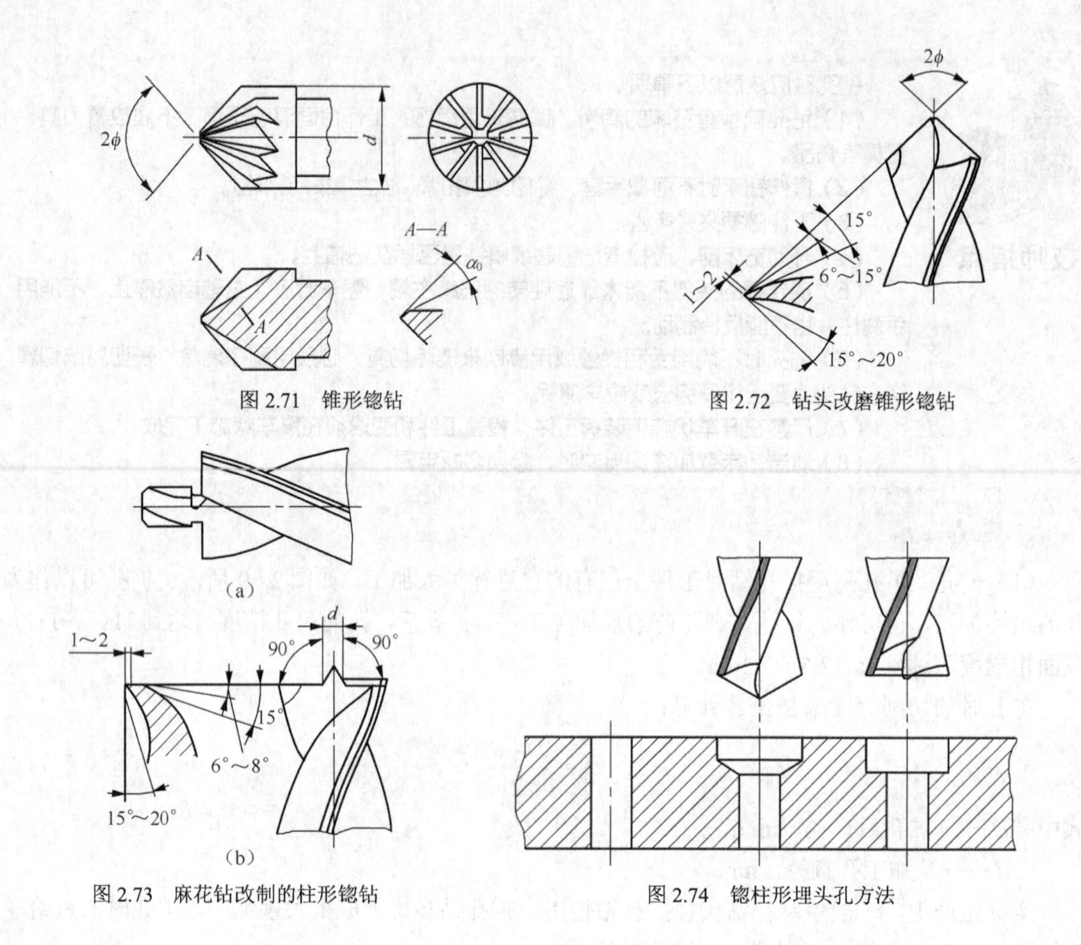

图 2.71 锥形锪钻

图 2.72 钻头改磨锥形锪钻

图 2.73 麻花钻改制的柱形锪钻

图 2.74 锪柱形埋头孔方法

任务实施

一、备料

（1）用游标卡尺检查毛坯尺寸是否有足够余量。如果是用圆钢制作，则用锯削、锉削等方法加工毛坯。

（2）锉长方体外形。如图 2.75 所示按图样尺寸锉削长方体，长不小于 113mm，宽和高不小于 21mm，得到如图 2.76 所示形状。

图 2.75 锉长平面

图 2.76 锉长方体尺寸

二、划线

（1）如图 2.77 所示以一个长面为基准，锉削一个端面；按图 2.78 所示的方法用刀口角尺检测，使端面与长面达到基本垂直。

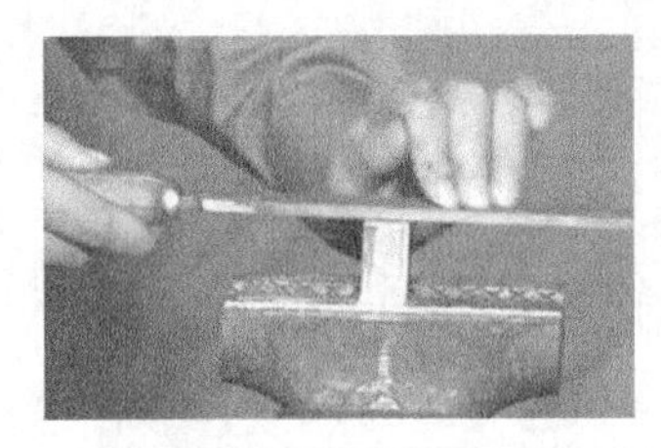

图 2.77　锉端面

图 2.78　检测垂直度

（2）如图 2.79 所示，以这个长面和端面为基准，划出形体加工线；按图样要求划出如图 2.80 所示的斜面线、圆弧线、3.5mm 倒角线。

图 2.79　划线操作

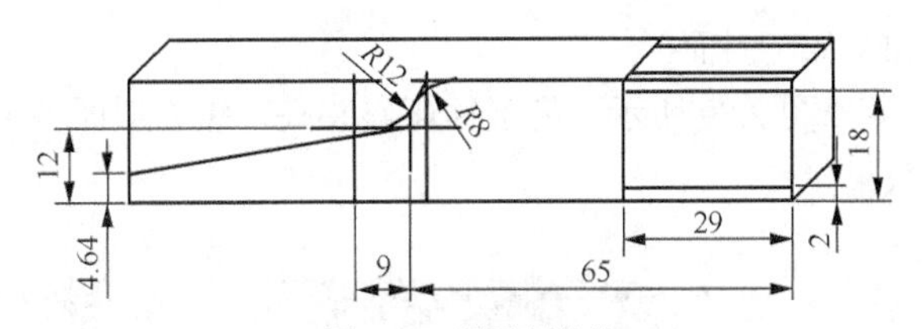

图 2.80　所需划的线

最终得到图 2.81 所示效果。

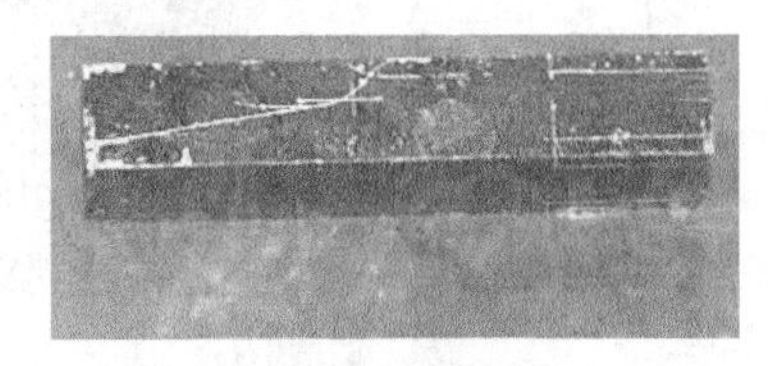

图 2.81　划线效果

三、锉削

（1）锉 $R3.5$ 倒角。

① 如图 2.82 所示，用小圆锉锉削 $R3.5$mm 的圆弧。

② 如图 2.83 所示用细板锉锉出倒角。

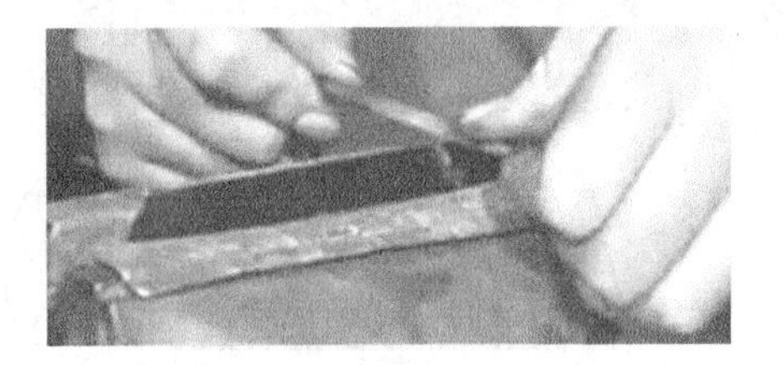

图 2.82　用圆弧锉 $R3.5$

图 2.83　用细板锉倒角

③ 用圆锉细加工 $R3.5$mm，并用推锉法修正倒角，最终得到图 2.84 所示的效果。

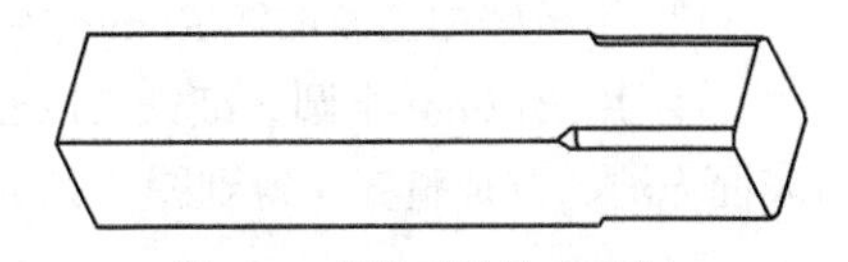

图 2.84　倒角后效果（示意）

（2）加工腰孔。

① 按图样划出图 2.85 所示的腰孔加工线和钻孔检查线。

② 用 $\phi 9.7$mm 的钻头钻出图 2.86 所示的孔。

图 2.85　划腰形孔加工线

图 2.86　钻孔效果

③ 如图 2.87 所示用圆锉锉通两孔。

④ 将腰孔锉至图样要求，得到如图 2.88 所示的效果。

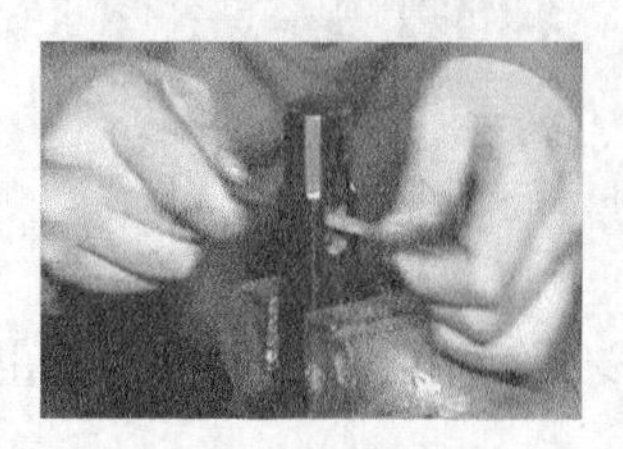

图 2.87 锉通两孔

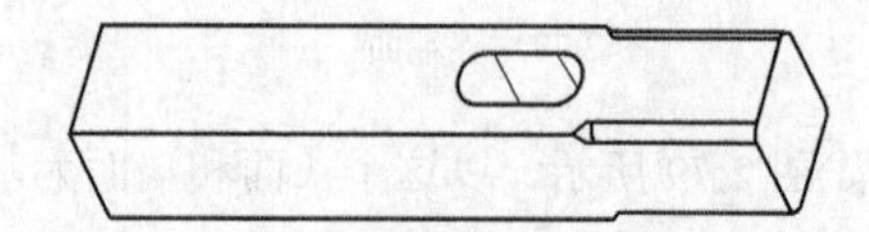

图 2.88 腰形孔加工效果（示意）

（3）加工斜面。

① 如图 2.89 所示，将工件倾斜装夹，锯去斜面多余部分，留足锉削加工余量，得到图 2.90 所示效果。

图 2.89 锯削余量

② 用 R12mm 的半圆锉粗锉得到图 2.91 所示的效果。

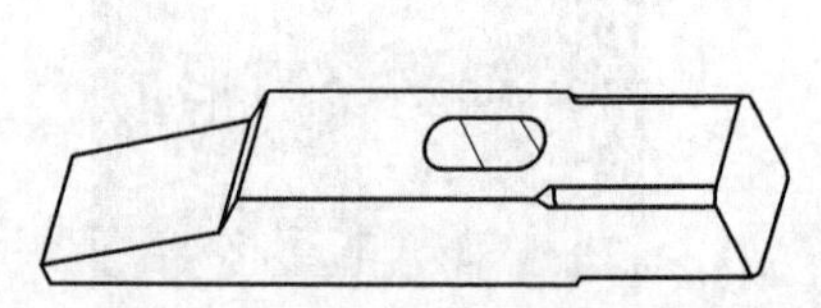

图 2.90 锯削斜面加工效果（示意）

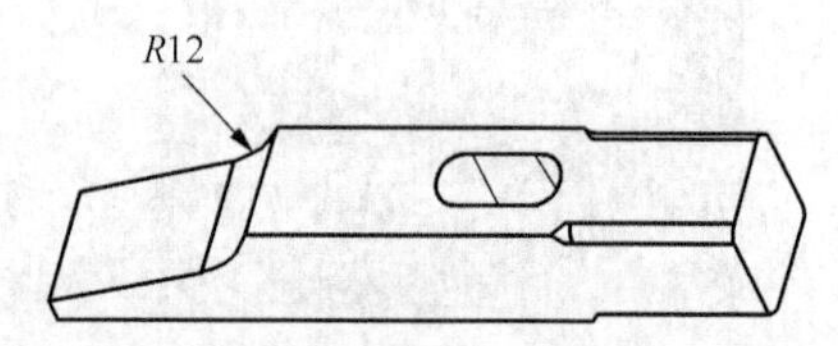

图 2.91 锉削 R12 圆弧效果（示意）

③ 用板锉加工斜面和 R8mm 的圆弧面，并用细板锉细锉斜面，得到图 2.92 所示的效果。

④ 用 R12mm 半圆锉细锉 R12mm 内圆弧面和 R8mm 外圆弧面，并用细板锉推锉各面，使之表面光洁、纹理整齐，得到图 2.93 所示的效果。

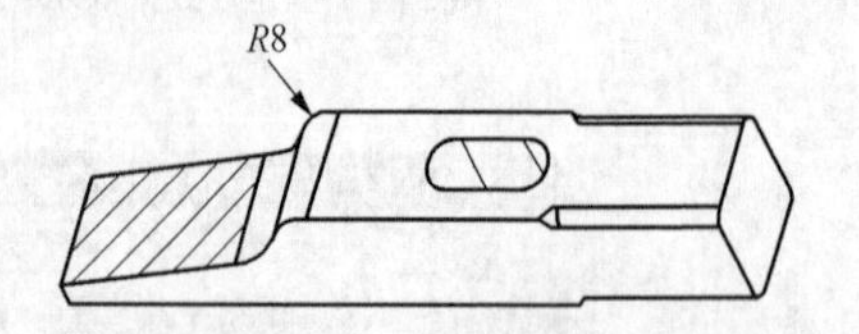

图 2.92 锉削斜面和 R8mm 的圆弧面效果（示意）

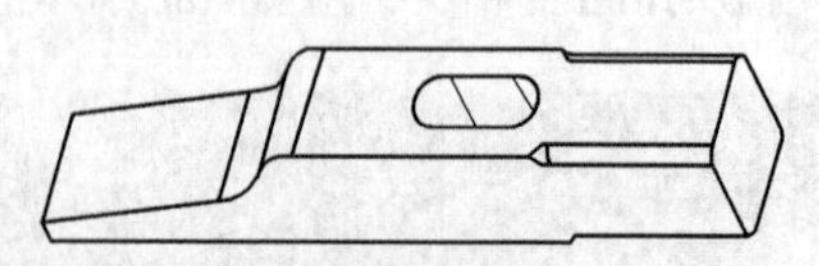

图 2.93 斜面和圆弧面细锉效果（示意）

（4）加工圆弧。如图 2.94 所示，用细板锉加工 R2.5mm 圆头，并保证总长为 112mm，得到图 2.95 所示的效果。

图 2.94　加工 *R*2.5mm 圆头

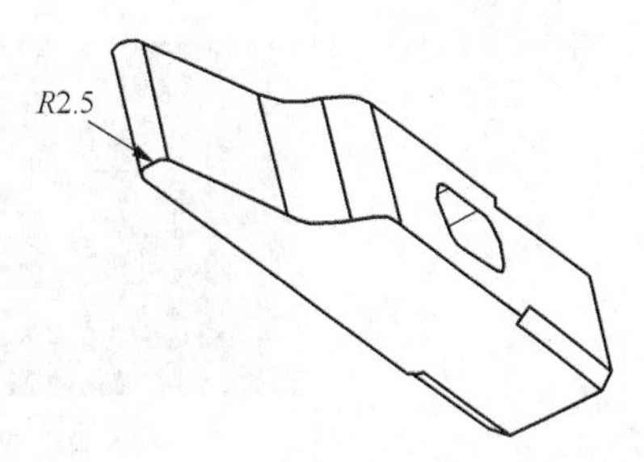

图 2.95　加工 *R*2.5mm 效果（示意）

（5）加工倒角。如图 2.96 所示，将工件倾斜 45°装夹锉削端部 8×2mm 倒角，得到图 2.97 所示的效果。

图 2.96　加工端部 8 × 2mm 倒角

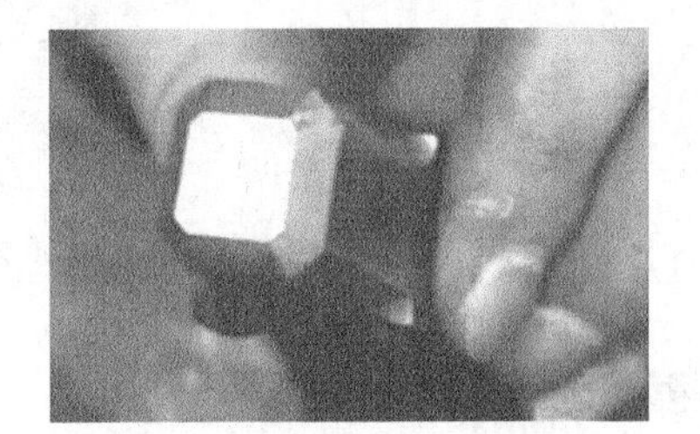

图 2.97　端部 8 × 2mm 倒角效果

（6）腰形孔导圆。如图 2.98 所示，用整形锉将腰孔各面倒出 1mm 弧形喇叭口，20mm 端面锉成略成凸弧形面。

四、抛光

如图 2.99（a）所示，用砂纸包裹锉刀进行平面抛光。如图 2.99（b）所示，用砂纸抛光曲面。

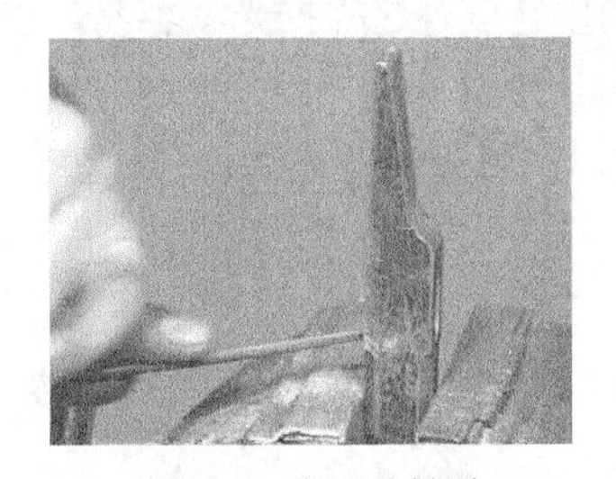

图 2.98　腰形孔导圆

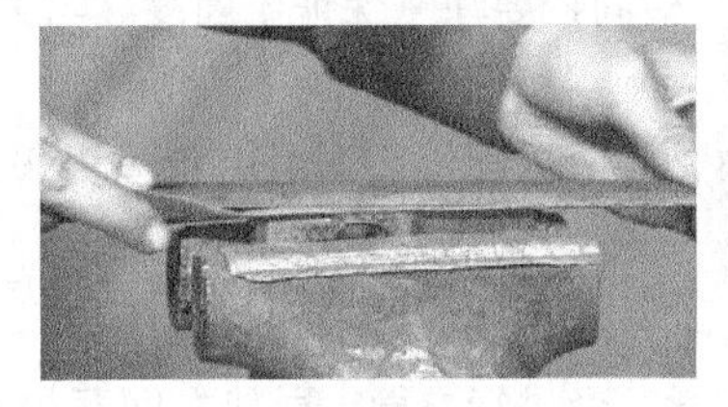

（a）平面抛光

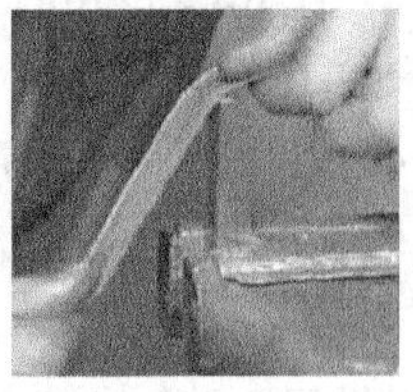

（b）曲面抛光

图 2.99　抛光操作

五、热处理

如图 2.100 所示进行热处理淬硬操作，最后得到图 2.101 所示的效果。

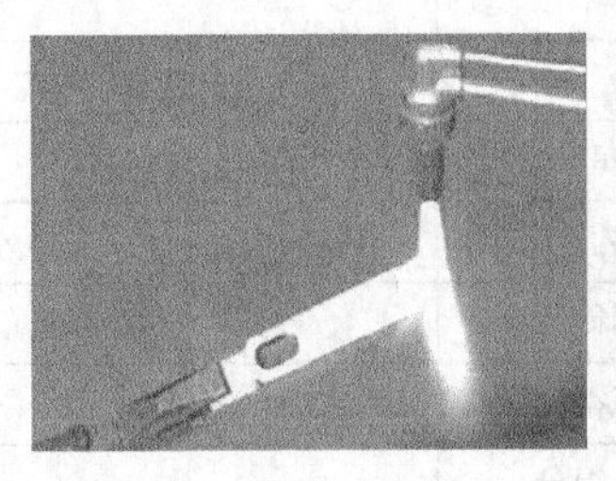

（a）头部加热

（b）头部冷却

图 2.100　热处理淬硬操作

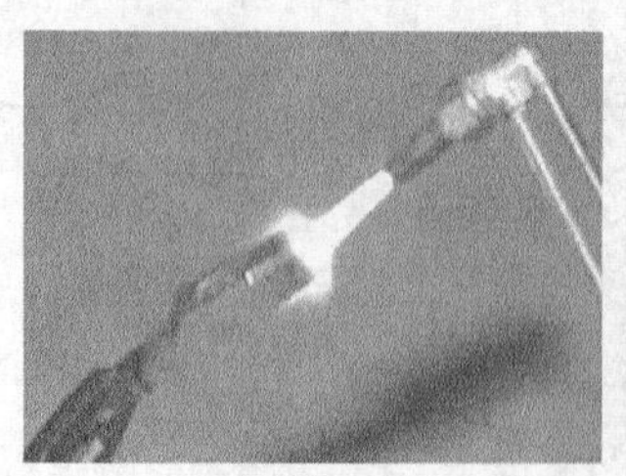

（c）端部加热

（d）端部冷却

图 2.100 热处理淬硬操作（续）

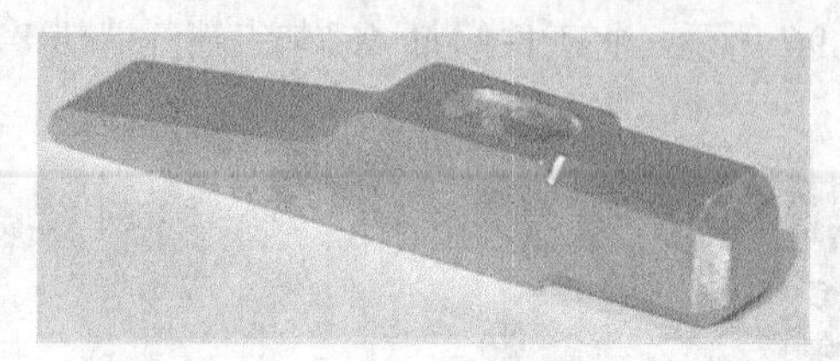

图 2.101 錾口榔头最终效果

注意事项

錾口榔头制作注意事项如下。

（1）用 ϕ9.7mm 的钻头钻孔时，要确保钻孔位置必须正确，孔径不能扩大，以免加工余量不足，导致腰孔无法加工。

（2）锉削腰孔时应先锉两侧平面，后锉两端圆弧面。锉平面时，要注意控制锉刀的横向移动，以免锉伤圆弧面。

（3）锉 R3.5 倒角时，横向锉要注意保证平面度、与大平面的垂直度，这样推光就容易，也能确保尖角不塌角。

（4）锉削 R12mm 和 R8mm 时要锉直，并确保与大平面垂直，圆弧过渡要光滑。

质量评价

按照表 2.8 中的要求学习者进行自检、同伴之间互检、教师或专家进行抽检，并填写于表中，学习者根据质量评价归纳总结存在的不足，做出整改计划。

表 2.8 作品质量检测卡

制作錾口榔头项目作品质量检测卡						
班　级			姓　名			
小组成员						
指导老师			训练时间			
序号	检测内容	配分	评价标准	自检得分	互检得分	抽检得分
1	60	10	超±0.2 不得分			
	30	10	超±0.2 不得分			
2	45	10	超±0.2 不得分			
3	$100^{+0.3}_{0}$	10	超差不得分			

续表

制作鏨口榔头项目作品质量检测卡						
班　　级			姓　　名			
小组成员						
指导老师			训练时间			
序号	检测内容	配分	评价标准	自检得分	互检得分	抽检得分
4	20±0.2	10	超差不得分			
5	头部 3	10	超±0.1 不得分			
6	高度 3	10	超±0.1 不得分			
7	R10	10	超±0.1 不得分			
8	M12	10	超差不得分			
9	Ra 3.2	20	升高一级不得分			
10	文明生产	—	违者不计成绩			
			总分			
			签名			

任务Ⅱ　制作对开夹板

本项目的第二个任务是根据图 2.102 所示要求，使用 22mm × 20mm × 102mm 的 45 钢坯料加工一副对开夹板，表面粗糙度 Ra3.2μm，对称度为 0.02mm，平面度为 0.05mm，平面度为 0.03mm，形位公差要符合图样要求。

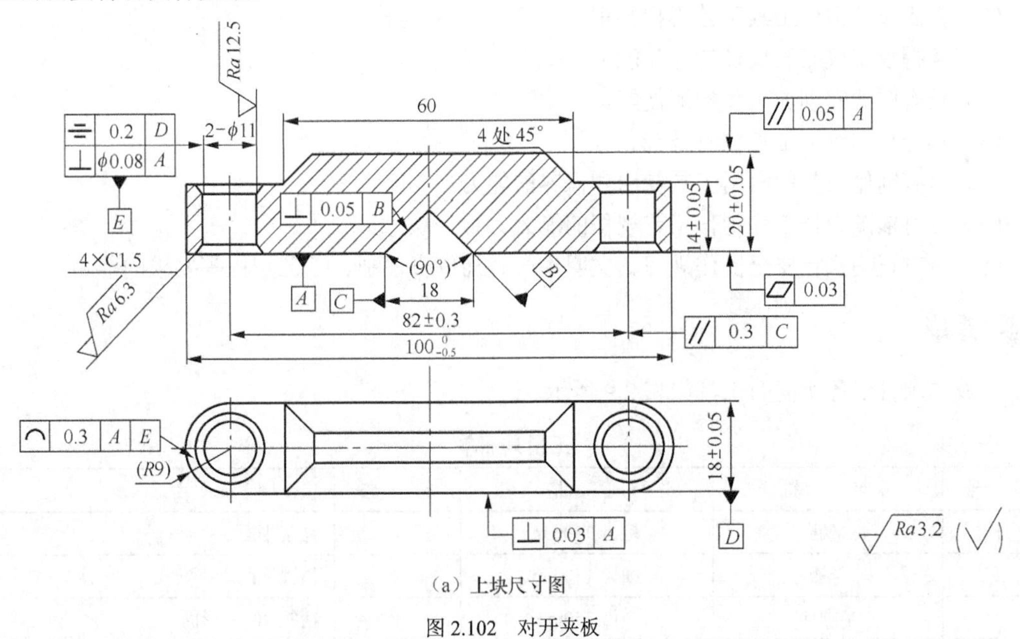

（a）上块尺寸图

图 2.102　对开夹板

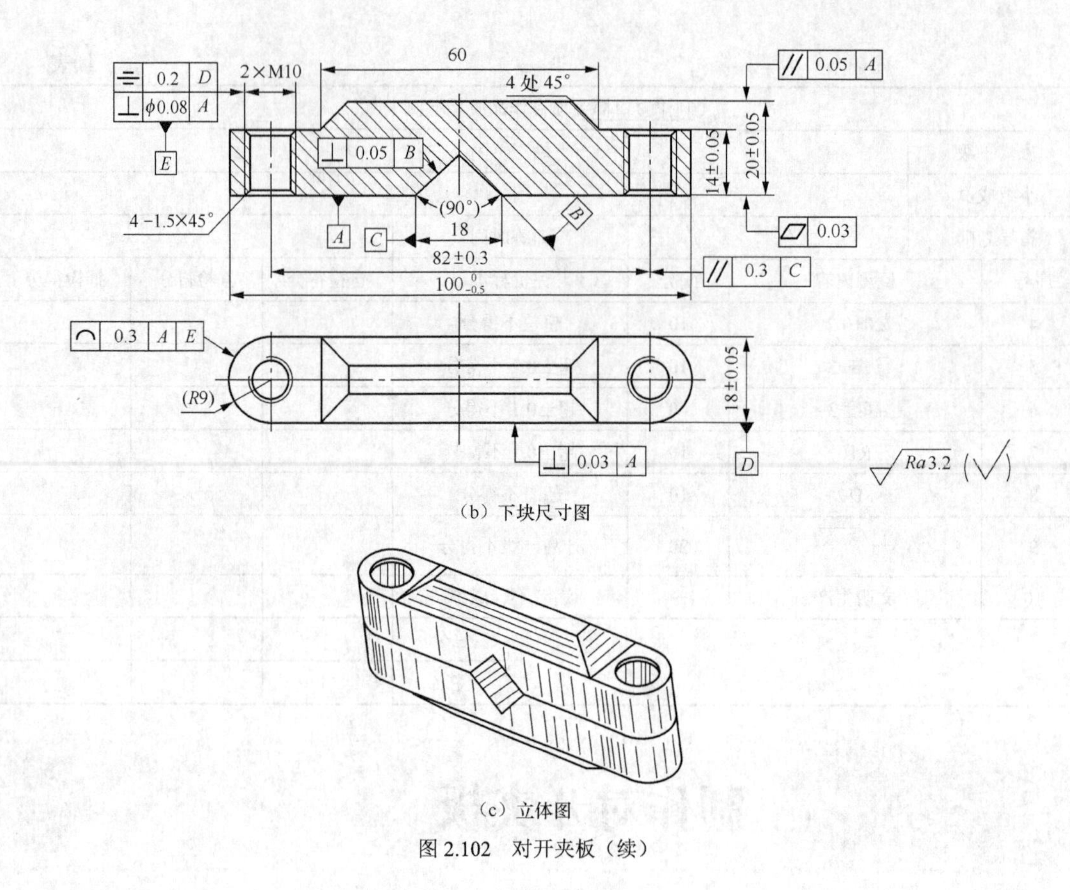

（b）下块尺寸图

（c）立体图

图 2.102　对开夹板（续）

学习目标

（1）巩固划线、锯削、锉削、钻孔知识和技能。

（2）巩固设计常用工具工艺规程知识。

（3）掌握攻螺纹底孔直径的计算能力。

（4）具有圆弧锉削加工和检测技能。

（5）具有攻螺纹加工和检测技能。

（6）具有制作工具的常用工具使用和保养的能力。

（7）具有依图设计工具制作工艺规程的能力。

（8）具有正确执行安全操作规程、文明生产、岗位责任制、工艺规程等要求的能力。

工具清单

完成本项目任务所需的工具如表 2.9 所示。

表 2.9　　工量具清单

序　号	名　称	规　格	数　量	用　途
1	平锉	粗齿 350mm	1	锉削平面
2	平锉	细齿 150mm	1	精锉平面
3	半圆锉	中齿 250mm	1	精锉 90°V 形面

续表

序 号	名 称	规 格	数 量	用 途
4	方锉	中齿 250mm	1	锉 90°V 形面
5	整形锉	100mm	1	精修各面
6	钢丝刷	—	1	清洁锉刀
7	锯弓	可调式	1	装夹锯条
8	锯条	细齿	1	锯削余量
9	砂纸	200	1	抛光
10	台钻（配附件）	—	共用	钻腰形孔
11	砂轮机	—	共用	刃磨麻花钻
12	麻花钻	ϕ11mm	1	钻上块 ϕ11mm 孔
13	麻花钻	ϕ8.5mm	1	钻下块 M10 螺纹底孔
14	划线平板	160mm × 160mm	1	支撑工件和安放划线工具
15	钢直尺	150mm	1	划线导向
16	刀口角尺	100mm	1	划垂直线和平行线、检测垂直度
17	百分表（带表座）	0～3mm	1	检测平行度
18	游标卡尺	250mm	1	检测尺寸
19	高度尺	250mm	1	划线
20	划规	普通	1	圆弧
21	划针	ϕ3	1	划线
22	样冲	普通	1	打样冲眼
23	手锤	0.25kg	1	打样冲眼
24	棉纱	—	若干	清洁划线平板及工件
25	毛刷	4 寸	1	清洁台面
26	半径样板	普通	1	检测 $R9$ 圆弧
27	塞尺	普通	1	检测 $R9$ 圆弧
28	丝锥	M10	1	攻 M10 螺纹
29	绞手	普通	1	攻 M10 螺纹

相关知识和工艺

一、样板

1．半径样板

半径样板又叫半径规。它是一种带有不同半径的标准圆弧薄片，用于检验凸形和凹形圆弧的半径。半径样板的外形如图 2.103 所示。

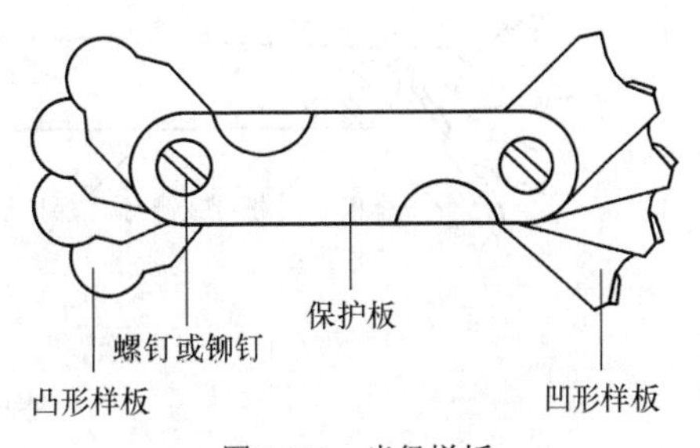

图 2.103 半径样板

半径样板，一般成组供应。成组样板按其半径的尺寸范围分为 1、2、3 组。样板的宽度、厚度和半径的尺寸系列见表 2.10。

表 2.10 成组半径样板的规格尺寸（GB 9054—88）

组别	半径尺寸范围	半径尺寸系列	样板宽度	样板厚度	样板数	
	/mm				凸形	凹形
1	1～6.5	1.25，1.5，1.75，2，2.25，2.5，2.75，3，3.5，4，4.5，5，5.5，6，6.5	13.5			
2	7～14.5	7，7.5，8，8.5，9，9.5，10，10.5，11，11.5，12，12.5，13，13.5，14，14.5	20.5	0.5	16	16
3	15～25	15，15.5，16，16.5，17，17.5，18，18.5，19，19.5，20，21，22，23，24，25				

半径样板采用 45 号冷轧带钢或优质碳素钢制造，其测量面的硬度不低于 HV230，测量面的表面粗糙度 *Ra* 为 1.6μm，测量面的半径尺寸及其极限偏差见表 2.11。

表 2.11 半径样板测量面的半径尺寸及偏差（mm）

半径尺寸	极限偏差	半径尺寸	极限偏差
1～3	±0.020	＞10～18	±0.035
＞3～6	±0.024	＞18～25	+0.042
＞6～10	±0.029		

成组半径样板应按半径尺寸系列由小到大顺序排列。使用半径样板时，应依次以不同半径尺寸的样板，在工件圆弧表面处作检验，当密合一致时，该半径样板的尺寸即为被测圆弧表面半径的尺寸。

2．螺纹样板

螺纹样板又叫螺纹规或螺纹矩规。它是一种带有不同螺距基本牙型的薄片，通过互相比较来确定被测螺纹的螺距。螺纹样板的外形及使用如图 2.104 所示。

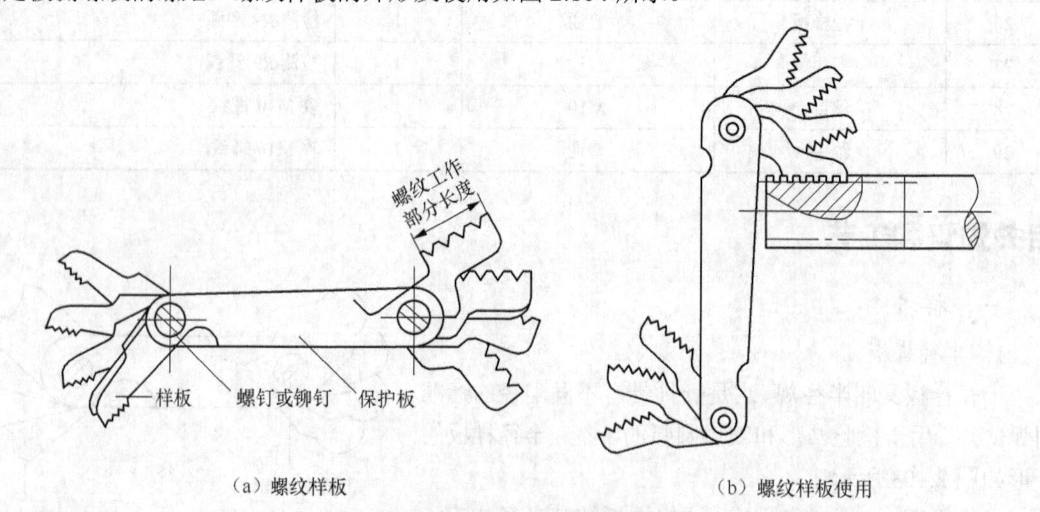

（a）螺纹样板　　（b）螺纹样板使用

图 2.104 螺纹样板及其使用

螺纹样板可用来检验普通螺纹的螺距，也可检验英制螺纹的螺距，其厚度为 0.5mm。螺纹样板，一般成套供应。成套螺纹样板的螺距尺寸见表 2.12 所示。

表 2.12　　成套螺纹样板的螺距尺寸系列（GB 9055—88）

螺 距 种 类	普通螺纹螺距/mm	英制螺纹螺距/（牙·in^{-1}）
螺距尺寸系列	0.40，0.45，0.50，0.60，0.70，0.75，0.80，1.00，1.25，1.50，1.75，2.00，2.50，3.00，3.50，4.00，4.50，5.00，5.50，6.00	28，24，22，20，19，18，16，14，12，11，10，9，8，7，6，5，4.5，4
样板数	20	18

螺纹样板主要用于低精度螺纹零件的螺距和牙型角的检验。检验螺距时，将螺纹样板卡在被测螺纹零件上，如果不密合，就另换一片，直至密合为止，这时该螺纹样板上标记的尺寸即为被测螺纹零件的螺距。检验牙型角时，把螺距相同的螺纹样板放在被测螺纹上面，然后检查其接触情况。如果没有间隙透光，则说明螺纹的牙型角是正确的。如果有透光现象，则说明被测螺纹的牙型角不准确。此种检验方法只能判断牙型角误差的大概情况，不能确定牙型角误差的数值。

二、塞尺

塞尺是用来检验两个结合面之间间隙大小的片状量规。

塞尺如图 2.105 所示，它有两个平行的测量平面，其长度有 50mm、100mm、200mm 等多种。塞尺有若干个不同厚度的片，可叠合起来装在夹板里。

使用塞尺时，应根据间隙的大小选择塞尺的片数，可用一片或数片（一般不超过 3 片）重叠在一起插入间隙内。厚度小的塞尺片很薄，容易弯曲和折断，插入时不宜用力太大。用后应将塞尺檫试干净，并及时合到夹板中。

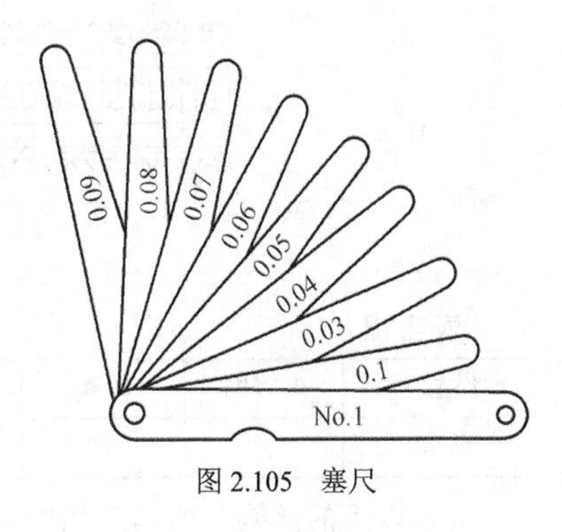

图 2.105　塞尺

三、攻丝

1. 丝锥

丝锥是加工内螺纹用的工具，常用高速钢、碳素工具钢或合金工具钢制成。

（1）丝锥的种类。丝锥按加工螺纹种类不同分为普通三角螺纹丝锥、圆柱管螺纹丝锥和手用丝锥。钳工常用手用和机用普通螺纹丝锥、圆柱管螺纹丝锥、圆锥管螺纹丝锥等。

如图 2.106 所示，GB 3464—83 规定手用和机用普通螺纹丝锥有粗牙、细牙之分；有粗柄、细柄之分；有单支、成组（套）之分；有等径、不等径之分。此外 GB 3465—83 规定有长柄机用丝锥。GB 967—83 规定有短柄螺母丝锥。GB 3466—83 规定有长柄螺母丝锥等。

圆柱管螺纹丝锥如图 2.107（a）所示，两支一套。它与一般手用丝锥一样，只是工作部分较短。

圆锥管螺纹丝锥如图 2.107（b）所示，其直径从头到尾逐渐增大。它的螺纹牙形与丝锥轴心线垂直，以保证内、外锥螺纹牙形两边有良好的接触，其攻丝时切削量很大。

（2）丝锥的结构。丝锥由工作部分和柄部组成，工作部分包括切削部分和校准部分，如图 2.108 所示。

丝锥的切削部分沿轴向开有多条容屑槽（用以容纳切屑），形成切削刃和前角 γ，如图 2.108（b）所示。标准丝锥的前角 $\gamma=8°\sim10°$。为了适用不同的工件材料，前角数可按表 2.13 选择。

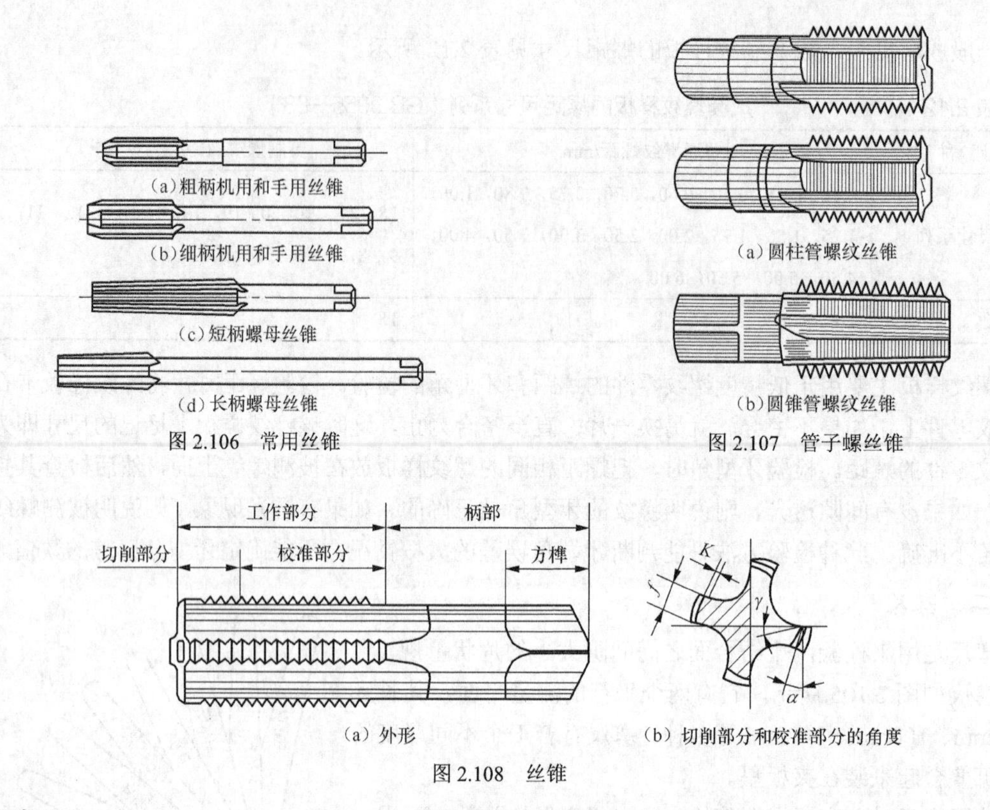

图 2.106 常用丝锥

图 2.107 管子螺丝锥

图 2.108 丝锥

表 2.13 丝锥前角的选择

被加工材料	铸青铜	铸铁	硬钢	黄铜	中碳钢	低碳钢	不锈钢	铝合金
前角γ	0°	5°	5°	10°	10°	15°	15°～20°	20°～30°

M8 以下的丝锥一般是三条容屑槽；M8～M12 的丝锥有 3～4 条容屑槽；M12 以上的丝锥一般是 4 条容屑槽；更大的机用和手用丝锥有 6 条容屑槽。标准丝锥上的容屑槽一般做成直槽。为了控制排屑方向，也有一些专用丝锥制成螺旋槽的，如图 2.109 所示。为使切屑向上排出，加工不通孔螺纹容屑槽时做成右旋的，如图 2.109（b）所示；加工通孔螺纹，为使切屑向下排出，容屑槽做成左旋的，如图 2.109（a）所示。

丝锥的切屑部分磨出切削锥角，使切削负荷分布在几个刀齿上，切削时使刀齿逐渐切刀齿深。这样刀齿受力均匀，不仅使切削省力，而且刀齿不易崩刃，丝锥也容易正确切入又不易折断。在切削部分锥面上磨出后角α，一般手用丝锥$\alpha=6°\sim8°$，机用丝锥$\alpha=10°\sim12°$。在加工通孔时，为了排屑顺利，可在直槽标准丝锥的切削部分前端加以刃磨，以形成刃倾角 $\lambda=-5°\sim15°$，如图 2.110 所示。

丝锥的校准部分具有完整的齿形，用来修光和校准已切出的螺纹，并引导丝锥沿轴向前进。它的大径、中径和小径具有（0.5/100～0.12/100）mm 的倒锥量，以减小与螺孔的摩擦，减小所攻螺孔的扩张量。

丝锥柄部的方部是用来传递切削扭矩的。

（3）成套丝锥切削量的分配。使用手用丝锥时，为了减少切削力和提高耐用度，常将整个切削量分配给多支丝锥来担任。通常 M6～M24 以上的丝锥 1 套有两支，M6 以下及 M24 以上的丝锥 1 套有 3 支，细牙螺纹丝锥不论大小均为两支 1 套。

在成套丝锥中，对每支丝锥切削量的分配有两种方式，即锥形分配和柱形分配。

① 锥形分配（见图 2.111（a））时每支的大径、中径、小径都相等（所以锥形分配的丝锥也叫等径

丝锥)，只是切削部分的长度及锥角不同。当攻制通孔螺纹时，可用头锥 1 次切削就可加工完毕；当加工不通孔螺纹时，才用二锥再攻 1 次，以增加螺纹的有效长度。一般对于直径较小（M12 以下）的丝锥才用锥形分配。攻 M12 或 M12 以上的通孔螺纹时，一定要用最末 1 支丝锥攻过，才能得到正确的螺纹直径。

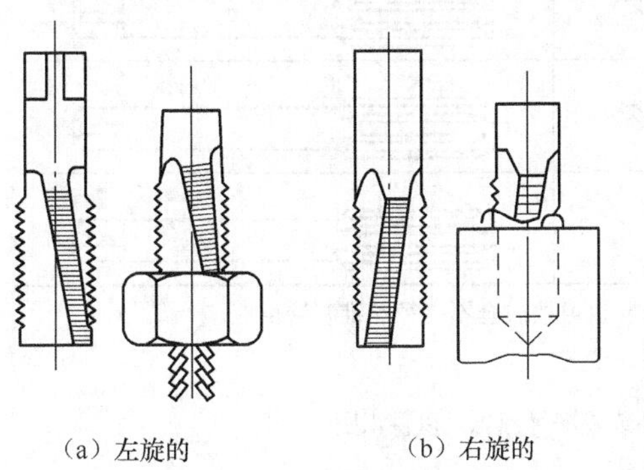

（a）左旋的　（b）右旋的

图 2.109　容屑槽的方向

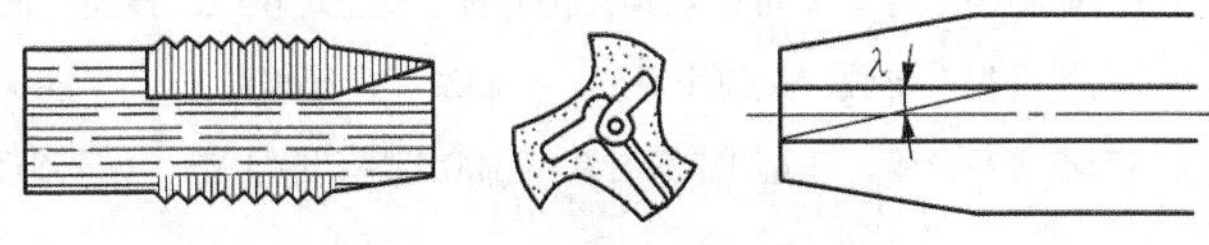

图 2.110　修磨出负的刃倾角

② 柱形分配（见图 2.111（b））即头锥、二锥的大径、中径和小径都比三锥小。头锥、二锥的中径一样，大径不一样。头锥的大径小，二锥的大径大，所以柱形分配的丝锥也称不等径丝锥。这种丝锥的切削量分配比较合理。

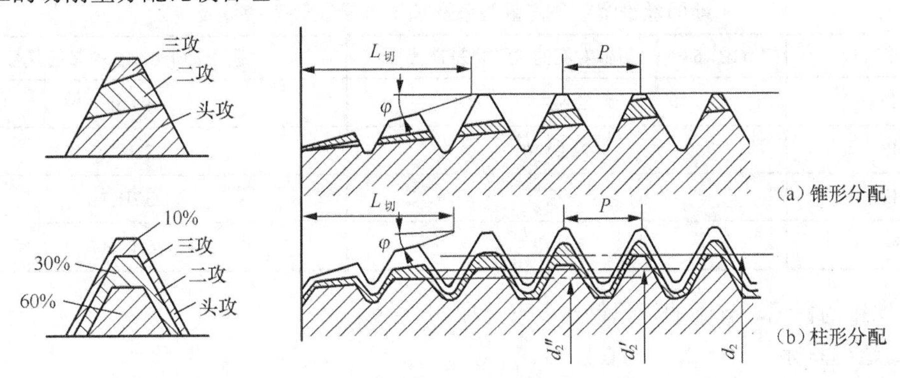

图 2.111　成套丝锥切削量分配

③ 丝锥切削量的分配。3 支 1 套的丝锥按顺序为 6:3:1 分担切削量；两支一套的丝锥按顺序为 7.5:2.5 分担切削量。这样的分配可使各丝锥磨损均匀，使用寿命长，攻丝时也较省力。同时末锥的两侧也参加切削，所以加工的粗糙度值较小。一般等于或大于 M12 的丝锥用柱形分配。

成套（组）丝锥的主要参数见表 2.14。

表 2.14　单支和成套丝锥主要参数比较

分类	适用范围/mm	名称	主偏角 κ_r	切削锥长度	图示
单支和成套（等径）丝锥	$P\leqslant2.5$	初锥	4°30′	8 牙	
		中锥	3°30′	4 牙	
		底锥	17°	2 牙	

续表

分类	适用范围/mm	名称	主偏角κ_r	切削锥长度	图示
成套（不等径）丝锥	P>2.5	第一粗锥	6°	6牙	
		第二粗锥	8°30′	4牙	
		精锥	17°	2牙	

注：① 螺距小于等于2.5mm丝锥，优先按单支生产供应。按使用需要也可按成套不等径丝锥制造供应。

② 成套丝锥每套支数，按使用需要，由制造厂自行规定。

③ 成套不等径丝锥，在第1、第2粗柄部应分别切制1条、2条圆环或以序号标志，以供识别。

（4）丝锥的螺纹公差带。丝锥的螺纹公差带有4种。其中机用丝锥的公差带分H1、H2、H3 3种；手用丝锥公差带为H4。它与老标准丝锥螺纹中径公差带（精度等级）关系及各种公差带的丝锥所能加工的内螺纹公差带见表2.15。

表2.15　新旧丝锥螺纹公差带关系及加工内螺纹公差带等级

丝锥公差带代号	GB 968—67近似对应的丝锥公差带代号	适用于内螺纹公差带的代号
H1	2级	4H,5H
H2	2a级	5G,6H
H3	—	6G,7H,7G
H4	3级	6H,7H

（5）丝锥的标记。丝锥的标记包括以下几项。

① 制造厂商标。

② 螺纹代号。

③ 丝锥公差带代号（手用丝锥H4允许不标公差带代号）。

④ 材料代号（用高速钢制造的丝锥，其标记是HSS；用碳素工具钢或合金工具钢制造的丝锥可不刻标记）。

⑤ 不等径成套丝锥的粗锥代号为第一粗锥有1条圆环，第二粗锥有2条圆环。也可标记顺序号I、II。

丝锥上螺纹标记代号见表2.16。

表2.16　丝锥标志中螺纹代号示例

标　记	说　明
机用丝锥 中锥 M10—H1 GB 3464—83	粗牙普通螺纹，直径10mm，螺距1.5mm，H1公差带，单支，中锥机用丝锥
机用 2—M12—H2 GB 3464—83	粗牙普通螺纹，直径12mm，螺距1.75mm，H2公差带，2支1组等径机用丝锥

续表

标　　记	说　　明
机用丝锥（不等径）2—M27—H1 GB 3464—83	粗牙普通螺纹，直径 27mm，螺距 3mm，H1 公差带，2 支 1 组不等径机用丝锥
手用丝锥 中锥 M10 GB 3464—83	粗牙普通螺纹，直径 10mm，螺距 1.5mm，H4 公差带，单支中锥手用丝锥
长柄机用丝锥 M6—H2 GB 3464—83	粗牙普通螺纹，直径 6mm，螺距 1mm，H2 公差带，长柄机用丝锥
短柄螺母丝锥 M6—H2 GB 967—83	粗牙普通螺纹，直径 6mm，螺距 1mm，H2 公差带，短柄螺母丝锥
长柄螺母丝锥 I—M6—H2 GB 3466—83	粗牙普通螺纹，直径 6mm，螺距 12mm，H2 公差带，1 型长柄螺母丝锥

注：① 标记中细牙螺纹的规格，应以直径 × 螺距表示，如 M10 × 1.25，其他标记方法与粗牙丝锥相同。

② 直径 3～10mm 的丝锥，有粗柄和细柄两种结构。在需要明确指定柄部结构的场合，丝锥名称之前应加“粗柄”或“细柄”字样。

原来的国标中丝锥精度等级及能加工螺纹的精度等级见表 2.17，供新、旧国标交替使用时期参考。

表 2.17　　原国标规定的丝锥精度及加工螺纹精度

丝 锥 类 型	精 度 等 级	能加工的螺纹精度
机用丝锥	1	1 级螺纹
	2	2 级螺纹
	2a	2a（细牙）螺纹
	3a	间隙螺纹①
手用丝锥	3	3 级螺纹
	3b	间隙螺纹①

注：①指需要镀铜、镀锌的螺纹。加工此种螺纹的丝锥，中径要大一些，使内螺纹在镀覆之后，恢复到标准中径。

按原国标规定的丝锥标记例见表 2.18。

表 2.18　　原国标规定的丝锥标记示例

丝 锥 标 记	说　　明
M12—3	粗牙普通螺纹，直径 12mm，螺距 1.75mm，3 级精度，手用单支丝锥
2—M10—2a	粗牙普通螺纹，直径 10mm，螺距 1.5mm，2a 级精度，2 支 1 套的机用丝锥
3—M24—3	粗牙普通螺纹，直径 24mm，螺距 3mm，3 级精度，3 支 1 套的手用丝锥
2—M24 × 1—3b	细牙普通螺纹，直径 24mm，螺距 1mm，3b 级精度，2 支 1 套的手用丝锥
2—JM10—3b	粗牙普通螺纹，直径 10mm，螺距 1.5mm，3b 级精度，2 支 1 套的手用间隙螺纹丝锥
G3/4″	公称直径为 3/4 英寸的圆柱管螺纹丝锥
1:16—ZG5/8″	公称直径为 5/8 英寸，55°圆锥管螺纹丝锥
1:16—Z3/8″	公称直径为 3/8 英寸，60°圆锥管螺纹丝锥

2．绞手

绞手是用来夹持丝锥的工具，分为普通绞手（见图 2.112）和丁字绞手（见图 2.113）两类。普通绞手又分固定绞手和活动绞手两种。在攻 M5 以下螺孔时采用固定绞手。活动绞手可以调节方孔尺寸，故应用广泛。

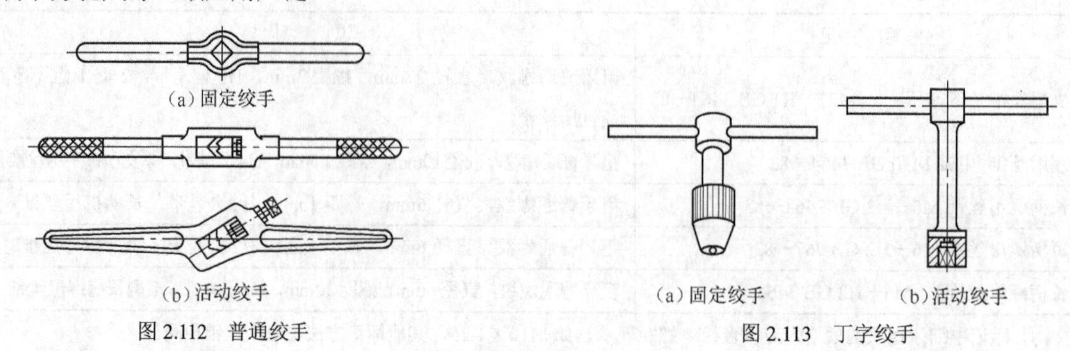

(a) 固定绞手

(b) 活动绞手

图 2.112 普通绞手

(a) 固定绞手

(b) 活动绞手

图 2.113 丁字绞手

绞手的规格以其长度标识。常用的活动绞手有 150～600mm 共 6 种规格。使用时根据丝锥的尺寸大小来选择，见表 2.19。

表 2.19 活动绞手适用范围

活动绞手规格	150	225	275	375	475	600
适用的丝锥范围	M5～M8	M8～M12	M12～M14	M14～M16	M16～M22	M24 以上

丁字绞手主要用于攻制工件台阶旁边的螺孔或攻机体内部的螺孔时使用。小尺寸的丁字绞手有固定的和可调节的两种。可调节的装有 1 个四爪的弹簧夹头，可夹持不同尺寸的丝锥，一般用来装 M6 以下的丝锥。大尺寸丝锥用的丁字绞手一般都用固定的，通常按实际需要制成专用的。

3．攻丝前底孔直径

（1）攻丝过程中材料的塑性变形。用丝锥切削内螺纹时，丝锥的每一切削刃一方面在切削金属，一方面对材料产生挤压，因此使螺纹的牙形顶端凸起一部分（见图 2.114），使攻丝后的螺纹小径小于原底孔直径，这就是材料产生的塑性变形。所以攻丝前的底孔直径应比螺纹小径略大，这样挤出的金属流向牙顶正好形成完整的牙形。同时丝锥又不易因卡住而折断。

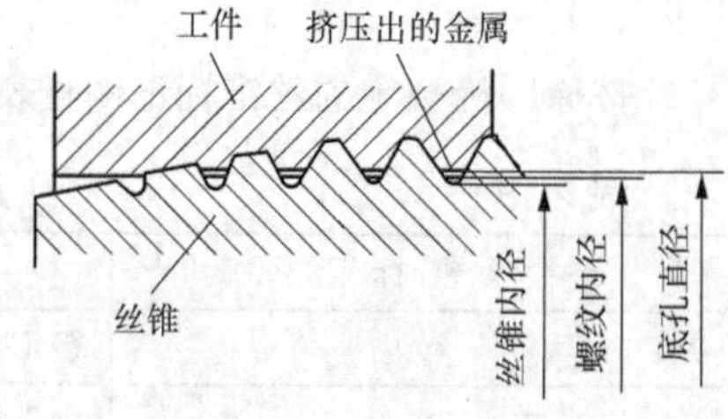

图 2.114 攻丝时的挤压现象

（2）攻丝前底孔直径的确定。攻丝前底孔直径大小，要根据工件材料的塑性变形大小及钻头的扩张量来考虑，使攻丝时既有足够的空隙来容纳被挤出的金属，又能保证加工后的螺纹具有完整的牙形。

按照普通螺纹标准，内螺纹的最小直径 $d_1 = d - 1.0825p$，内螺纹的公差是正向分布的。所以攻出的内螺纹小径应在上述范围内才符合要求。

根据上述原则，从实践中总结出了钻普通螺纹底孔用钻头直径的计算公式和表格数据。

加工钢和塑性较大的（韧性）材料，扩张量中等的条件下钻头直径为

$$D = d - p$$

式中 d——螺纹公称直径，mm；

p——螺距，mm；

D——攻丝前钻孔螺纹底孔的钻头直径，mm。

加工铸铁和塑性较小（脆性）材料，在扩张量较小的条件下，钻头直径为

$$D = d - (1.05\sim1.1)p$$

攻不通螺孔螺纹时，由于丝锥切削部分不能攻出完整的螺纹，所以钻孔深度至少要大于所需的螺孔深度，一般情况下有如下公式。

$$钻孔深度 = 所需螺孔深度 + 0.7d$$

4．手攻丝方法

攻丝的方法步骤和注意事项如下。

（1）按图纸尺寸要求划线。

（2）根据螺纹公称直径按有关公式计算出底孔直径后钻孔，并在螺纹底孔的孔口或通孔螺纹的两端倒角，倒角直径可略大于螺孔大径，这样可使丝锥在开始切削时容易切入，并可防止孔口的螺纹挤压出凸边。

（3）用头锥起攻，起攻时用右手掌按住绞手中部，并沿丝锥中线用力加压，此时左手配合作顺向旋进，如图 2.115（a）所示。或两手握住绞手两端平衡施加压力，并将丝锥顺向旋进，保持丝锥中心线与孔中心线重合，不能歪斜。在丝锥攻入 1～2 圈后，应在前、后、左、右方向上用角尺进行检查，避免产生歪斜，如图 2.116 所示。当丝锥切入 3～4 圈螺纹时，丝锥的位置应正确无误，不宜再有明显偏斜，且只须转动绞手，而不应再对丝锥加压力，否则螺纹牙形将被损坏，如图 2.115（b）所示。

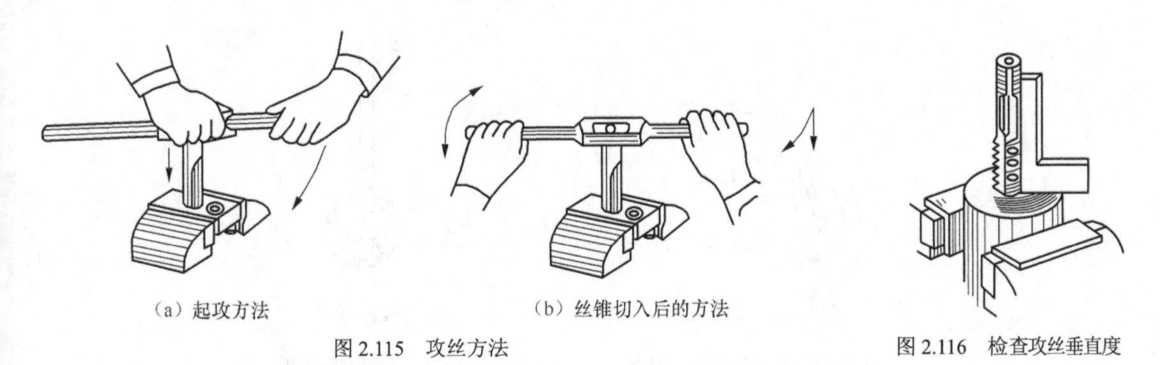

（a）起攻方法　（b）丝锥切入后的方法

图 2.115　攻丝方法

图 2.116　检查攻丝垂直度

为了在起攻时使丝锥保持正确的位置，也可在丝锥上旋上同样直径的英制螺母，如图 2.117（a）所示；或将丝锥插入导向套的孔中，如图 2.117（b）所示。只要把螺母或导向套压紧在工件表面上，就容易使丝锥按正确的位置切入工件孔中。

（4）攻丝时，每扳绞手 1/2～1 圈，就应倒转 1/4～1/2 圈，使切屑碎断后容易排出。特别是在攻不通孔的螺纹时，要经常退出丝锥，排出孔中的切削，以免丝锥攻入时被卡住。

（5）攻丝时，必须按头锥、二锥、三锥顺序攻削到标准尺寸。如果是在较硬的材料上攻丝时，可轮换丝锥交替攻下，这样可减小切削负荷，避免丝锥折断。

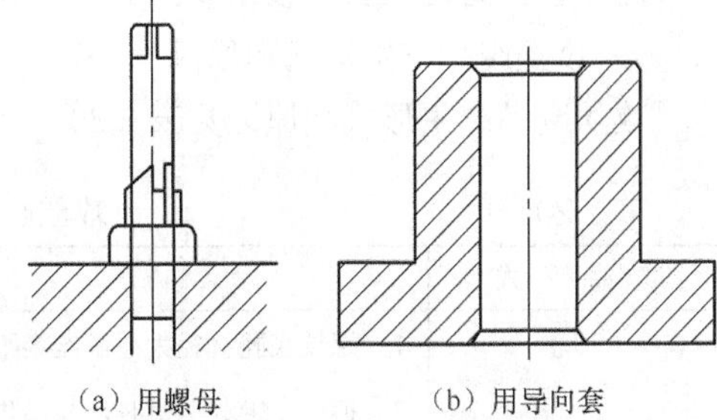

（a）用螺母　（b）用导向套

图 2.117　保证丝锥正确位置的工具

（6）在不通孔上攻制有深度要求的螺纹时，可根据所需螺纹深度在丝锥上做好标记，避免因切削堵塞而攻丝达不到深度要求。此时要注意倒向清屑，当工件不便倒向进行清屑时，可用弯曲的小管子吹出切屑或用磁性针棒吸出切屑。

（7）在塑性材料上攻螺纹时，一般都应加润滑油，以减小切削阻力，减小螺孔的表面粗糙度值，延长丝锥的使用寿命。对于钢件，一般用机油或浓度较大的乳化液；如果螺纹公差带代号等级数字要求小时，可用工业植物油；攻制铸件可用煤油；攻制不锈钢可用30号机油或硫化油。

5．机攻丝方法

（1）丝锥装夹在机床主轴上后，其径向振摆一般应不超过 0.05mm；工件夹具的定位支撑面和丝锥中心的垂直偏差不大于0.05/100；工件螺纹底孔和丝锥的同轴度允差应不大于0.05mm。

（2）当丝锥即将进入螺纹底孔时，进刀要轻要慢，以防止丝锥与工件发生撞击。

（3）攻螺纹时，应在钻床进给手柄上施加均匀的压力，以协助丝锥进入工件。但当校准部分进入工件时，压力即应解除，靠螺纹自然旋进。

（4）通孔攻螺纹时，丝锥的校准部分不能伸出另一端太多，否则倒转退出丝锥时，将会产生乱扣。

6．丝锥的修磨

当丝锥的切削部分磨损时，可以修磨其后刀面，如图2.118所示。

修磨时要注意保持各刃瓣的半锥角α以及切削部分长度的准确性和一致性。转动丝锥时要留心，不要使另一刃瓣的刀齿碰擦而磨坏。

当丝锥的校准部分磨损时，可修磨其前刀面，如图2.119所示。

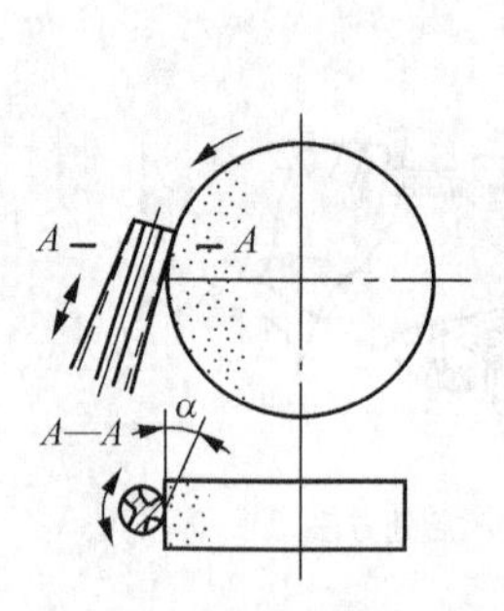

图2.118 修磨丝锥的后刀面

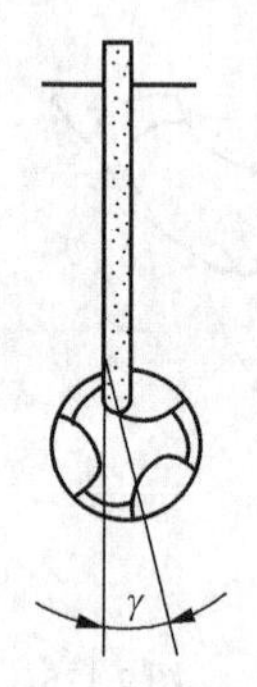

图2.119 修磨丝锥的前刀面

磨损较少时可用油石研磨切削刃的前刀面，研磨时在油石上涂一些机油，油石要掌握平稳。磨损较显著时，要用棱角修圆的片状砂轮修磨，并控制好一定的前角γ。

7．攻丝废品产生形式和原因

攻丝废品产生形式和原因见表2.20。

表2.20 攻丝废品产生形式和原因

废品形式	产生原因
烂牙	1．螺纹底孔直径太小，丝锥不易切入，孔口烂牙
	2．换用二锥、三锥时，与已攻出的螺纹没有旋合好就强行攻削
	3．头锥攻螺纹不正，用二锥、三锥时强行纠正
	4．对塑性材料未加切削液或丝锥不经常倒转来断屑、排屑，而使已切出的螺纹被啃伤
	5．丝锥磨钝或刀刃有黏屑
	6．铰杠掌握不稳，攻强度较低的材料时，螺纹容易被切烂
	7．当丝锥磨钝、崩刃或刃口有黏屑时，也会将螺纹牙型刮烂

续表

废品形式	产生原因
滑牙	1．攻不通孔螺纹时，丝锥已到底，仍继续转动丝锥 2．在强度较低的材料上攻较小螺纹孔时，丝锥刚切入并已切出螺纹时，仍继续加压力；或攻完退出时，当还有几扣螺纹未退出时，仍连铰杠一起转出
螺孔攻歪	1．丝锥位置不正 2．机攻时丝锥与螺孔不同心
螺纹牙深不够	1．攻螺纹前底孔直径太大 2．丝锥磨损

技师指点

在取出断丝锥前，应先把孔中的切屑和丝锥碎屑清除干净，以防轧在螺纹与丝锥之间而阻碍丝锥的退出。

① 用窄錾或冲头抵在断丝锥的容屑槽中顺着退出的切线方向轻轻敲击，必要时再顺着旋进方向轻轻敲击，使丝锥在多次正反方向的敲击下产生松动，则退出就容易了。这种方法仅适用于断丝锥尚露出孔口或接近孔口时。

② 在带方部的断丝锥上拧上两个螺母，用钢丝（根数与丝锥槽数相同）插入断丝锥和螺母的空槽中，然后用绞手按退出方向搬动方部，把断丝锥取出，如图 2.120 所示。

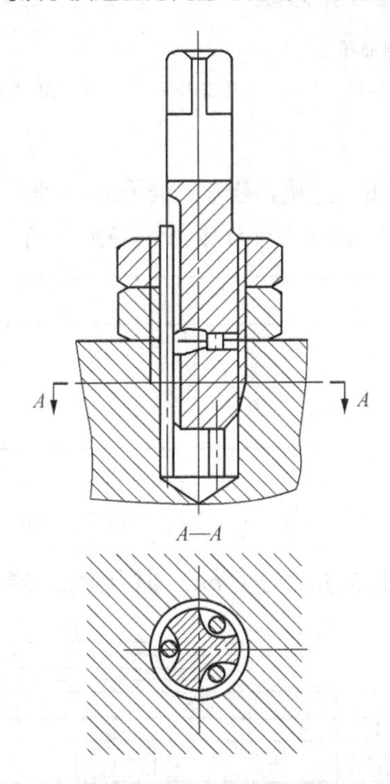

图 2.120　用钢丝插入槽中取出断丝锥的方法

③ 在断丝锥上焊上 1 个六角螺钉，然后用扳手扳六角螺钉而使断丝锥退出。

④ 用乙炔火焰或喷灯使断丝锥退火，然后用钻头钻一盲孔。此时钻头直径应比底孔直径略小，钻孔时也要对准中心，防止将螺纹钻坏。孔钻好后打入 1 个扁形或方形冲头，再用扳手旋出断丝锥。

⑤ 用电火花加工设备将断丝锥腐蚀。

任务实施

一、备料

（1）检查毛坯尺寸。如图 2.121 所示，检查来料的材料和尺寸是否符合加工要求。

（2）下坯料。如图 2.122 所示锯削下料，得到如图 2.123 所示的两件 22mm × 20mm × 102mm。

图 2.121　检测毛坯尺寸

图 2.122　锯削下料

（a）下料毛坯

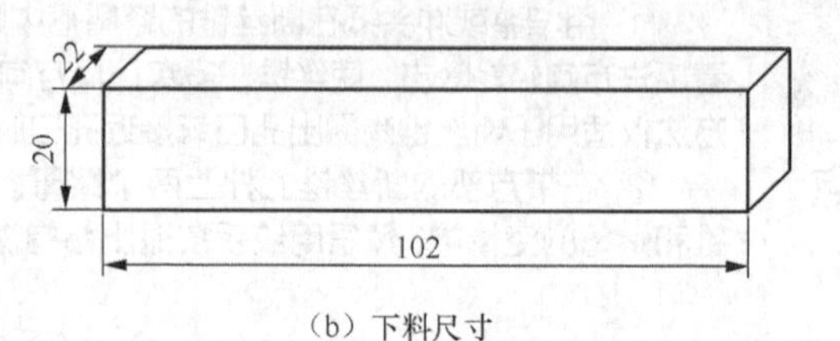

（b）下料尺寸

图 2.123　下料得到的毛坯

二、加工上块

（1）锉削外形面。先加工上块，锉削一端面和两垂直的长面，使之成为基准面，并进行划线 20mm×18mm×100mm。按划线进行锉削加工得到准确尺寸，得到图 2.124 所示的形状和尺寸。

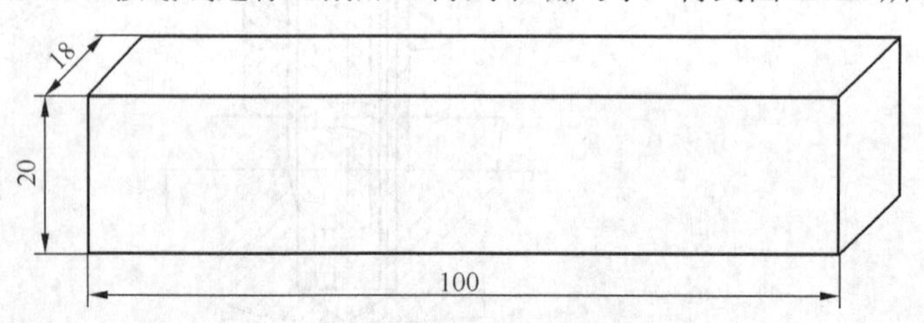

图 2.124　锉削外形得到的形状和尺寸

（2）划线。划出图 2.125 所示的 14mm 面锯削加工线，以及 V 形面的锉削加工线。

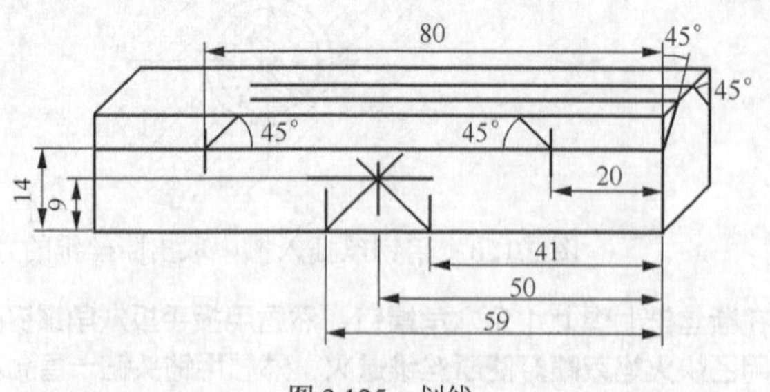

图 2.125　划线

（3）加工 14mm 面和 V 形面。如图 2.126 所示通过锯削、锉削加工 14mm 面和 V 形面，得到图 2.127 所示效果。

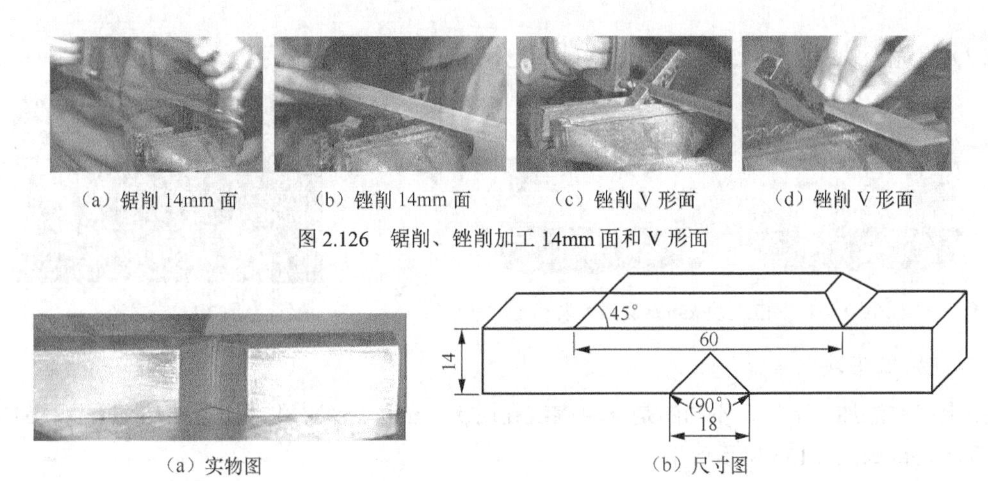

（a）锯削 14mm 面　（b）锉削 14mm 面　（c）锉削 V 形面　（d）锉削 V 形面

图 2.126　锯削、锉削加工 14mm 面和 V 形面

（a）实物图　（b）尺寸图

图 2.127　加工 14mm 面和 V 形面效果

（4）划圆弧加工线和钻孔中心。先划出上表面中心线，再确定圆心，划出圆弧加工线和钻孔中心，得到图 2.128 所示效果。

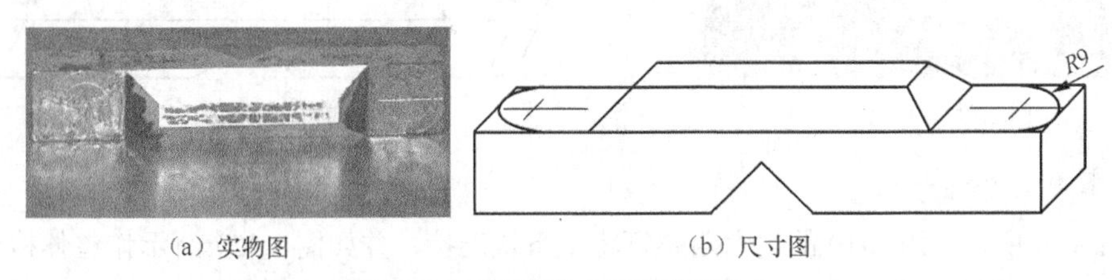

（a）实物图　（b）尺寸图

图 2.128　划圆弧加工线和钻孔中心

（5）钻ϕ11 孔。如图 2.129 所示，按划线位置钻两个ϕ11mm 孔，并将孔口倒角 $C1$，得到图 2.130 所示效果。

图 2.129　钻ϕ11 孔

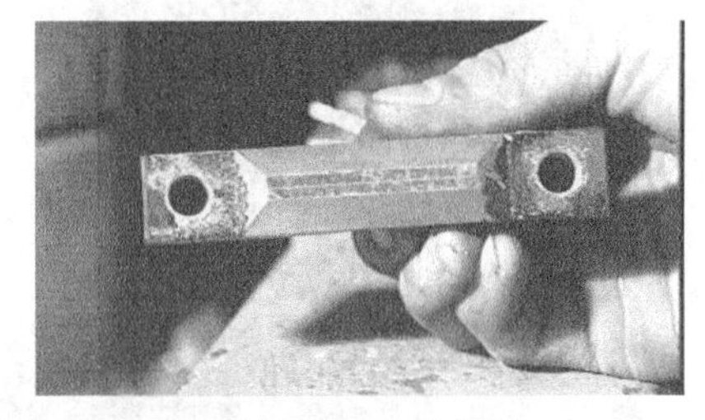

图 2.130　钻ϕ11 孔效果

（6）加工 $R9$mm 圆弧。如图 2.131（a）所示，按划线锉削加工两 $R9$mm 圆弧，并如图 2.131（b）所示用半径样板和塞尺进行检验，得到图 2.132 所示效果。

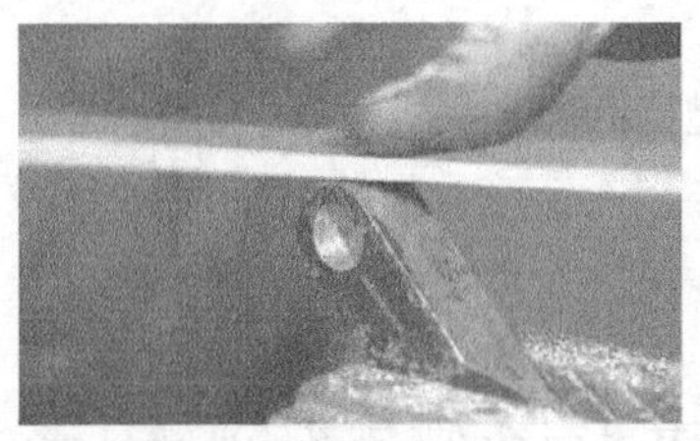

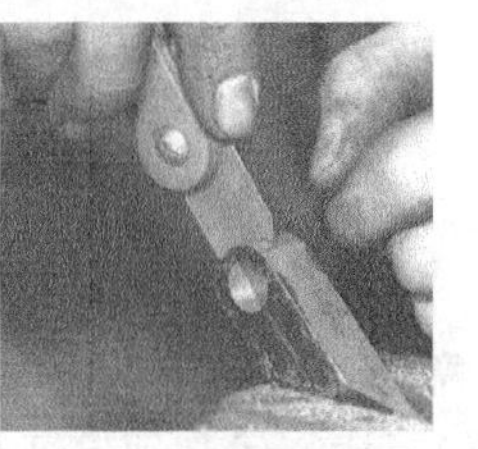

（a）锉削加工圆弧　（b）检验圆弧

图 2.131　加工圆弧

（7）抛光上块。如图 2.133 所示，将砂纸包在锉刀上对各面进行抛光。

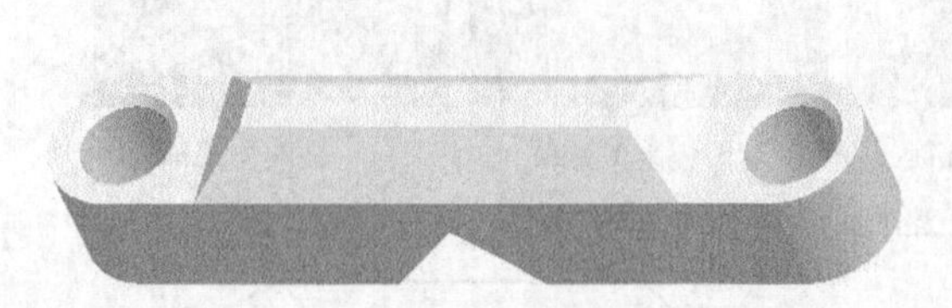

图 2.132　加工上块 R9mm 圆弧效果

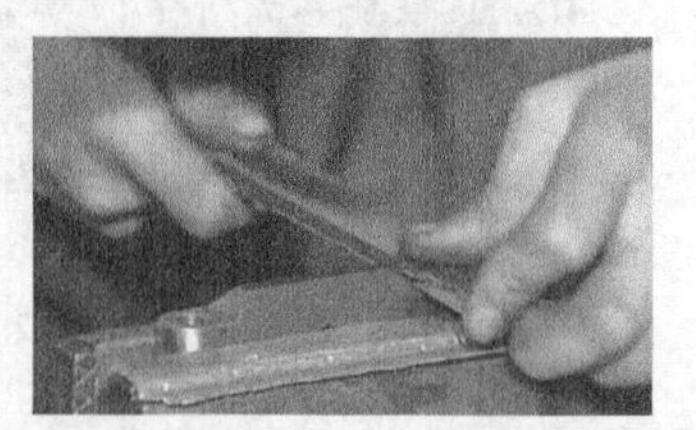

图 2.133　抛光

三、加工下块

用上述方法加工下块，不同的是下块螺纹孔用ϕ8.5mm 钻头钻孔，如图 2.134 所示用 M10 的丝锥攻丝，得到图 2.135 所示效果。

图 2.134　攻丝

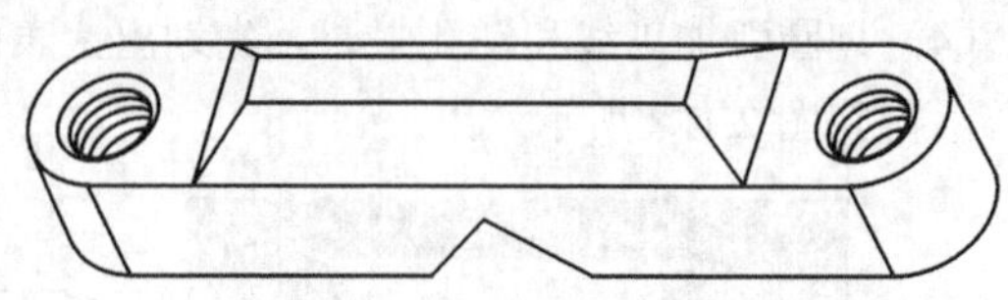

图 2.135　下块加工效果

四、装配、修整

如图 2.136 所示，用 M10 的内六角螺钉将上下块连接，并如图 2.137 所示作整体检查修整。拆下螺钉后对各棱边进行倒角，并清洁各表面，最后得到图 2.138 所示效果。

图 2.136　装配

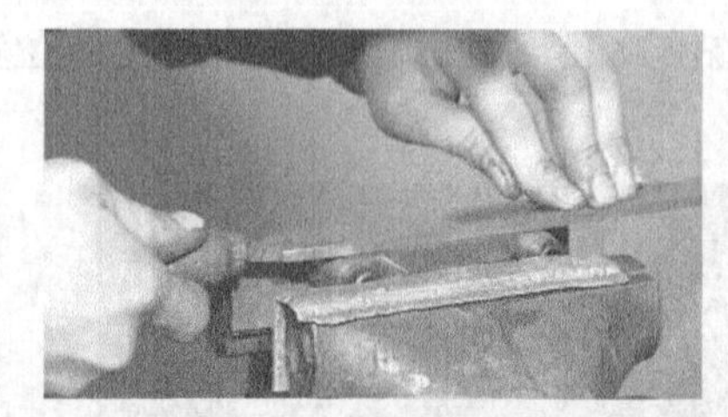

图 2.137　整体修整

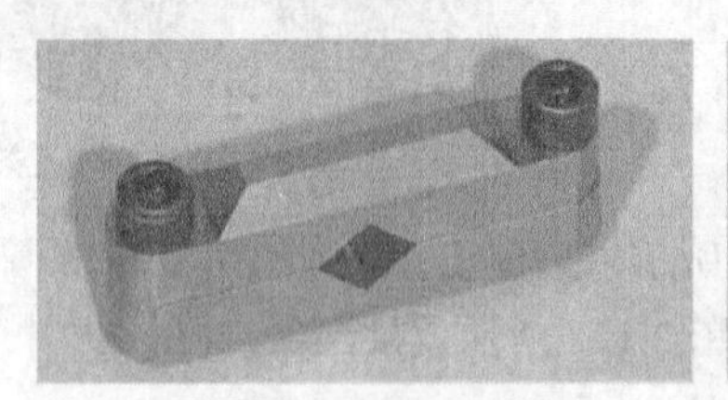

（a）装配效果

（b）拆卸效果

图 2.138　对开夹板

注意事项

对开夹板制作注意事项如下。

（1）钻孔与攻螺纹时中心线必须保证与基准面垂直，两孔中心距尺寸应正确，以保证可装配。

（2）在钻孔划线时，两孔的位置必须与中间两直角面的中心线对称，以保证装配连接后两工件上的直角面不产生错位现象。

（3）锉削 $R9$mm 的圆弧面应分别锉削，并留有一定余量，最后装配后作一次整体修整，以保证工件外观等。

（4）各平面所交轮廓倒角要均匀，内棱清晰、表面光整、纹理整齐。

质量评价

按照表 2.21 中的要求学习者进行自检、同伴之间互检、教师或专家进行抽检，并填写于表中，学习者根据质量评价归纳总结存在的不足，做出整改计划。

表 2.21　　作品质量检测卡

对开夹板项目作品质量检测卡						
班　级			姓　名			
小组成员						
指导老师			训练时间			
序号	检测内容	配分	评价标准	自检得分	互检得分	抽检得分
1	ϕ11（上块 2 处）	4	超±0.2 不得分			
2	M10（下块 2 处）	4	超差不得分			
3	60（上、下块）	4	超±0.2 不得分			
4	20±0.05（上、下块）	6	超差不得分			
5	14±0.05（上、下块）	6	超差不得分			
6	18±0.05（上、下块）	6	超差不得分			
7	82±0.3（上、下块）	4	超差不得分			
8	$100^{0}_{-0.5}$（上、下块）	4	超差不得分			
9	18（上、下块）	4	超±0.2 不得分			
10	⌯ 0.2 D（上、下块）	6	超差不得分			
11	⊥ ϕ0.08 A（上、下块）	6	超差不得分			
12	⊥ 0.05 B（上、下块）	6	超差不得分			
13	// 0.05 A（上、下块）	6	超差不得分			
14	▱ 0.03（上、下块）	4	超差不得分			
15	// 0.3 C（上、下块）	4	超差不得分			
16	⌒ 0.3 A E（上、下块）	4	超差不得分			
17	⊥ 0.03 A（上、下块）	4	超差不得分			
18	4 处 45°（上、下块）	8	超差±0.5°不得分			
19	√Ra 3.2	10	升高一级不得分			
20	文明生产	—	违者不计成绩			
			总分			
			签名			

任务Ⅲ 制作 M12 螺母螺杆

本项目的第三个任务是根据图 2.139 所示的图样要求，使用 Q235 钢制作一套 M12 的螺母螺杆。其中螺母为六角形，所以要熟练掌握正多边形划线和加工方法，还要用到锯削、锉削、钻孔和攻丝技术；螺杆为外螺纹，要用到套丝技术。

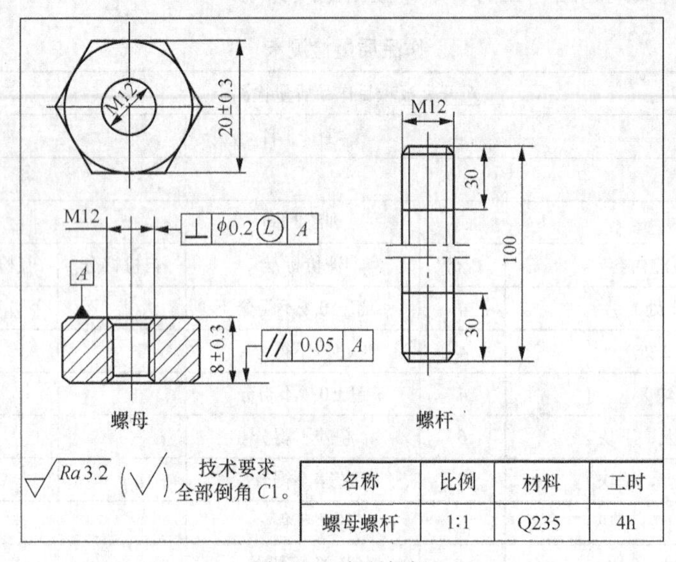

图 2.139 螺母螺杆

学习目标

（1）巩固划线、锯削、锉削、钻孔和攻丝知识和技能。

（2）了解套螺纹在生产中的应用，具有套螺纹的工具及其选择的能力。

（3）掌握套螺纹圆柱直径的计算能力。

（4）具有六角体锉削加工技能。

（5）具有套螺纹加工和检测技能。

（6）通过制作加工和检测养成精益求精的作风。

（7）具有制作工具的常用工具使用和保养的能力。

（8）具有依图设计工具制作工艺规程的能力。

（9）具有正确执行安全操作规程、文明生产、岗位责任制、工艺规程等要求的能力。

工具清单

完成本项目任务所需的工具见表 2.22。

表2.22 工量具清单

序号	名称	规格	数量	用途
1	平锉	粗齿350mm	1	锉削平面
2	平锉	细齿150mm	1	精锉平面
3	整形锉	100mm	1	精修各面
4	钢丝刷	—	1	清洁锉刀
5	锯弓	可调式	1	装夹锯条
6	锯条	细齿	1	锯削余量
7	砂纸	200	1	抛光
8	台钻（配附件）	—	共用	钻腰形孔
9	砂轮机	—	共用	刃磨麻花钻
10	麻花钻	ϕ10mm	1	钻螺纹底孔
11	丝锥	M12	1	攻M12螺纹
12	绞手	普通	1	攻M12螺纹
13	板牙	M12	1	套M12螺纹
14	板牙架	M12	1	套M12螺纹
15	划线平板	160×160	1	支撑工件和安放划线工具
16	钢直尺	150mm	1	划线导向
17	刀口角尺	100mm	1	划垂直线和平行线、检测垂直度
18	游标卡尺	250mm	1	检测尺寸
19	高度尺	250mm	1	划线
20	划规	普通	1	圆弧
21	划针	ϕ3	1	划线
22	样冲	普通	1	打样冲眼
23	手锤	0.25kg	1	打样冲眼
24	棉纱	—	若干	清洁划线平板及工件
25	毛刷	4寸	1	清洁台面
26	万能游标角度尺	标准	1	检测六方体角度
27	锪钻	锥形	1	孔倒角

相关知识和工艺

一、六角锉削方法

1．六角体加工方法

原则上先加工基准面，再加工平行面、角度面，但为了保证正六边形要求（即对边尺寸相等、120°角度正确及边长相等），加工中还要根据来料的情况而定。

圆料加工六角时，先测量圆柱的实际直径，以外圆母线为基准，控制M尺寸来保证，加工方法如图2.140所示。

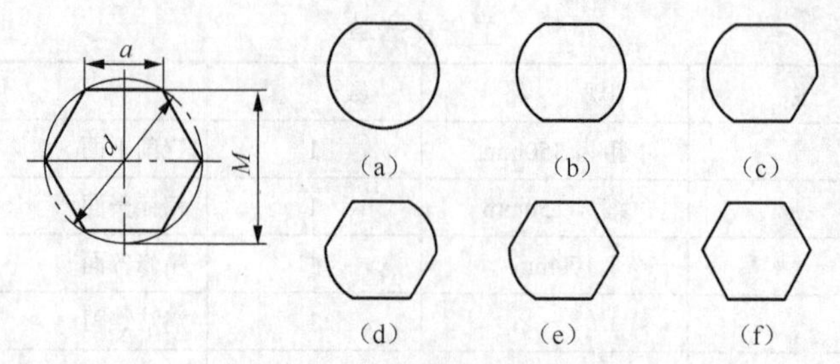

图 2.140 圆料加工六角体方法

如图 2.141 所示，六角加工也可用边长样板来测量。加工时，先加工六角体一组对边，然后同时加工两相邻角度面，用边长样板控制六角体边长相等，最后加工两角度面的平行面。

2．钢件锉削方法

锉削钢件时，由于切屑容易嵌入锉刀锉齿中而拉伤加工表面，使表面粗糙度增大，因此，锉削时必须经常用钢丝刷或铁片剔除（注意剔除切屑时，应顺着锉刀齿纹方向），如图 2.142 所示。

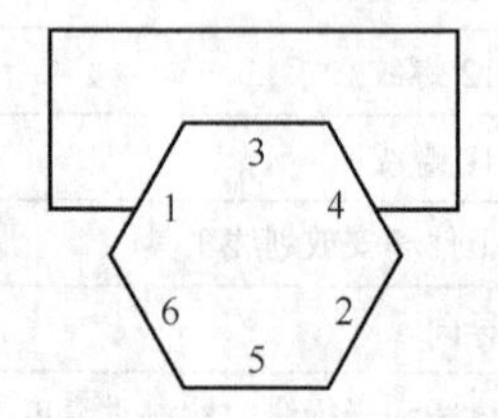

图 2.141 边长样板测量

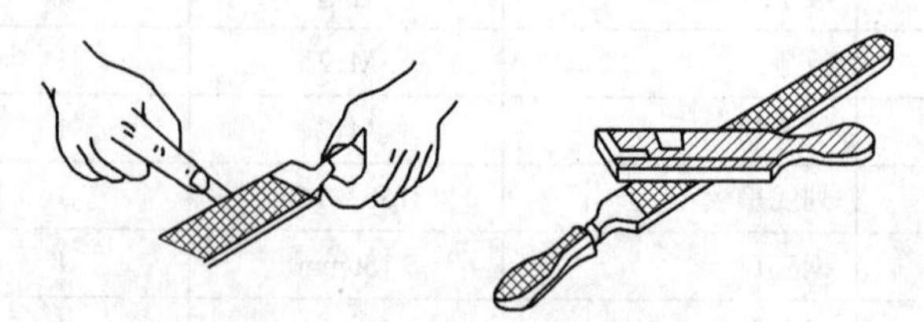

图 2.142 清除锉齿内锉屑方法

技师指点

六角加工中出现加工误差的原因分析见表 2.23

表 2.23 六角体锉削加工常见的误差分析

形　式	产 生 原 因
同一面上两端宽窄不等	（1）锉削面与端面不垂直； （2）来料外圆有锥度
六角体扭曲	各功工面间有扭曲误差存在
六角边长不等	各加工面尺寸公差没有控制好
120°角度不等	角度测量存在积累误差

二、套丝

用板牙在圆杆、管子上切削外螺纹称为套丝，也称套螺纹。

1．套丝工具

（1）板牙。板牙是加工外螺纹的工具，常用合金钢或高速钢淬火硬化而成。

① 板牙构造。它由切削部分和校准部分组成。圆板牙如图 2.143 所示，就像一个圆螺母，其端面上钻有几个孔，作用是形成前刀面、切削刃和排屑。

圆板牙的前刀面是圆孔，因此前刀面为曲线形，故前角数值是沿切削刃变化的，如图 2.144 所示。在内径前角γ_d最大，外径处前角最小。

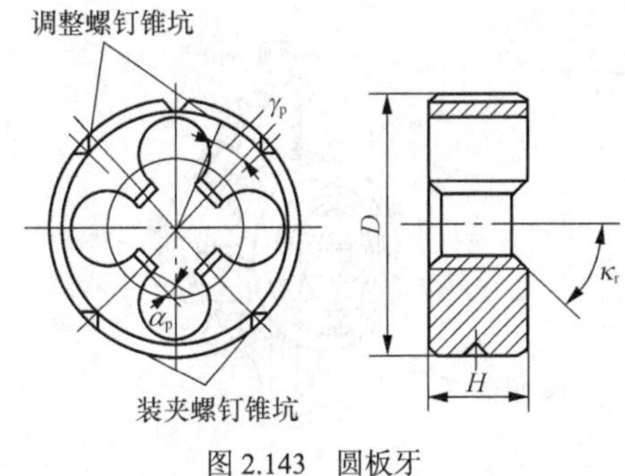

图 2.143　圆板牙

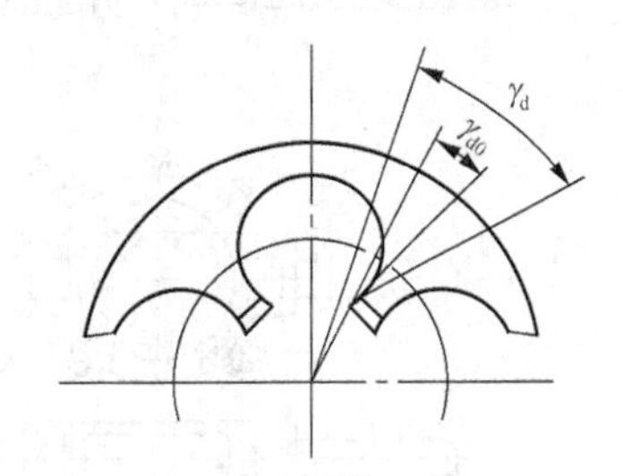

图 2.144　圆板牙的前角变化

切削部分的两端有切削锥角 2ϕ。切削角不是圆锥面，而是经过铲磨而成的阿基米德螺旋面。圆板牙的两端都可切削，待一段磨损后可换另一端使用。圆板牙的中间一段是校准部分，也是套丝时的导向部分。

板牙的校准部分因磨损会使攻出的螺纹尺寸变大而超出公差范围。因此，为延长板牙的使用寿命，M3.5 以上的圆板牙，在其外圆上除有 4 个紧固螺钉坑外，并开有 1 条 V 形槽用锯片砂轮切割出一条通槽，用绞手上的两个螺钉顶入板牙上面的两个偏心的锥坑内，使圆板牙的螺纹尺寸缩小，其调节的范围为 0.1～0.25mm。上面两个锥坑之所以要偏心，是为了使紧固螺钉与锥坑单边接触，以使在拧紧紧固螺钉时，使板牙尺寸缩小。如果在 V 形槽的开口处旋动螺钉就能使板牙的尺寸增大。

板牙下部有两个通过中心的螺钉孔，以便将圆板牙固定在板牙架上并传递扭矩。

② 板牙的种类。钳工常用的板牙有圆板牙和活动管子板牙，如图 2.145 所示。

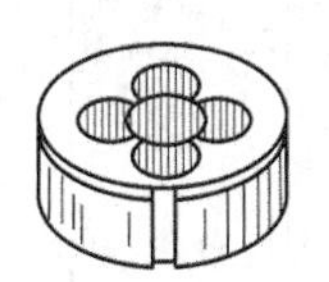

（a）固定板牙

（b）可调节圆板牙

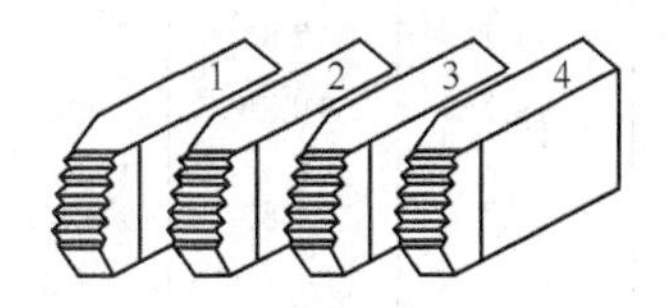

（c）活动管子板牙

图 2.145　板牙的种类

圆板牙分为固定式和可调式两种，如图 2.145 所示。

活动管子板牙是 4 块为 1 组，镶嵌在可调的管子板牙架内，用来套管子的外螺纹，如图 2.145（c）所示。

（2）板牙架。板牙架是用来装夹板牙的工具，它分为圆板牙架和管子板牙架等，如图 2.146 所示。

2．套丝前圆杆直径的确定

套丝与攻丝一样，板牙在工件上套丝时，材料同样受到挤压而变形，牙顶将被挤高一些，所以圆杆直径应稍小于螺纹大径的尺寸，其尺寸可通过查表 2.24 确定，或用下列经验公式计算来确定。

$$d_0 = d - 0.13p$$

式中　d_0——套丝前圆杆直径，mm；

d——螺纹公称直径，mm；

p——螺距，mm。

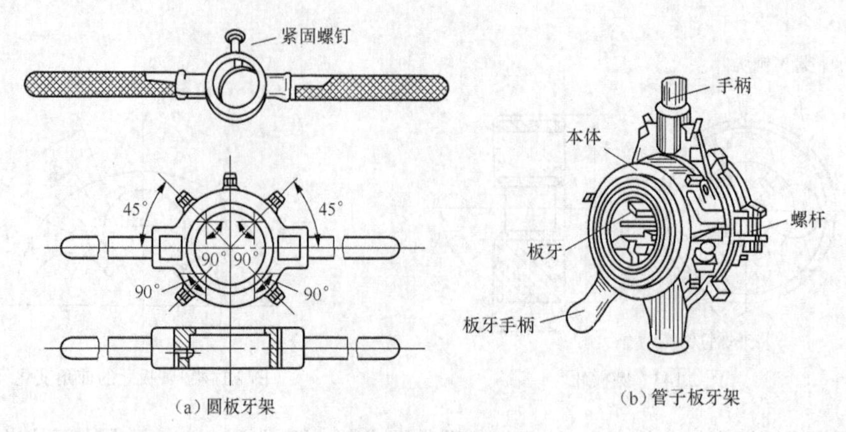

图 2.146 板牙架

表 2.24 板牙套丝时圆杆的直径（mm）

粗牙普通螺纹				英制螺纹			圆柱管螺纹		
螺纹直径	螺距	螺杆直径		螺纹直径/in	螺杆直径		螺纹直径/in	管子外径	
		最小直径	最大直径		最小直径	最大直径		最小直径	最大直径
M6	1	5.8	5.9	1/4	5.9	6	1/8	9.4	9.5
M8	1.25	7.8	7.9	5/16	7.4	7.6	1/4	12.7	13
M10	1.5	9.75	9.85	3/8	9	9.2	3/8	16.2	16.5
M12	1.75	11.75	11.9	1/2	12	12.2	1/2	20.5	20.8
M14	2	13.7	13.85	—	—	—	5/8	22.5	22.8
M16	2	15.7	15.85	5/8	15.2	15.4	3/4	26	26.3
M18	2.5	17.7	17.85	—	—	—	7/8	29.3	30.1
M20	2.5	19.7	19.85	3/4	18.3	18.5	1	32.8	33.1
M22	2.5	21.7	21.85	7/8	21.4	21.6	$1\frac{1}{3}$	37.4	37.7
M24	3	23.65	23.8	1	24.5	24.8	$1\frac{1}{4}$	41.4	41.7
M27	3	26.65	26.8	$1\frac{1}{4}$	30.7	31	$1\frac{3}{8}$	43.8	44.1
M30	3.5	29.6	29.8	—	—	—	$1\frac{1}{2}$	47.3	47.6
M36	4	35.6	35.8	$1\frac{1}{2}$	37	37.3	—	—	—
M42	4.5	41.55	41.75	—	—	—	—	—	—
M48	5	47.5	47.7	—	—	—	—	—	—
M52	5	51.5	51.7	—	—	—	—	—	—
M60	5.5	59.45	59.7	—	—	—	—	—	—
M64	6	63.4	63.7	—	—	—	—	—	—
M68	6	67.4	67.7	—	—	—	—	—	—

3．套丝方法

套丝操作应注意以下几点。

（1）为了使板牙容易对准工件和切入工件，圆杆端部要倒成圆锥斜角为 15°～20° 的椎体，如

图 2.147 所示。椎体的最小直径可略小于螺纹小径，使切出的螺纹端部避免出现锋口和卷边而影响螺母的拧入。

（2）由于工件为圆杆形状，所以套丝时要用硬木 V 形块或铜板做衬垫，才能牢固将工件夹紧，如图 2.148 所示。在加衬垫时圆杆套丝部分离钳口要尽量近。

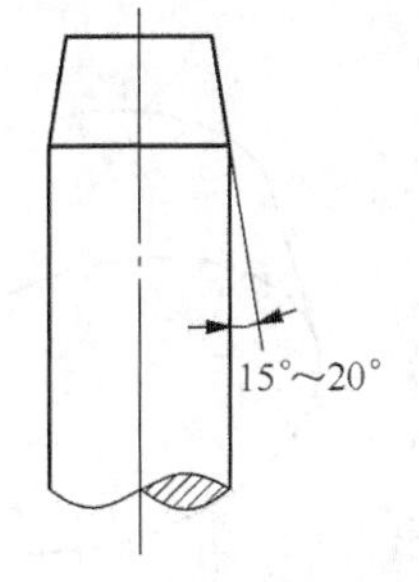

图 2.147　套丝时圆杆的倒角

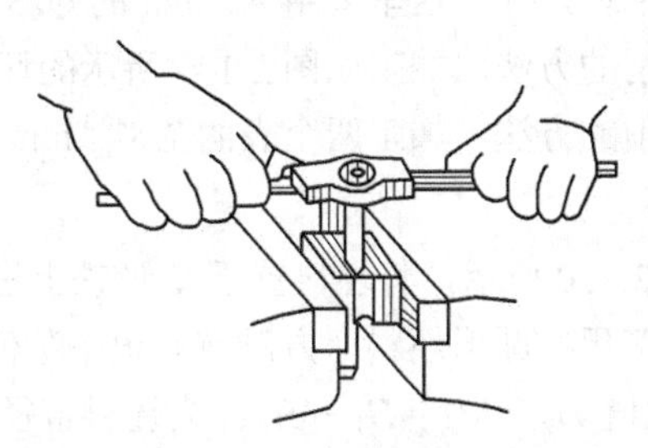
图 2.148　夹紧圆杆的方法

（3）起套时，右手手掌按住绞手中部，沿圆杆的轴向施加压力，左手配合作顺向旋进，此时转动宜慢，压力要大，应保持板牙的端面与圆杆轴线垂直，否则切口的螺纹牙齿一面深一面浅。当板牙切入圆杆 2～3 牙时，应检查其垂直度，否则继续扳动绞手时易造成螺纹偏切烂牙。

（4）起套后，不应再向板牙施加压力，以免损坏螺纹和板牙，应让板牙自然引进。为了断屑，板牙也要时常倒转。

（5）在钢件上套丝时要加冷却润滑液（一般加注机油或较浓的乳化液；螺纹要求较高时，可用工业植物油），以延长板牙的使用寿命和减少螺纹的表面粗糙度值。

技师指点

套丝废品产生原因及预防见表 2.25。

表 2.25　套丝废品产生原因及预防

废品形式	产生原因	预防方法
螺纹乱扣	1．低碳钢及塑性好的材料套螺纹时，没用切削液，螺纹被撕坏 2．套螺纹时没有反转割断切屑，造成切屑堵塞，啃坏螺纹 3．套螺纹圆杆直径太大 4．板牙与圆杆不垂直，由于偏斜太多又强行找正，造成乱扣	1．按材料性质选用切削液 2．按要求反转，并及时清除切屑 3．将圆杆加工得合乎尺寸要求 4．要随时检查和找正板牙与圆杆的垂直度，发现偏斜及时修整
螺纹偏斜和螺纹深度不均	1．圆杆倒角不正确，板牙与圆杆不垂直 2．两手旋转板牙架用力不均衡，摆动太大，使板牙与圆杆不垂直	1．按要求正确倒角 2．两手用力要保持均衡，使板牙与圆杆保持垂直
螺纹太瘦	1．板手摆动太大，由于偏斜多次借正，使螺纹中径小了 2．板牙起削后，仍加压力板动 3．活动板牙与开口板牙尺寸调得太小	1．要握稳板牙架，旋转套螺纹 2．起削后只用平衡的旋转力，不要加压力 3．准确调整板牙的标准尺寸
螺纹太浅	圆杆直径太小	正确确定圆杆直径尺寸

任务实施

一、螺母制作

（1）备料。

① 检查毛坯尺寸，这里采用 ϕ25mm 的 Q235 钢棒。

② 用锯削的方法，加工如图 2.149 所示的坯料。

③ 用锉削的方法，加工两个表面至 $8^{+0.3}_{0}$ mm 作为基准。

（2）划线。

① 如图 2.150 所示，将坯料置于 V 形铁上进行划线。

② 用高度尺在圆形坯料上方触点并记下数值 H_1，再在坯料下方触点记下数值 H_2，$\Delta H = H_1 - H_2$ 即为坯料直径。调整高度尺划出图 2.151 所示的中心线。

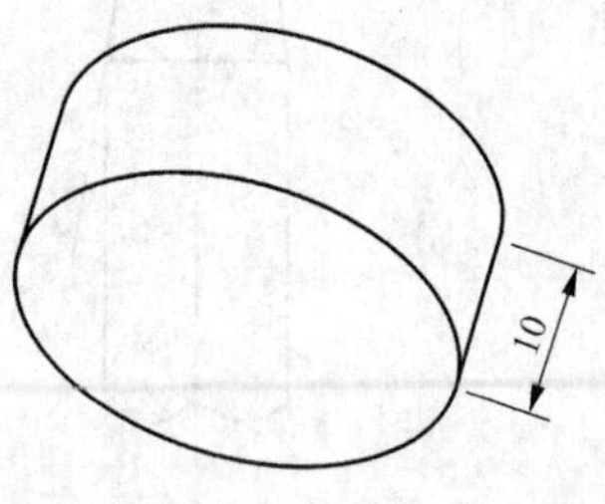

图 2.149 下料尺寸

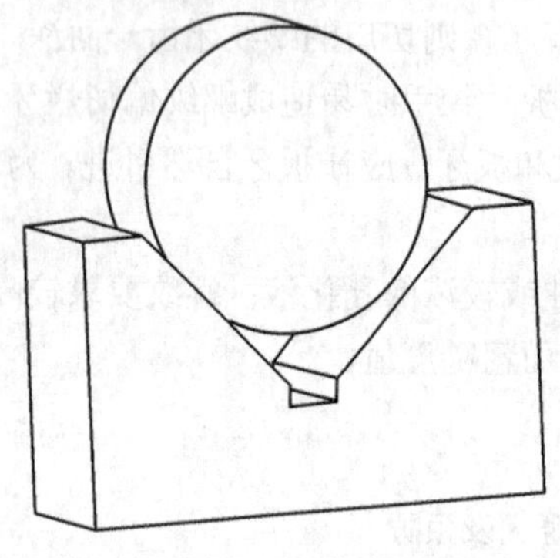
图 2.150 放置

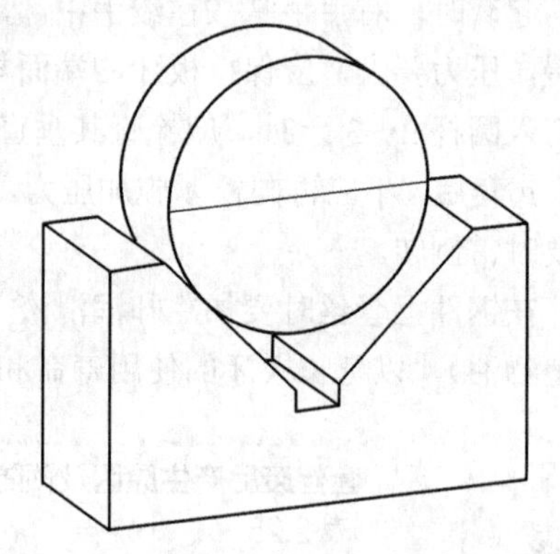
图 2.151 第一条中心线

③ 不调节高度尺，将圆形坯料任意旋转一个角度，划出图 2.152 所示的中心线。

④ 在两条线的交点上用样冲打样冲眼，如图 2.153 所示即为圆形坯料的圆心。

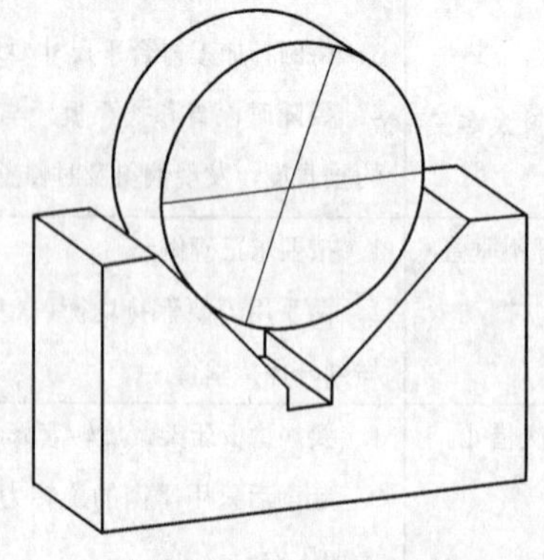
图 2.152 第二条中心线

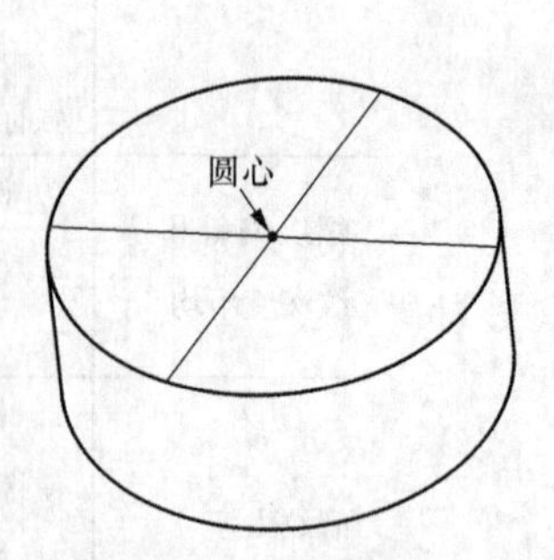

图 2.153 定圆心

⑤ 用划规划出如图 2.154 所示的 ϕ20mm 的圆。

⑥ 计算弦长。用项目一中式（1.1）和式（1.2）计算弦长。

$$n=6$$

$$\alpha=\frac{360°}{n}=60°$$

弦长 $L=D\sin\frac{\alpha}{2}=20\times\sin30°=10\text{mm}$

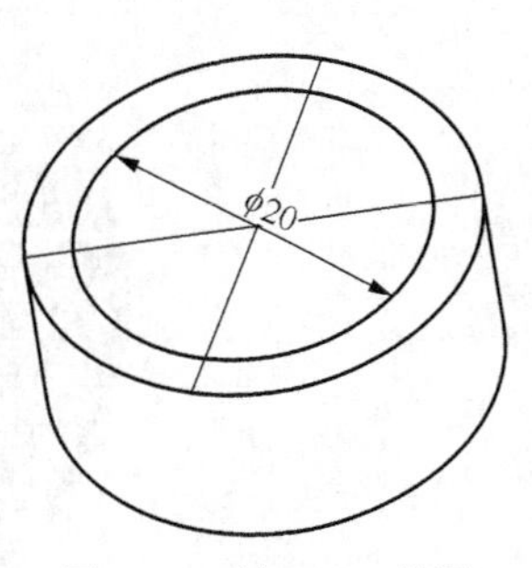

图 2.154　划 ϕ20mm 的圆

⑦ 划圆弧。用划规量取 10mm，以图 2.155 中点 A 和点 B 为圆心，绘制 4 条圆弧，交 ϕ20mm 圆于 C、D、E、F 点，则 A、B、C、D、E、F 为正六边形的六个交点。

⑧ 连线。用直尺和划针划线依次连接 A—C—E—B—F—D—A，得到图 2.156 所示的正六边形。

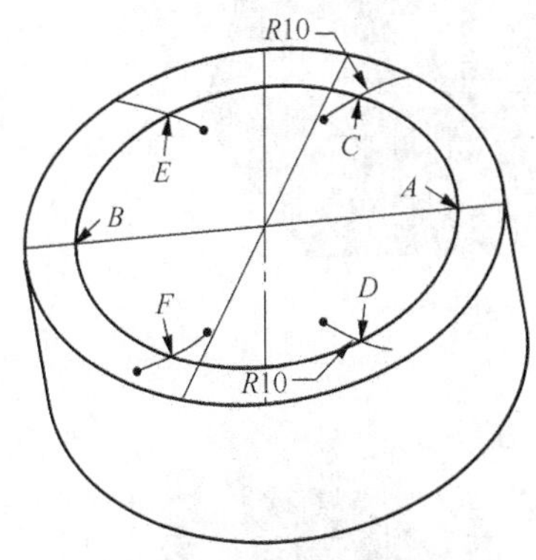

图 2.155　划圆弧

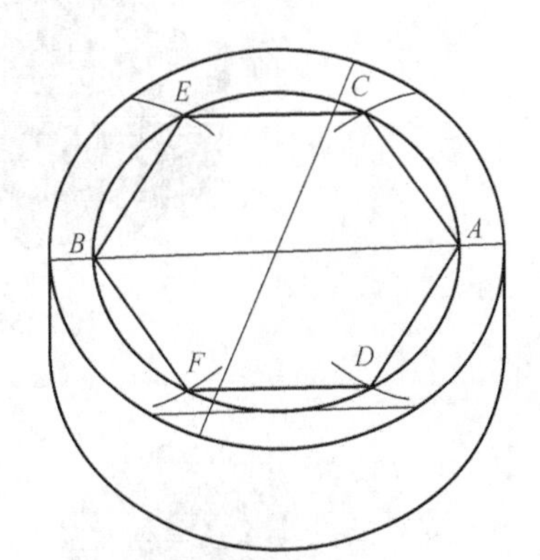

图 2.156　划正六边形

（3）粗锉。

① 粗锉第 1 面，得到图 2.157 所示效果。

② 粗锉第 2 面，得到图 2.158 所示效果。

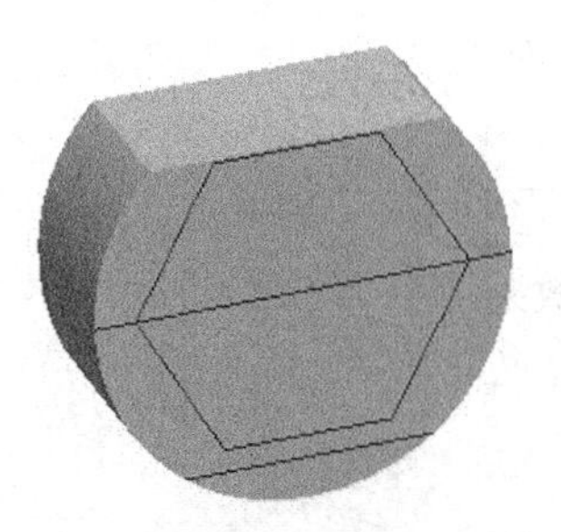

图 2.157　粗锉第一面

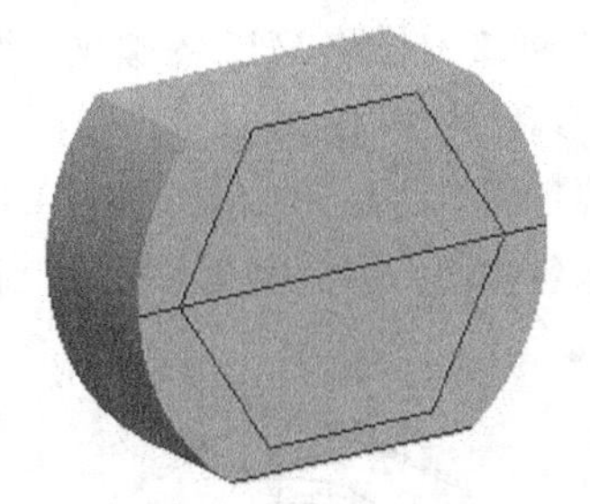

图 2.158　粗锉第二面

③ 粗锉第 3、4、5、6 面，得到图 2.159 所示效果。

（4）钻孔攻丝。

① 选用 ϕ10mm 麻花钻钻孔，得到图 2.160 所示效果。

② 选用锪孔钻对 ϕ10mm 孔倒角，得到图 2.161 所示效果。

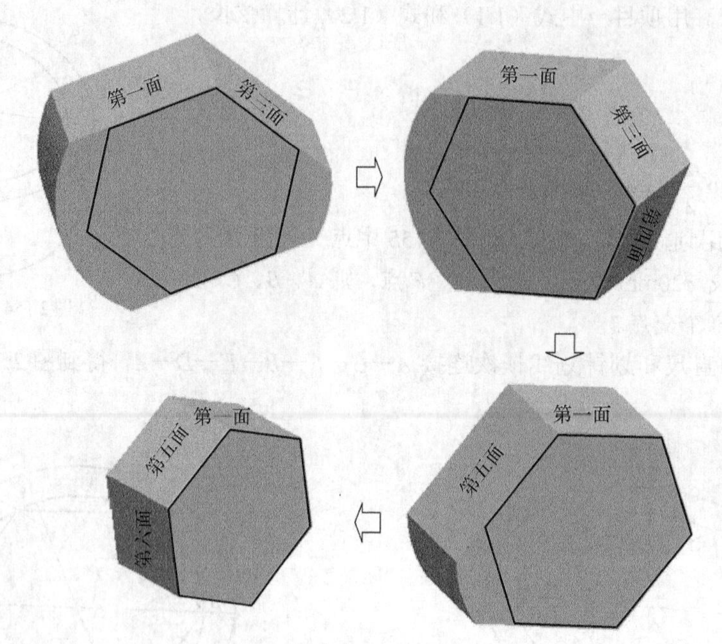

图 2.159　粗锉第三、四、五、六面

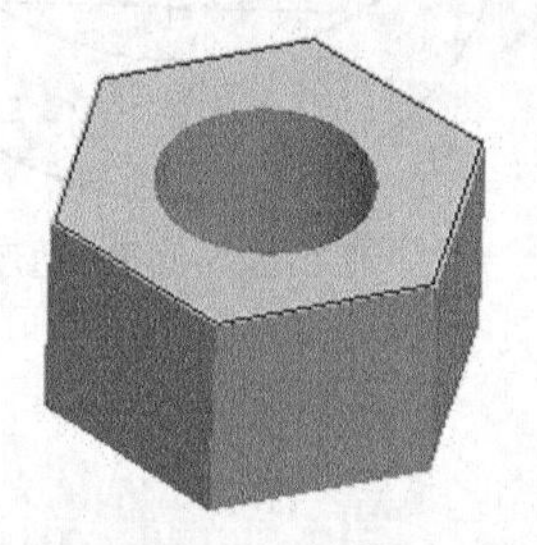

图 2.160　钻孔

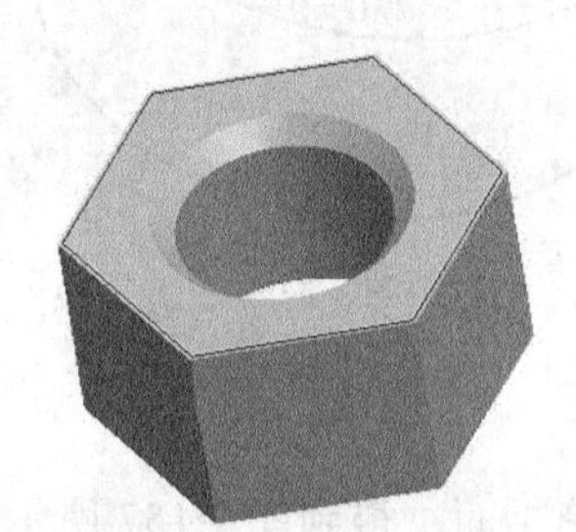

图 2.161　孔倒角

③ 选择 M12 丝锥攻 M12 内螺纹，得到图 2.162 所示效果。

（5）精修。

① 精修各面，达到 20±0.3、8±0.3、| ⊥ | ϕ0.2 Ⓛ | A |、| // | 0.05 | A | 精度要求。

② 锉修各棱边，达到倒角 *C*1，得到如图 2.163 所示效果。

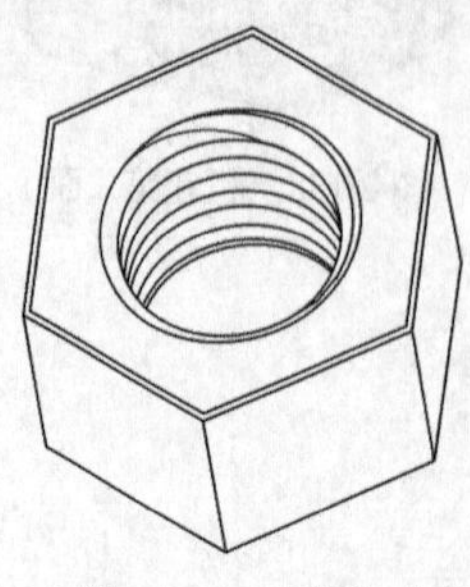

图 2.162　攻螺纹

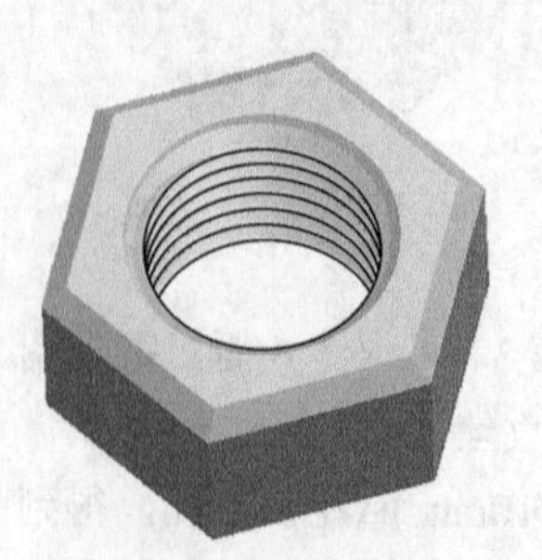

图 2.163　螺母

二、螺杆制作

（1）备料。

① 检查毛坯尺寸，这里采用 ϕ12mm 的 Q235 钢棒。

② 用锯削的方法，加工如图 2.164 所示的坯料。

③ 用锉削的方法，加工两个端面倒角 $C1$，得到如图 2.165 所示效果。

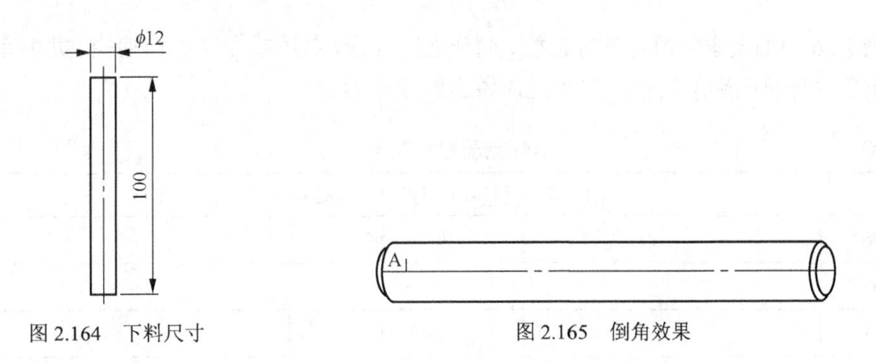

图 2.164 下料尺寸　　图 2.165 倒角效果

（2）套丝。如图 2.166（a）所示，用硬木 V 形块或铜板做衬垫，将工件夹紧用 M12 的板牙进行套丝，得到图 2.166（b）所示效果。

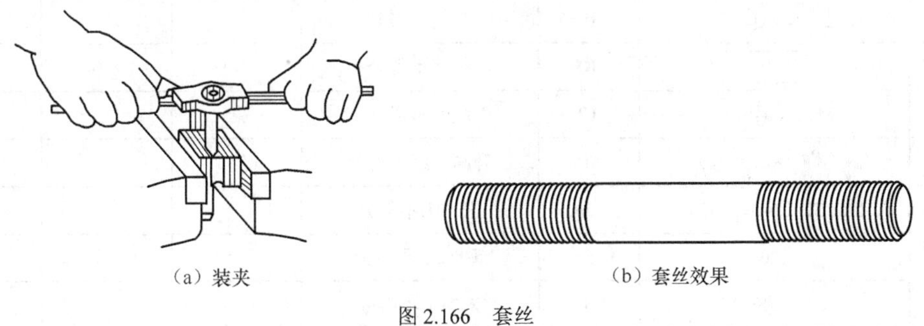

（a）装夹　　（b）套丝效果

图 2.166 套丝

三、装配检验

（1）如图 2.167 所示将螺母装配在螺杆上，如果能够顺利旋入，则说明螺纹配合正常。

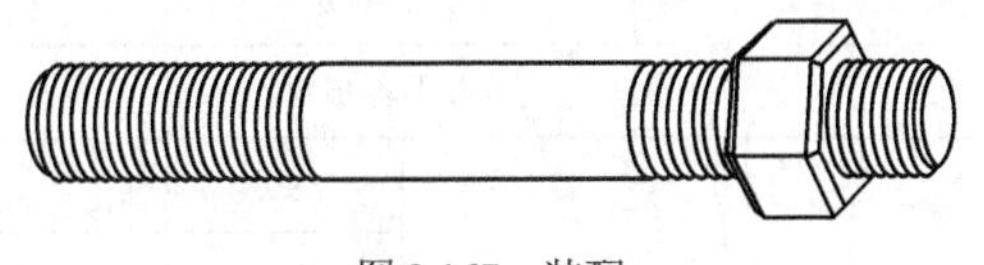

图 2.167 装配

（2）螺杆、螺母分别进行检验。

注意事项

（1）锉削螺母时划线尽可能使轮廓线位于毛坯的中心，以确保每一条边在加工时都有足够的加工余量。

（2）加工六方体时注意一边加工一边检验，以防不垂直、扭曲、边长不相等、角度不相等误差。

（3）攻丝和套丝时要加机油，以减小切削阻力，减小螺纹孔的表面粗糙度，延长丝锥和板牙寿命。

质量评价

按照表 2.26 中的要求学习者进行自检、同伴之间互检、教师或专家进行抽检，并填写于表中，学习者根据质量评价归纳总结存在的不足，做出整改计划。

表 2.26　　作品质量检测卡

制作螺母螺杆项目作品质量检测卡						
班　级			姓　名			
小组成员						
指导老师			训练时间			
序号	检测内容	配分	评价标准	自检得分	互检得分	抽检得分
1	20±0.3	10	超差不得分			
2	8±0.3	10	超差不得分			
3	⊥ ϕ0.2 Ⓛ A	10	超差不得分			
4	// 0.05 A	10	超差不得分			
5	M12（螺母）	10	超差不得分			
6	Ra 3.2（螺母）	10	升高一级不得分			
7	C1（螺母）	5	未加工不得分			
8	100	5	超±0.2 不得分			
9	C1（螺杆）	5	未加工不得分			
10	M12（螺杆）	10	超差不得分			
11	30	5	超±0.2 不得分			
12	配合	10	无法旋入和间隙超过 0.1 不得分			
13	文明生产	—	违者不计成绩			
			总分			
			签名			

项目拓展

一、知识拓展

1. 群钻

群钻是利用标准麻花钻合理刃磨而成的高生产率、高加工精度、适应性强、耐用度高的新型钻头。它是由很多钻改进而出现的，故称群钻。

（1）群钻种类。

① 基本型群钻（亦称标准群钻）。主要用来加工各种碳钢和各种合金结构钢。其结构形状和几何参数见表 2.27。

表 2.27　　　　基本型群钻

	几何形状及参数
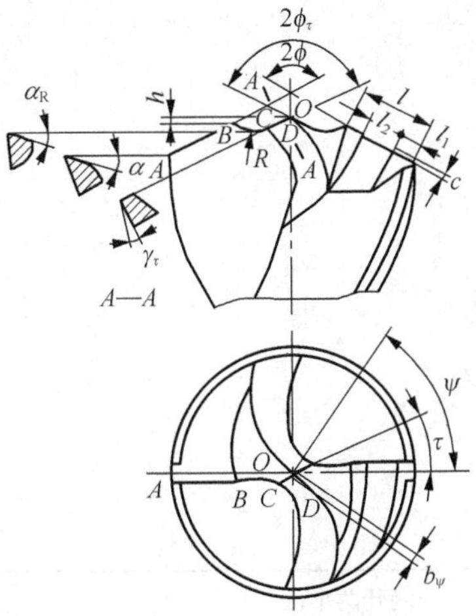	$2\phi\approx120^\circ$ $2\phi_\tau\approx135^\circ$ $2\phi_1\approx70^\circ$ $\psi\approx65^\circ$ $\tau\approx25^\circ$ $\gamma_\tau\approx-10^\circ$ $a\approx13^\circ\sim18^\circ$ $a_R\approx15^\circ\sim20^\circ$ $h\approx0.03d$ $b_\psi\approx0.03d$ $R\approx0.12d$ $l\approx0.3d$ $l_1\approx l_2$ d—钻头直径

基本型群钻与标准麻花钻比较，在结构上有如下几个特点。

（a）群钻磨出月牙槽，形成凹圆弧刃。

（b）修磨横刃使槽刃缩短至原来的 1/5～1/7，新形成的内刃上负前角大大减小。

（c）磨出单边分屑槽使切屑排出方便。

磨出月牙形圆弧槽是群钻的最大特点。它增大了靠近钻心处前角数值，以减少挤刮现象，使切削省力。同时使主切削刃分成几段，有利于分屑、断屑和排屑。钻孔时圆弧刃在底孔上切出一道圆弧筋，能稳定钻头方向，限制钻头摆动，加强定心作用。磨出月牙槽还降低了钻尖的高度，这样可以把槽刃处磨得较锋利，且不致影响钻尖强度。

② 钻铸铁的群钻。由于铸铁较脆，钻削时切屑呈碎块并夹杂着粉末，挤轧在钻头的后刀面、棱边与工件之间，产生剧烈的摩擦，使钻头磨损。磨损几乎完全发生在后刀面上，最严重的部位则是切削刃与棱边转角处的后刀面。因此，修磨钻铸铁的群钻，主要是磨出二重顶角，较大的甚至磨出三重顶角，以小轴向抗力，提高耐磨性。还要加大后角，把横刃磨得更短些。具体几何形状和参数见表 2.28。

③ 钻黄铜或青铜的群钻。黄铜或青铜硬度较低，组织疏松，切削阻力较小，若采用较锋利的切削刃，会产生“扎刀”现象。轻者使孔口损坏，钻头崩刃，重者将使钻头扭断，甚至会把工件从夹具中拉出造成事故。因此设法把钻头外缘处的前角磨小。主切削刃与刃带交角处可磨成 R=0.5～1mm 的过渡圆弧，以改善钻孔的表面粗糙度。具体几何形状和参数见表 2.29。

表 2.28　　　　钻铸铁的群钻

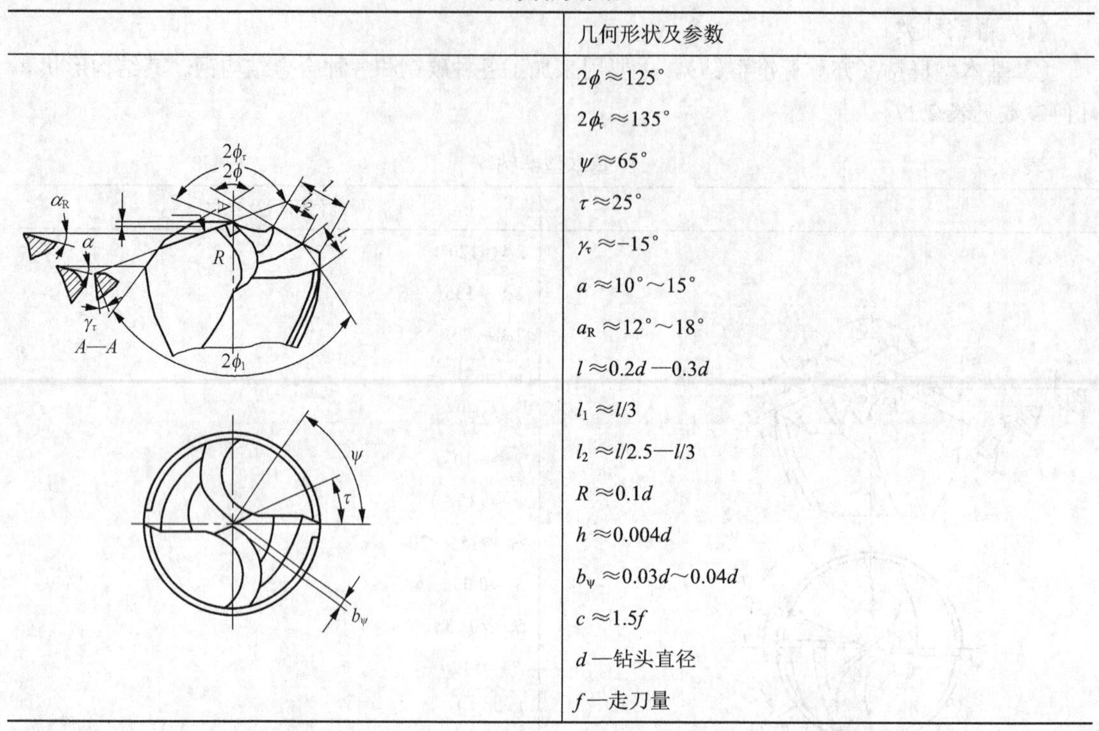

	几何形状及参数
	$2\phi \approx 125°$ $2\phi_\tau \approx 135°$ $\psi \approx 65°$ $\tau \approx 25°$ $\gamma_\tau \approx -15°$ $a \approx 10° \sim 15°$ $a_R \approx 12° \sim 18°$ $l \approx 0.2d — 0.3d$ $l_1 \approx l/3$ $l_2 \approx l/2.5 — l/3$ $R \approx 0.1d$ $h \approx 0.004d$ $b_\psi \approx 0.03d \sim 0.04d$ $c \approx 1.5f$ d —钻头直径 f —走刀量
当钻头直径小于 15mm 时，可不开 l_2 槽，但 $l \approx 0.2d$。当直径大于 40mm 时可在同一侧开两个槽	

表 2.29　　　　钻黄铜或青铜的群钻

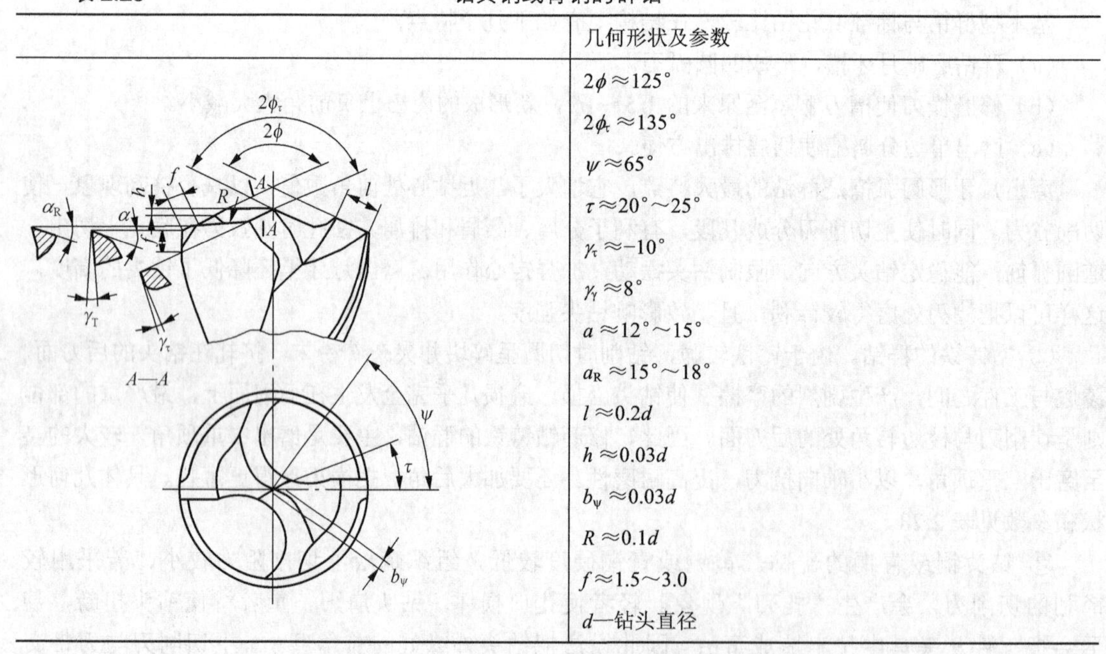

	几何形状及参数
	$2\phi \approx 125°$ $2\phi_\tau \approx 135°$ $\psi \approx 65°$ $\tau \approx 20° \sim 25°$ $\gamma_\tau \approx -10°$ $\gamma_f \approx 8°$ $a \approx 12° \sim 15°$ $a_R \approx 15° \sim 18°$ $l \approx 0.2d$ $h \approx 0.03d$ $b_\psi \approx 0.03d$ $R \approx 0.1d$ $f \approx 1.5 \sim 3.0$ d—钻头直径

④ 钻薄板的群钻。钻薄板时，不能用普通的麻花钻。因为麻花钻的钻尖较高，钻尖钻穿孔时，钻头立即失去定心作用。同时轴向力突然减小，加上工件弹动，使钻尖刀刃突然多切，造成孔不

圆或孔口毛边很大，甚至扎刀或折断钻头。薄板群钻是把麻花钻两主切削刃磨成圆弧形切削刃，钻尖高度磨底，切削刃外缘磨成锋利刀尖，形成三尖。这样薄板钻削时钻心先切入工件，定住中心起钳制作用，两个锋利外刀尖转动包抄，迅速把中间的圆片切离，得到所要求的孔。用三尖钻钻薄板，干净利落，安全可靠，圆整光洁。其具体几何形状和参数详见表 2.30。

表 2.30　　钻薄板的群钻

	几何形状及参数
	$2\phi_{\tau}\approx 90°\sim 110°$ $\varepsilon\approx 30°\sim 40°$ $\nu_{\tau}\approx -10°$ $\alpha_{R}\approx 12°\sim 15°$ $\psi\approx 65°$ $\tau\approx 20°\sim 30°$ $h\approx 0.05\sim 1$mm $h_1\approx(\delta+1)$mm δ—料厚 $h_{\psi}\approx 0.02d$ R—可用单圆弧连接或双圆弧连接 D—钻头直径

（2）群钻刃磨。上述各种钻头的形状和切削角度都是靠刃磨得到的。钻头的刃磨一般有机器刃磨与手工刃磨两种。机器刃磨一般是在工具磨床上进行，其角度准确，适用于专业化生产。手工刃磨一般在砂轮机上进行，比机器刃磨方便及时，但要求操作者有较高的熟练程度。

手工刃磨最好是用白色氧化铝砂轮（白刚玉），也可用普通氧化铝砂轮。砂轮粒度为 46～80，硬度采用中软（$ZR_1\sim ZR_2$）。刃磨前如砂轮跳动较大，要用碳化硅砂轮块修整砂轮的圆柱面和侧面，尔后再用手握金刚钻笔精修一下，以便磨出月牙槽和槽刃。

① 普通麻花钻的刃磨（磨切削刃）。刃磨方法如图 2.168 所示。右手握住钻身靠在砂轮的搁

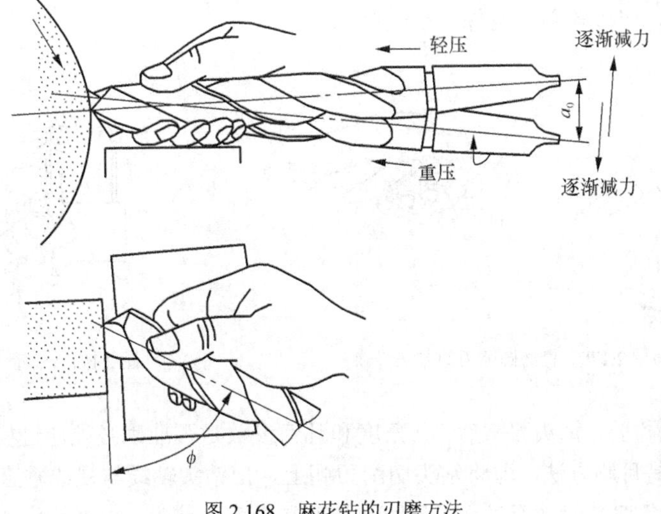

图 2.168　麻花钻的刃磨方法

架上作支点，左手捏住钻柄，使钻身水平，钻头轴线与砂轮面成ϕ角，然后将刃口平行地接触砂轮面（略高于砂轮中心），逐步加力。在刃磨过程中将钻头绕其轴线沿顺时针旋转约 35°～45°，钻柄向下摆动约等于后角。按此步骤磨 2～3 次，再磨另一面。这样可同时磨出顶角、后角和横刃斜角。

② 修磨横刃。刃磨方法如图 2.169 所示。手拿钻头，使外背刃靠砂轮圆角处，磨削面大致在砂轮中心平面上，钻头轴线自砂轮侧面向左倾斜 15°，钻柄向下倾斜 55°，由外背刃逐渐向钻心移动，用力不宜过大，避免因高温使钻心退火。同时保证内刃斜角$\tau = 20° \sim 30°$，内刃前角$\gamma_\tau = 0° \sim 15°$。修磨横刃时，砂轮的圆角要小，直径不宜过大。

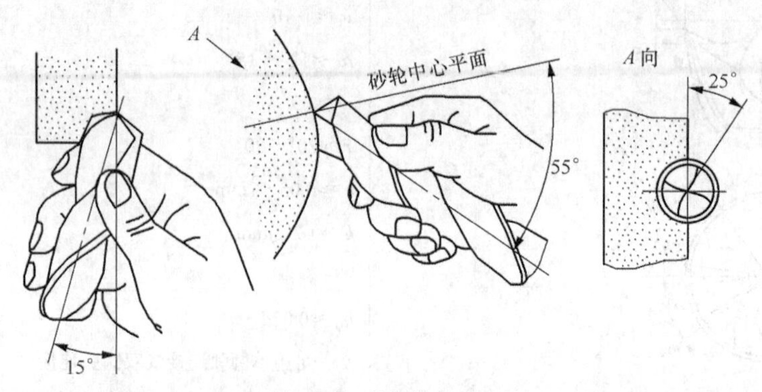

图 2.169 修磨横刃方法

③ 磨圆弧刃（月牙槽）。刃磨方法如图 2.170 所示。手拿钻头，靠上砂轮圆角，磨削点大致在砂轮水平中心面上。把切削刃基本摆平，以保证横刃斜角适当和 B 点处（参见表 2-27）的侧后角为正值。使钻头轴线与砂轮侧面夹角为 55°。刃磨时要根据钻头直径的大小，控制所要求的圆弧半径 R、内刃倾角 $2\phi_\tau$、横刃倾角φ，外刃长度 l、钻尖高 h 等参数。

④ 磨分屑槽。刃磨方法如图 2.171 所示。刃磨时，手拿钻头目测两切削刃，如有高有低，选定较高的一刃，使砂轮圆角对准此切削刃的中点。钻头接触砂轮，同时在垂直面内摆动钻柄，磨出分屑槽。要保证槽距、槽宽、槽深的精度和分屑槽的侧后面准确性。刃磨最好选用片状砂轮，也可用普通小砂轮，但砂轮圆角要修得小一些。

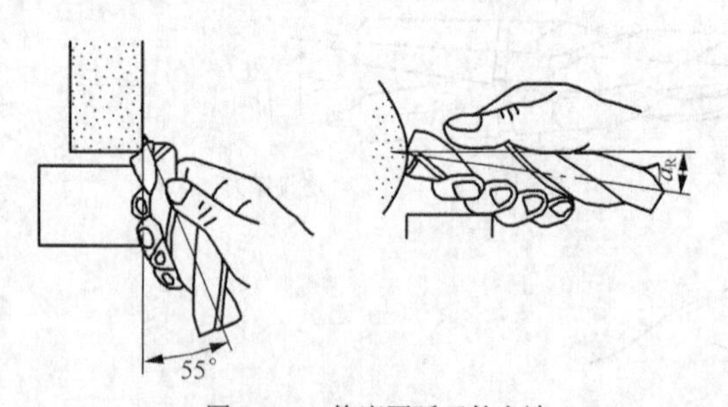

图 2.170 修磨圆弧刃的方法

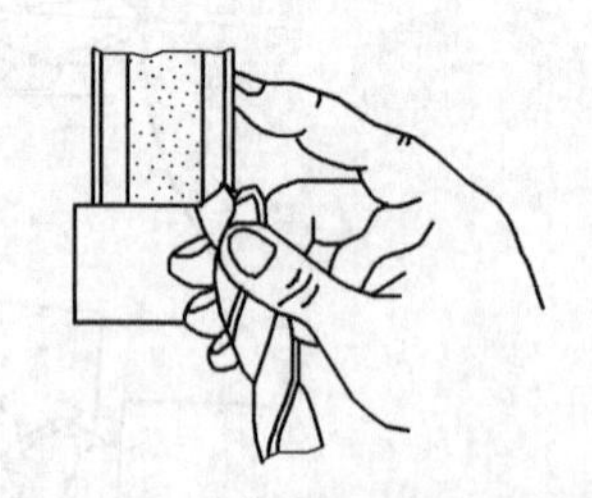

图 2.171 修磨分屑槽的方法

⑤ 钻头刃磨的检验。钻头刃磨后，其角度和几何参数是否准确必须通过检验。通常的检验方法有两种。第一种是目测方法，即将钻头切削刃朝上，使钻头轴线与视线垂直，反复使钻头绕轴作 180°旋转，观察各切削刃是否对称，各切削角度是否大致准确。根据钻头的具体误差情况，再

作反复修正，直至符合要求为止。第二种使用简易量具检验，根据被测钻头切削部分的几何参数，先用钢板制成“刃磨样板”，在刃磨中进行检验（见图2.172）。

2．钳工手工工具热处理

（1）锤子。锤子用碳素工具钢（T7、T8）制造，锤头和锤尾均需淬火。

淬火时，最好在盐浴炉中加热或用高频电流加热，加热温度为770℃～800℃。在箱式炉中加热时，先淬锤头，后淬锤尾，这样交替地冷却，直至中部呈暗黑色为止，最后移至油中使其完全冷却。

回火是在270℃～350℃的温度下进行的，回火时间为30～40min。回火后的硬度为HRC49～56。

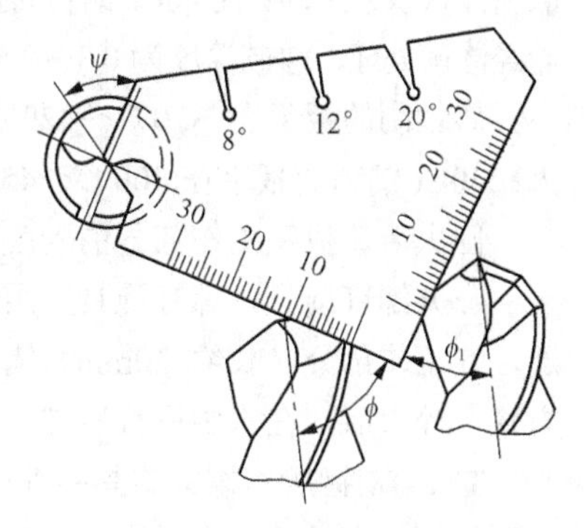

图2.172　用样板检验钻头

（2）冲子。冲子又叫穿孔器，用碳素工具钢（T7、T8）制造。

冲子的工作部分（圆锥部分）经过淬火才能使用。淬火时，将冲子加热至770℃～800℃，然后放到水中冷却。

淬火后，在250℃～320℃的温度下回火20～40min。回火后，冲子工作部分的硬度应达到52～57 HRC。

（3）錾子。錾子常用碳素工具钢（T7、T7A、T8等）制成，并且一般是用经过轧制的八角钢锻造出来的。

錾子刃部要具有较高的硬度（53～59 HRC），而其余部分则需有一定的硬度（30～40 HRC）和较好的韧性。因此，在热处理过程中必须很好地掌握。

淬火时，把錾子头部约20mm长的部分加热到暗樱红色（760℃～780℃），然后将刃部约4～6mm长的部分浸入常温（30℃左右）的盐水中，急冷淬火。当錾子露出水面的部分呈黑红色时，即由水中取出，利用上部的蓄热再使温度升高，进行余热回火。这时，要注意观察刃部的颜色，刚出水时的颜色是白色，刃口温度逐渐上升，颜色也随着改变，由白色→黄色→棕黄色→紫色→蓝色。当刃口呈现黄色时，把錾子全部放入水中冷却（俗称得黄火），得到的錾子比较脆；当刃口呈现蓝色时（270℃～300℃），把錾子全部放入水中冷却（俗称得蓝火），可得到比较满意的硬度。

錾子出水后，由白色变为黄色和由黄色变为蓝色的时间很短，只有几秒钟，所以必须很好掌握时间。为了便于分辨颜色，錾子出水后可用砂布将其刃部抛光。第二次把錾子全部淬入水中的时间对刃口的硬度影响极大，下水过早，回火温度过低，刃口太脆；下水太晚，回火温度过高，刃口则太软。

冷却时，不同的冷却剂有不同的冷却速度。同一种材料，加热到同一温度后，放入水中和放入油中，所得到的硬度也不相同。所以，淬火时应根据材料和冷却的性质选择适当的冷却剂（见表2.31）。

表2.31　各种冷却剂的冷却性质

冷却剂	冷却性质	冷却剂	冷却性质
带酸类的水	很剧烈	石灰水、热水（30℃～140℃）	次强
含盐水的水	剧烈	煤油、润滑油、脂肪	缓和
纯水（20℃）	强	压缩空气	很缓和

（4）扳手。扳手采用中碳钢（40、50、40Cr）和渗碳钢（15 钢等）制作。

扳手淬火时只淬头部。40 和 50 钢制的扳手在盐浴炉或连续式加热炉中加热到 820℃～840℃时，取出淬入水中冷却；而 40Cr 钢制的扳手，加热到 840℃～860℃时，淬入油中冷却。渗碳钢制的扳手，需经渗碳处理，渗碳深度为 0.3～0.5mm（厚 2.5～4mm 的扳手）和 0.6～1.0mm（5～8mm 的扳手）。

碳钢制的扳手在 370℃～420℃的温度下回火；渗碳钢制的扳手在 320℃～380℃的温度下回火；40Cr 钢制的扳手在 400℃～450℃的温度下回火。回火时间为 30～40min。

回火后，扳手工作部分的硬度为 40～50 HRC；渗碳钢扳手的硬度为 48～54 HRC。

（5）螺钉旋具。螺钉旋具采用碳素工具钢（T7、T8）和优质碳素结构钢（50 钢和 60 钢）制造，其工作部分（长约 20mm）需经淬火。淬火时，可采用局部加热淬火或整体加热局部淬火的方式。淬火后，在水中进行冷却。

T7、T8 钢所作螺钉旋具的淬火温度为 770℃～800℃，回火温度为 320℃～370℃；50 和 60 钢所做螺钉旋具的淬火温度 820℃～850℃，回火温度为 280℃～350℃。回火时间为 20～30min。

淬火和回火后，螺钉旋具工作部分的硬度应在 46～52 HRC 的范围内。其硬度可在洛氏硬度计上试验，亦可利用锉刀进行检验。

（6）锉刀。锉刀是钳工最常用的一种手用工具，要求有很高的硬度和很好的耐磨性。它通常采用碳钢、合金钢和低碳渗碳钢制作。

热处理是制造锉刀最重要的工艺操作。锉刀热处理的关键在于防止齿部淬火脱碳和热校直技术熟练。

锉刀淬火时是在铅浴炉或箱式炉中加热的。也可以用高频电流加热。淬火温度为 750℃～790℃，回火温度为 160℃～180℃，回火时间为 45～60min。

为了防止锉刀齿发生脱碳，可在锉刀的锉纹上涂上一种含有增碳剂和黏合剂的特殊涂料。

合金钢制的锉刀在油中淬火，渗碳钢制的锉刀在水中淬火（至完全冷却为止），而高碳钢制的锉刀，在水中冷却至 140℃～180℃后取出，趁热进行校直，接着在空气中继续冷却。

此种淬火热校直采用手工的方法。需准确掌握锉刀在水中的冷却时间，出水过早，会因回火降低表面的硬度；出水过晚，则因锉刀完全淬硬而增加校直的困难，甚至造成裂纹或折断。因此，必须掌握好温度，在短时间内迅速校直好。

淬火后，锉刀的硬度：刃部应为 46～67 HRC，柄部应≤35 HRC。

如果锉刀的柄部太硬，可在盐浴炉内进行回火或者利用高频电流加热，使其硬度降低至要求。

工厂里如果有喷砂设备，可将锉刀进行喷砂处理或者进行酸洗，以防生锈。

（7）刮刀。刮刀是一种刮研工具，常用碳素工具钢（T11A、T12A 和 T13A）制作。

淬火时，将工作端浸入盐浴炉内加热。浸入长度为 15～20mm。

加热后在水中冷却。回火温度为 120℃～140℃，回火时间 1～2h。

刮刀在热处理后要达到该种钢所能达到的最高硬度。

（8）手锯条。手锯条一般长为 300mm 的单面齿锯条，装在锯弓上可用来锯削毛坯或工件。根据工作的要求，它不仅要有很高的硬度和耐磨性，而且要有较好的韧性和弹性（锯条弯成直径为 200mm 的半圆，不得折断，变形不得超差）。手锯条通常用碳素工具钢或碳素钢制作。

碳素工具钢制作的锯条淬火时，先将它预热至 650℃～720℃，再加热至 770℃～790℃，然后在油中冷却。回火温度为 175℃～185℃，回火时间 45min。

手锯条的材料如果采用 20 钢，可在液体渗碳后直接淬火，渗碳剂的配方如下。

尿素 40%，碳酸钠 28%，氯化钾 20%，氯化钠 12%。

手锯条淬火时，为减少侧面弯曲，可采用夹具，使锯条处于张紧状态下淬火。淬火时产生的平面弯曲，可置于压紧夹具中回火校直。

热处理后，锯条齿部的硬度为82.5～84.5 HRA，销孔处硬度小于74 HRA。变形允差：侧面弯曲应小于1.2mm，平面弯曲应小于1.5mm。

二、技能拓展

1．制作限位块

细读图2.173所示的限位块图形，材料为Q235，质量评价要求见表2.32。

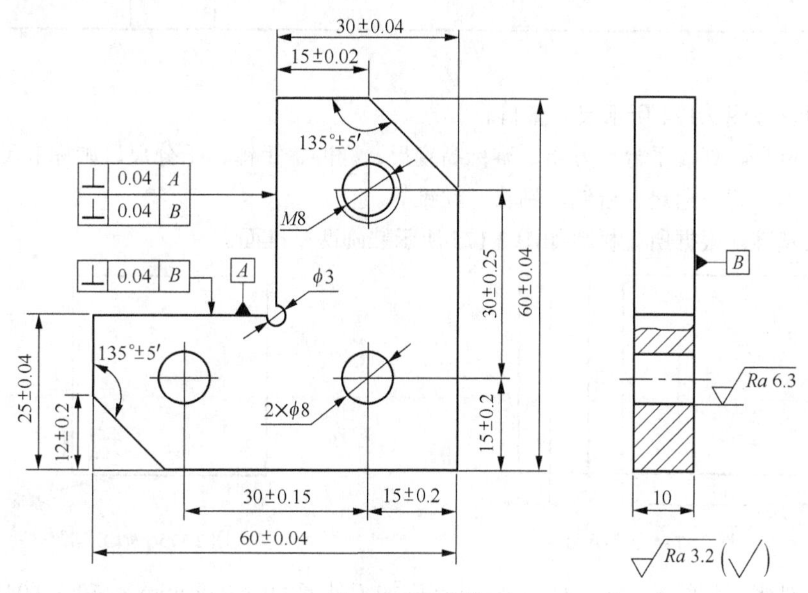

图2.173　限位块

表2.32　限位块评分标准

考核项目	考核内容	考核要求	配分	评分标准
主要项目	垂直度公差	0.04（3处）	18	每超差0.02扣1分
	尺寸精度	30±0.15	10	每超差0.05扣1分
	尺寸精度	30±0.04	6	每超差0.02扣1分
	尺寸精度	25±0.04	6	每超差0.02扣1分
	尺寸精度	32±0.25	6	每超差0.05扣1分
	尺寸精度	15±0.02	6	每超差0.01扣1分
	尺寸精度	60±0.04（2处）	6	每超差0.02扣1分
	螺纹孔	M8	4	不合格不得分
一般项目	尺寸精度	15±0.2（2处）	6	每超差0.05扣1分
	尺寸精度	12±0.2	3	每超差0.05扣1分
	角度公差	135°±5′（2处）	9	每超差2′扣1分
	表面粗糙度	*Ra*3.2μm（9处）	12	每降一个等级扣2分
	两孔精度	2×ϕ8	4	每超0.02扣1分
	表面粗糙度	*Ra*6.3μm	4	每降一个等级扣2分

续表

考核项目	考核内容	考核要求	配分	评分标准
安全及文明生产	① 按国家颁布的有关法规或行业（企业）的规定 ② 按行业（企业）自定的有关规定			违反 3 项以上不予计成绩
工时定额	2.5h			根据超工时定额情况扣分

操作提示。

（1）备料。按图 2.174 所示尺寸备料。

（2）备工量具。划线平台、方箱、游标高度尺、样冲、手锤、千分尺、游标卡尺、万能角度尺、锉刀、弓锯、刀口角尺、台钻、钻头、丝锥等。

（3）加工基准。根据所备材料如图 2.175 所示锉削两基准面。

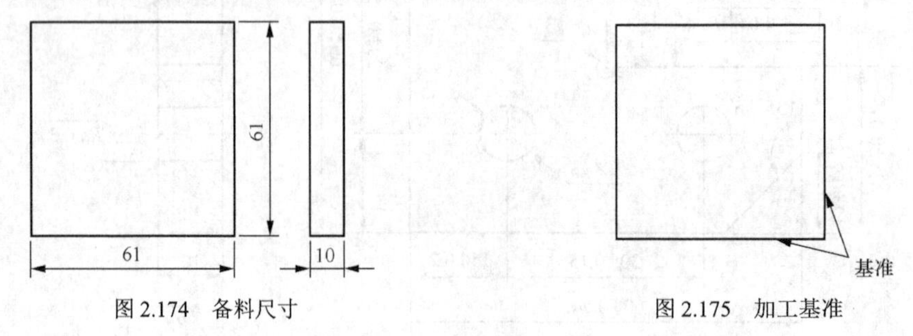

图 2.174 备料尺寸　　图 2.175 加工基准

（4）加工外形。划线 60mm × 60mm，并锉削加工外形(60 ± 0.04)mm × (60 ± 0.04)mm。

（5）划线。

① 准备好划线所用的工量具，并对工件进行清理。

② 如图 2.176 所示，首先根据图 2.173 分别划出各已知水平位置线和垂直位置线，再画出左下角及右上角的倾斜线；然后用样冲在ϕ3mm、ϕ8mm 及 M8 螺纹孔的圆心上冲眼，为钻孔做好准备。

（6）钻ϕ3mm 孔。

（7）锯、锉削直角。锯削如图 2.177 所示的角部（留锉削余量），并粗、精锉加工，保证（30±0.04）mm 和（25±0.04）mm 尺寸及垂直度 0.04mm 的要求。

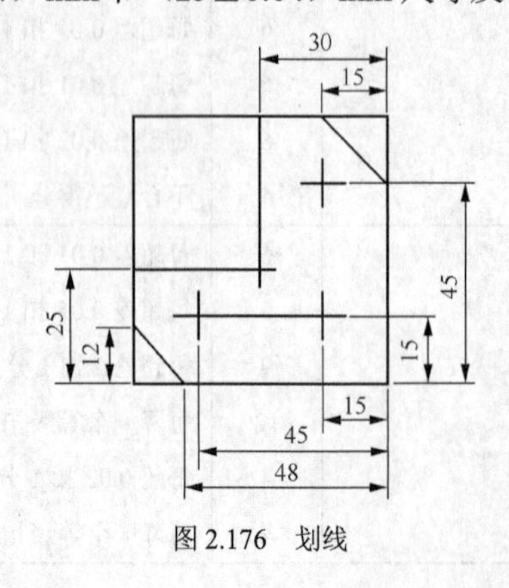

图 2.176 划线

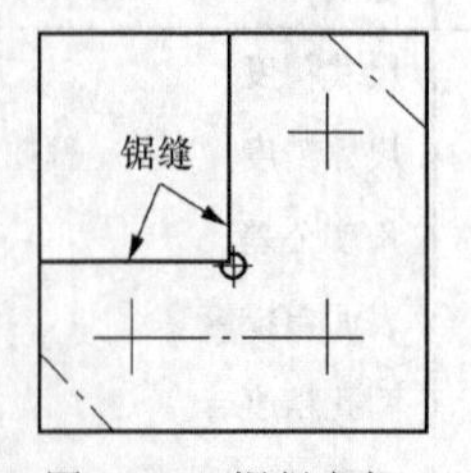

图 2.177 锯削直角

（8）钻孔、攻丝。钻ϕ8mm及ϕ6.8mm（M8螺纹底孔）孔，注意保证（30±0.15）mm和（15±0.2）mm的位置精度，并攻M8螺纹。

（9）加工斜角。锉削两个135°斜角（留锉削余量），并进行粗、精锉，达到图纸要求。

（10）全部锐边倒角，得到图2.178所示效果。

（11）检验。

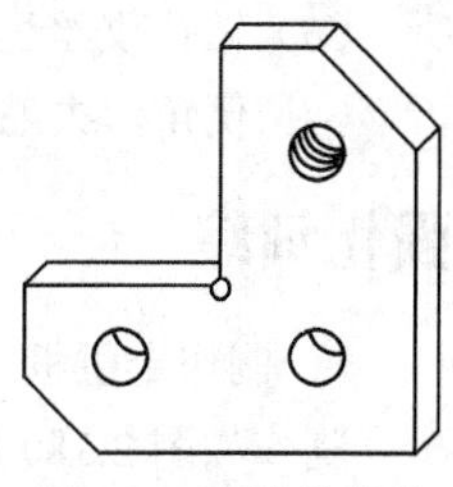

图2.178 限位块效果

2．制作单开夹板

细读图2.179所示的单开夹板图形，材料为Q235，质量评价要求见表2.33。

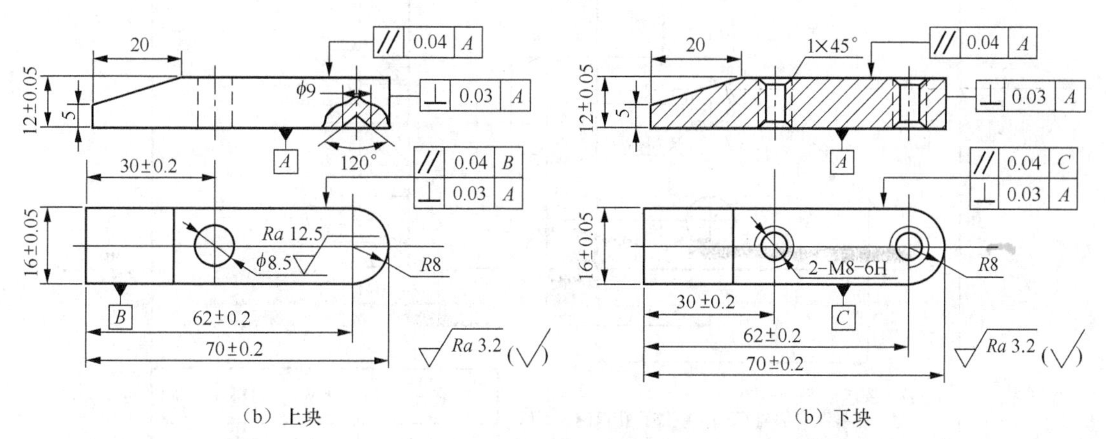

（b）上块　　（b）下块

图2.179 单开夹板

表2.33 单开夹板评分标准

序　号	质量检查内容	占　分	评 分 标 准	得　分
1	尺寸±0.05	24	1处超差扣6分	
2	70±0.2	10	1处超差扣5分	
3	20斜面	6	1处超差扣3个	
4	*R*8间隙0.1	4	1处差扣2分	
5	孔±0.2	12	1处差扣3分	
6	平行度0.04，垂直度0.03	32	1处差扣4分	
7	*Ra*3.2	12	1处超差扣1个	
	安全文明生产		违章扣分	

操作提示。

（1）按毛坯件要求下料，制作毛坯。

（2）加工长方体（16±0.05）mm，（12±0.05）mm，（70±0.2）mm。粗糙度、平面度、垂直度、平行度均达到图纸要求。

（3）加工*R*8mm圆弧和20mm斜面，达到图纸要求。

（4）划各孔的中心线，钻孔，倒角。

（5）锪120°倒角的ϕ9mm孔。

（6）钻孔攻丝达到图纸要求。

（7）倒角，去毛刺，自检，送检。

强化训练

1．制作定位板

制作如图 2.180 所示的定位板。

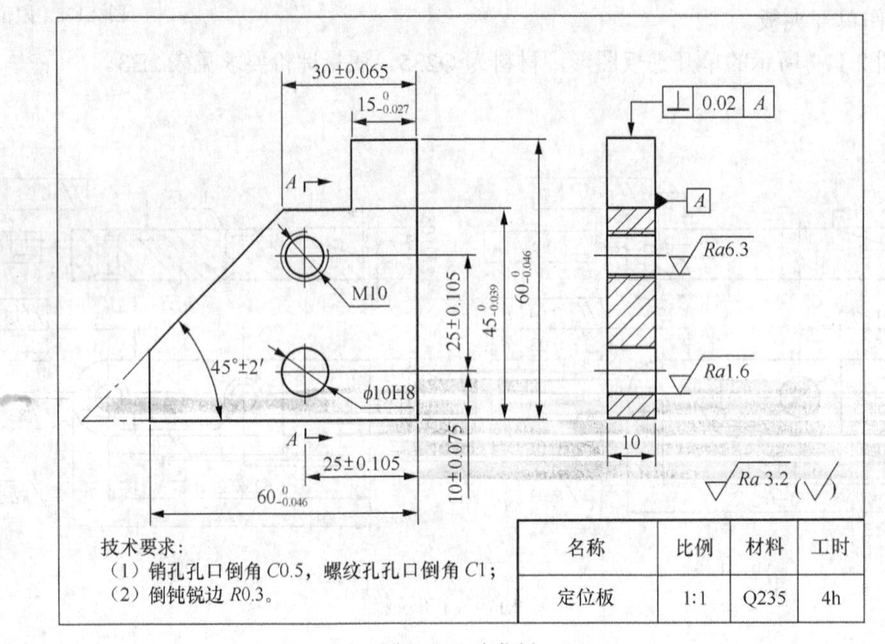

图 2.180 定位板

2．制作 90° V 形架

制作如图 2.181 所示的 90° V 形架，材料为 Q235。

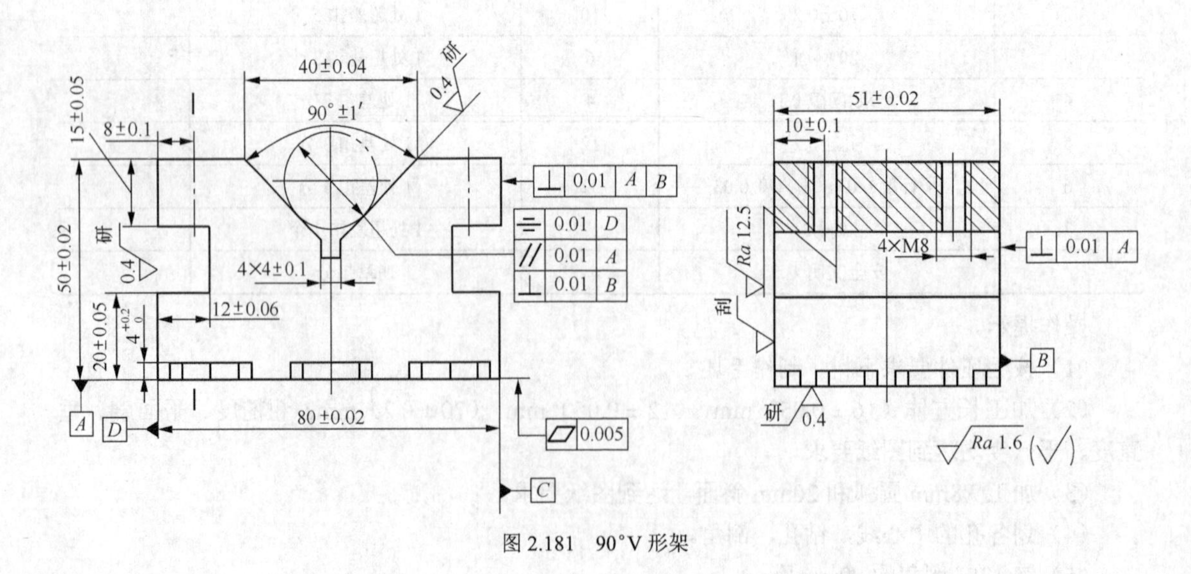

图 2.181 90°V 形架

项目三 量具制作

量具是以一定形式复现量值的计量器具。量具按用途进行分类，可分为以下几类。

（1）标准量具，指用作测量或检定标准的量具，如量块、多面棱体、表面粗糙度比较样块等。

（2）通用量具，也称万能量具。一般指由量具厂统一制造的通用性量具，如直尺、平板、角度块、卡尺等。

（3）专用量具，也或称非标量具，是指专门为检测工件某一技术参数而设计制造的量具。如30°三角尺、板状卡规等量具是以固定形式复现量值的测量器具。另外，很多工件有些特定部位检测非常麻烦，为了提高检测效率，通常会采用样板进行检测，样板也是一种专用量具，如T形检测样板。

因为很多量具特别是专用量具是单批量生产，所以采用钳工制作量具是一种经济实用的方法。同时，量具精度要求非常高，一般的机械化设备无法代替钳工精密加工。所以，钳工在量具制作中应用非常广泛。

任务1 制作90° 刀口角尺

本项目的第一个任务是根据图3.1所示的图纸要求使用45钢制作一把100mm的90° 刀口角尺。90° 刀口角尺在工具钳工制作中应用非常广泛。它可作为划平行线、垂直线的导向工具，还用

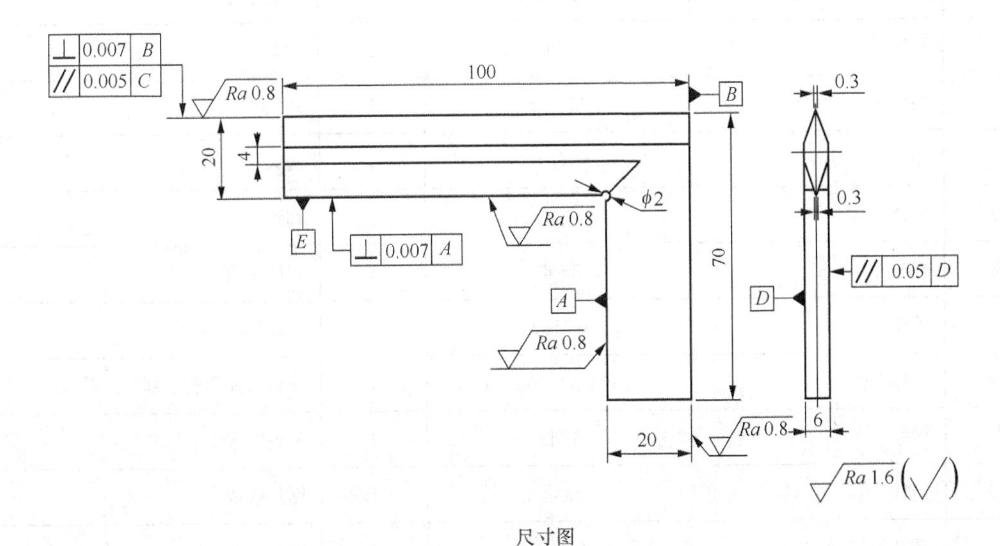

图3.1 刀口角尺

来找正工件在划线平板上的垂直位置，并可检验工具两平行平面的垂直度或单个平面的平面度。

90°刀口角尺为内、外直角测量器具，其测量基准面是宽座部分，测量面是刀口形直尺部分。因为该工件在工具钳工制作中的重要作用，加工精度相对较高。内外直角垂直度误差小于0.007mm，同时要求两个刀口形直尺部分平行度误差小于0.005mm；4个测量面的表面粗糙度值小于 *Ra*0.8μm，这一精度需要利用研磨的方法达到，所以本项目任务要学习和训练研磨知识和技能。

学习目标

90°刀口角尺的制作需熟练运用划线、锯削、锉削、研磨、测量等钳工基本操作技能。所以，通过完成本项目训练可达成如下学习目标。

（1）巩固练习划线、锯削、锉削和测量技能。

（2）掌握精密量具钳工制作的一般方法。

（3）掌握研磨加工的特点及使用的工具、材料。

（4）正确配制和使用研磨剂。

（5）掌握平面研磨的正确方法，并具有研磨表面粗糙度值小于 *Ra*0.8μm 工件的技能。

工具清单

完成本项目任务所需的工具见表3.1。

表3.1 工量具清单

序号	名　称	规　格	数量	用　途
1	钢直尺	150mm	1	划线导向
2	刀口角尺	100mm	1	划垂直线和平行线、检测垂直度
3	百分表（带表座）	0～3mm	1	检测平行度
4	游标卡尺	250mm	1	检测尺寸
5	高度尺	250mm	1	划线
6	划规	普通	1	圆弧
7	划针	$\phi3$	1	划线
8	样冲	普通	1	打样冲眼
9	手锤	0.25kg	1	打样冲眼
10	划线平板	160mm×160mm	1	支撑工件和安放划线工具
11	锯弓	可调式	1	装夹锯条
12	锯条	细齿	1	锯削余量
13	平锉	粗齿350mm	1	锉削平面

续表

序号	名 称	规 格	数量	用 途
14	平锉	细齿 150mm	1	精锉平面
15	半圆锉	中齿 250mm	1	精锉 90°形面
16	方锉	中齿 250mm	1	锉 90°形面
17	整形锉	100mm	1	精修各面
18	钢丝刷	—	1	清洁锉刀
19	台钻（配附件）	—	共用	钻腰形孔
20	麻花钻	ϕ2mm	1	钻ϕ2mm 孔
21	砂轮机	—	共用	刃磨麻花钻
22	砂纸	200	1	抛光
23	研磨平板	标准平板	2	研磨工件
24	白刚玉磨料	100#	若干	配研磨膏
25	硬脂	标准	若干	配研磨膏
26	氧化铬	标准	若干	配研磨膏
27	煤油	—	若干	配研磨膏、清洁工件
28	电容器油	—	若干	配研磨膏
29	棉纱	—	若干	清洁划线平板及工件
30	毛刷	4 寸	1	清洁台面
31	煤油	—	若干	清洁工件
32	钳台	标准	共用	
33	台虎钳	标准	共用	
34	粗糙度对比仪	标准	1	检测表面质量

注：如采用成品标准研磨膏则不需要配备白刚玉磨料、硬脂、氧化铬、电容器油等。

相关知识和工艺

一、研磨工具

研磨工艺的基本原理是游离的磨料通过辅料和研磨工具（以下简称研具）物理和化学的综合作用，对工件表面进行光整加工。

（1）物理作用。研磨时预先将磨料压嵌在研具上进行嵌砂研磨，称干研，如图 3.2 所示。亦可在研具或工件表面上涂敷研磨剂（研磨剂是磨料和辅料调合而成的混合物）进行敷砂研磨，称湿研，如图 3.3 所示。磨料或研磨中的磨料在研具表面构成了一种半固定或浮动的“多切削刃”

的基体。当研具与工件作相对运动，对任意一方施加一定的压力时，介于二者之间的磨料借助研具的精确型面，即以其"多切削刃"对工件进行切削，从而使工件逐渐得到较高的几何形状、位置和尺寸精度及表面粗糙度。

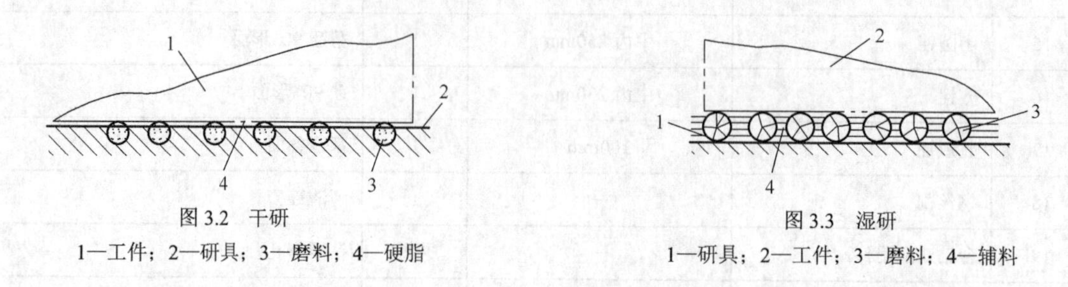

图 3.2　干研

1—工件；2—研具；3—磨料；4—硬脂

图 3.3　湿研

1—研具；2—工件；3—磨料；4—辅料

（2）化学作用。当用添加氧化铬、硬脂等物质的研磨剂对工件进行研磨时，与空气接触的金属表面很快地生成氧化膜。这层氧化膜，很容易被研磨掉，而新的金属表面又很快地生成新的氧化膜，如此进行下去，从而加速研磨过程。

1．研具

在研磨加工中，研具是保证研磨质量和研磨效率的重要因素。因此对研具的材料、硬度及研具的精度、表面粗糙度等都有较高的要求。

（1）研具材料。研具材料应具备组织结构细致均匀，有很高的稳定性和耐磨性及抗擦伤能力；有很好的嵌存磨料的性能；工作面的硬度一般应比工件表面的硬度稍低。

（2）研具的类型。研具的类型很多，按其适用范围可分为通用研具和专用研具两类。通用研具适用于工件、计量器具、刃具等器具的研磨。常用的通用研具有研磨平板、研磨盘等。专用研具是专门用来研磨某种工件、计量器具、刃具等器具的研具，如螺纹研具、圆锥孔研具、圆柱孔研具、千分尺研磨器和卡尺研磨器等。

（3）研磨用的平板。研磨用平板是一种研磨平面的通用研具，可分为湿研用研磨平板和干研用研磨平板。为了保持平板具有很高的表面几何形状精度，在使用过程中，必须经常进行校准。对于使用时间较长的平板在校准前应在精密平面磨床上进行加工，清除残存在平板上的磨料以获得较好的平面度和使用性能。

① 湿研用研磨平板的校准。湿研用研磨平板的校准应按照工件研磨工艺的要求，按下列顺序更换白刚玉研磨液：W20，W10，W 7，W 3.5，W1.5，……先用 W20 研磨液，将精密平面磨床加工后的痕迹研磨掉。再用 W10 和 W10 以下研磨液进行研磨，使之平面度误差和表面粗糙度符合要求。

湿研用研磨平板的校准大都采用 3 块平板互研的方法，互研的顺序如图 3.4 所示。湿研用研磨平板的互研可分为手工研磨和机械研磨两种方式。机械研磨是采用图 3.5 所示的平板研磨机模仿手工操作的双管运动，呈"8"字形轨迹，如图 3.6 所示。

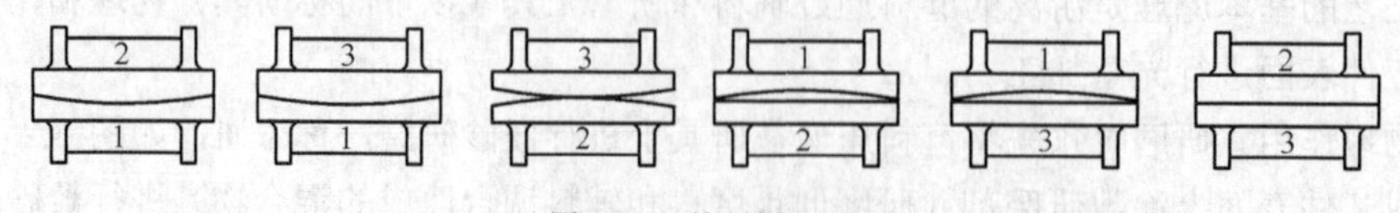

图 3.4　3 块平板互研

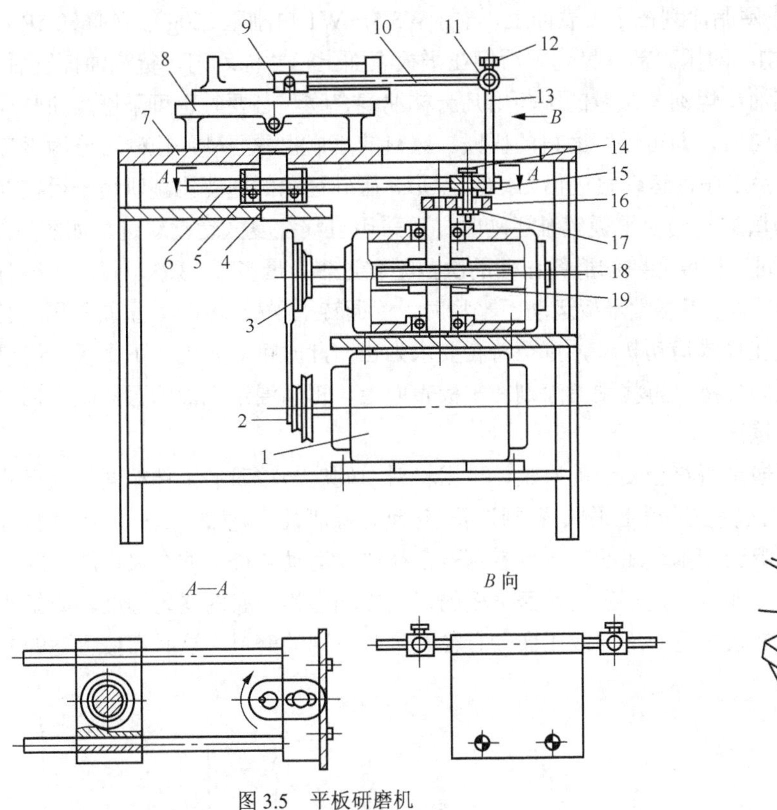

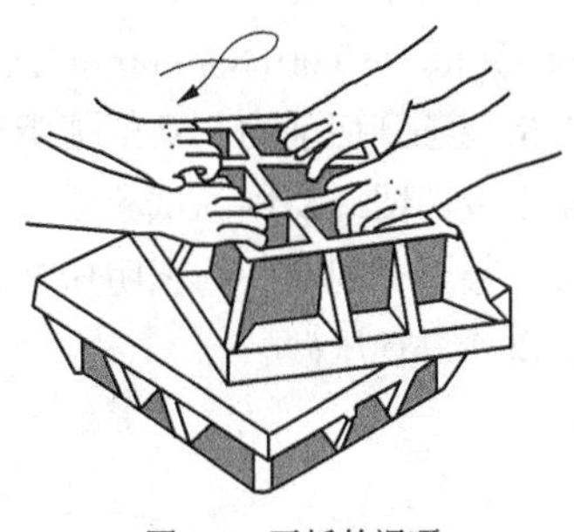

图 3.5 平板研磨机

1—电动机；2—小皮带轮；3—大皮带轮；4—固定轴；5—导块；6—双导杆；7—座板；8—下平板；9—上平板；10—拉臂；11—连杆；12—螺钉；13—立架；14—螺钉；15—螺钉；16—偏心盘；17—螺母；18—蜗轮；19—蜗杆

图 3.6 平板的湿研

研磨时，两平板表面上各点移动的相对距离和接触面积应基本相等，推出平板的空间距离一般不得超过该方向平板长度的 1/4～1/3。在研磨过程中，应采取间歇研磨的方法，减少热变形。还应随时将上平板调转 90°或 180°，以改变研磨时的接触部位。保证平板具有很高的表面几何精度。

当更换研磨液前，将两平板表面用煤油或航空汽油进行清洗。清洗后，再用煤油涂敷在平板表面上，通过两平板表面互移的吸附作用，使残存的磨料在油层中呈游离状态，然后用浸过汽油的医药用脱脂棉擦净。

校准后的湿研用研磨平板的平面度误差可用样板直尺以光隙法进行检查，也可采用平面平晶技术以光波干涉法进行分段检查。根据工件的加工精度，确定平面表面几何形状误差是否符合要求。例如，一般加工精度要求较低的，其平面度误差为 1μm 左右；加工精度要求较高的，其平面度误差为 0.3μm 左右，若需要凸形平板或凹形平板时，在互研过程中，应将上平板推出空间的平板距离增大，一般是该方向平板长度的 1/2，上平板表面即呈凹形，下平板表面即呈凸形。凸形平板适用于手工研磨平面度误差较小的工件，例如，量块等测量面的研磨。凹形平板适用于手工研磨平面度允许凸的工件，例如，立式光学计工作台的工作面的研磨。

② 干研用研磨平板的磨料压嵌。经过校准后的湿研用研磨平板，再经过磨料的压嵌，即可成

为干研用研磨平板。首先，将硬脂涂划在平板表面上，再将 W3.5～W1 白刚玉（20g）、硬脂（0.5R）、航空汽油（200ml）的混合物，即压砂剂，晃均匀后倒在平板表面上，并涂均匀。待汽油挥发后，根据室温和湿度滴上数滴煤油或煤油与微量的医药用凡士林油混合物，必要时也可采用煤油与少量透平油的混合物，拂试均匀后，即可进行磨料的压嵌。磨料的压嵌也称压砂：压砂可分为手工压砂和机械压砂两种方式。手工压砂运动轨迹仍为“8”字形，压砂运动的速度比湿研用平板校准时运动的速度要低，但压力增加。当上平板较难运动时，可采用直线往复式运动轨迹，如图 3.7 所示。直至难以运动为止。同一粒度号数的磨料压砂的次数不宜过多，最多 2～3 次。每次压砂时间最多为 3～4min。在压砂中，当手感觉平板运动不平稳时，可调转上平板 180°，重新采用“8”字形运动轨迹，再采用直线往复式运动轨迹，直至符合要求为止。此时可取开上、下平板，用浸过汽油的医药用脱脂棉由里向外擦，再将硬脂涂划在平板表面上，再用浸过汽油的医药脱脂棉由里向外擦，直至将平板表面擦净。

干研用研磨平板磨料压嵌是否符合要求的检验，可用材料、硬度与被研磨工件相同，且尺寸为 35mm×10mm×40mm 的试块在平板上采取直线往复式运动，推研几下，如图 3.8 所示。此时，手指能感到切削力，甚至能听到切削金属的声音，看到残留在研磨运动轨迹上的金属切屑。经过在平板的四周及中间试验后，即可断定干研用研磨平板的切削力和磨料分布的均匀程度。如果相反，甚至有划痕，则表明压嵌较少且不均匀或压嵌砂有粒度号数不同的磨料，这时需按上述的方法重新进行压砂。

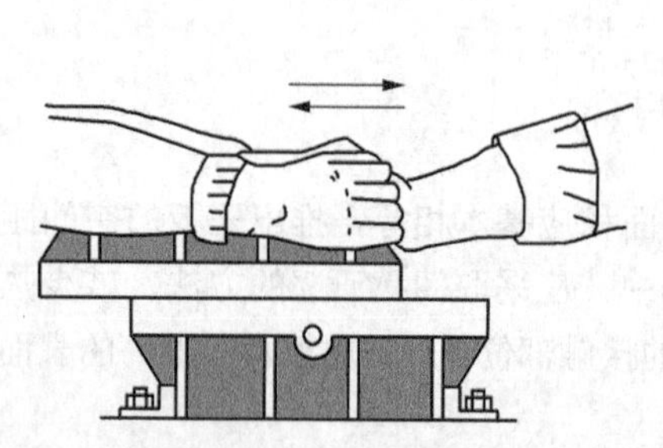

图 3.7 平板压砂中的推拉运动

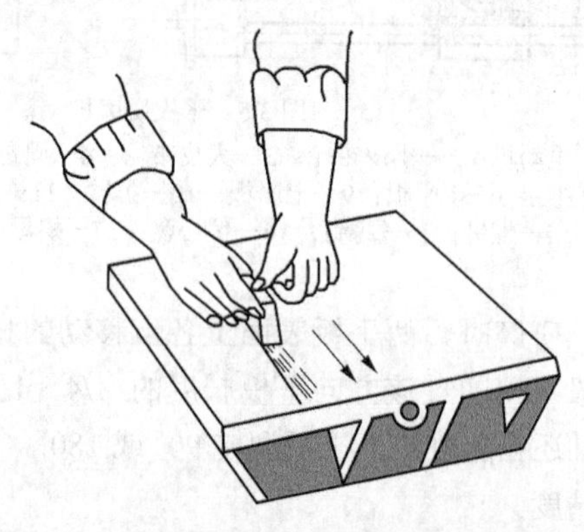

图 3.8 试块的推研

研磨平面时，可根据工件的工艺要求，选用湿研用研磨平板或干研用研磨平板，逐步使工件达到所要求的精度干研能够得到准确的尺寸、精确的表面几何形状和良好的表面粗糙度，但研磨效率不及湿研，而且对场地的清洁度等要求较高，因此研磨一般精度的工件宜采用湿研。高精度工件，例如，量块的精研，在研磨前应用研磨过的天然油石或硬质合金对压砂后的平板进行打磨（也称打砂），打掉平板表面压嵌不牢的颗粒，同时使磨料锋角打钝而又处于同一切削平面内。从而保证量块测量面的表而粗糙度和研合性达到要求。打磨平板时，研磨过的天然油石或研磨过的硬质合金的运动轨迹为螺旋式。打磨平板的质量，以量块测量面的表面粗糙度和耐用度这两项指标来衡量。当表面粗糙度一旦达到要求时应立即停止打磨。

2．研磨剂

研磨剂中磨料和辅料的种类，主要是根据研磨加工的材料及硬度和研磨方法确定的。

（1）磨料。磨料在研磨中主要起切削作用。研磨加工的效率、精度和表面粗糙度与磨料有密切关系。常用的磨料有以下4个系列。

① 金刚石磨料。金刚石磨料是目前硬度最高的磨料，分人造金刚石和天然金刚石两种。

金刚石磨料的切削能力强，实用效果好，可用于研磨淬硬钢，适用于研磨硬质合金、硬铬、宝石、陶瓷等超硬材料。随着人造金刚石的制造成本不断下降，金刚石磨料的应用愈来愈广泛。

② 碳化物磨料。碳化物磨料的硬度低于金刚石磨料。在超硬材料的研磨加工中，其研磨效率和质量低于金刚石磨料，可用于研磨硬质合金、陶瓷与硬铬等超硬材料，适用于研磨硬度较高的淬硬钢。

③ 氧化铝磨料。氧化铝磨料的硬度低于碳化物磨料，适用于研磨淬硬钢及未淬硬钢、铸铁等材料。

④ 软质化学磨料。软质化学磨料质地较软，可以改善被加工表面的表面粗糙度，提高效率，用于精研或抛光。这类磨料有氧化铬、氧化铁、氧化镁和氧化铈等。

磨料的组别、粒度号数及颗粒尺寸，见表3.2。

表3.2 磨料的颗粒尺寸

组别	粒度号数	颗粒尺寸/μm	组别	粒度号数	颗粒尺寸/μm
磨粒	12#	2000～1600	微粉	W40	40～28
	14#	1600～1250		W28	28～20
	16#	1250～1000		W20	20～14
	20#	1000～8000		W14	14～10
	24#	800～630	磨粒	W10	10～7
	30#	630～500		W7	7～5
	36#	500～400		W5	5～3.5
	46#	400～315		W3.5	3.5～2.5
	60#	315～250		W2.5	2.5～1.5
	70#	250～200		W1.5	1.5～1
	80#	200～160		W1	1～0.5
磨粉	100#	160～125		W0.5	0.5～更细
	120#	125～100			
	150#	100～80			
	180#	80～63			
	240#	63～50			
	280#	50～40			

常用的磨料粒度号数、用途及可达到的表面粗糙度，见表3.3。

表 3.3 常用的磨料

粒度号数	用　途	可达到的表面粗造度 Ra/μm
100#～280#	用于初研磨	
W40～W20	粗研磨加工	0.2～0.1
W14～W7	组研磨加工	0.1～0.0
W5 以下	精研磨加工	0.05 以下

（2）辅料。磨料不能单独用于研磨，而必须和某些辅料配合成各种研磨剂来使用。辅料中，常用的液态辅料有煤油、汽油、电容器油、甘油等，用来调合磨料，起冷却润滑作用。另一类是固态辅料，常用的有硬脂。硬脂可使被研磨表面金属发生氧化反应及增强研磨中悬浮工件的作用，如图 3.9 所示。硬脂可使工件与研具在研磨时不直接接触，只利用露出研具表面和硬脂上面的磨料进行切削，从而降低表面粗糙度。

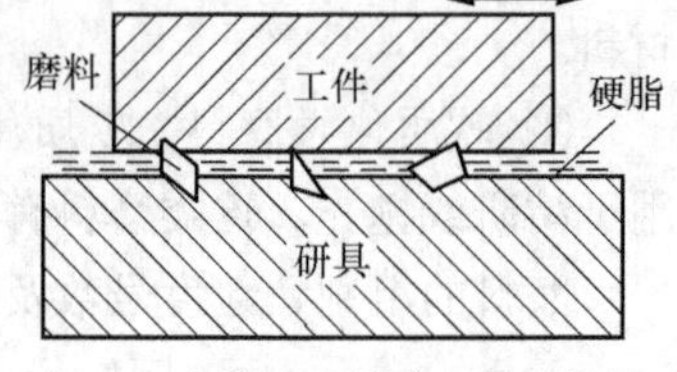

图 3.9　硬脂在研磨中的悬浮作用

在研磨工作中，为了使用方便，常将硬脂酸、蜂蜡、无水碳酸钠配制成硬脂。硬脂的配比是硬脂酸 48g，蜂蜡 88，无水碳酸钠 0.1g，甘油 12 滴（用 100m1 滴瓶的滴管）。制作时，把硬脂酸和蜂蜡放入容器内加热至熔化，再加上无水碳酸钠和甘油，连续搅拌 1～2min，停止加热，然后继续搅拌至即将凝固，立刻倒入定形器中，冷却后即可使用。加热时，时间要掌握好，时间过长，硬脂容易板结，涂在研磨平板等上面时打滑，不易涂划。时间过短，硬脂结构松散，徐划时容易掉渣。

（3）研磨剂的配制。研磨剂是选用磨料和辅料，并按一定比例配制而成的。一般配制成研磨液和研磨膏。为了提高研磨效率和被研磨表面不出现明显的划痕，往往采取湿研的方式。湿研时，可将研磨液或研磨膏涂在研具上进行。

研磨液常用微粉、硬脂、煤油和航空汽油等配制而成。研磨液的配比为白刚玉 15g，硬脂 8g，煤油 35m1，航空汽油 200ml。

研磨膏有普通研磨膏和人造金刚石研磨膏两种。普通研磨膏常用微粉、硬脂、氧化铬、煤油和电容器油等配制而成。普通研磨膏的配比是白刚玉 40%，硬脂 25%，氧化铬 20%，煤油 5%，电容器油 10%。制作时，将硬脂放入容器内，熔化后加入微粉、氧化铬，连续搅拌，以使其均匀。在温度升至 130℃～150℃时，保持 15～20min，其目的是蒸发水分，同时清除液面上的细微杂质。然后使温度下降至 70℃时，注入煤油、电容器油。仔细搅拌后，重新加温，保持在 120℃～130℃，约 10min。再次冷却到 45℃～50℃时，注入定形器，完全冷却后，即可使用。

人造金刚石研磨膏的粒度号数，以不同颜色来加以区分。使用时，可根据被研磨工件的表面粗糙度要求来选用。

二、研磨余量

研磨属于表面光整加工方法之一。工件研磨前的预加工直接影响研磨质量和研磨效率。预加工精度低时，研磨消耗工时多，研具磨损快，达不到工艺效果。故大部分工件（尤其是淬硬钢件）在研磨前都经过精磨，其研磨余量规具体情况确定。

生产批量大，研磨效率高时，研磨余量可选 0.04～0.07mm；小批、单件生产，研磨效率低时，研磨余量为 0.003～0.03mm；多件加工，尤其是成组、成套地加工时，需注意保持尺寸的等原性。例如，经过精磨的工件轴径，手工研磨的余量为 0.003～0.008mm，机械研磨的余量为 0.008～0.015mm。再如，经过精磨的工件孔径，手工研磨的余量为 0.005～0.01mm。另外，经过精磨的工件平面，手工研磨的余量每面为 0.003～0.005mm，机械研磨的余量每面为 0.005～0.01mm。

工件往往需要粗研磨（以下简称粗研）、半精密研磨（以下简称细研）及精密研磨（以下简称精研）等多道工序才能达到最终的精度要求。研磨工序之间的研磨余量，是以量块（材料 GCr15，硬度 62～65HRC，表面粗糙度 *Ra* 值 0.012μm）的双向研磨余量为例的推荐数值，见表 3.4。

表 3.4　平面双向研磨余量

		加工余量/mm	磨料粒度	表面粗糙度 *Ra* 值/μm
备料成形		$1^{+0.1}_{-0.2}$		6.3
火前粗磨		0.35～0.05	46#	1.6
火后精磨		0.05～0.01	60#	0.8
Ⅰ次	粗研	0.011～0.003	W5～W7	0.2
Ⅱ次		0.004～0.001	W3.5	0.1
Ⅰ次	细研	0.0015～0.0005	W2.5	0.05
Ⅱ次		0.0005～0.0003	W1.5	0.05 以上
精研		达到最终加工尺寸	W1～W1.5	0.012

三、研磨方法

1．平面研磨

（1）研磨运动。研磨时，研具与工件之间所作的相对运动称为研磨运动。其目的是实现磨料的切削运动。它的运动状况如何，直接影响研磨质量和研磨效率及研具的耐用度。因此，研磨运动既要满足工件均匀地接触研具的全部表面，又要满足工件受到均匀研磨，即被研磨的工件表面上每一点所走的路程相等，且能不断有规律地改变运动方向，避免过早出现重复。

（2）研磨运动轨迹。工件（或研具）上的某一点在研具（或工件）表曲上所运动的路线，称为研磨运动轨迹。研磨运动轨迹要紧密、排列整齐、互相交错，一般应避免重叠或同方向平行，要均匀地遍布整个研磨表面上。

手工研磨平面的运动轨迹形式，常用的有螺旋线式（见图 3.10）和“8”字形式（见图 3.11）以及直线往复式。直线往复式研磨运动轨迹比较简单，但不能使工件表面上的加工纹路相互交错，因而难以使工件表面获得较好的表面粗糙度，但可获得较高的几何精度，因此其适用于阶台和狭长平面工件的研磨。螺旋线式研磨运动轨迹，能使研具和工件的表面保持均匀的接触，既有利于提高研磨质量，又可使研具保持均匀地磨损，其适用于平板及小平面工件的研磨。

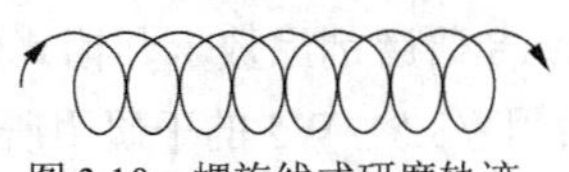

图 3.10　螺旋线式研磨轨迹

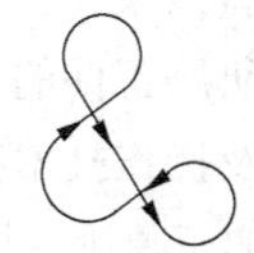

图 3.11　“8”字形式研磨轨迹

机械研磨平面的运动轨迹形式有外摆线式、内摆线式、往复直线式、正弦曲线式（“8”字形式）及无规则圆环线式（螺旋线式）等，如图 3.12 所示。

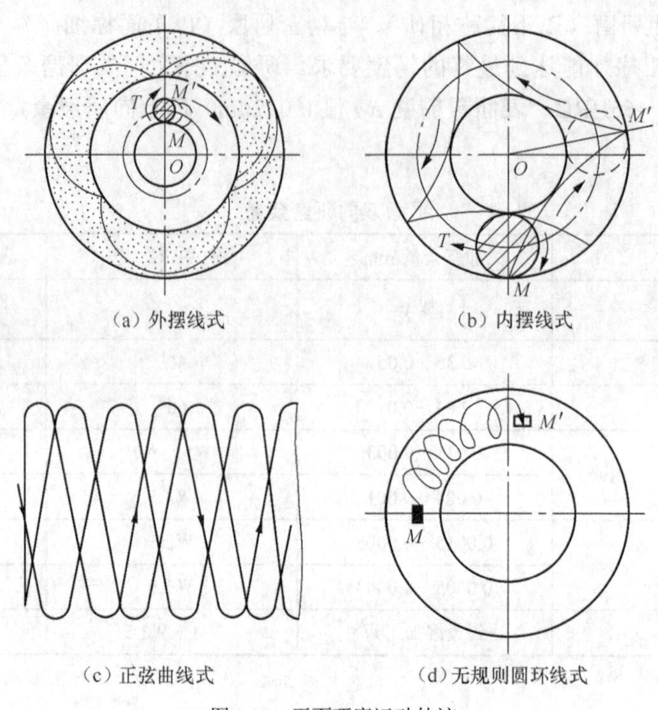

（a）外摆线式　（b）内摆线式

（c）正弦曲线式　（d）无规则圆环线式

图 3.12　平面研磨运动轨迹

（3）研磨速度。研磨速度应根据不同的研磨工艺要求，合理地进行选取。例如，研磨狭长的大尺寸平面工件时，应选取低速研磨，面研磨小尺寸或低精度工件时，则需选取中速或高速研磨。一般研磨速度可取 10～150m/min，精研为 30m/min 以下。一般手工粗研每分钟约往复 40～60 次，精研每分钟约往复 20～40 次。

（4）研磨压力。研磨压力，在一定范围内与研磨效率成正比。但研磨压力过大，摩擦加剧，将产生较高的温度，从而使工件和研具因受热而变形，直接影响研磨质量和研磨效率及研具的耐用度，一般研磨压力可取 0.0l～0.5MPa。手工粗研约为 0.1～0.2 MPa，手工精研约为 0.01～0.5MPa。对于机械研磨，在机床开始启动时，可调小些，在研磨进行中，可调到某一定值，在研磨终了，可再减小一些，以提高研磨质量。

在一定范围内，工件表面粗糙度随研磨压力增加而降低。研磨压力在 0.04～0.2MPa 范围内时，对改善表面粗糙度的效果显著。

（5）研磨时间。对于粗研，研磨时间可根据磨料的切削性能来确定，以获得较高的研磨效率；对于精研，研磨时间为 1～3min，一般研磨时间越短，研磨质量越高。当超过 3min，对研磨质量的提高没有显著效果。

（6）手工研磨工件的平面。手工研磨精度要求较高的平面时，对研具型式（见图 3.13）和研磨剂的选择以及操作技术有更高的要求。一般先用 W20～W18 研磨剂涂敷于开槽式研具上进行粗研，以研去预加工痕迹，达到粗研所要求的加工精度；然后用W3.5～W5 的干研用研具进行细研，以进一步提高几何形状精度和改善表面粗糙度，为最终精研做好准备；最后用W1～W1.5的干研用研具进行精研，使表面粗糙度达到*Ra*值0.05～0.012μm及IT5以内的尺寸精度和相应的几何形状精度。

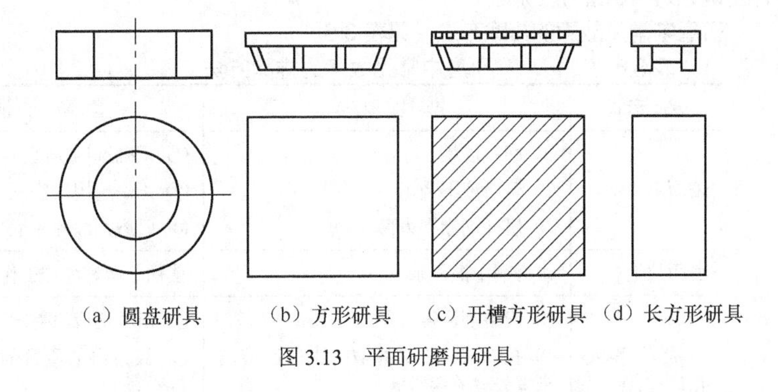

图3.13　平面研磨用研具

研磨中要用手工来控制研磨运动的方向、压力及速度等。此外，由于手的前部易施力稍大，所以手指作用在工件上的位置和各手指所施压力的大小，对保证尺寸精度和几何形状精度非常重要。研磨中，要不断调转90°或180°，防止因用力不均匀而产生的质量缺陷。在研磨中还应注意工件的热变形及注意研遍研具整个表面。

2．内孔研磨

内孔研磨是利用研磨棒进行的。研磨时，可将研磨棒装夹在机床主轴上，使之转动，手持工件作往复运动；也可以拿着研磨棒使它在工件孔中转动并作往复运动。

研磨棒的直径一般比内孔小0.01～0.015mm，其长度约为工件内孔长度的2～3倍。为了保证和工件内孔的配合，大部分都采用可调式研磨棒。

3．螺纹研磨

研磨外螺纹时，将工件装夹在机床主轴上作正、反转运动，用手握持带有内螺纹的研磨环，使之在工件上作往复运动。

研磨内螺纹时，将表面带有相同螺纹的研磨棒安装在机床主轴上作正、反转运动，用手握持工件使之在研磨棒上往复运动。

研磨螺纹时的转速可参照表3.5确定。

表3.5　研磨螺纹时的转速/($r \cdot min^{-1}$)

螺纹直径/mm	螺距/mm			
	0.5～0.8	1～2	2.5～3.5	4～6
≤6	600	500	—	—
>6～30	500	500	400	300
>30～60	400	350	300	200
>60～120	—	350	250	150

技师指点

研磨是一种精加工的方法。在研磨过程中，必须获得所需精度的测量结果。因此，要了解产生测量误差的原因及其对测量结果的影响，从而分析与估算测量误差的大小。测量误差的来源显然是多方面的。例如，计量器具误差、方法误差、环境条件引起的误差等。综上所述，在研磨过程中，应尽量减少测量误差，进行等精度测量数据的处理等，保证工件正确地进行研磨加工。

研磨中常见故障的排除方法，见表 3.6。

表 3.6 研磨中常见故障的排除方法

废品形式	产生原因	预防方法
表面不光洁	① 磨料过粗 ② 研磨液不当 ③ 研磨剂涂得太薄	① 正确选用研磨料 ② 正确选用研磨液 ③ 研磨剂涂覆应适当
表面拉毛	研磨剂中混入杂	重视并做好清洁工作
面成凸形或孔口扩大	① 研磨剂涂得太厚 ② 孔口或工件边缘被挤出的研磨剂未擦去就继续研磨 ③ 研磨棒伸出孔口太长	① 研磨剂应涂得适当 ② 被挤出的研磨剂应擦去后再研磨 ③ 研磨棒伸出长度应适当
孔呈椭圆形或有锥度	① 研磨时没有更换方向 ②研磨时没调头研	① 研磨时应变换方向 ② 研磨时应调头研
薄形工件拱曲变形	① 工件发热了仍继续研磨 ② 装夹不正 引起变形	① 不使工件温度超多 50℃，发热后应暂停研磨 ② 装夹要稳定，不能夹得太紧

任务实施

一、备料

（1）检查毛坯尺寸（或下坯料），尺寸为 101mm×71mm×6mm。

（2）如图 3.14 所示，将毛坯锐边毛刺去掉。

图 3.14 去锐边

二、划线

（1）如图 3.15 所示锉削两个直角面作为划线和加工基准，并如图 3.16 所示用刀口角尺进行检测，确保基准可靠。

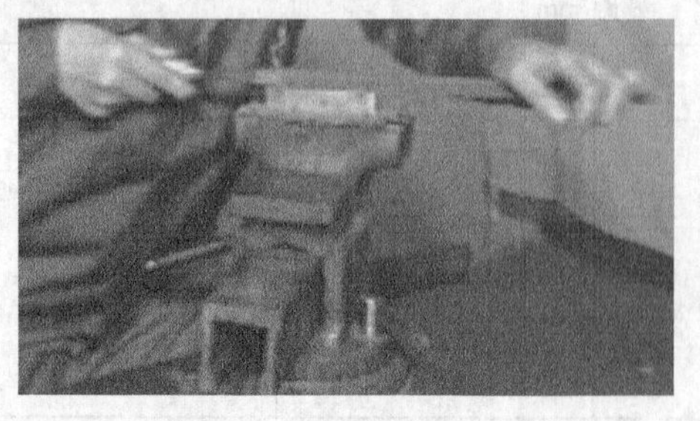

图 3.15 锉削外直角面

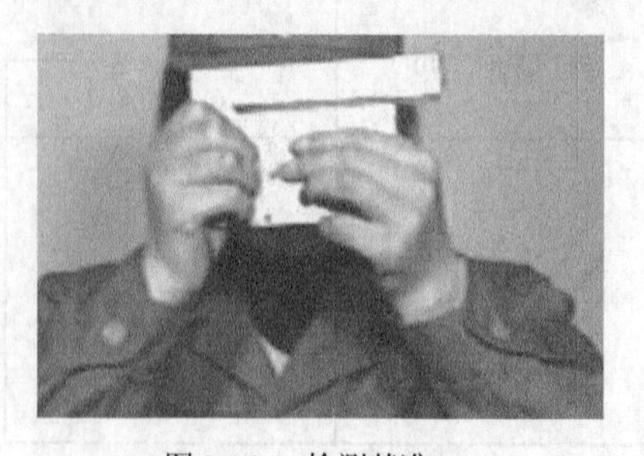

图 3.16 检测基准

（2）如图 3.17（a）所示以刚刚锉削的两个直角面为基准划出图 3.17 所示的加工线，注意在打出ϕ2mm 孔的样冲眼。

（a）划线操作

（b）划线尺寸

图 3.17　划线

三、粗加工

（1）以刚刚打出的样冲眼为中心钻出ϕ2mm 孔。

（2）如图 3.18 所示将直角余量锯削掉。

（3）如图 3.19 所示，以面 1 为基准加工面 3，达到 20.1mm；以面 2 为基准加工面 4，达到达到 20.1mm。

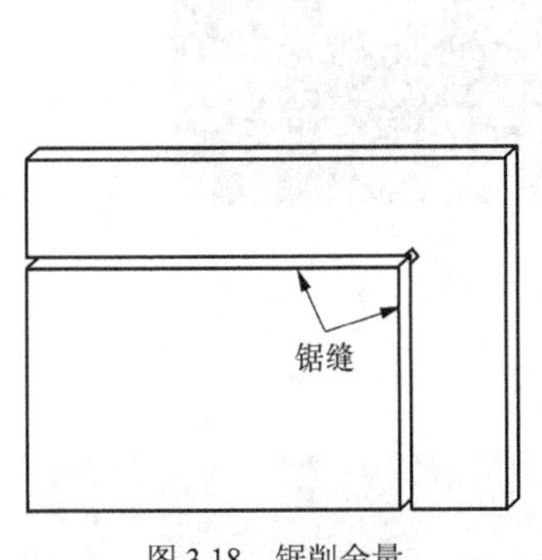

图 3.18　锯削余量

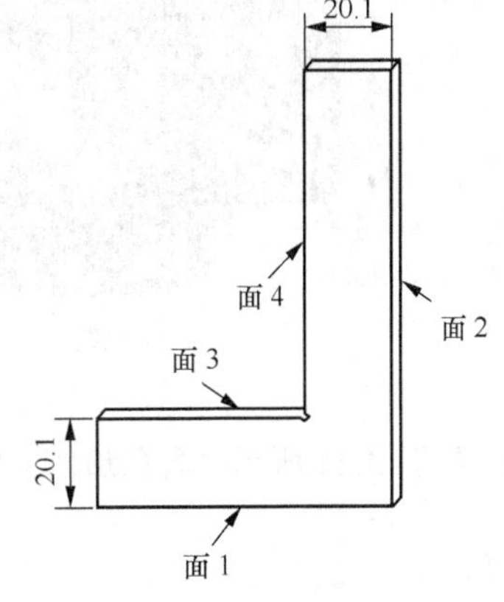

图 3.19　锉削直角面

（4）如图 3.20（a）所示，用圆钉将工件装在木块上，并如图 3.20（b）所示锉削上下表面。

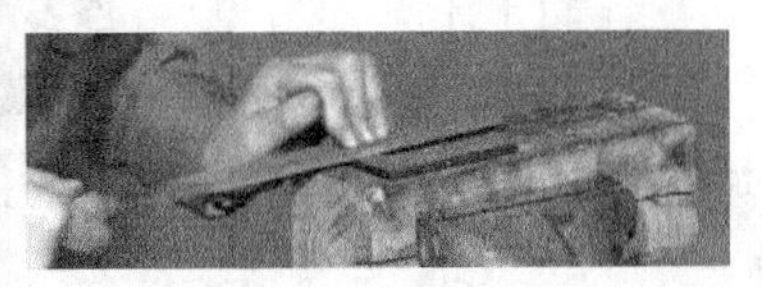

（a）固定

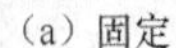

（b）锉削

图 3.20　锉削上下表面

四、精加工

（1）精锉基准面和两直角面达到图 3.21 所示尺寸要求。

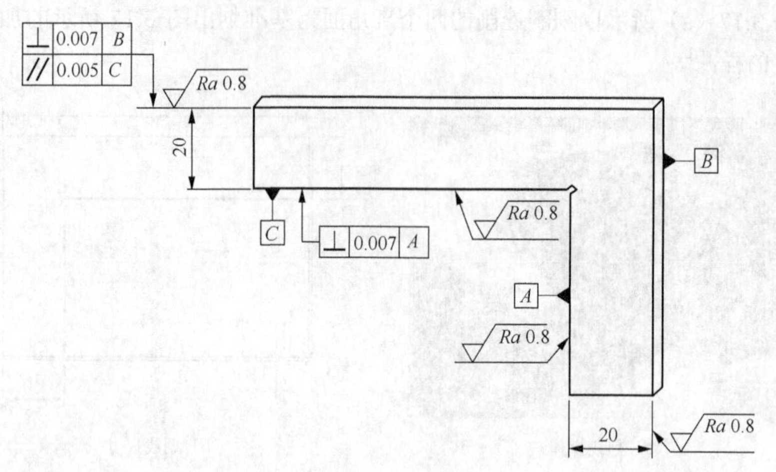

图 3.21 精锉要求

（2）如图 3.22（a）所示划出刀口斜面加工线，并如图 3.22（b）所示进行锉削加工，达到图 3.23 所示效果。

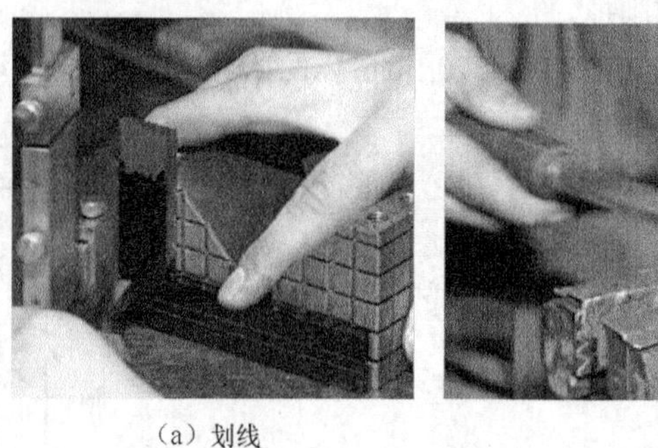

（a）划线 　　（b）锉削

图 3.22 加工刀口斜面

（3）如图 3.24 所示对各条边倒去锐边。

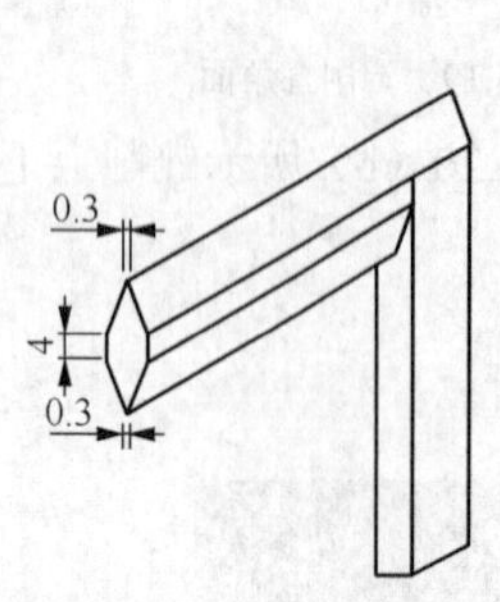

图 3.23 加工刀口斜面效果

图 3.24 倒棱

五、研磨

如图 3.25 所示，研磨顺序如下。

① 如图 3.26 所示，研磨面 1（基准面）的平面度，同时使面 1 与面 2 保持垂直，并尽量控制面 1 与面 3 的平行度误差以减少面 3 的研磨余量。

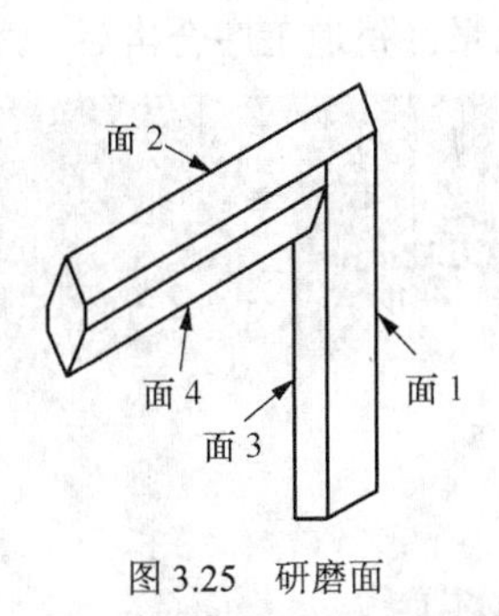

图 3.25 研磨面

图 3.26 研磨面 1

② 如图 3.27 所示，研磨面 3 的平面度，并保证面 1 与面 3 平行。再研磨面 4 的直线度，确保面 3 与面 4 垂直。

③ 最后研磨上下表面的平面度，并使上下表面与侧面垂直。

各个测量面的研磨，在平面度误差小于 1μm 的研磨平板上进行。要保证各面间的垂直、平行，必须注意推研方向，使研磨面的厚端向前推进研磨。研磨上下表面时，用双手大、中和食指捏持两侧非测量面适当部位，作纵向和横向推进研磨，如图 3.28 所示。研磨时，用力要平稳，使研磨面均匀地遍及平板表面，其研磨速度约为 30～40 次/min。研磨面 1 时，可采用湿研平板进行粗研和细研，要采用干研平板进行精研，使之平面和表面粗糙度符合要求。

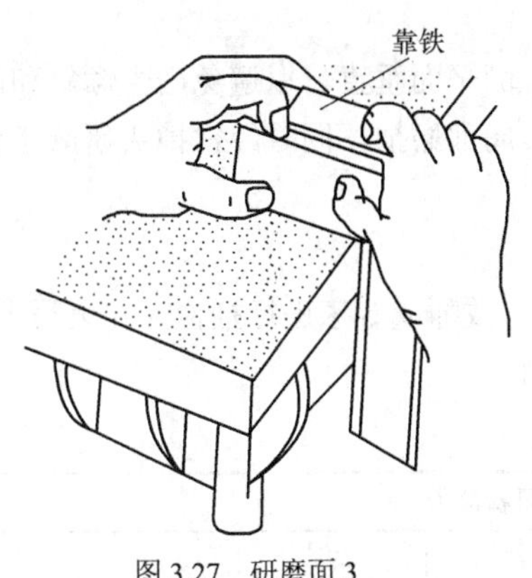

图 3.27 研磨面 3

图 3.28 研磨上下表面

研磨面 3 时，当面 3 与已合格的面 1 在纵、横方向的平行度都较大时，先粗研面 3 的横向，使厚端向前推进研磨，直至横向基本平行于面 1，再研磨纵向。研磨纵向时，当根部厚于端部时，先用油石磨左半部，使根部低于端部 10μm 左右，然后分别用 W20、W10 白刚玉研磨液在湿研平板上使厚端向前推进研磨。推拉距离不要太长，尽量推到根部，同时顾及横向的平行度，保证纵、横方向平行。最后在 W5 干研用平板上精研至合格。研磨时可加 90° 靠铁与侧面贴合在一起，如图 3.27 所示。

研磨面 4 时，若内角大于 90°，先用油石粗磨下半部，并使内角小于 90°。再按图 3.28 所示的方法，用双手捏持角尺两侧面作纵向推拉，在推拉的过程中再作横向摆动和横向移动。当作纵向推拉时的横向摆动和横向移动时，推拉的距离不要太长。为了使面 2 不被碰伤，研磨平板的每个侧面与工作面之间的夹角应小于 90°。

研磨上下平面时，如图 3.28 所示。用双手捏持角尺两侧面，作横向摆动和纵向移动及横向移动。由于角尺的根部作用在平板上的压力比端部大，所以双手施加压力时，要根据角尺垂直度误差的正、负值，进行适当的调整。

在上述的研磨过程中，要边研磨，边检查，随时控制研磨余量。每道工序合格后，才能进行下一工序。一般测量面的表面粗糙度可与表面粗糙度样板进行比较。测量面的平面度可用 0 级刀口直尺以光隙法进行检定。测量面的直线度以光隙法在研磨向平尺上检定。短边测量面的平行度用 0 级平板和测微表检定。内角用标准方铁进行检定，外角用标准方铁和研磨平板或研磨面平尺组成的装置进行。

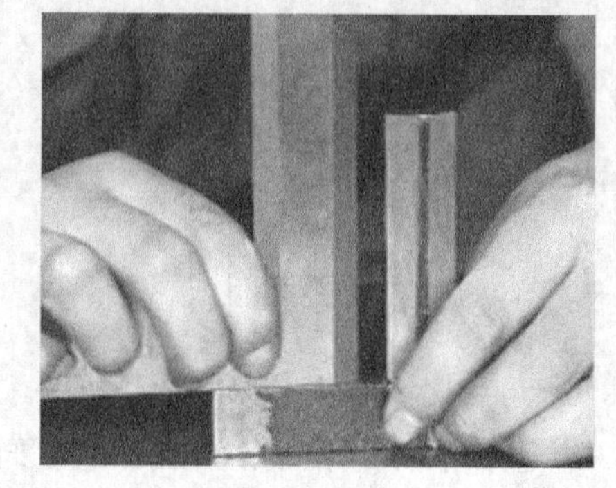

图 3.29 检查精度

六、测量

如图 3.29 所示，以面 1 为基准测量 90° 刀口角尺外 90° 角；以面 3 为基准测量 90° 刀口角尺内 90° 角。

注意事项

刀口角尺的制作注意事项如下。

（1）锉刀口斜面必须在平面加工达到要求后进行，并注意不能碰坏垂直面，造成角度不准。

（2）90° 刀口角尺时以短面为基准测量直角，但在加工时先加工长直角面。

（3）粗、精研磨时不要用不同平板作为研具，若采用同一平板必须清洗干净，精研时应清除上道工序所留下的较粗磨料。

（4）研窄平面时要采用方铁导靠块靠紧，保持平面与侧平面垂直，以避免产生倾斜和圆角。

（5）应经常改变工件在研具上的研磨位置，防止研具局部磨损，同时经常掉头研磨工件。

质量评价

按照表 3.7 中的要求学习者进行自检、同伴之间互检、教师或专家进行抽检，并填写于表中，学习者根据质量评价归纳总结存在的不足，做出整改计划。

表 3.7 作品质量检测卡

制作 90° 刀口角尺项目作品质量检测卡						
班级			姓名			
小组成员						
指导老师			训练时间			
序号	检测内容	配分	评价标准	自检得分	互检得分	抽检得分
1	100	3	超±0.1 不得分			
	70	3	超±0.1 不得分			
2	20（2 处）	6	超±0.1 不得分			
3	4	3	超±0.1 不得分			
4	6	3	超±0.1 不得分			
5	0.3（2 处）	6	超±0.1 不得分			
6	$\sqrt{Ra\,0.8}$（4 处）	40	升高一级不得分			

续表

制作90°刀口角尺项目作品质量检测卡						
班　级			姓　名			
小组成员						
指导老师			训练时间			
序号	检测内容	配分	评价标准	自检得分	互检得分	抽检得分
7	$\sqrt{Ra\ 1.6}$	10	升高一级不得分			
8	⊥ 0.007 *A*	10	超差不得分			
9	// 0.005 *C*	10	超差不得分			
10	// 0.05 *D*	6	超差不得分			
11	文明生产	—	违者不计成绩			
			总分			
			签名			

任务Ⅱ 制作内卡钳

本项目的第二个任务是根据图3.30所示的图纸要求制作一把内卡钳。内卡钳由内卡脚（材料：45钢），垫片（材料：35钢），使用半圆头铆钉铆接，所以该工件需要铆接技术和铰孔。因卡脚使用薄板毛坯制作，为了使其平直，还需要矫正技术。卡脚的120°角的加工需要用到弯曲技术。

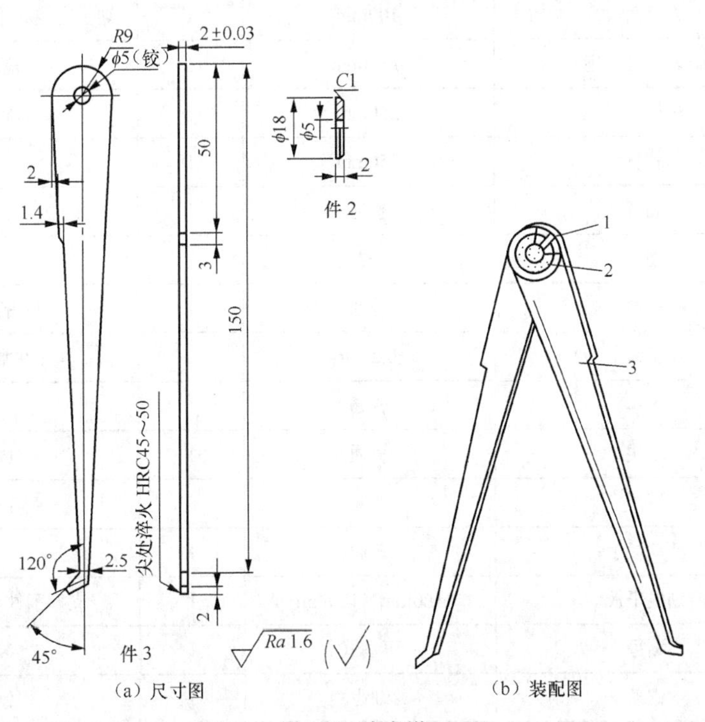

（a）尺寸图　　（b）装配图

图3.30　内卡钳

1—半圆头铆钉；2—内卡脚；3—垫片

学习目标

内卡钳制作需熟练运用划线、锯削、锉削、测量等钳工基本操作技能，还需要用到铆接、矫正、弯曲技术。所以，通过完成本项目训练可达成如下学习目标。

（1）巩固练习划线、锯削、锉削和测量技能。

（2）掌握精密量具钳工制作的一般方法。

（3）掌握铆接加工的特点及使用的工具、材料。

（4）能使用手锤和简单的胎、模具来完成少量铆接操作。

（5）掌握矫正加工的特点及使用的工具、材料。

（6）具有运用矫正加工消除坯料弯曲、翘曲和扭曲缺陷的能力。

（7）掌握弯曲加工的特点及使用的工具、材料。

（8）能运用弯曲加工方法将板料弯成所要求的形状或一定角度。

（9）能运用铰孔加工方法将孔加工至所要求的精度。

工具清单

完成本项目任务所需的工具见表 3.8。

表 3.8　工量具清单

序号	名　称	规　格	数量	用　途
1	钢直尺	150mm	1	划线导向
2	刀口角尺	100mm	1	划垂直线和平行线、检测垂直度
3	百分表（带表座）	0～3mm	1	检测平行度
4	游标卡尺	250mm	1	检测尺寸
5	高度尺	250mm	1	划线
6	划规	普通	1	划圆弧
7	划针	$\phi 3$	1	划线
8	样冲	普通	1	打样冲眼
9	手锤	0.25kg	1	打样冲眼、铆接、弯曲
10	木锤	普通	1	矫正
11	木块	普通	1	固定卡脚
12	钉子	普通	6	固定卡脚
13	活动扳手	普通	1	矫正
14	划线平板	160mm×160mm	1	支撑工件和安放划线工具
15	锯弓	可调式	1	装夹锯条
16	锯条	细齿	1	锯削余量
17	平锉	粗齿 350mm	1	锉削平面

续表

序号	名　称	规　格	数量	用　途
18	平锉	细齿 150mm	1	精锉平面
19	整形锉	100mm	1	精修各面
20	钢丝刷	—	1	清洁锉刀
21	台钻（配附件）	—	共用	钻腰形孔
22	麻花钻	ϕ4.8mm	1	钻ϕ2mm 孔
23	砂轮机	—	共用	刃磨麻花钻
24	砂纸	200	1	抛光
25	铰刀	ϕ5mm	1	铰孔
26	绞手	标准	1	绞孔
27	压紧冲头、罩模和顶模	按尺寸	1	铆接
28	铆钉	半圆头	1	铆接
29	活动扳手	250mm	1	矫正
30	钳台	标准	共用	
31	台虎钳	标准	共用	
32	棉纱	—	若干	清洁划线平板及工件
33	毛刷	4 寸	1	清洁台面
34	煤油	—	若干	清洁工件
35	粗糙度对比仪	标准	1	检测表面质量

相关知识和工艺

一、铰孔

铰孔是精加工孔的主要方法之一，用于中小直径孔的半精加工与精加工，铰孔精度可达 IT6～IT7，甚至 IT5。表面粗糙度可达 *Ra*1.6～0.4mm。铰刀的刚性和导向性好，应用广泛。

1．铰刀的种类

（1）手用铰刀。如图 3.31（d）所示，手用铰刀的柄部为直柄，后端有方柄，借用于板手进行铰孔。

（2）机用铰刀。如图 3.31（a）、（b）所示，机用铰刀的柄有直柄和锥柄两种，工作部分较短，切削链角较大。大直径的铰刀一般做成套式的。内孔锥度为 1:30，如图 3.31（f）所示。

按材料可将铰刀分为高速钢和硬质合金铰刀两种；按形状可分为圆柱形铰刀和圆锥形铰刀两种。圆柱形铰刀按直径尺寸又可分为固定式和可调节式两种，如图 3.31（c）所示。

2．铰刀的组成

如图 3.32 所示，铰刀由工作部分、颈部和柄部组成。

（1）工作部分。

① 引导锥。它有较大的主偏角，便于使铰刀放进孔内、并保护切削刃不易被破坏。

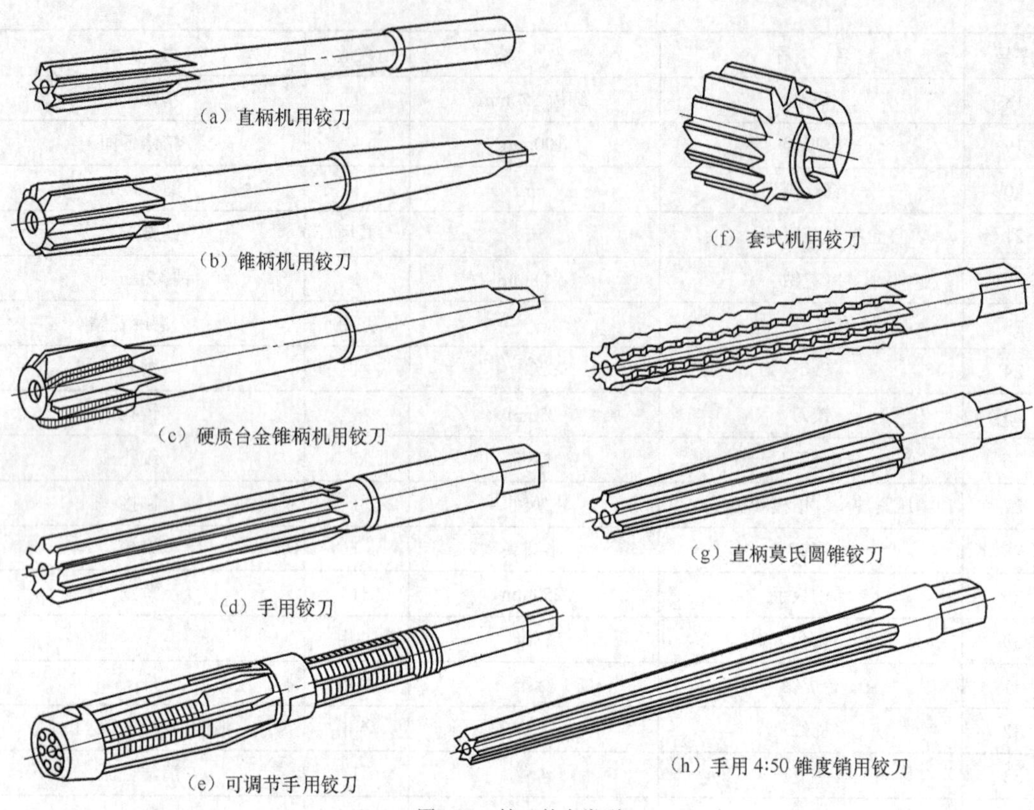

图 3.31 铰刀基本类型

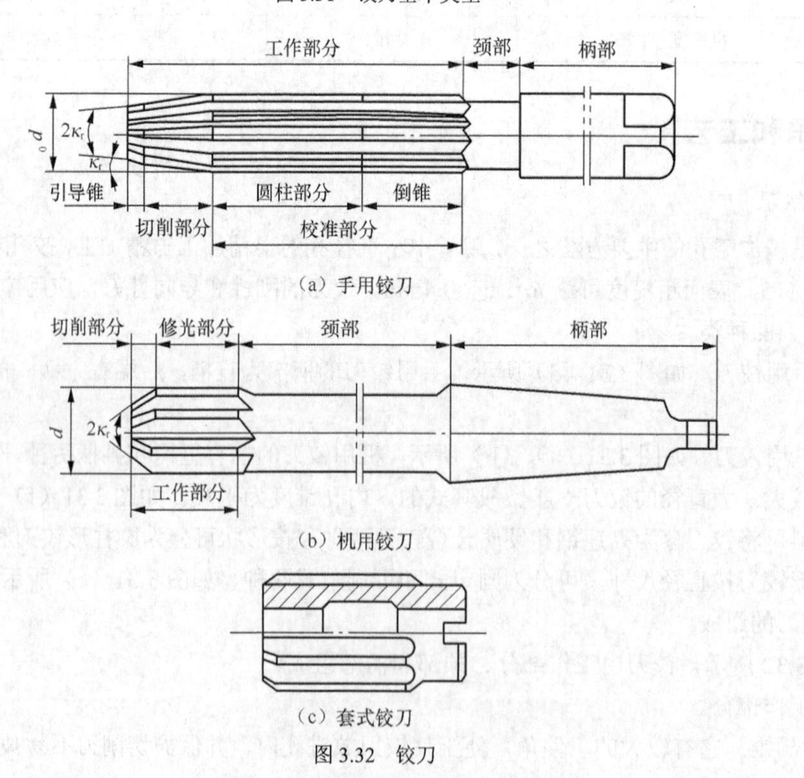

图 3.32 铰刀

② 切削部分。它呈锥形，担任主要切削工作。由于铰孔余量很小，铰刀前角γ_0较小，使铰削近于刮削。

③ 校准部分。它担任修光孔的表面，校正孔的尺寸和引导铰削方向的工作。它也是铰刀的备磨部分和铰刀直径测量处。校准部分后段有倒锥，以减少摩擦。防止产生喇叭形孔和孔径扩大。

（2）颈部。便于加工，为铣、磨刀刃时退刀而设计的部分。

（3）柄部。它是用来装夹和传递扭矩的。

3．铰刀的安装

机用铰刀在钻床上一般安装在套筒锥孔中，必须使铰刀轴线与主轴中心线对准。为了避免偏差，最好先试铰。由于铰刀对准主轴中心比较困难，也可采用浮动套筒装置，如图3.33所示。手用铰刀则是安装在绞手中进行加工。

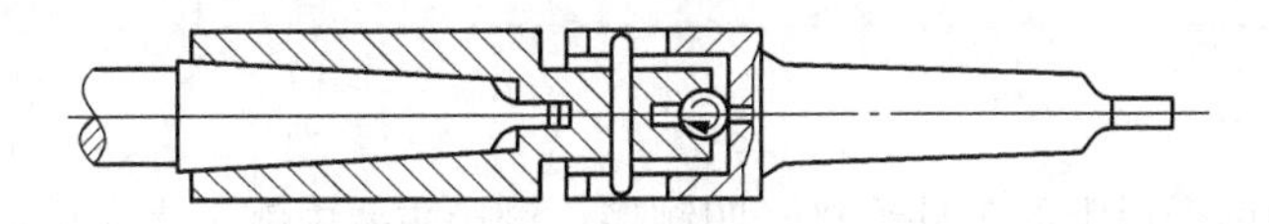

图3.33　浮动装置

4．铰削用量

（1）铰削余量。铰削余量的大小直接影响孔的质量。余量太小时，不能把前道工序的加工刀痕全部铰去。太多时，会使铁屑挤塞在铰刀的齿槽中，切削液不能进入切削区而影响质量，或因负荷过大铰刀迅速磨损，甚至刀刃崩碎。所以应先经扩孔或粗铰孔以保证铰孔前的粗糙度。一般铰削余量为0.08～0.15mm。精度要求高的孔，可先粗铰，余量为0.15～0.3mm；后精铰，余量为0.04～0.15mm。高速钢铰刀余量取小些，硬质合金铰刀余量应取大些。

（2）铰削速度。铰削时的切削速度愈低，表面组糙度愈小，一般在0.063m/s以下。

（3）进给量的确定。由于铰刀修光校正部分较长，铰削时的进给量可取大些。铰钢件孔一般取0.2～1mm/r，铰铸铁孔可再大些。

5．铰削方法

（1）铰孔前。

① 应先扩孔，保证铰削余量和孔的粗糙度，以及孔轴线对旋转中心的同轴度和孔的直线度。特别是孔径较小，只能用扩孔来保证铰孔余量时，此时钻孔应设法严格保证所钻孔的中心线与工件旋转轴线同轴。

② 校正铰刀轴线与主轴中心同轴。

③ 选择好切削用量。

（2）铰孔时，必须及时注入切削液，进给要均匀。

技师指点

铰孔容易产生的问题及注意事项：

1．容易产生的问题

① 孔的表面粗糙度大。

② 孔径扩大或缩小。

③ 孔口扩大。

④ 孔呈多角形。

2. 注意事项

① 校正后座或采用浮动套筒，安装铰刀时注意锥柄和锥套的清洁。

② 留合适的铰削余量，应保证铰孔前孔的同轴度与表面质量，最好先试铰。

③ 采用合适的切削液，铰孔时供给不能间断，浇注位置应在切削区域。

④ 注意铰刀的保养，避免碰伤。

⑤ 注意铰刀使用时的质量，包括切削部分和修光刃部分粗糙度，铰刀刃口是否磨损钝化，刃口有无崩刃缺口、积屑瘤或毛刺，刀刃与倍光刃过渡处有无尖刺。

⑥ 用油石修磨铰刀时，注意油石的选用和油石的形状马修磨铰刀的要领，切不可倍磨出负后角或使刃口圆弧半径变大。

⑦ 有一条刀刃与修光刃过渡处有缺口，可刃磨或用油石修磨去缺口，使其不参与切削，但切不可在刃磨或修磨时损坏相邻切削刃。

⑧ 采用合适的切削用量。当其他问题都解决时，而孔的质量不高，可变动切削用量。

二、铆接

用铆钉把两个或两个以上的工件连接，叫铆接。铆接主要由铆工来完成。钳工遇到的铆接工作，时在装配与修理中用手锤和简单的胎、模具来完成少量操作。

铆接的种类如下。

（1）按照使用情况分类。

① 活动铆接。它的接合可互相转动，如手钳、剪刀、卡钳、圆规等。

② 固定铆接。它的接合部分是固定不动的。固定铆接按用途又可分为下面 3 种。

坚固铆接，用于钢结构，如屋架、桥梁、车辆和起重设备等。

紧密铆接，用于制造低压容器（如液体、气体的容器）以及各种液体、气体管路的铆接。这种铆接的铆钉排列较密，接缝中常夹有橡皮或其他填料，以防漏气或漏液。

坚固紧密铆接，用于高压容器（如蒸汽锅炉）。它既要能承受巨大的压力，又要保持紧密。

（2）按照铆接方法分类。

① 冷铆。

② 热铆。

（3）按照铆接形式分类。

① 搭接。

② 对接，对接又分为单盖板和双盖板两种（见图 3.34）。

1．铆接工具

（1）手锤。手工铆接用的手锤多为圆头手锤。手锤的规格按铆钉直径来选定，最适宜的时 0.2～0.5kg 重的小手锤。

（2）压紧冲头。压紧冲头的形状如图 3.35（b）所示。当铆钉插入孔内后，常用它来压紧被铆接的板料。

（3）罩模和顶模。罩模和顶模如图 3.35（a）和图 3.35（c）所示，二者的工作部分都是半圆形的凹球面，并且都经过淬火和抛光。

2．铆钉

（1）铆钉的种类和应用。

铆钉的种类和应用见表 3.9。

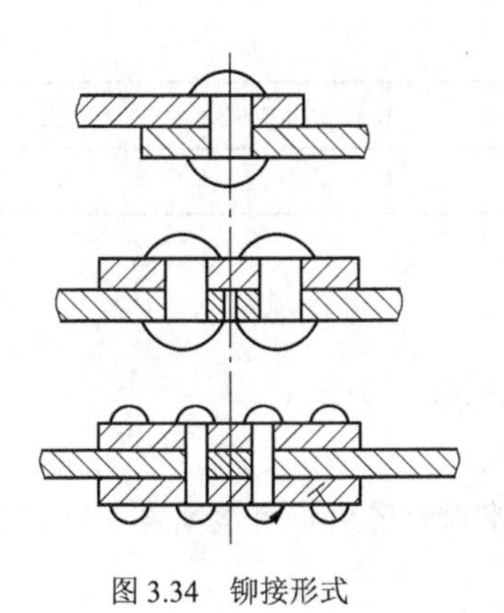

图 3.34 铆接形式

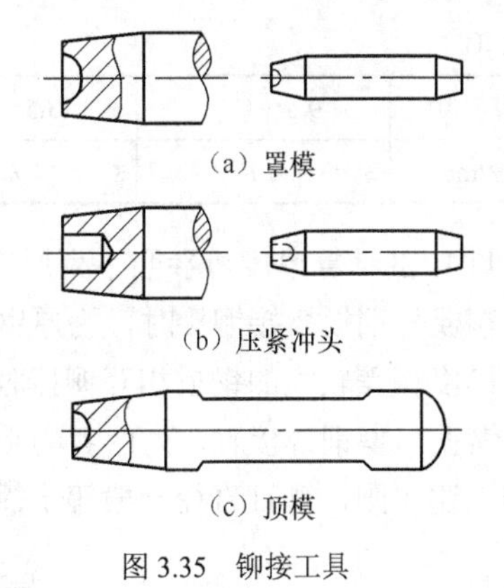

图 3.35 铆接工具

表 3.9 铆钉的种类及应用

名 称	形 状	应 用
半圆头铆钉		用钢料制成、应用于钢结构的房架、桥梁、起重机等铆接，应用很广
埋头铆钉		用钢料制成，应用于框架等工件表面要求平的地方，如门窗、活页、天窗等
平圆埋头铆钉		用钢料制成，应用于表面粗糙，不容易滑跌的地方，如踏脚板、楼梯等
平圆头铆钉		用铝镁合金料制成，应用于铆薄板料等
皮带铆钉		用紫铜料制成、应用于铆油毡、橡皮、牛皮等软材料
管子空心铆钉		用钢料制成的空心铆钉，应用于电器方面及一些皮带的铆接
管子空心铆钉		用黄铜料制成的空心铆钉，应用于电器部件的铆接
杆形铆钉		用钢料制成，应用于机械制造方面
尖头铆钉		根据需要制作的，应用于艺术性的工作方面的铆接

（2）铆钉的直径和长度。

① 铆钉的直径的确定。铆钉的直径是根据铆接板的厚度确定的。一般情况下可根据表 3.10 来选择。

表 3.10　　　　　　　　　　　　　　铆钉直径的选择

构件计算厚度	9.5～12.5	13.5～18.5	9～24	24.5～28	28.5～31
铆钉直径/mm	19	22	25	28	31

表 3.11 中的计算厚度可参照下列原则加以确定。

（a）钢板与钢板搭接铆接时，为厚钢板的厚度。

（b）厚度相差较大的钢板相互铆接时，为较薄钢板的厚度。

（c）钢板与型钢铆接时，为两者的平均厚度。

根据上述原则，铆钉直径一般等于板厚的 1.8 倍。标准铆钉的直径可根据表 3.11 选择。

表 3.11　　　　　　　　　　　　标准铆钉直径（mm）

铆钉直径	公称直径	2.0	2.5	3.0	4.0	5.0	6.0	7.0	8.0	10.0	13.0	16.0
	允差	±0.1			+0.2 −0.1			+0.3 −0.2			+0.4 −0.2	

② 铆钉长度的确定。

铆接时所用铆钉的长度，除了铆接件的厚度外，留作铆合头用的部分，其长度必须足够用来作出完整的铆合头。

一般常用的半圆头铆钉如图 3.36 所示。其钉杆长度可用下列公式计算

$$l = 1.12\delta + (1.25 \sim 1.5)d$$

式中 l——铆钉杆的长度，mm；

δ——铆件的总厚度，mm；

d——铆钉直径，mm。

半圆头铆钉伸出部分的长度，应为铆钉直径的 1.25～1.5 倍。

埋头铆钉伸出部分的长度，应为铆钉直径的 0.8～1.2 倍。

确定铆钉的直径和长度时，应根据结构要求，按照国家规定的标准进行选择。

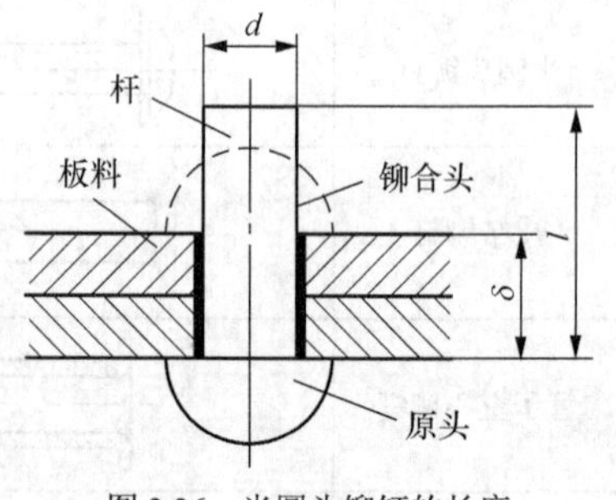

图 3.36　半圆头铆钉的长度

（3）常用铆钉的型式和尺寸。半圆头铆钉、沉头铆钉、平头铆钉和号头铆钉的型式和尺寸可查相关的机械设计手册。

3．铆接方法

铆接方法有手工铆接和机械铆接两种。每种方法又分为热铆接和冷铆接。

热铆接时将铆钉加热到一定温度，再进行铆合。一般铆钉直径大于 10mm 时均采用热铆接；铆钉直径小于 10mm 时，多采用冷铆接。冷铆接时，铆钉不必加热直接冷作铆接。

（1）手工铆接。先在铆件上钻孔，去掉毛刺、倒角，然后插入铆钉。

铆接时，针对不同的铆钉，采用不同的操作方法。

① 半圆头铆钉。首先把铆钉的半圆头放在顶模上，把压紧冲头有孔的一端套在铆钉伸出部分上，用手锤逐渐将铆钉伸出部分镦粗成不够完整的铆合头；最后用罩模罩在上边，用手锤敲击罩模上端，以形成铆合头，其操作方法如图 3.37 所示。

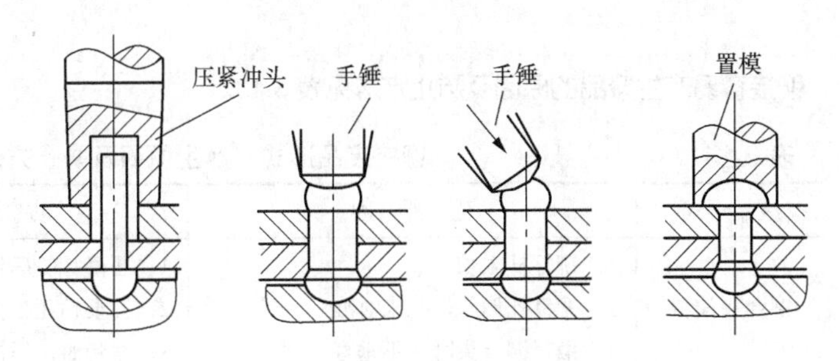

图 3.37 半圆头铆钉的铆接方法

② 埋头铆钉。将截断的圆钢棒插入孔内，首先镦粗，然后铆第 2 个面，再铆第 1 个面，其操作过程如图 3.38 所示。

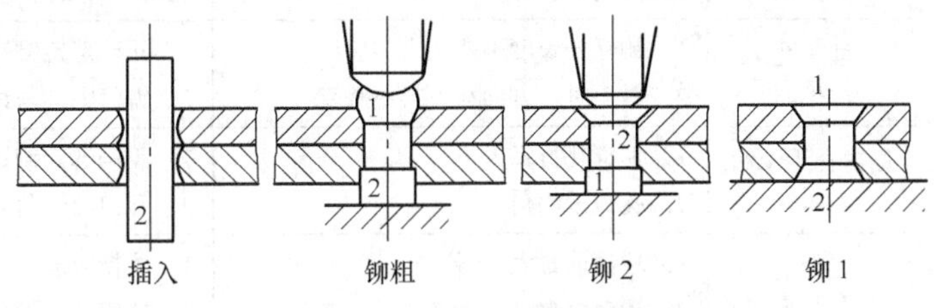

图 3.38 埋头铆钉的铆接步骤

③ 空心铆钉。将铆钉插入孔后，先用样冲冲一下，再用特制的冲子做好铆合头，如图 3.39 所示。

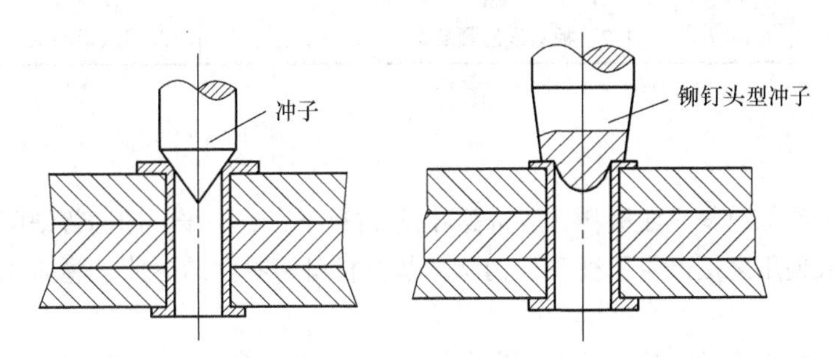

图 3.39 空心铆钉的铆接

（2）机械铆接。由于手工铆接的效率低、劳动强度大，所以，在大量生产中，常采用机械铆接的方法。它主要时利用机械化钉枪和铆接机进行铆接。

（3）铆接前的钻孔直径。铆接前，需在铆件上钻出铆钉孔来。钻孔时，应按照铆钉的直径合理地选择钻头。孔钻得过大或过小都会影响铆接的质量。合理的钻孔直径可按照表 3.12 来选择。

表 3.12 铆钉直径和钻孔直径/mm

铆钉直径		4	5	6	7	8	10	11.5	13	16	19	22	25	28	30	34	38
钻孔直径	精配	4.1	5.2	6.2	7.2	8.2	10.5	12	13.5	16.5	20	23	26	29	31	35	39
	中等配	4.2	5.5	6.5	7.5	8.5	10.5	12	13.5	16.5	20	23	26	29	31	35	39
	粗配	4.5	5.8	6.8	7.8	8.8	11	12.5	14	17	21	24	27	30	32	36	40

技师指点

铆接容易产生废品的原因及防止方法见表3.13。

表3.13 铆接废品形式、产生原因及防止方法

废品形式	生 原 因	防 止 方 法
铆合头偏斜	1. 铆钉杆太长 2. 铆钉孔偏斜，孔未对准 3. 镦粗铆合头时，不垂直	1. 正确计算确定铆钉长度 2. 孔要钻正，插入铆钉孔应同心 3. 镦粗时，锤击力要保持垂直
铆合头不光洁有凹痕	1. 罩模工作表面不光洁 2. 锤击时用力过大，连续快速锤击，将罩模弹回时，棱角碰伤铆合对	1. 检查罩模并抛光 2. 锤击力要适当，速度不要太快，把稳罩模
铆合头太扁	铆钉杆长度不够	正确计算及选定铆钉杆长度
埋头孔没填满	1. 铆钉杆长度不够 2. 镦粗时，方向与板料不垂直	1. 正确选定铆钉杆长度 2. 铆钉方向与锤击要和工件垂直
原铆合头没贴紧工件	1. 铆钉孔直径太小 2. 孔口没倒角	1. 正确选定铆钉孔直径 2. 孔口应倒角
工件上有凹痕	1. 罩模放置太歪斜 2. 罩模太大	1. 罩模应放正 2. 罩模应与铆合头相符
铆钉杆在孔内弯曲	1. 铆钉孔太大 2. 铆钉杆直径太小	1. 正确选定铆钉孔直径 2. 铆钉杆直径应符合标准要求
工件之间有间隙	1. 工件板料不平整 2. 板料没压紧贴合	1. 铆接前应平整板料 2. 用压紧冲头，将板料压紧贴合

三、矫正

制造机器所用的原材料（如板料、型材等），常常有不直、不平、翘曲等缺陷。有的机械零件在加工、热处理或使用之后产生了变形。消除这些原材料和零件的弯曲、翘曲和变形等缺陷的操作称为矫正。

按矫正时产生矫正力的方法，矫正可分为手工矫正、机械矫正、火焰矫正与高频热点矫正等。其中手工矫正是由钳工用手锤在平台、铁砧或台虎钳上进行的。它通过扭转、弯曲、延展和伸张等方法，使工件恢复原状。

1. 手工矫正工具

（1）平板和铁砧。平板用来矫正较大面积板料或作工件的基准面。铁砧用作敲打条料或角钢时的砧座。

（2）软硬手锤。矫正一般材料通常使用钳工用的手锤和方头手锤。矫正已加工过的表面、薄板件或有色金属制件，应使用铜锤、木锤、橡皮锤等软的手锤。

（3）抽条和拍板。抽条是用案状薄板料弯成的简易手工工具的木材制成的专用工具，用手敲打板料。

（4）螺旋压力机。螺旋压力机适用于矫正较长的轴类零件和棒料。

（5）检验工具。检验工具有平板、角尺、直尺和百分表等。

2. 手工矫正方法

（1）板材的矫正。金属板材有薄板（厚度小于 4mm）和厚板（厚度大于 4mm）的区别。薄板中又有一般薄板与铜箔、铝箔等薄而软的材料的区别，所以矫正方法也有所不同。

① 薄板料的矫正。薄板的变形主要有中间凸起，边缘呈波浪形以及翘曲等，如图 3.40 所示。

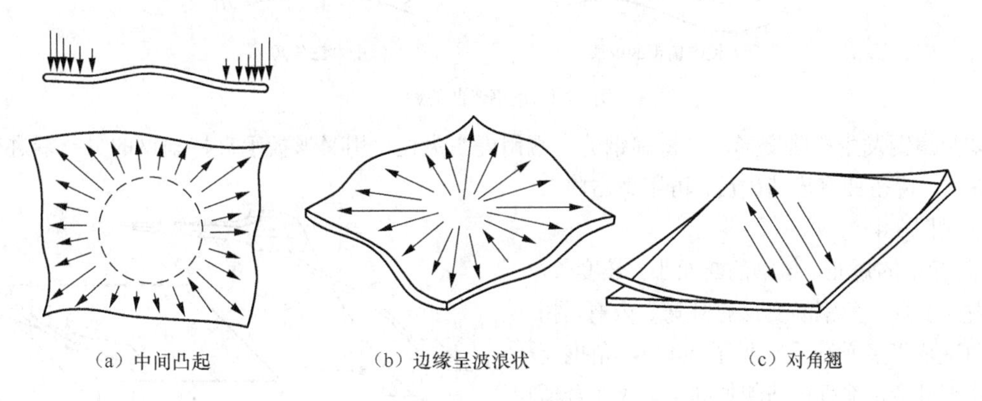

（a）中间凸起　（b）边缘呈波浪状　（c）对角翘

图 3.40　薄板的矫平

薄板凸起是由于材料变形后中间变薄，金属纤维伸长而引起的。矫正时，不能直接锤击凸起部位，否则不但不能矫平，反而会增加翘曲度。而应该锤击板料的边缘，使边缘的材料适当地延展、变薄，这样凸起部分就会逐渐消除。锤击时，由里向外逐渐由轻到重，由稀到密，直至边缘的材料与中间凸起部分的材料一致时，材料就矫平了，如图 3.40（a）所示。

如果薄板表面有相邻几处凸起，则应先锤击凸起的交界处，使所有分散的凸起部分聚集为一个总的凸起，然后再用延展法（上述方法）使总的凸起部分逐渐变平直。

如果薄板四周呈波纹状，则是由于材料四周变薄，金属材料伸长而引起的。这时锤击点应从中间向四周逐渐由重到轻，由密到稀，力量由大到小，反复锤打，使薄板达到平整，如图 3.40（b）所示。

如果薄板发生对角翘曲变形，则是因为对角线处材料变薄，金属纤维伸长所致。因此矫正时锤击点应沿另外没有翘曲的对角线锤击，使其延展而矫平，如图 3.40（c）所示。

如果薄板发生微小扭曲时，可用抽条从左到右的顺序抽打平面（见图 3.41），因抽条与板料接触面积较大，受力均匀，容易达到平整。

如果是铜箔、铝箔等薄而软的箔片变形，可用平整的木块，在平板上推压材料的表面，使其达到平整。也可用木锤或橡皮锤矫正。

用氧气割下的板料，边缘在气割过程中冷却较快，收缩严重，造成切割下的板料不平。这种情况下也应锤击边缘气割处，使其得到适量的延展。锤击点在边缘处重而密、第二、三圈应轻而稀，逐渐达到平整。

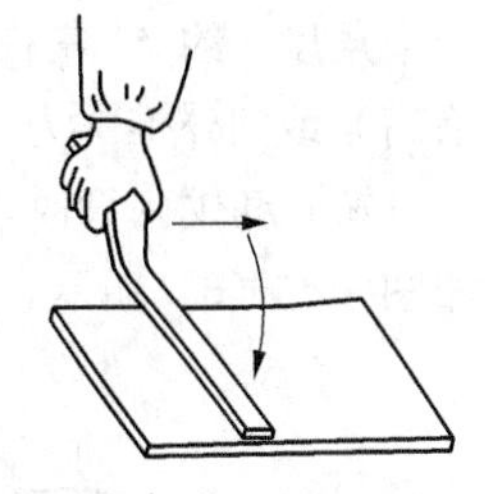

图 3.41　抽打平面

② 厚板矫正。由于其刚性较好，可用锤直接击打凸起部位，使其压缩变形而达到矫正。

（2）型钢的矫正。

① 扁钢的矫正。扁钢的变形有弯曲和扭曲变形两种。扁钢在厚度方向的弯曲（见图 3.42（a））等同于厚板的变形，其矫正方法与厚板矫正相同。扁钢在宽度方向上的弯曲（见图 3.42（b）），可用锤依次锤击扁钢内层，也可锤击内层三角区，使其延展而矫平（见图 3.42（c）（d））。

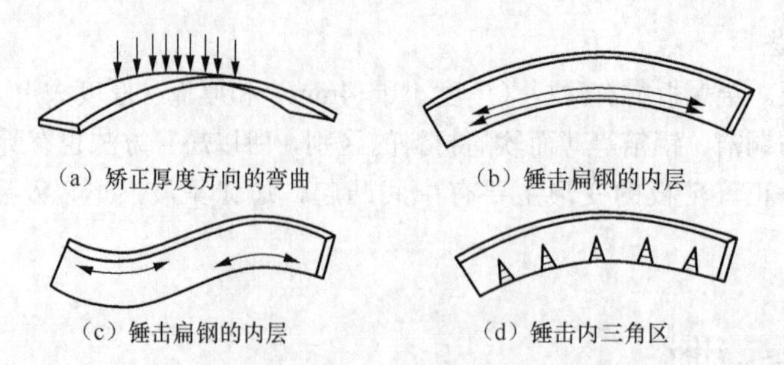
(a) 矫正厚度方向的弯曲
(b) 锤击扁钢的内层
(c) 锤击扁钢的内层
(d) 锤击内三角区

图 3.42 扁钢弯曲的矫正

如果扁钢发生扭曲变形，可将扁钢的一端用虎钳夹住，用叉形扳手夹持扁钢的另一端进行反方向扭转。待扭曲变形消失后，再用锤击将其矫平（见图 3.43）。

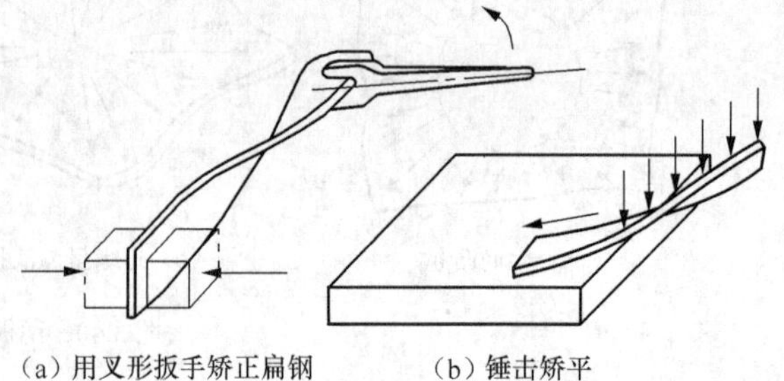
(a) 用叉形扳手矫正扁钢
(b) 锤击矫平

图 3.43 扁钢扭曲的矫正

② 角钢的矫正。角钢的断面小，长度长，容易发生变形。角钢的变形有外弯、内弯、扭曲、角变形等多种形式（见图 3.44）。角钢无论内弯或外弯，都可把凸起处向上，放在合适的钢圈或砧座上，锤击凸部使其向相反方向弯曲（变曲法）而矫正。

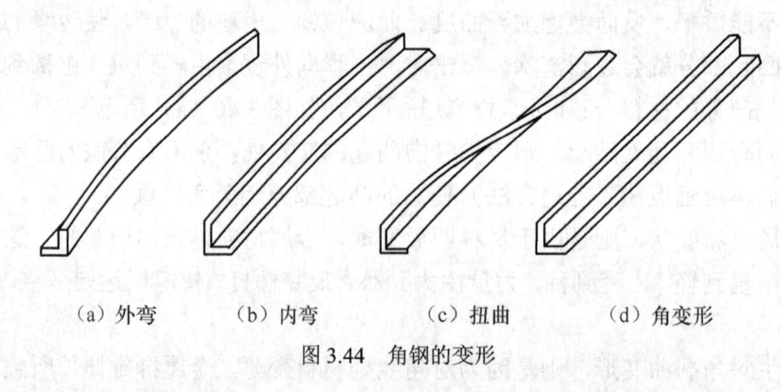
(a) 外弯　(b) 内弯　(c) 扭曲　(d) 角变形

图 3.44 角钢的变形

矫正角钢外弯时，角钢应平放在钢圈上，锤击时为了不使角钢翻转，锤柄应稍微抬高或放低一个角度（约 5°左右）。用力锤击的同时，视角铁摆放的方向，还应稍带有向内拉（锤柄稍后手抬高）或向外推的力（锤柄后手放低），如图 3.45（a）所示。

矫正角钢内弯时，应将角钢背面朝上立放，然后锤击矫正。矫正方法与外弯矫正方法相同，如图 3.45（b）所示。

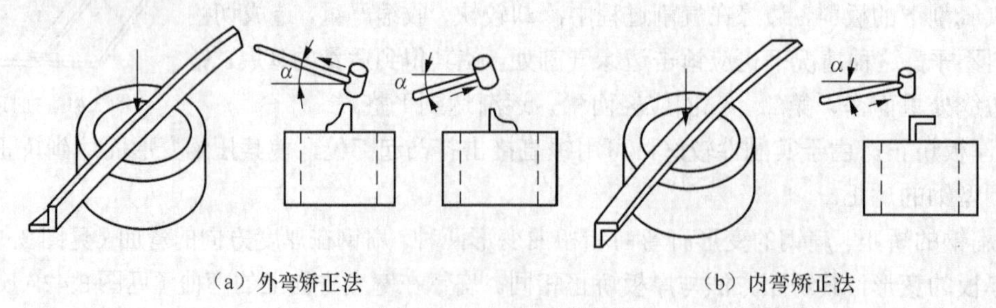

(a) 外弯矫正法
(b) 内弯矫正法

图 3.45 角钢弯曲的矫正

矫正角钢扭曲时，可用与扁钢扭曲时相同的矫正方法。

矫正角钢的角变形时，可以在V形铁上或在平台上锤击矫正，如图3.46所示。

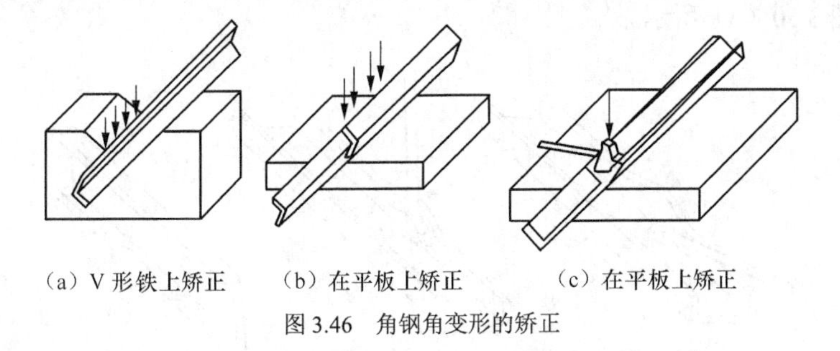

（a）V形铁上矫正　（b）在平板上矫正　（c）在平板上矫正

图3.46　角钢角变形的矫正

如果角钢同时有几种变形，则应先矫正变形较大的部位，后矫正变形较小的部位。如角钢既有弯曲变形又有扭曲变形，应先矫正扭曲变形，然后矫正弯曲变形。

（3）槽钢的矫正。槽钢有腹板力向的弯曲（立弯）、翼板上的弯曲（旁弯）和扭曲等3种基本变形，如图3.47所示。无论是矫正立弯还是旁弯，都要将槽钢置于两根圆钢组成的简易矫正台上，使凸起部位向上，用大锤锤击，如图3.48所示。

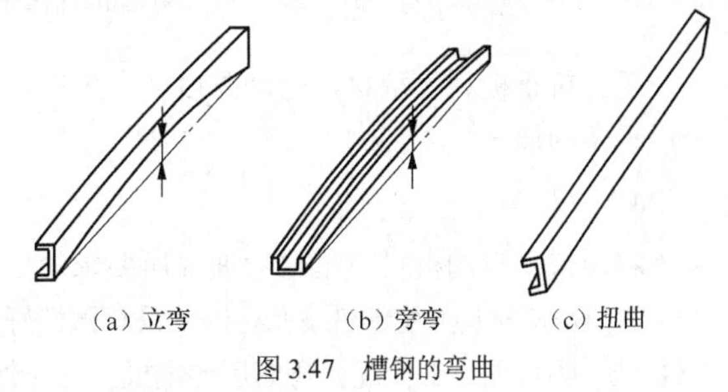

（a）立弯　（b）旁弯　（c）扭曲

图3.47　槽钢的弯曲

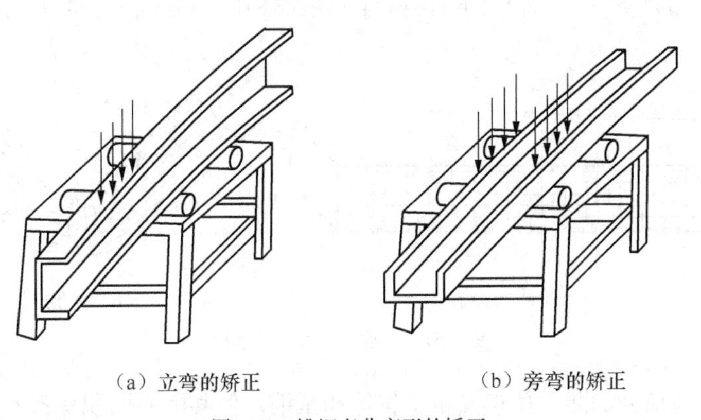

（a）立弯的矫正　（b）旁弯的矫正

图3.48　槽钢弯曲变形的矫正

对于稍有扭曲的槽钢，矫正方法与矫正扁钢扭曲变形的方法相同。使扭曲翘起部分伸出平台外，锤击伸出平台翘起的一边，使其反向扭转直到矫直为止，如图3.49所示。

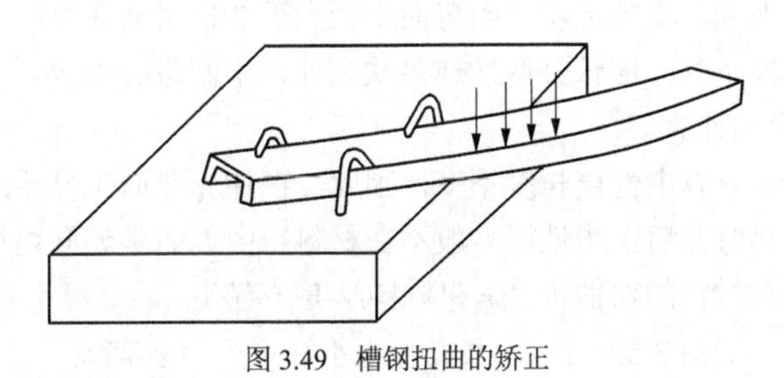

图3.49　槽钢扭曲的矫正

如槽钢翼板上发生局部变形时，可用一个锤垂直或横向抵住冀板的凸起部位，用另一个锤击打翼板的凸处，如图 3.50（a）、（b）所示。当翼板有局部凹陷时，也可将冀板平放，锤击凸起处，直接矫正，如图 3.50（c）所示。

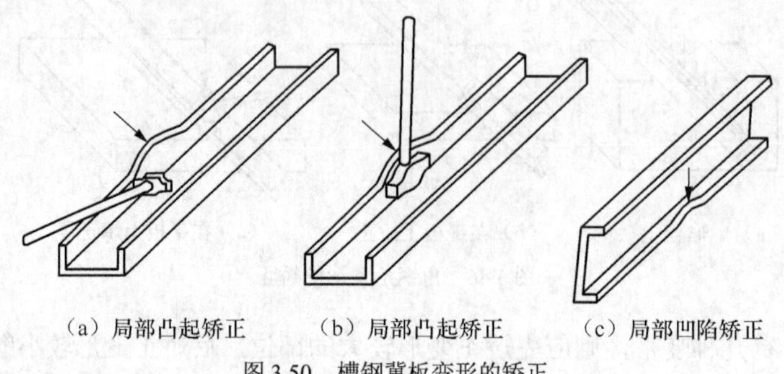

（a）局部凸起矫正　（b）局部凸起矫正　（c）局部凹陷矫正

图 3.50　槽钢冀板变形的矫正

手工矫正板材、型材，劳动强度大，生产效率低，只适用于单件生冲或小批量生产以及没有专用设备的情况。

四、弯曲

将原来平直的板材或型材弯曲成所要求的曲线形状或角度的操作叫做弯曲。

弯曲是使材料产生塑性变形，因此只有塑性好的材料才能进行弯曲。图 3.51 为弯曲前的钢板，图 3.51（b）为弯曲后的情况。弯曲后的钢板，它的外层材料伸长（图 3.51 中 *e—e* 和 *d—d*），内层材料缩短（图 3.51 中 *a—a* 和 *b—b*）。而中间一层材料（图 3.51 中 *o—o*）在弯曲后的长度不变，这一层称

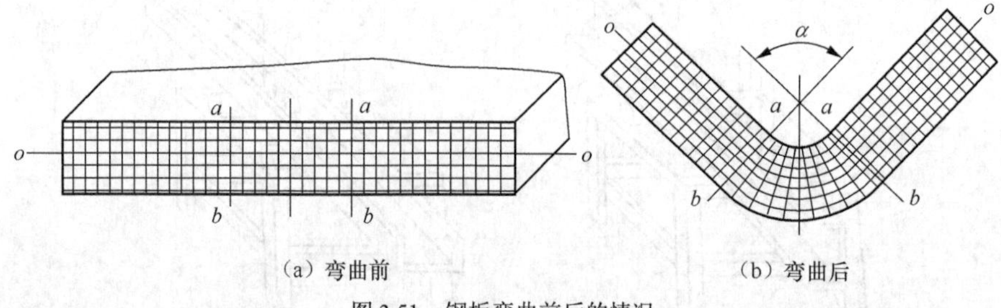

（a）弯曲前　（b）弯曲后

图 3.51　钢板弯曲前后的情况

为中性层。材料弯曲部分的断面虽然发生了拉伸和压缩，但其断面面积保持不变；经过弯曲的工件越靠近材料的表面，金属变形越严重，也就越容易出现拉裂或压裂现象。

相同材料的弯曲，工件外层材料变形的大小，决定于工件的弯曲半径。弯曲半径越小，外层材料变形越大。为了防止弯曲件拉裂，必须限制工件的弯曲半径，使它大于导致材料开裂的临界弯曲半径——最小弯曲半径。实验证明，当弯曲半径大于 2 倍材料厚度时，一般就不会被弯裂。如果工件的弯曲半径比较小时，应该分两次或多次弯曲，中间进行退火。

1．弯曲前毛坯长度的计算

由于工件在弯曲后，只有中性层长度不变，因此，在计算弯曲工件毛坯长度时，可以按中性层的长度来计算。但材料弯曲后，中性层一般不在材料正中，而是偏向内层材料一边。经实验证明，中性层的实际位置与材料的弯曲半径 r 和材料厚度 δ 有关。

在材料弯曲过程中，如图 3.52 所示，其变形大小与下列因素有关。

① r/δ 比值越小，变形越大；r/δ 比值越大，则变形越小。

② 弯曲中心角 α 越小，变形越小；弯曲中心角 α 越大，则变形越大。

由此可见，当材料厚度不变时，弯曲半径越大，变形越小，中性层越接近材料厚度的中间。如果弯曲半径不变，材料厚度越小，变形越小，中性层也越接近材料厚度的中间。

因此在不同的弯曲情况下，中性层的位置是不同的，如图 3.53 所示。

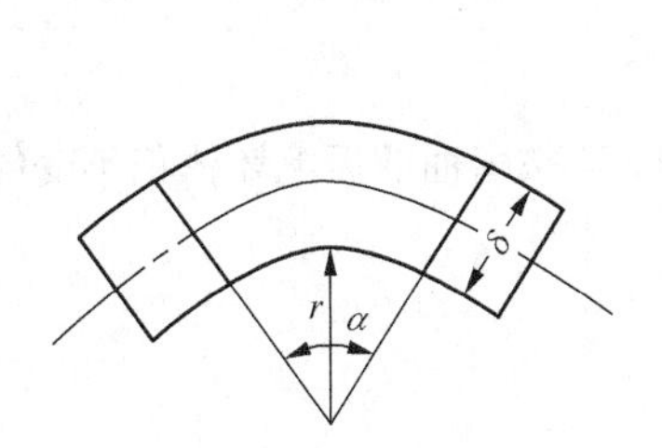

图 3.52 弯曲半径与弯曲中心角

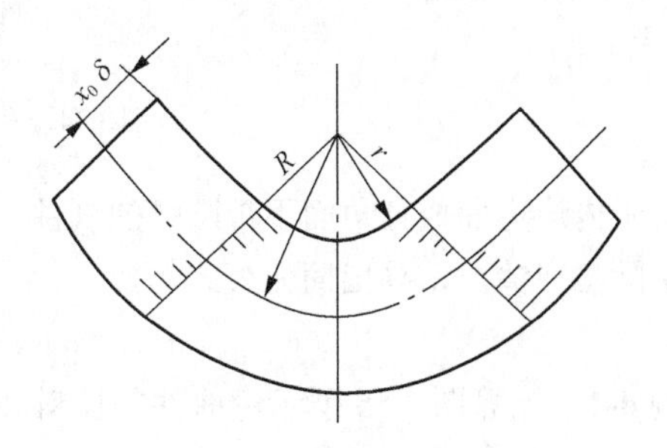

图 3.53 弯曲时中性层的位置

表 3.14 所示为中性层位置系数 x_0 的数值。从表中 r/δ 比值可知，当弯曲半径 r 与 δ 的比值≥16 时，中性层在材料中间。在一般情况下，为简化计算，当 $r/\delta \geq 8$ 时，即可按 $x_0 = 0.5$ 进行计算。

表 3.14 弯曲中性层位置系数 x_0

r/t	0.1	0.2	0.3	0.4	0.5	0.6	0.7	0.8	0.9	1.0
x	0.310	0.325	0.335	0.340	0.345	0.355	0.358	0.360	0.363	0.365
r/t	1.1	1.2	1.3	1.4	1.5	1.6	1.7	1.8	1.9	2.0
x	0.369	0.373	0.377	0.381	0.385	0.388	0.392	0.395	0.400	0.405
r/t	2.1	2.2	2.3	2.4	2.5	2.6	2.7	2.8	2.9	3.0
x	0.408	0.411	0.414	0.417	0.420	0.423	0.426	0.429	0.423	0.435
r/t	3.1	3.2	3.3	3.4	3.5	3.6	3.7	3.8	3.9	4.0
x	0.437	0.440	0.442	0.445	0.447	0.450	0.452	0.455	0.457	0.460
r/t	4.1	4.2	4.3	4.4	4.5	4.6	4.7	4.8	4.9	5.0
x	0.462	0.464	0.466	0.468	0.470	0.472	0.474	0.476	0.478	0.480

图 3.54 所示为常见的几种弯曲形式。图 3.54（a）、（b）、（c）因为内边带圆弧的制件，图 3.54（d）为内边不带圆弧的直角制件。内边带圆弧制件的毛坯长度等于直线部分和圆弧中性层长度相加的和。圆弧中性层长度，可按下列公式计算

$$l = \pi(r + x_0\delta)\frac{\alpha}{180^\circ}$$

式中 l ——圆弧部分中性层长度，mm；

r ——内弯曲半径，mm：

δ ——材料厚度，mm；

x_0 ——中性层位置系数；

α ——弯曲中心角，°。

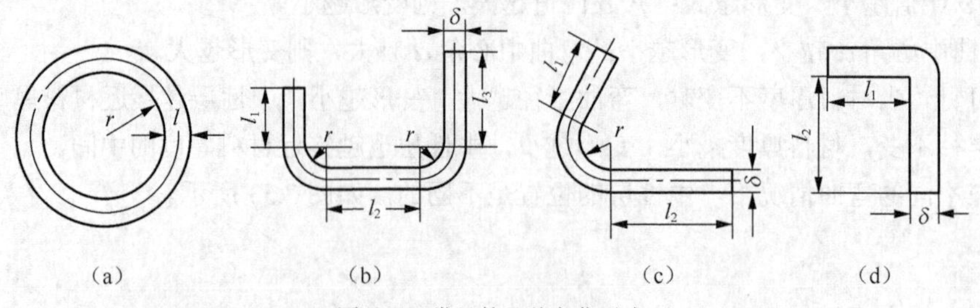

图 3.54 常见的几种弯曲形式

对于内边弯曲成直角而不带圆弧的制件，求毛坯长度时，可按弯曲前后毛坯体积不变的原则，参照实际生产情况，导出简化公式

$$l = 0.15\delta$$

例 4-1 计算图 3.55 所示弯曲件的坯料展开长度。

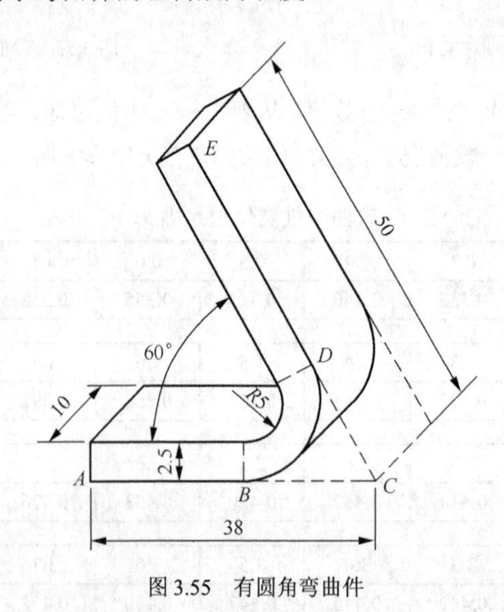

图 3.55 有圆角弯曲件

解：

根据毛料展开长度公式：$L = \sum L_{值} + \sum L_{圆}$

即

$$L = AB + DE + BD$$

$$DE = CE - CD = 50 - (R+t)\text{ctan}\frac{60°}{2} = 50 - 7.5\text{ctan}\,30° \approx 37\text{mm}$$

$$AB = AC - CB = 38 - (R+t)\text{ctan}\frac{60°}{2} = 38 - 7.5\text{ctan}\,30° \approx 25\text{mm}$$

由 $r/t=2$，查表 3-22 知 $x=0.405$

$$BD=\pi\,(r+xt)\frac{\alpha}{180°}=3.14\times(5+0.405\times2.5)\frac{180°-60°}{180°}=12.586\text{mm}$$

$$L = 25+37+12.586=74.58\text{mm}$$

2．弯曲方法

工件的弯曲有冷弯和热弯两种。在常温下进行的弯曲称冷弯。当材料厚度大于 5m 时，一般

采用加热方法进行弯曲，则称之为热弯。

下面主要介绍几种简单的手工弯曲方法。

（1）弯直角工件。当工件形状简单，尺寸不大，能在台虎钳上夹持时，就在台虎钳上弯制直角。弯曲前，应先在弯曲部位划好线，线与钳口（或衬铁）对齐夹持，两边要与钳口垂直，用木锤敲打到直角即可。

被夹持的板料，如果弯曲线以上部分较长时，为了避免板料发生弹跳，可用左手压住板料上部，用木锤在靠近弯曲部位的全长上轻轻敲打，如图 3.56（a）所示，使弯曲线以上部分不因受到锤击而回跳。如果敲打板料上端（见图 3.56（b）），由于板料回跳，不但影响到平面不平、而且角度也不容易弯好。当弯曲线以上部分较短时，应用硬木块垫在弯曲处敲打，弯成直角，如图 3.56（c）所示。

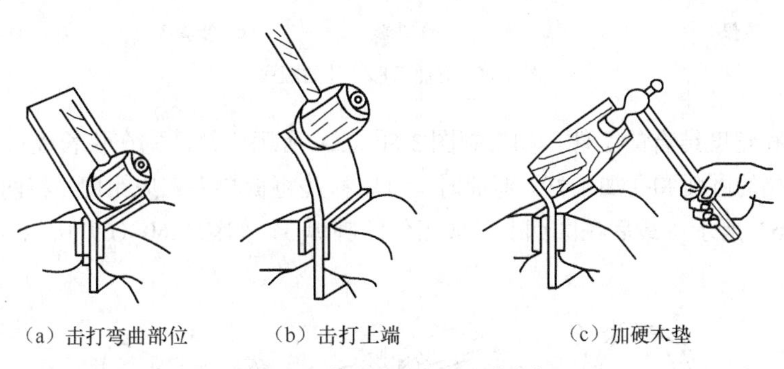

（a）击打弯曲部位　（b）击打上端　（c）加硬木垫

图 3.56　板料在台虎钳上弯直角

如果工件弯曲部位的长度大于钳口长度 2～3 倍，而且工件两端较长，无法在台虎钳夹持时，可按图 3.57 所示方法，将一边用压板压紧在有 T 形槽的平板上，再在弯曲处垫上木方条，用力敲打，使其逐渐弯成所需角度。也可在虎钳上夹持角钢再进行弯曲。

弯制各种多直角工件时，可用木垫或金属垫作辅助工具。图 3.58 所示为工件弯曲顺序。

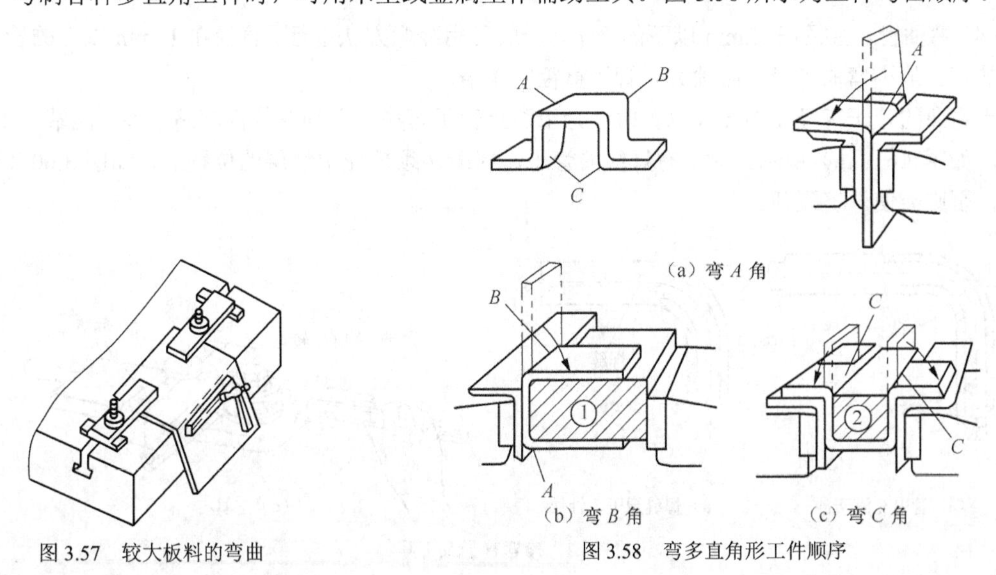

（a）弯 A 角

（b）弯 B 角　（c）弯 C 角

图 3.57　较大板料的弯曲

图 3.58　弯多直角形工件顺序

先将板料按划线夹入角铁衬内弯成 A 角（见图 3.58（a）），再用衬垫①弯成 B 角（见图 3.58（b）），后用衬垫②弯成C角（见图3.58（c））。

（2）弯圆弧形工件。弯圆弧形工件时，先在材料上划出弯曲线，按线夹在台虎钳的两块角铁衬垫内（见图3.59），用手锤的窄头锤击。经过图a、b、c的三步骤逐步成形，然后在半圆模上修整圆弧（见图3.59（d）），使形状符合要求。

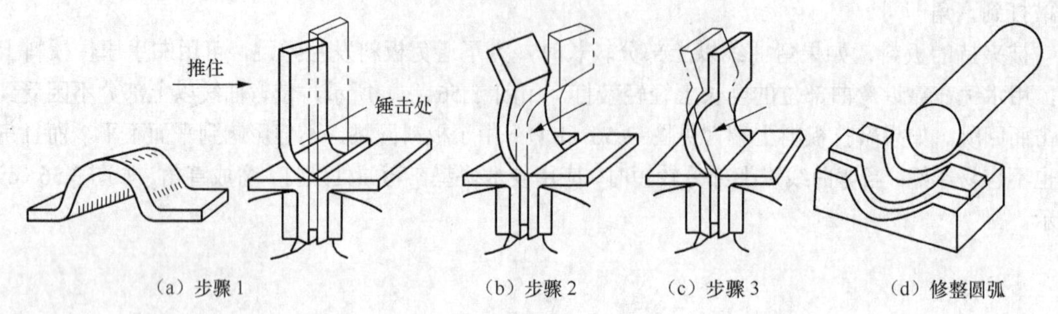

图3.59 弯曲弧形工件的顺序

（3）弯圆弧和角度结合的工件。如弯制图3.60（a）所示工件，先在狭长板料上划好弯曲线。弯曲前，先将两端的圆弧和孔加工好。弯曲时，可用衬垫将板料夹在虎钳内，将两端的1、2处弯好，如图3.60（b）所示，最后在圆钢上弯成工件的圆弧3，如图3.60（c）所示。

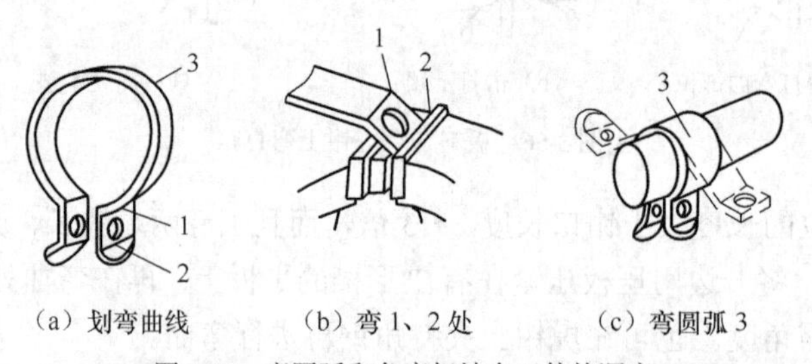

图3.60 弯圆弧和角度相结合工件的顺序

（4）弯油管。直径在12mm以下的管子，一般可用冷弯方法进行。直径在12mm以上的管子，需用热弯。最小弯曲半径，必须大于管子直径的4倍。

当弯曲的管子直径在10mm以上时，为了防止管子弯瘪，必须在管内灌满干沙，两端用木塞塞紧，如图3.61（a）所示。对于有焊缝的管子，焊缝必须放在中性层的位置上，如图3.60（b）所示，否则会使焊缝裂开。

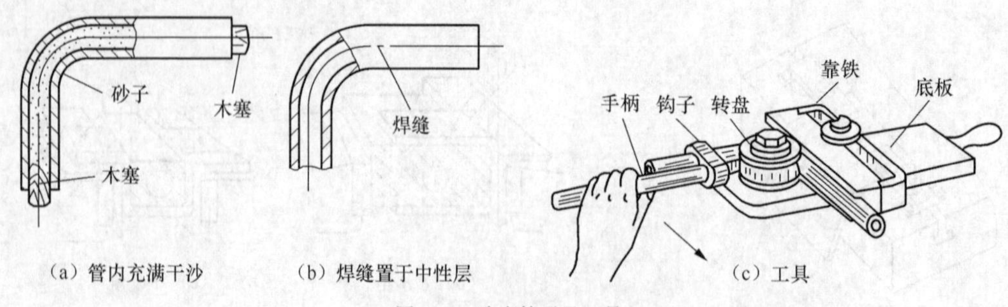

图3.61 冷弯管子及工具

冷弯油管通常在弯管工具上进行。如图3.61（c）所示是一种结构简单、弯曲小直径油管的弯管工具。它由底板、转盘、靠铁、钩子和手柄等组成。转盘圆周和靠铁侧面上有圆弧槽。圆弧按所弯曲管的直径而定（最大可制成半径 6mm）。当转盘和靠铁位置固定后，即可使用。

手工弯曲板料及管子多在单件生产中应用，大批量生产中多用冲床、弯管机等机械设备。

3．绕制弹簧

手工绕制弹簧是钳工应掌握的一门基本技术。手工制作弹簧的方法适用于单件生产和应急修理。弹簧的类型很多，这里着重介绍圆柱形压缩弹簧的制作方法。

① 心轴的近似计算。盘制弹簧前，应先做好1根盘弹簧用的心轴，一端开槽或钻小孔，另一端弯成摇手柄式的直角弯头，如图 3.62（a）所示。

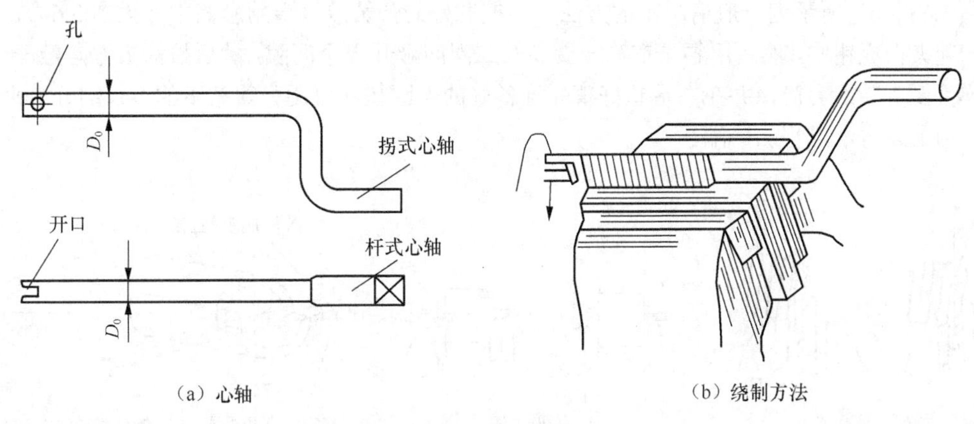

（a）心轴　　　　（b）绕制方法

图 3.62　绕制弹簧

确定心轴的直径，应考虑列弹簧材料的性质、粗细、弹簧直径、卷绕时夹持钢丝的力，以及处理簧距的方法等因素。一般地要先试绕，修正后才最后确定心轴直径。

$$D_0=\frac{D_1}{1+1.7C\dfrac{\delta_b}{E}}$$

式中　D_0——心轴外径，mm；

D_1——弹簧内径，mm；

C——弹簧旋绕比，$C=\dfrac{D_2(\text{弹簧中径})}{d(\text{钢丝直径})}$；

δ_b——抗拉强度，MPa；

E——弹性模量，MPa。

② 展开料长度计算。

圆柱形螺旋弹簧的展开料计算可用下式：

$$L=n_1\sqrt{(\pi D_2^2)+l^2}+K(\text{压缩弹簧})$$

或

$$L=\pi D_2 n+K(\text{拉伸弹簧})$$

式中　L——展开长度，mm；

n_1、n——总圈数；

D_2——弹簧中径，mm；

l——节距，mm；

K——工艺余量。

③ 绕制方法。绕制弹簧的方法较多，这里只介绍最简单的一种。首先将钢丝的一端穿入心轴的槽或小孔内适当固定，将钢丝和木板夹入台虎钳中，夹紧力要适当，以使钢丝既有一定的拉力，又不至于拉不动而夹伤钢丝。然后按要求方向边绕边推，谨慎绕好最初几圈后即可顺延绕成。绕完后截断卸下，在砂轮上磨平，热处理成型。

④ 半圆钩环的制作方法。对于拉伸弹簧，往往需要有半圆钩环，其制作方法如图 3.63 所示。图 3.63（a）所示为钢丝较细时的方法，即用两块铁板夹住端圈一半稍下的地方，然后用薄刃铁板插入其间，拨开间隙，再将环钩沿箭头方向压平。最后用手钳作必要调整。

图 3.63（b）所示为一般情况下的方法，即把截好的弹簧放入专用套筒中（见图 3.64），连同垫板一起夹在虎钳中，然后用錾子在第一圈和第二圈间敲开一个间隙，然后按箭头方向敲平一端。再把弹簧倒头装入套筒，并在右端垫好事先准备好的半圆垫（可用弹簧截下的多余部分）夹在虎钳中，用上述方法敲平另一端。

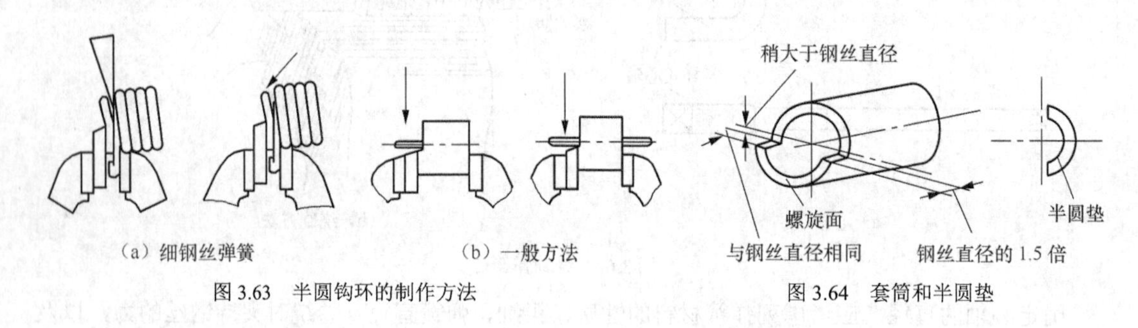

（a）细钢丝弹簧　（b）一般方法

图 3.63　半圆钩环的制作方法

图 3.64　套筒和半圆垫

⑤ 端圈并紧的力法。

一般圆柱压缩弹簧都要求端部有一两个并紧圈。手工并紧的方法有 3 种（见图 3.65）。

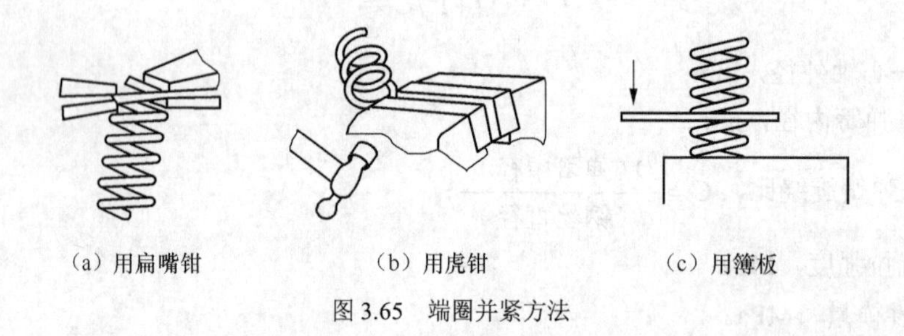

（a）用扁嘴钳　（b）用虎钳　（c）用簿板

图 3.65　端圈并紧方法

方法一，如图 3.65（a）所示，用扁嘴钳两个，由钢丝头部分开始逐步将端圈扭平，并紧。这种方法适用于钢丝直径较细时。

方法二，如图 3.65（b）所示，将弹簧圈夹在虎钳角上，外露部分由小到大逐步敲平，要注意开头就要打好基础，否则最后不容易并紧。这种方法适用于钢丝直径较粗时。

方法三，如图 3.65（c）所示，用薄板插在弹簧圈的间隙中（约在第二至第三圈间），然后将弹簧垂直压向事先烧热的小铁块上，并紧端圈。注意停留时间不能过长，以防严重退火。这种方法适用于细钢丝弹簧。

任务实施

一、备料

1．检查毛坯尺寸（或下坯料）

2．矫正

如图 3.66 所示，采用扭转法或弯曲法、锤击法矫正毛坯。

3．检查

如图 3.67 所示，目测检查平直情况。

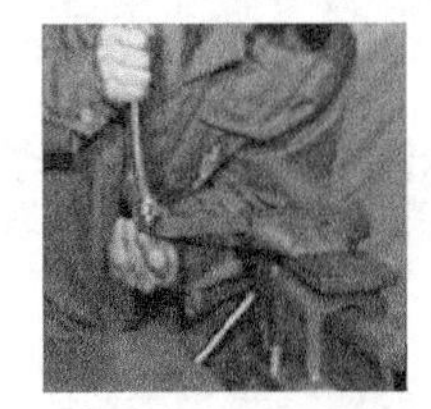

（a）扭转法

（b）捶击法

图 3.66　矫正毛坯

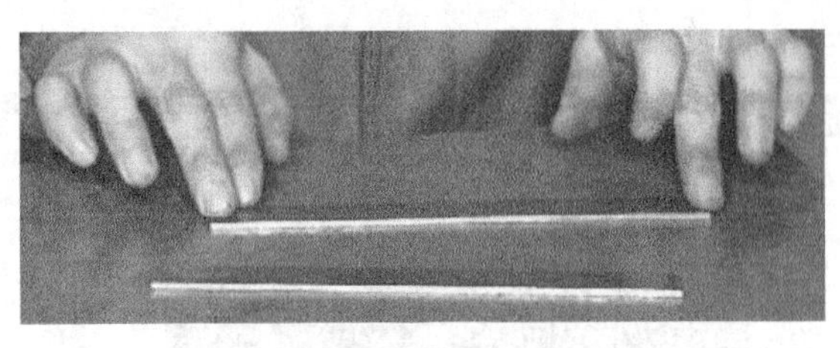

图 3.67　检查

二、制作卡脚

1．装夹

如图 3.68 所示，将板毛坯用钉子钉在木块上，并进行上下表面锉削加工，确保上下表面的平面度。

（a）装夹

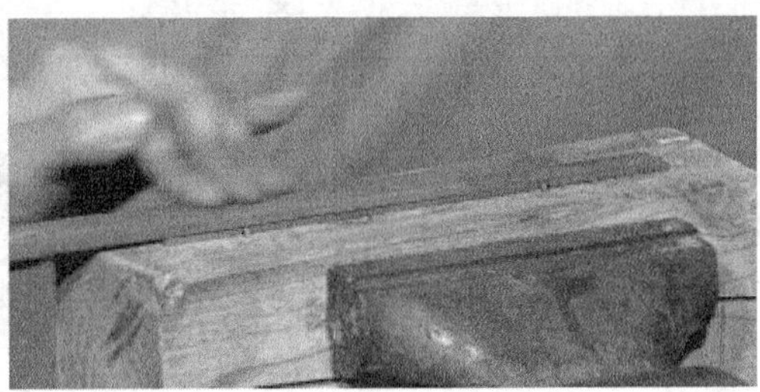

（b）锉削

图 3.68　锉削板毛坯

2．划线

如图 3.69 所示，划出锉削加工线。

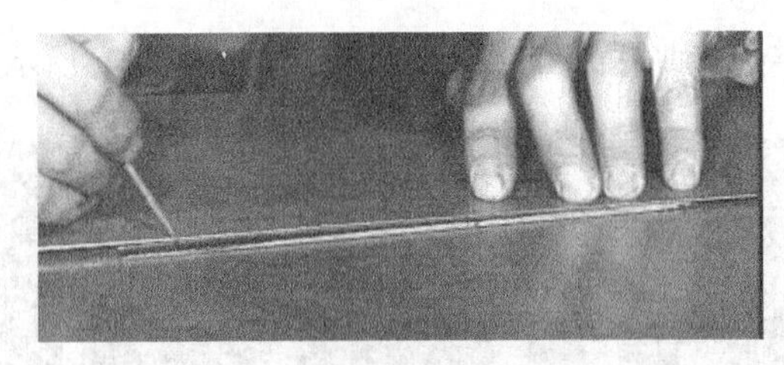

图 3.69　划线

3．孔加工

如图 3.70 所示，将两件贴合在一起钉在木块上钻削加工 ϕ5mm 孔后进行铰孔，使孔符合图纸要求，达到如图 3.71 所示效果。

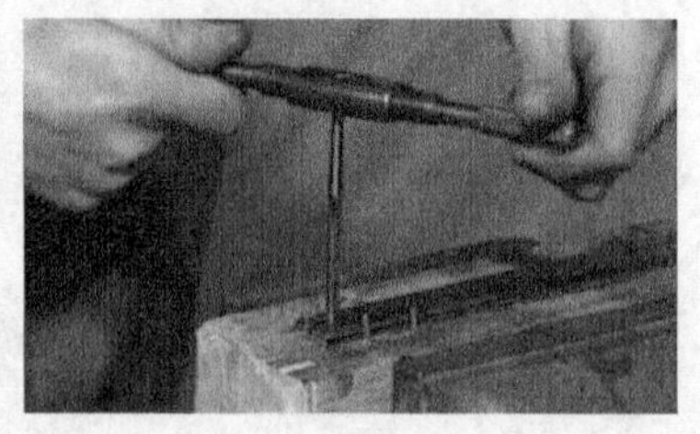
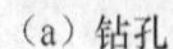

（a）钻孔　　（b）铰孔

图 3.70　孔加工

4．修锉

将工件合并，用 M5 螺钉将两件装配在一起以备锉削加工侧面。如图 3.72 所示，按划线粗锉外形。

图 3.71　孔加工效果

图 3.72　粗锉外形

5．弯曲

如图 3.73（a）所示，将两脚弯曲至要求角度和尺寸，达到如图 3.73（b）所示效果。

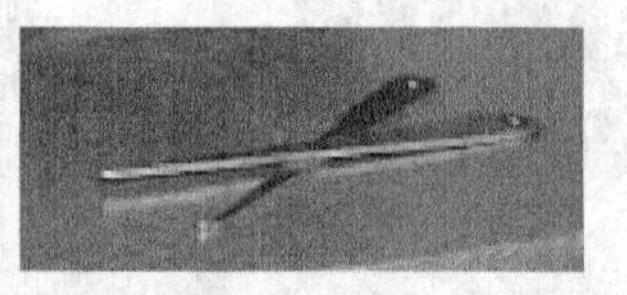

（a）弯曲加工　　（b）弯曲效果

图 3.73　弯曲

将两脚弯曲分别装夹在木块上，并锉削上下表面至尺寸要求。

三、装配

1．铆接

如图 3.74（a）所示将两卡脚叠合在一起，如图 3.74（b）（c）所示进行铆接。

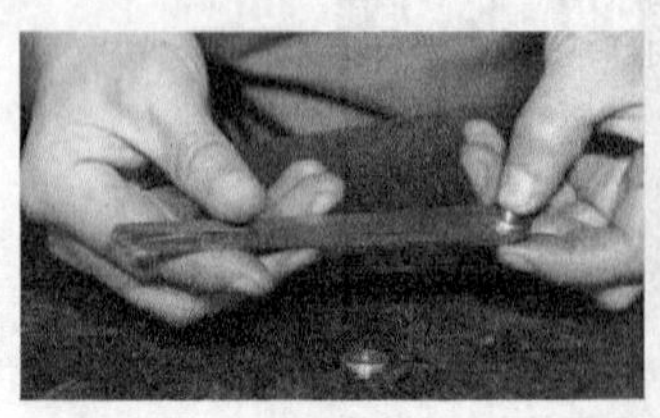

（a）叠合卡脚　　（b）装入铆钉　　（c）铆合

图 3.74　铆接

2．精修

如图 3.75 所示将铆接后的卡钳进行修磨，最终得到图 3.76 所示效果。

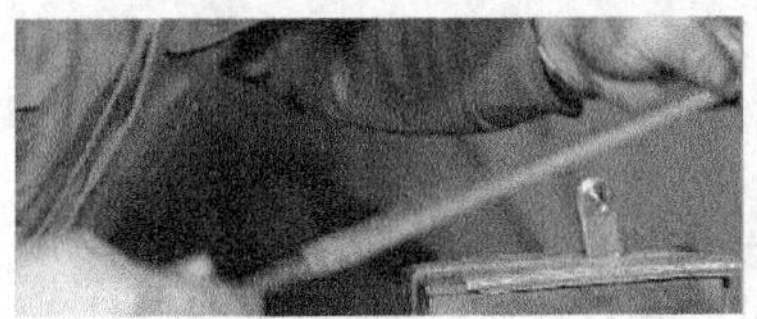

（a）修磨外形

（b）修磨卡脚

图 3.75　修磨

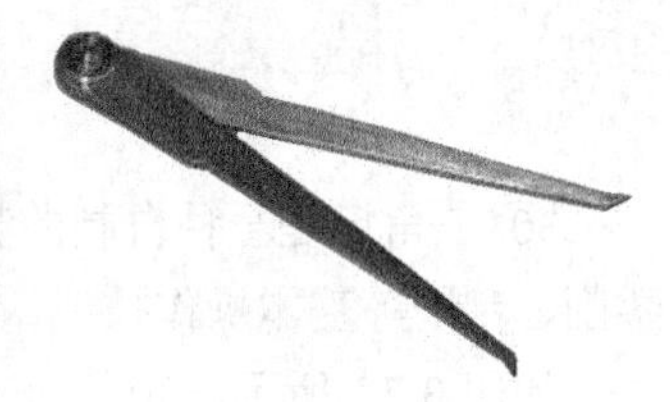

图 3.76　内卡钳

注意事项

内卡钳的制作注意事项如下。

（1）卡钳脚是薄板料，所以矫正是要用木锤敲击，以免锤扁或把工件敲击出痕迹。

（2）铆钉长度必须确定准确，如果伸出长度太短就铆不成蘑菇半圆头，如果伸出长度太长就会使铆接半圆头胀裂。

（3）铆接接触面必须平直，两卡脚的平行度必须控制在最小范围内，这样才能使铆接以后活动松紧合适。

质量评价

按照表 3.15 中的要求学习者进行自检、同伴之间互检、教师或专家进行抽检，并填写于表中，学习者根据质量评价归纳总结存在的不足，做出整改计划。

表 3.15　　作品质量检测卡

制作内卡钳项目作品质量检测卡							
班　级				姓　名			
小组成员							
指导老师				训练时间			
序号	检测内容		配分	评价标准	自检得分	互检得分	抽检得分
1	卡脚	150	5	超±0.2 不得分			
2		2±0.03	10	超差不得分			
3		50	5	超±0.1 不得分			
4		3	5	超±0.1 不得分			
5		2	5	超±0.1 不得分			
6		2.5	5	超±0.1 不得分			
7		对称正确	5	超差不得分			
8		$\sqrt{Ra\ 1.6}$	15	升高一级不得分			
9	垫片	$\phi 18$	5	超±0.1 不得分			
10		$\sqrt{Ra\ 1.6}$	15	升高一级不得分			
11	装配	两脚合并相差≤0.1	5	超差不得分			
12		$R9$ 圆头圆弧正确	10	超差不得分			
13		$\phi 5$ 铆接松紧适宜，铆合头完整	10	超差不得分			
14	文明生产		—	违者不计成绩			
				总分			
				签名			

任务III 制作30° 三角尺

30°三角尺是一种自制的测量器具。它的制作需要熟练运用划线、锯削、锉削、钻孔、铰孔、錾削、刮削等基本操作技能，并应用正弦规进行角度的精确测量，综合性比较强。

如图3.77所示，30°三角尺从外形上看是一个锐角为30°并具有一定厚度的直角三角形多面体，其中一个大平面要求最后刮削成形。工件上需要加工出三个相互位置精度要求较高的孔。另外，要在三孔间錾出两条直槽。需要说明的是*B*面作为刮削成型的一个基准，其刮削安排在最后进行。

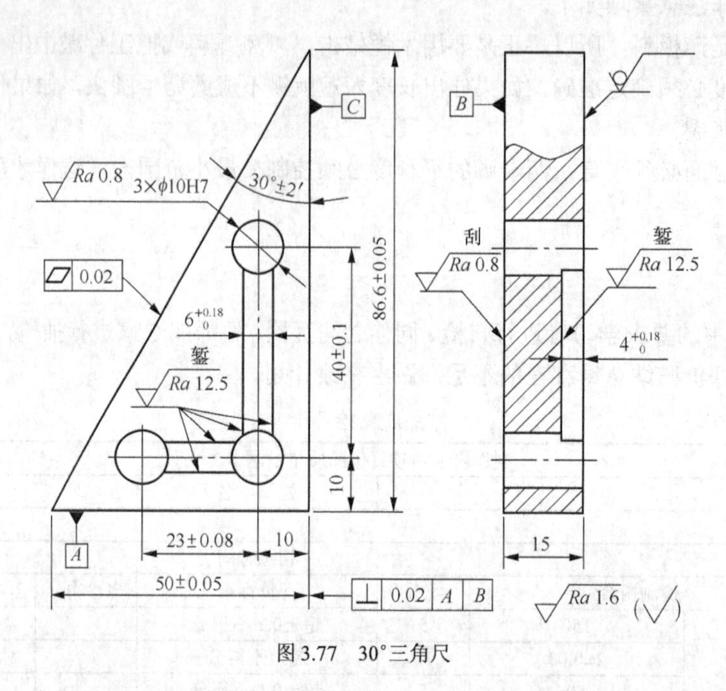

图3.77 30°三角尺

学习目标

本次任务的重点是在巩固前面训练技能的基础上掌握刮削和錾削的有关知识和技能，尤其要领会相应的动作要领和操作技能，具体如下。

（1）巩固练习划线、锯削、锉削、钻孔、铰孔和测量技能。

（2）具有精密量具钳工制作工艺设计和实施的能力。

（3）掌握刮削的特点及使用的工具、材料。

（4）正确掌握刮削姿势和操作要领，具有运用刮削方法加工零件表面达到要求的精度。

（5）掌握錾削的特点及使用的工具、材料。

（6）具有錾削平面达到精度的能力。

（7）具有正确执行安全操作规程、文明生产、岗位责任制、工艺规程等要求的能力。

工具清单

完成本项目任务所需的工具见表3.16。

表3.16　　工量具清单

序号	名　称	规　格	数量	用　途
1	钢直尺	150mm	1	划线导向
2	刀口角尺	100mm	1	划垂直线和平行线、检测垂直度
3	游标卡尺	250mm	1	检测尺寸
4	游标万能角度尺	1型	1	检测角度
5	粗糙度对比仪	标准	1	检测表面质量
6	高度尺	250mm	1	划线
7	划规	普通	1	划圆弧
8	划针	$\phi 3$	1	划线
9	样冲	普通	1	打样冲眼
10	手锤	0.25kg	1	打样冲眼、錾削
11	划线平板	160mm×160mm	1	支撑工件和安放划线工具
12	锯弓	可调式	1	装夹锯条
13	锯条	细齿	1	锯削余量
14	平锉	粗齿350mm	1	锉削平面
15	平锉	细齿150mm	1	精锉平面
16	整形锉	100mm	1	精修各面
17	钢丝刷	—	1	清洁锉刀
18	台钻（配附件）	—	共用	钻孔
19	麻花钻	$\phi 6.5$mm	1	钻孔
20	麻花钻	$\phi 9.8$mm	1	扩孔
21	砂轮机	—	共用	刃磨麻花钻、錾子、刮刀
22	铰刀	$\phi 10$mm	1	铰孔
23	绞手	标准	1	绞孔
24	砂纸	200	1	抛光
25	錾子	窄錾	1	錾槽
26	刮刀	平面刮刀	1	刮削
27	钳台	标准	共用	
28	台虎钳	标准	共用	
29	棉纱	—	若干	清洁划线平板及工件
30	毛刷	4寸	1	清洁台面
31	煤油	—	若干	清洁工件

相关知识和工艺

一、刮削

用刮刀在工件的表面上刮去一层很薄的金属，以提高工件加工精度的操作叫刮削。

（1）刮削原理。将工件与校准工具或与其相配合的工件表面之间涂上一层显示剂，经过对研，使被刮削工件的较高部位显示出来，然后用刮刀微量切削，刮去较高部位的金属层。这样经过反复地显示和刮削，就能使工件的加工精度达到预定的要求。

（2）刮削的特点。

① 刮削具有切削量小、切削力小、产生热量小和装夹变形小等特点，能获得很高的尺寸精度、形状和位置精度、接触精度、传动精度及很小的表面粗糙度值。

② 工件在刮削过程中，由于多次受到刮刀的推挤和压光作用，从而使工件表面组织变得比原来更加紧密和耐磨。

③ 刮削后的工件表面，形成了比较均匀的微浅凹坑，创造了良好的存油条件，改善了相对运动零件之间的润滑情况。

1．刮削工具

（1）刮刀。

① 刮刀的结构种类。

刮刀是刮削工作中的主要工具，要求刃口必须锋利，刀头部分具有足够的硬度。

刮刀是采用 T12A 碳素工具钢或弹性较好的 GCr15 滚动轴承钢锻制而成。刮削硬工件时也可焊上硬质合金刀头。刮刀可分为平面刮刀和曲面副刀两类。

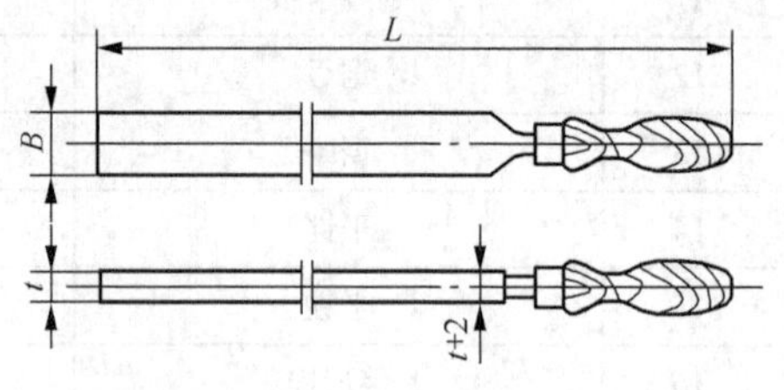

图 3.78 平面刮刀

（a）平面刮刀。图 3.78 所示为平面刮刀。主要用来刮削平面，如平板、工作台等。也可用来刮削外曲面。按所刮表面精度要求不同，可分为粗刮刀、细刮刀和精刮刀 3 种。

刮刀长短宽窄的选择，由于人体手臂长短的不同，并无严格规定，以使用适当为宜。表 3.17 为平面刮刀的尺寸，可供参考。

表 3.17 平面刮刀规格（mm）

种 类	尺 寸		
	全长 L	宽度 B	厚度 t
粗刮刀	450～600	25～30	3～4
细刮刀	400～500	15～20	2～3
精刮刀	400～500	10～12	1.5～2

（b）曲面刮刀。主要用来刮削内曲面，如滑动轴承内孔等。曲面刮刀有多种形状，如三角刮刀、匙形刮刀、蛇头刮刀和圆头刮刀等。这里主要介绍三角刮刀和蛇头刮刀两种，其形状如图 3.79 所示。

ⓐ 三角刮刀。可用三角挫刀改制（见图 3.79（a）），或用碳素工具钢锻制。三角刮刀的断面成三角形，它的 3 条尖棱就是 3 个成弧形的刀刃。在 3 个面上有 3 条凹槽，刃磨时既能含油又能

减小刀磨面积。

ⓑ 蛇头刮刀。如图 3.79（c）所示。这种刮刀锻制比三角刮刀简单，刀磨也方便。它与三角刮刀相比，其刀身和刀头的断面都成矩形。因此，刀头都有 4 个带圆弧的刀刃，在两个平面上也磨有凹槽。这种刮刀可以利用两个圆弧刀刃，交替刮削内曲面。蛇头刮刀圆弧的大小可根据粗、精刮而定。粗刮刀圆弧的曲率半径大，这样接触面积大，刮去的金属面积也较宽大使工件能很快达到所需形状和尺寸的要求。精刮刀圆弧曲率半径小，因而接触面积小，这样便于修刮研点，而且凹坑刮得较深，形成理想的存油空隙，使滑动轴承和转动轴可以得到充分的润滑。

② 刮刀的刃磨。

（a）平面刮刀的刃磨和热处理。

ⓐ 粗磨。粗磨刮刀的平面，刃磨时先把刮刀平面置于砂轮上，与砂轮侧面约成 15°～20° 角（见图 3.80（b））来回移动，将两个平面上的氧化皮磨去，然后将两个平面分别在砂轮的侧面上磨平（要求两面互相平行）。切削部分的厚度分别磨到 1.5～4mm 之间，用眼看不出有明显的厚薄差即可，然后磨出刮刀的两侧窄面。最后将刮刀的顶端放在砂轮缘上，如图 3.80（a）所示，平稳地左右移动，刃磨到较顶端与刀身中心线垂直即可。在刃磨刮刀顶端的一面时，它和刀头平面就形成刮刀的楔角 β_0 楔角的大小，应根据粗、细、精刮的要求而定。3 种刮刀的楔角大小如图 3.81 所示。粗刮刀 β 为 90°～92.5°，刀刃必须平直；细刮刀 β 为 95° 左右，刀刃稍带圆弧；精刮刀 β 为 97.5° 左右，刀刃圆弧半径比细刮刀小些。如用于刮削韧性材料，β 可磨成小于 75°～85°，但这种刮刀只适用于粗刮。

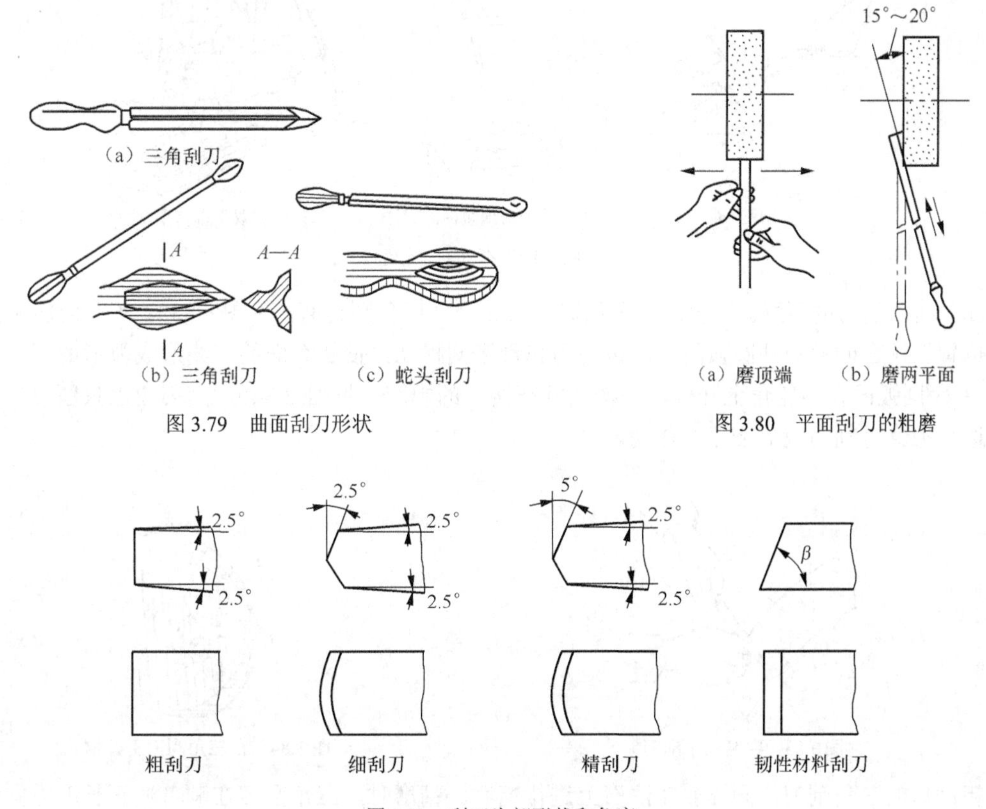

图 3.79 曲面刮刀形状

图 3.80 平面刮刀的粗磨

图 3.81 刮刀头部形状和角度

ⓑ 热处理。将粗磨好的刮刀，头部长度约 25mm 部分放在炉中缓慢加热到 780℃～800℃（呈樱红色），取出后迅速放入冷水中冷却，浸入深度约 8～16mm。刮刀接触水面时应作缓慢平移和间断地少许上下移动，这样可使淬硬与不淬硬的界限处不发生断裂，当刮刀接触水面部分颜色呈黑色，由水中取出部分颜色呈白色时，即迅速再把刮刀全部浸入水中冷却。热处理后切削部分硬度应在 HRC60 以上。精刮刀及刮花刀淬火时，可用油冷却，这样刀头不易产生裂纹，金属的组织较韧，容易刃磨，切削部分硬度接近 HRC60。

ⓒ 细磨。热处理后的刮刀一般还须在细砂轮上细磨，细磨时的刮刀形状和几何角度必须达到要求。但热处理后的刮刀刃磨时必须经常醮水冷却，以防刃口部分退火。

ⓓ 精磨。经细磨后的刮刀，刀刃还不符合平整和锋利要求，必须在油石上精磨。刃磨前应在油石表面上加适量机油。刃磨时先磨两平面，如图 3.82（a）所示，直至平面平整，表面粗糙度 Ra＜0.2μm。精磨顶端（见图 3.82（b））时，左手扶住近手柄处，右手紧握刀身，使刮刀直立在油石上，略带前倾（前倾角度应根据刮刀的 β 角而定）向前推移，拉回时刀身略微提起，以免磨损刃口。如此反复，直到切削部分形状和角度符合要求，且刃口锋利为止。初学时还可将刮刀上部靠在肩上，两手握刀身，向后拉动来磨锐刃口，向前时可将刮刀提起，如图 3.82（c）所示。用这种方法刃磨刮刀容易掌握，但速度较慢，待熟练后可用前述磨法。

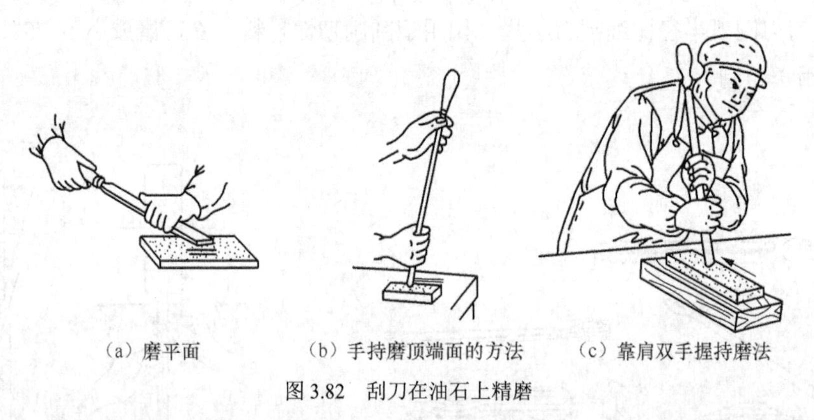

（a）磨平面　（b）手持磨顶端面的方法　（c）靠肩双手握持磨法

图 3.82　刮刀在油石上精磨

（b）曲面刮刀的刃磨。三角刮刀刃磨时，其 3 个面应分别刃磨（见图 3.83）。刃磨时将刮刀以水平位置轻压在砂轮的外圆弧面上，按刀刃弧形来回摆动，使 3 个面的交线形成弧形的刀刃。然后将 3 个圆弧面在砂轮角上开槽，刀槽要开在两刃的中间（见图 3.84），刀刃边上只留 2～3mm 的棱边，刃磨时刮刀应上下左右移动。

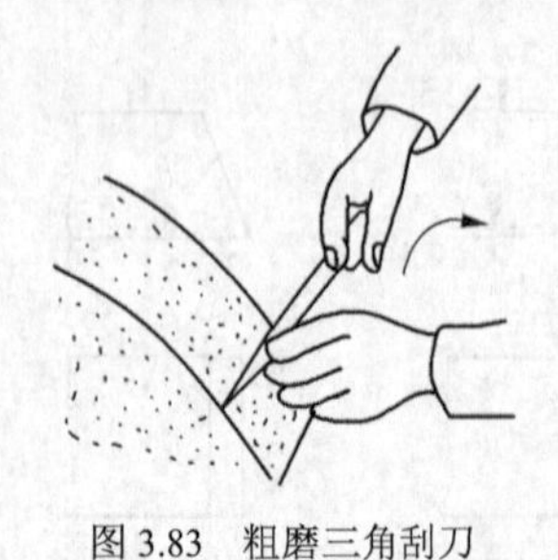

图 3.83　粗磨三角刮刀

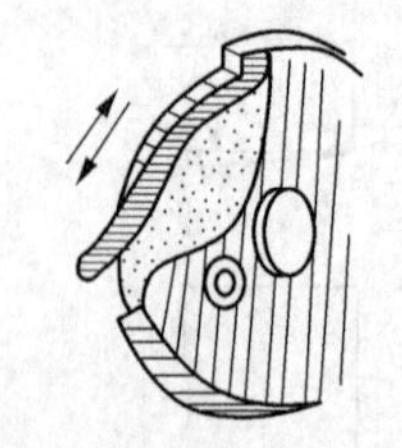

图 3.84　在三角刮刀上开槽

粗磨后的三角刮刀，同样要在油石上进行精磨。精磨时，三角刮刀在顺着油石长度方向来回移动的同时，还要沿刀刃的弧形作上下摆动（见图3.85）。磨至3个面相交的3条刀刃上的砂轮磨痕消除，弧面粗糙度值小，刀刃锋利为止。

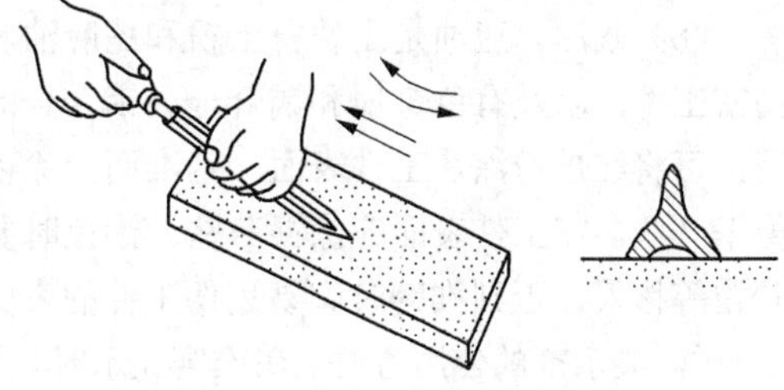
图3.85 在油石上精磨三角刮刀

蛇头刮刀刃磨时，两平面的粗磨和精度与平面刮刀相同。刀头两侧圆弧面的刃磨方法与三角刮刀的刃磨方法基本相同。

（c）刀刃的磨锐。刮刀在刮削过程中，刀刃容易变钝，应经常在油石上磨锐。平面刮刀主要磨锐部位是顶端，顶端磨锐后再将平面倍磨几下，去除刀刃上的毛刺。三角刮刀主要磨锐部位是3个面，至磨锐为止。蛇头刮刀主要磨锐部位是两侧圆弧面，磨好后将平面修磨几下，去掉毛刺即可。

（2）校准工具。校准工具是用来推磨研点和检查被刮面准确性的工具，也叫研具。常用的有以下几种。

① 校准平板。校准平板是用来校验较宽的被刮平面。它的面积尺寸有多种规格，选用时标准平板的面积应大于刮削面的3/4。其结构和形状如图3.86所示。

② 校准直尺。校准直尺用来校验狭长的刮削平面。图3.87所示为桥式直尺，用来校验机床较大导轨的直线度。图3.87（b）所示为双面工字形直尺（双面是指两面都经过精刮并且互相平行），它用来校验狭长刮削平面相对位置的准确性。

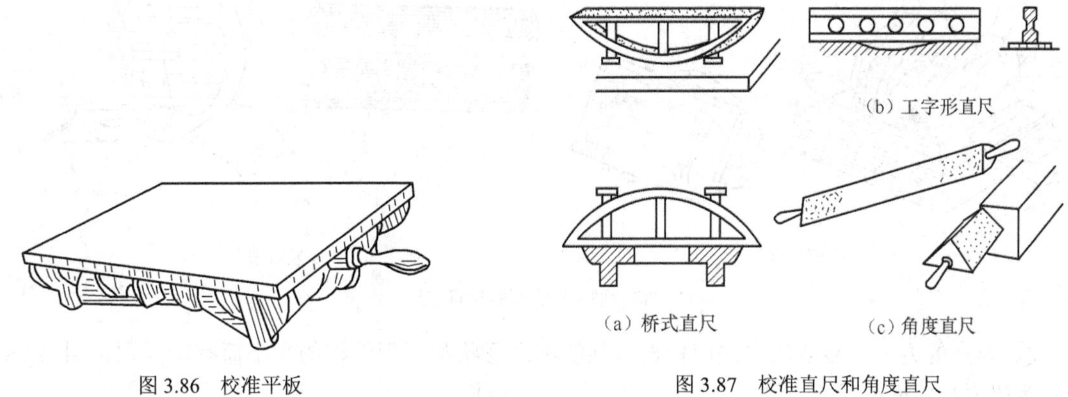

图3.86 校准平板

图3.87 校准直尺和角度直尺

桥式和工字形两种直尺，可根据狭长刮削面的大小和长短适当采用。

③ 角度直尺。角度直尺用来校验两个组合成角度的平面，如校验燕尾导轨的角度，如图3.87（c）所示。

其相交两面经过精刮得到所需的角度，如55°、60°等。第三面一般没有经过精密加工，只作为放置时的支撑面。

各种直尺不使用时，应垂直吊起。不便吊起的应安放平稳，以防变形。

（3）刮削的显点。为了了解刮削前工件误差的大小和位置，就必须用标准工具或与其相配合的工件，合在一起对研。在其中间涂上一层有颜色的涂料，经过对研，凸起处就显示出点了。根据显点用刮刀刮去。所用的这种涂料叫做显示剂。这种显点的方法工厂中常称为磨点子，也叫研点。

① 显示剂的种类。

（a）红丹粉。成分有两种一种是氧化铁，呈褐红色，称为铁丹；另一种是氧化铝，呈格黄色，称为铅丹。红丹颗粒较细，使用时用机油和牛油调合而成。红丹粉广泛用于铸铁和钢的工件上。因为它没有反光，显点清晰，其价格又较低廉，故为最常用的一种显示剂。

（b）蓝油。蓝油是用普鲁士粉和蓖麻油及适量机油调合而成。用蓝油研点小而清楚，故用于精密工件，以及有色金属和铜合金、铝合金的工件上。有时候为了使研点清楚，与红丹粉同时使用，可将红丹粉涂在工件表面，基准面上涂以蓝油。通常粗刮时红丹粉应调得稀些，精刮时可调得干一些，在工件表面应涂得薄些。涂色时要分布均匀，并要保持清洁，防止切屑和其他杂物或砂粒等掺入，否则推磨时容易划伤工件的表面和基准面。

② 显示剂的使用方法。在推磨显示时，显示剂的使用方法有两种，一种是将显示剂涂在标准工具上；另一种是将显示剂直接涂在工件上。两种方法各有其特点。

显示剂涂在标准工具上，在工件上所显示的结果是灰白底，黑红色点子，闪光眩目，不易看清。但刮削的铁屑不易粘在刀口上，刮削比较方便。而且第一次推磨后，再次推磨时只须将显示剂抹均，此种涂剂法可节约显示剂。

显示剂涂在工件上，在工件上所显示的结果是黑红底，暗亮点，没有闪光，容易看清。但是，刮出的铁屑容易粘在刀口上，每次推磨时都要擦去残剂，重新再涂。

以上两种显示方法，要看加工情况而定。初刮时，可涂在标准工具上，如图 3.88 所示。这样所显示的点子较大且清晰，便于刮削。在精刮时则可涂在工件上，达时点子较小又能避免反光。

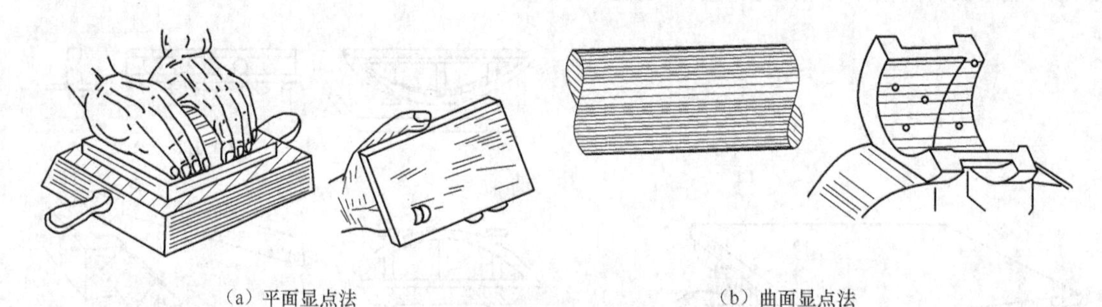

（a）平面显点法　　（b）曲面显点法

图 3.88　平面与曲面的显点方法

③ 显点的方法。显点的方法应根据工件的不同形状和刮削面积的大小而有所区别。图 3.88 所示为平面与曲面的显点方法。

（a）大型工件的显点。大型工件的显点是将工件固定，将标准平板在工件的被刮面上推研。推研时，校准平板超出工件被刮面的长度应小于校准平板长度的 1/5。

（b）中、小型工件的显点。中、小型工件显点一般是校准平板固定不动，工件的被刮面在平板上推研，推研时压力要均匀，避免显示失真。如工件小于平板，推研时最好不要超出平板；如果被刮面等于或大于平板时，允许工件超出平板，但超出部分应小于工件长度的 1/3。细研时应在整个平板上推研，以防平板局部磨损。

（c）质量不对称工件的显点。刮削不对称工件推研时，应在工件某个部位托起（向上抬）或按下，如图 3.89

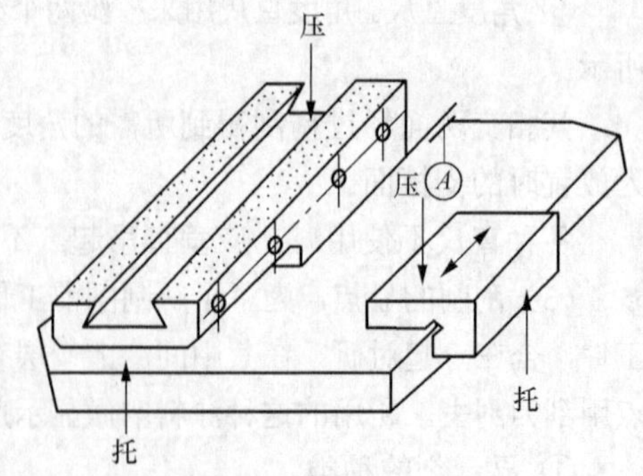

图 3.89　不对称的工件显点

所示，但用力大小要适当均匀。显示时如果两次显点有矛盾，应分析原因，认真检查推研方法，谨慎处理。

2．刮削方法

（1）刮削余量。每次的刮削量很少，因此要求机械加工后所留下的刮削余量不宜太大。刮削前的余量，一般为 0.05～0.4mm，具体数值根据工件刮削面积的大小而定。刮削面积大，由于加工误差也大，故所留余量应大些；否则余量可小。合理的刮削余量见表 3.24。当工件刚性较差、容易变形时，刮削余量可比表 3.18 中略大些，可由经验确定。

表 3.18　刮削余量

平面的刮削余量					
平面宽度	平面长度				
	100～500	500～1000	1000～2000	2000～4000	4000～6000
100 以下	0.10	0.15	0.20	0.25	0.30
100～500	0.15	0.20	0.25	0.30	0.40

孔的刮削余量			
孔径	孔长		
	100 以下	100～200	200～300
80 以下	0.05	0.08	0.12
80～180	0.10	0.15	0.25
180～360	0.15	0.20	0.35

一般来说，工件在刮削前的加工精度（直线度和平面度），应不低于形位公差（GB 1182—80）中规定的 9 级精度。

（2）刮削平面。

① 刮削姿势。刮削姿势的正确与否，直接影响到副削工作的效率和刮削质量。如果姿势不正确，就很难发挥出力量，工作效率不高，刮削质量也不能保证。目前采用的刮削姿势有手刮法和挺刮法两种。

（a）手刮法。如图 3.90（a）所示，右手握刀柄的方法与握锉刀柄相同。左手四指向下卷曲握住刮刀近头部约 50mm 处，刮刀和刮面成 25°～30°角度，使刀刃抵住刮面。同时，左脚前跨一步，上身随着往前倾斜一些，这样可以增加左手压力，也便于看清刮刀前面的研点情况。刮削时右臂利用上身摆动使刮刀向前推进，随着推进的同时，左手下压，引导刮刀前进的方向，当推进到所需的距离后，左手立即提起，这样就完成了一个手刮动作。

（b）挺刮法。如图 3.90（b）所示，将刮刀柄放在小腹右下侧肌肉处，双手握住刀身，左手在前，右手在后。左手握于距刀刃约 80mm 处。刮削时，双手下压刮刀，右手压力小些，利用腿部和臀部的力量，使刮刀对准研点向前推挤。在推动后的瞬间，右手引导刮刀方向，左手立即将刮刀提起这样刮刀便在刮削面上刮去一片金属，完成挺刮动作。

有时会遇到正反面都要刮削的工件，工件安放后又不允许翻身，例如，车床导轨的下滑面。在这种情况下，可采用如图 3.90（c）所示的刮削姿势，将刮刀柄抵在右腿膝盖上部，刮削时左手四指向上按住刮刀，使刀刃顶住刮面，拇指压着上导轨面，以此作为依靠。右手握住刀身向上提起，利用腿力向前推动。推动一次，在刮削面上刮去一片金属。为了便于看清研点，可在刮削处的下面放一面镜子，利用镜子照研点进行刮削。

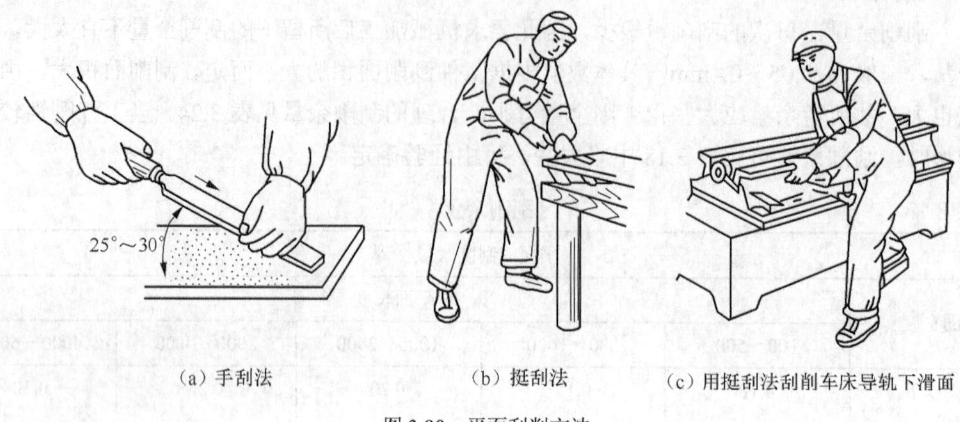

（a）手刮法　　（b）挺刮法　　（c）用挺刮法刮削车床导轨下滑面

图 3.90　平面刮削方法

挺刮法是用右下腹肌肉施力，而且身体还须弯曲着操作，虽每刀的刮削量较大，但身体比较容易疲劳。

② 刮削方法。

（a）粗刮。如果工件表面上留有较深的加工刀痕、工件表面严重生锈或刮削余量较多（如 0.05mm 以上）时，都要进行粗刮。粗刮的目的，是用粗刮刀在刮削面上均匀地铲去一层较厚的金属，使其很快去除刀痕、锈斑或过多的余量。因此刮削时，可采用连续推铲方法，刮削的刀迹连成长片。在整个刮削面上要均匀地刮削，不能出现中间高、边缘低的现象。有的刮削面有平行度要求时，刮削前应先测量一下。根据前道工序所遗留的凹凸误差情况，进行不同量的刮削，消除显著的不平行度，加快刮削速度。当粗刮到每 25mm×25mm 方块内有 2～3 个研点，粗刮即结束。

（b）细刮。细刮主要是使刮削面进一步改善不平现象，用细刮刀在刮削面上刮去稀疏的大块研点。刮削时可采用短刮法（刀迹长度约为刀刃的宽度）。随着研点的增多，刀迹逐步缩短。每一遍的刮削方向须一定。刮第二遍时要交叉刮削，以消除原方向的刀迹，否则刀刃容易在上一遍刀迹上产生滑动，出现的研点会成条状，不能迅速达到精度要求。为了使研点很快增加，在刮削研点时，把研点的周围部分也刮去。这样当最高点刮去后，周围的次高点就容易显示出来了。经过几遍刮削，次高点周围的研点又会很快显示出来，可加快刮削速度。在刮削过程中，要防止刮刀倾斜，将刮削面划出深痕。随着研点的逐渐增多，显示剂要涂布得薄而均匀。合研后显示出有些发亮的研点，俗称硬点子，应该刮重些。如研点暗淡，俗称软点子，应该刮轻些。直至显示出的研点软硬均匀，在整个刮削面上，每 25mm×25mm 内出现 12～15 个研点时，细刮即结束。

（c）精刮。在细刮的基础上，通过精刮增加研点，使工件符合精度要求。刮削时用精刮刀采用点刮法（刀迹长度为 5mm）。如工件的刮面狭小，而精度要求很高，则刀迹还要短些。

精刮时，更要注意落刀要轻，起刀要迅速挑起。在每个研点上只刮一刀，不应重复，并始终交叉地进行刮削。当研点逐渐增多到每 25mm×25mm 内有 20 点以上时，可将研点分为 3 类，分别对待。最大最亮的研点全部刮去；中等研点在其顶点刮去一小片；小研点留着不刮。这样连续刮几遍，能很快达到要求的研点数。在刮到最后两三遍时，交叉刀迹大小应该一致，排列应该整齐，以增加刮削面美观。

在精刮过程中，应特别注重清洁工作。往往在合磨研点时，因中间夹有杂质，会在刮削面上拉出细纹或深痕来。修复要花很多时间，严重的甚至还须从粗刮开始。若有尺寸精度要求时，会因此而成废品。

在不同的刮削步骤中，每刮一刀的深度，应该适当控制。刀迹的深度，可以从刀迹的宽度上反映出来。因此可以控制刀迹宽度来控制刀迹深度。当左手对刮刀的压力大，刮后的刀迹则宽而深。粗刮时，可加大力气铲刮，但刀迹宽度也只能是刀口长度的 2/3～3/4，否则刀刃的两侧容易陷入刮削面造成沟纹。细刮时，刮削逐渐趋于平整，刀迹宽度大约是刃口长度的 1/3～1/2。刀迹宽度也会影响到单位面积内的研点数。精利时，刀迹宽度则应更窄。

如刮削面有孔或螺孔时，应控制刮刀不要直接用力在孔口刮过，以免将孔口刮低。刮削面上螺孔周围的研点应该硬些。如果刮削面上有狭窄边框时，应掌握刮刀的刮削方向与窄边所成的角度小于 30°，以防将窄边刮低。这对于有密封要求的结合面，如静压导轨面等尤为重要。

（d）刮花。刮花的目的，一是单纯为了刮削面美观；二是为了能使滑动件之间造成良好的润滑条件。并且还可以根据花纹的消失多少来判断平面的磨损程度。在接触精度要求高，研点要求多的工件中，不应该刮成大块花纹，否则不能达到所要求的刮削精度。一般常见的花纹有如图 3.91 所示的几种。

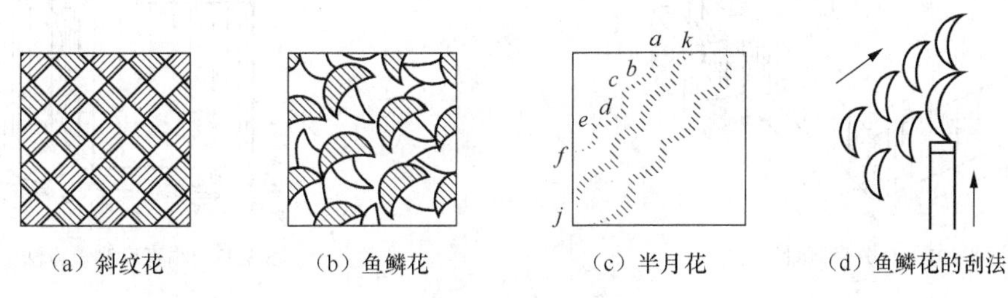

（a）斜纹花　（b）鱼鳞花　（c）半月花　（d）鱼鳞花的刮法

图 3.91　刮花的花纹

ⓐ 斜纹花纹。斜花纹即小方块，如图 3.91（a）所示，是用精刮刀与工件边成 45° 角的方向刮成。花纹的大小，按刮削面大小而定。刮削面大，刮花可大些；刮削面狭小，刀花可小些。为了排列整齐和大小一致，可用软铅笔划成格子，一个方向刮完再刮另一个方向。

ⓑ 鱼鳞花纹。鱼鳞花纹常称为鱼鳞片，刮削方法如图 3.91（d）所示。先用刮刀的右边（或左边）与工件接触，再用左手把刮刀逐渐压平并同时逐渐向前推进，即随着左手向下压的同时，还要把刮刀有规律的扭动一下，扭动结束即推动结束，立即起刀，这样就完成一个花纹。如此连续地推扭，就能刮出如图 3.91（b）所示的鱼鳞花纹来。如果要从交叉两个方向都能看到花纹的反光，就应该从两个方向起刮。

ⓒ 半月花纹。在刮这种花纹时，刮刀与工件成 45° 角左右。刮刀除了推挤外，还要靠手腕的力量扭动。以图 3.91（c）中一段半月花纹 *edc* 为例，刮前半段 *ed* 时，特别刀从左向右推挤，而刮后半段 *dc* 要靠手腕的扭动来完成。连续刮下去就能刮出 *f* 到 *a* 一行整齐的花纹。刮 *j* 到 *k* 一行则相反，前半段从右向左推挤，后半段靠手肋从左向有扭动。这种刮花操作，要有熟练的技巧才能进行。

（3）刮削平行面。先确定被刮削的一个平面为基准面。首先进行粗、细、精刮，达到单位面积研点数的要求后，就以此面为基准面，再刮削对应面的平行面。刮削前用百分表测量该面对基准面的平行度误差，确定粗刮时各刮削部位的刮削量，并以标准平板为测量基准，结合显点刮削，以保证平面度要求。在保证平面度和初步达到平行度的情况下，进入细刮工序。细刮时除了用显点方法来确定刮削部位外，还要结合百分表进行平行度测量，以作必要的刮削修正。达到细刮要求后，可进行精刮，直到单位面积的研点数和平行度都符合要求为止。

用百分表测量平行度时，将工件的基准平面放在标推平板上，百分表底座与平板相接触，百分表的测量头触在加工表面上，如图3.92所示。测量头触及被测表面时，应调整到使其有0.3mm左右的初始读数，然后将百分表沿着工件被测表面的四周及两对角线方向进行测量，测得最大读数与最小读数之差即为平行度误差。

（4）刮削垂直面。垂直面的刮削方法与平行面刮削相似，先确定一个平面进行粗、细、精刮后作为基准面，然后对垂直面进行测量（见图3.93），以确定粗刮的刮削部位和刮削量，并结合显点刮削，以保证达到平面度要求。细刮和精刮时，除按研点进行刮削外，还要不断地进行垂直度测量，直到被刮面的单位面积研点数和垂直度都符合要求为止。

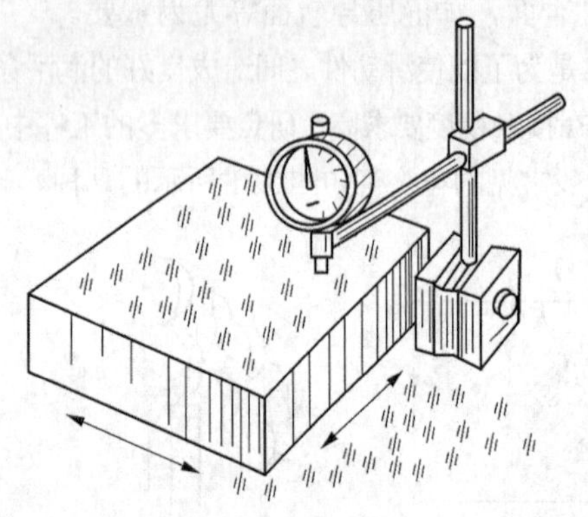

图3.92 百分表测量平行度

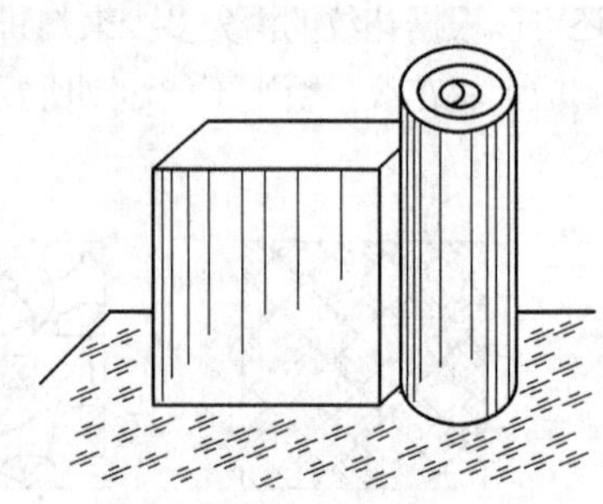

图3.93 垂直度测量方法

3．刮削质量检查

刮削工作分平面刮削和曲面刮削两种。平面刮削中，有单个平面的刮削，如平板、直尺、工作台面等；组合平面的刮削，如V形导轨面、燕尾槽面等。曲面刮削中，有圆柱面、圆锥面的刮削，如滑动轴承的圆孔、镕孔、圆柱导轨等；球面刮削，如自位球轴承配合球面等；成型面刮削，如齿条、蜗轮的齿面等。

对刮削面的质量要求，一般包括形状和位置精度、尺寸精度、接触精度及贴合程度、表面粗糙度等。由于工件的工作要求不同，刮削质量的检查方法也有所不同。常用的检查方法有以下两种。

（1）以贴合点的研点数决定精度。检查精度是指被刮面与校准工具对研后，用边长为25mm的正方形方框，罩在被检查面上，根据在方框内的研点数来决定接触精度，如图3.94所示。如果被刮面的面积较大时，应用方框在被刮面的几个不同部位进行检查。对各种平面接触精度的研点数见表3.19。

表3.19 各种平面接触精度研点数

平面种类	每25mm×25mm内的研点数	应用举例
一般平面	2～5	较粗糙机件的固定结合面
	5～8	一般结合面
	8～12	机器台面、一般基准面、机床导向面、密封结合面
	12～16	机床导轨及导向面、工具基准面、量具接触面

续表

平面种类	每25mm×25mm内的研点数	应用举例
精密平面	16～20	精密机床导轨、直尺
	20～25	1级平机、精密量具
超精密平面	>25	0级平板、高精度机床导轨、精密量具

在曲面刮削中，接触得比较多的是对滑动轴承的内孔刮削，其不同接触精度的研点数见表3.20。

表3.20 滑动轴承的研点数

轴承直径/mm	机床或精密机械主轴轴承			锻压设备、通用机械的轴承		动力机械、冶金设备的轴承	
	高精度	精密	普通	重要	普通	重要	普通
	每25mm×25mm内的研点数						
≤120	25	20	16	12	8	8	5
>120		16	10	8	6	6	2

通用平板的精度分0、1、2、3四级，常用平板精度等级及点数要求见表3.21。

表3.21 通用平板的精度等级及规格

平板尺寸/mm	不平直度偏差/mm			
	0级	1级	2级	3级
100×200	±3	±6	±12	±30
200×200	±3	±6	±12	±30
200×300	±3.5	±7	±12.5	±35
300×300	±3.5	±7	±13	±35
300×400	±3.5	±7	±14	±35
400×400	±3.5	±7	±14	±40
450×600	±4	±8	±16	±40
500×800	±4	±8	±18	±45
750×1000	±5	±10	±20	±50
750×1000	±6	±12	±25	±60
研点数（25mm×25mm内）	≥25	≥25	≥20	≥12

（2）用方框水平仪检查质量。工件大范围内的平面度和机床异轨面的直线度常用方框水平仪进行检查，如图3.95所示。

① 水平仪读数方法。常用读数方法有绝对读数法和平均读数法两种。

（a）绝对读数法。当气泡恰好属于中间位置（即气泡的中点距两条零刻线等距）时，才读作0。以零线为起点，气泡向任意一端偏离零线的格数，即为实际偏差的格数。偏离起端时读“+”，偏向起端时读“−”。一般习惯从左向右测量，可把气泡向右移作为“+”，气泡向左移为“− “。如图3.96（a）所示位置时读数为+2格。

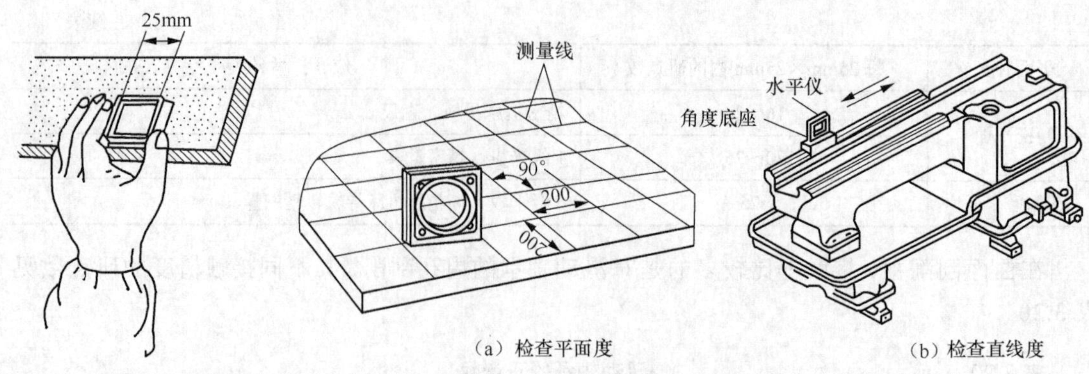

（a）检查平面度　　（b）检查直线度

图 3.94　用方框检查研点　　图 3.95　用水平仪检查精度

（b）平均值读数法。分别从两长刻线（零线）起向同一方向读至气泡停止的格数，把两个读数相加除以 2，即为其读数值。如图 3.96（b）所示，气泡偏离右端“零线”3 个格，气泡左端也向右偏离左端“零线”2 个格，实际读数为+2.5 格，即右端比左端高 2.5 格。当环境温度不等于+20℃时，气泡长度要发生变化，影响读数精度。平均值读数法不受温度变化的影响，读数精度高。

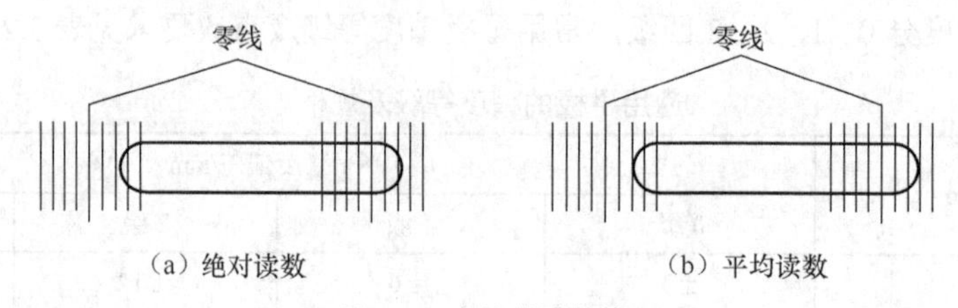

（a）绝对读数　　（b）平均读数

图 3.96　气泡的读数法

② 用水平仪测量机床导轨垂直平面内直线度的基本方法。用水平仪只能检查导轨在垂直平面内的直线度、平行度、平面度，不能检查在水平平面内的直线度。水平平面内的直线度可用拉钢丝法或用光学平宜仪等进行测量。

用水平仪测量导轨的方法和注意事项如下。

（a）一般水平仪不应直接放在被检测表面上，而是把水平仪固定在桥板上，桥板形式如图 3.97 所示。桥板两端支撑面中心线之间距离 l 称为跨距，总长 L 通常比跨距长 5～30mm，支撑面可按导轨形状制造。

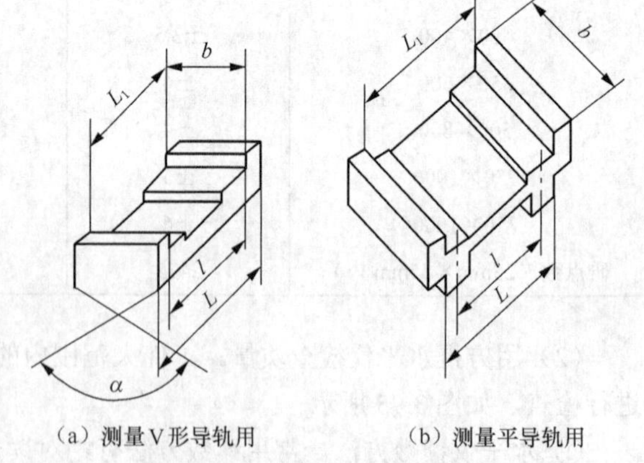

（a）测量 V 形导轨用　　（b）测量平导轨用

图 3.97　框式水平仪的专用桥板

（b）把水平仪放在导轨中间，测平导轨。

（c）将导轨分段，其长度与桥板跨距长度相适应。依次首尾相接逐段测量，取得各段读数，反映了各段的倾斜值。

（d）把各段测量读数值逐点累积，作出误差曲线图。

（e）用最小区域法或两端点连线法，确定最大误差格数及误差曲线形状。

（f）按误差格数求出直线度误差。

技师指点

刮削容易产生废品，产品质量问题特征和原因见表3.22。

表3.22　　刮削面的质量分析

缺陷形式	特　　征	产 生 原 因
深凹痕	刀迹太深，局部研点稀少	1．粗刮时用力不均匀，局部落刀太重 2．多次刀痕重叠 3．刀刃弧形过小
撕痕	刮削面上有粗糙的条状刮痕	1．刀刃粗糙不锋利 2．刀刃有锯齿形或裂纹
梗痕	刀迹单面产生刻痕	刮削时用力不均匀，使刃口单面切削
振痕	刮削面上呈有规则的波纹	多次同向刮削，刀迹没有交叉
划痕	刮削面上划有深浅不一的直线	研点时有砂粒、切屑等杂质或显示剂不清洁
落刀、起刀痕	在刀迹的起始处或终止处产生深刀痕	落刀时压力和动作速度较大及起刀不及时
刮削面精度不高	研点分布无规律	1．推研时压力不均匀，研具伸出工件太多而出现瑕点子 2．研具本身不准确 3．研具放置不平稳

二、錾削

錾削是利用手锤锤击錾子，实现对工件切削加工的一种方法。采用錾削，可除去毛坯的飞边、毛刺、浇冒口，切割板料、条料，开槽以及对金属表面进行粗加工等。尽管錾削工作效率低，劳动强度大，但由于它所使用的工具简单，操作方便，因此在许多不便机械加工的场合，仍起着重要作用。

1．錾削工具

（1）錾子。錾子一般由碳素工具钢锻成，切削部分磨成所需的楔形后，经热处理便能满足切削要求。錾子切削时的角度如图3.98所示。

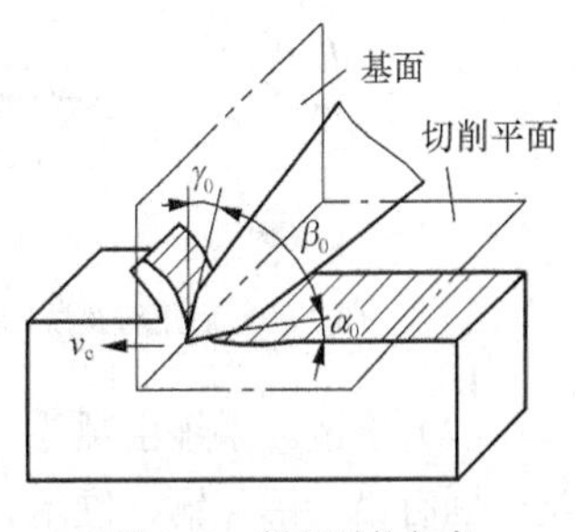

图3.98　錾削时的角度

① 錾子切削部分的两面一刃。

前面，錾子工作时与切屑接触的表面；后面，錾子工作时与切削表面相对的表面；切削刃，錾子前面与后面的交线。

② 錾子切削时的三个角度。

切削平面，通过切削刃并与切削表面相切的平面。

基面，通过切削刃上任一点并垂直于切削速度方向的平面。

楔角 β_0，前面与后面所夹的锐角；后角 α_0，后面与切削平面所夹的锐角；前角 $y0$ 前面与基面所夹的锐角。

楔角大小由刃磨时形成，楔角大小决定了切削部分的强度及切削阻力大小。楔角越大，刃部的强度就越高，但受到的切削阻力也愈大。因此，应在满足强度的前提下，刃磨出尽量小的楔角。

一般，錾削硬材料时，楔角可大些，錾削软材料时，楔角应小些，见表 3.23。

表 3.23 推荐选择的楔角大小

材 料	楔 角
中碳钢、硬铸铁等硬材料	60°～70°
一般碳素结构钢、合金结构钢等中等硬度材料	50°～60°
低碳钢、铜、铝等软材料	30°～50°

后角的大小决定了切入深度及切削的难易程度。后角愈大，切入深度就越大，切削越困难。反之，切入就愈浅，切削容易，但切削效率低。但如果后角太小，会因切入分力过小而不易切入材料，錾子易从工件表面滑过。一般，取后角 5°～8° 较为适中，如图 3.99 所示。

前角的大小决定切屑变形的程度及切削的难易度。由于 $\gamma_0=90°-(\alpha_0+\beta_0)$，因此，当楔角与后角都确定之后，前角的大小也就确定下来了。

③ 錾子的构造与种类。錾子由头部、柄部及切削部分组成。头部一般制成锥形，以便锤击力能通过錾子轴心。柄部一般制成六边形，以便操作者定向握持。切削部分则可根据錾削对象不同，制成以下三种类型。

扁錾，如图 3.100（a）所示，扁錾的切削刃较长，切削部分扁平，用于平面錾削，去除凸缘、毛刺、飞边，切断材料等，应用最广。

窄錾，如图 3.100（b）所示，窄錾的切削刃较短，且刃的两侧面自切削刃起向柄部逐渐变狭窄，以保证在錾槽时，两侧不会被工件卡住。窄錾用于錾槽及将板料切割成曲线等。

油槽錾，如图 3.100（c）所示，油槽錾的切削刃制成半圆形，且很短，切削部分制成弯曲形状。

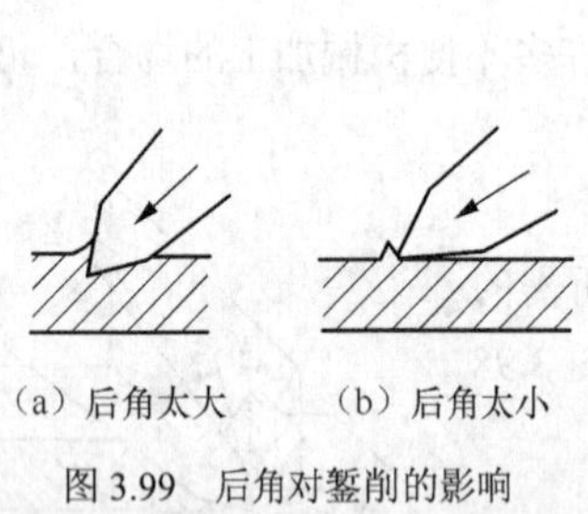
（a）后角太大 （b）后角太小

图 3.99 后角对錾削的影响

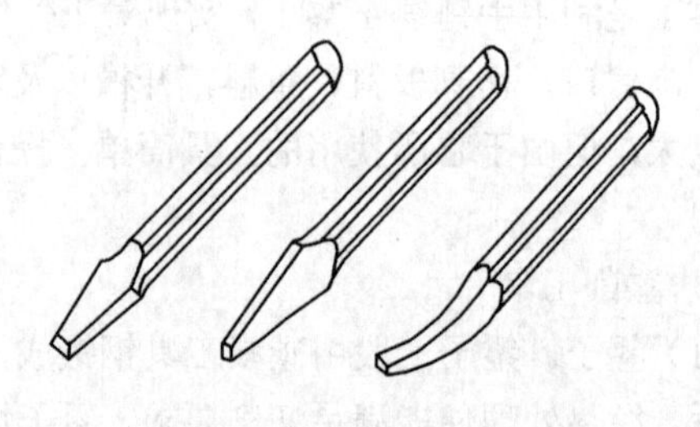
（a）扁錾 （b）窄錾 （c）油槽錾

图 3.100 常用錾子

（2）手锤。手锤由锤头、木柄等组成。根据用途不同，锤头有软、硬之分。软锤头的材料种类分别有铅、铝、铜、硬木、橡皮等几种，也可在硬锤头上镶或焊一段铅、铝、铜材料。软锤头多用于装配和矫正。硬锤头主要用于錾削，其材料一般为碳素工具钢，锤头两端锤击面经淬硬处理后磨光。木柄用硬木制成，如胡桃木、檀木等。

手锤的常见形状如图 3.101 所示，使用较多的是两端为球面的一种。手锤的规格指锤头的重量，常用的有 0.25kg，0.5kg，1kg 等几种。

木柄用硬而不脆的木材（如胡桃木、檀木等）制成，装入锤头孔后用带倒刺的楔子楔紧（见图 3.102），以防锤头脱落。手柄在手握处的断面应为椭圆形，防止挥锤时锤柄转动。手柄的长度要与锤头的大小成比例，常用的 1kg 手锤柄长一般为 350mm，若过长，会使操作不便，过短则又使挥力不够。

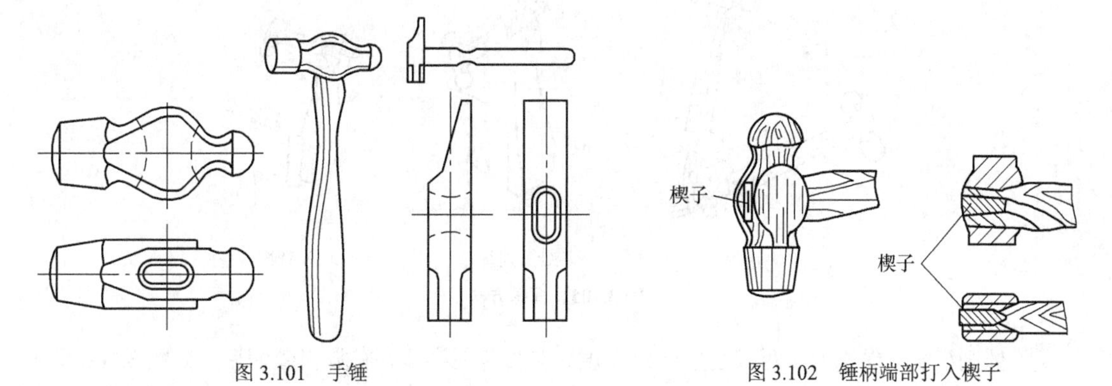

图 3.101　手锤　　　　图 3.102　锤柄端部打入楔子

2．錾削方法

（1）錾子和手锤的握法。

① 錾子的握法。錾子用左手的中指、无名指和小指握持，大拇指与食指自然合拢，让錾子的头部伸出约 20mm，如图 3.101 所示。錾子不要握得太紧，否则，手所受的振动就大。錾削时，小臂要自然平放，并使錾子保持正确的后角。

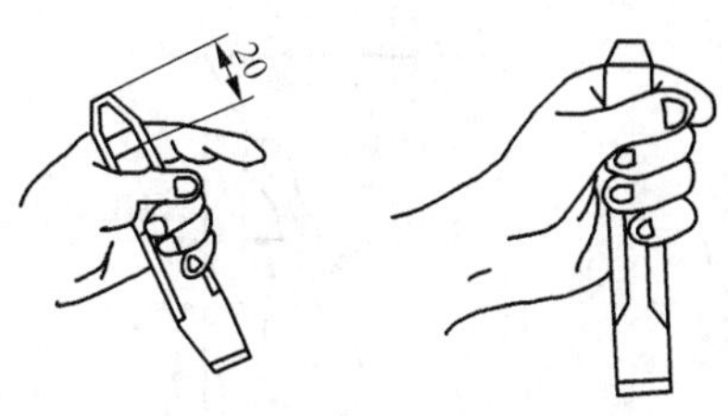

图 3.103　錾子握法

②手锤的握法。手锤的握法分紧握法和松握法两种。

（a）紧握法。初学者往往采用此法。用右手五指紧握锤柄，大拇指合在食指上，虎口对准锤头方向，木柄尾端露出 15～30mm。敲击过程中五指始终紧握，如图 3.104（a）所示。

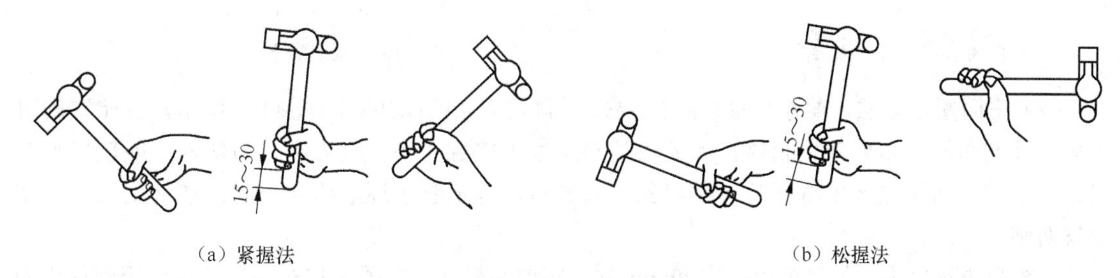

（a）紧握法　　　　（b）松握法

图 3.104　手锤的握法

（b）松握法。此法可减轻操作者的疲劳。操作熟练后，可增大敲击力。使用时用大拇指和食指始终握紧锤柄。锤击时，中指、无名指、小指在运锤过程中依次握紧锤柄。挥锤时，按相反的顺序放松手指，如图 3.104（b）所示。

③ 挥锤方法。挥锤方法分手挥、肘挥和臂挥三种。

（a）手挥。手挥只依靠手腕的运动来挥锤。此时锤击力较小，一般用于錾削的开始和结尾或錾油槽等场合，如图 3.105（a）所示。

（b）肘挥。利用腕和肘一起运动来挥锤。敲击力较大，应用最广，如图 3.105（b）所示。

（c）臂挥。利用手腕、肘和臂一起挥锤。锤击力最大，用于需要大量錾削的场合，如图 3.105（c）所示。

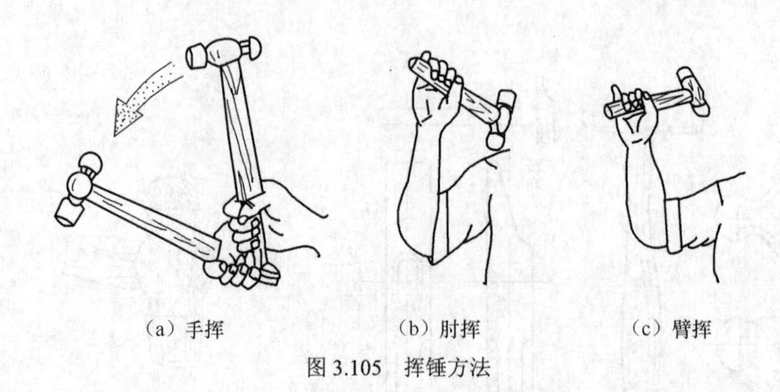

图 3.105　挥锤方法

④ 錾削姿势。錾削时，两脚互成一定角度，左脚跨前半步，右脚稍微朝后，如图 3.106 所示，身体自然站立，重心偏于右脚。右脚要站稳，右腿伸直，左腿膝盖关节应稍微自然弯曲。眼睛注视錾削处，以便观察錾削的情况，而不应注视锤击处。左手握錾使其在工件上保持正确的角度。右手挥锤，使锤头沿弧线运动，进行敲击，如图 3.107 所示。

图 3.106　錾削时双脚的位置　　图 3.107　錾削姿势

（2）平面錾削方法。錾削平面时，主要采用扁錾。如图 3.108（a）、（b）所示，开始錾削时应从工件侧面的尖角处轻轻起錾。因尖角处与切削刃接触面小，阻力小，易切入，能较好地控制加工余量，而不致产生滑移及弹跳现象。起錾后，再把錾子逐渐移向中间，使切削刃的全宽参与切削。

当錾削快到尽头，与尽头相距约 10mm 时，应调头錾削，如图 3.108（d）所示，否则尽头的材料会崩裂，如图 3.108（c）所示。对铸铁、青铜等脆性材料尤应如此。

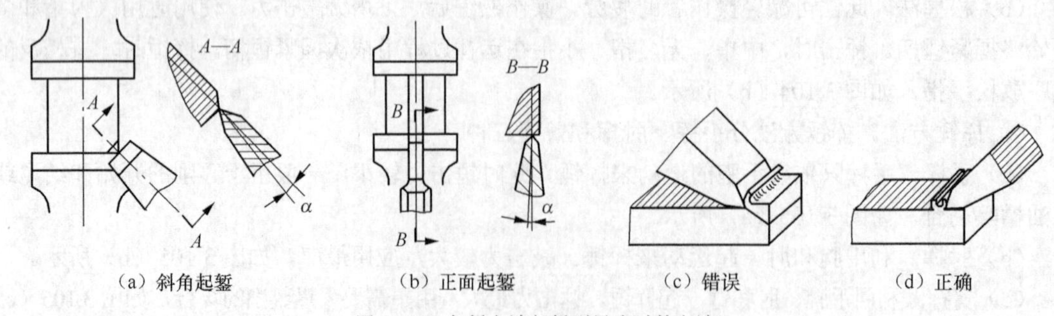

图 3.108　起錾方法与錾到尽头时的方法

錾削较宽平面时，应先用窄錾在工件上錾若干条平行槽，再用扁錾将剩余部分錾去，这样能避免錾子切削部分两侧受工件的卡阻，如图 3.109 所示。

錾削较窄平面时，应选用扁錾，并使切削刃与錾削方向倾斜一定角度，如图 3.110 所示。其作用是易稳定住錾子，防止錾子左右晃动而使錾出的表面不平。

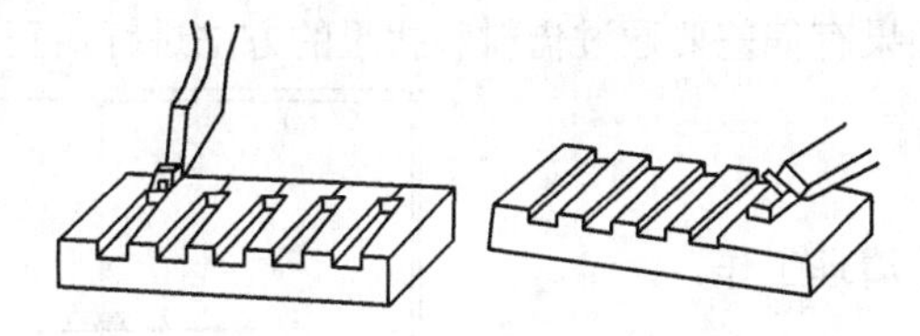
图 3.109 錾宽平面

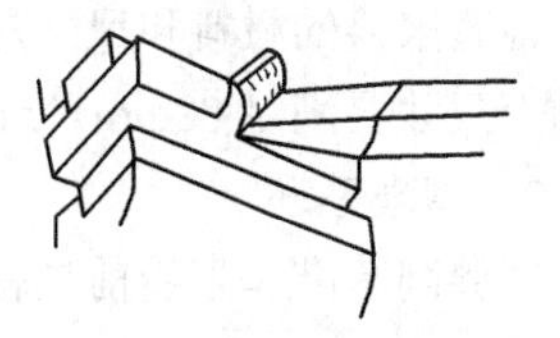
图 3.110 錾窄平面

錾削余量一般为每次 0.5～2mm。余量太小，錾子易滑出，而余量太大又使錾削太费力，且不易将工件表面錾平。

（3）錾切板料。在缺乏机械设备的场合下，有时要依靠錾子切断板料或分割出形状较复杂的薄板工件。

① 在台虎钳上錾切。如图 3.111（a）所示，当工件不大时，将板料牢固地夹在台虎钳上，并使工件的錾削线与钳口平齐，再进行切断。为使切削省力，应用扁錾沿着钳口并斜对着板面（约成 30°～45°角）自左向右錾切。因为斜对着錾切时，扁錾只有部分刃錾削，阻力小而容易分割材料，切削出的平面也较平整。图 3.111（b）为错误的切断法。

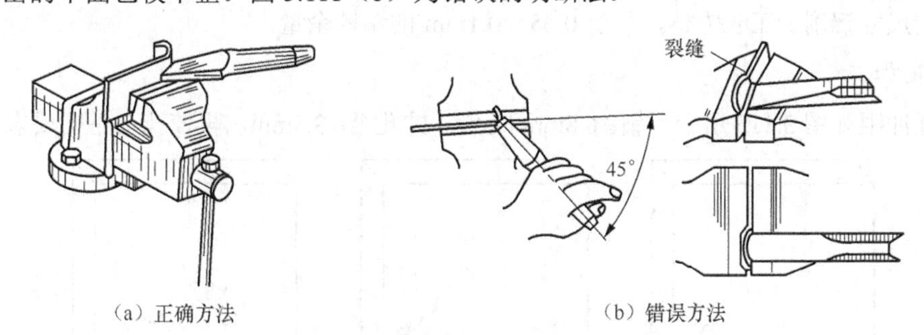

（a）正确方法　　（b）错误方法

图 3.111 在台虎钳上錾切板料

② 在铁砧或平板上錾切。当薄板的尺寸较大而不便在台虎钳上夹持时，应将它放在铁砧或平板上錾切。此时錾子应垂直于工件。为避免碰伤錾子的切削刃，应在板料下面垫上废旧的软铁材料，如图 3.112 所示。

③ 用密集排孔配合錾切。当需要在板料上錾切较复杂零件的毛坯时，一般先按所划出的轮廓线钻出密集的排孔，再用扁錾或窄錾逐步切成，如图 3.113 所示。

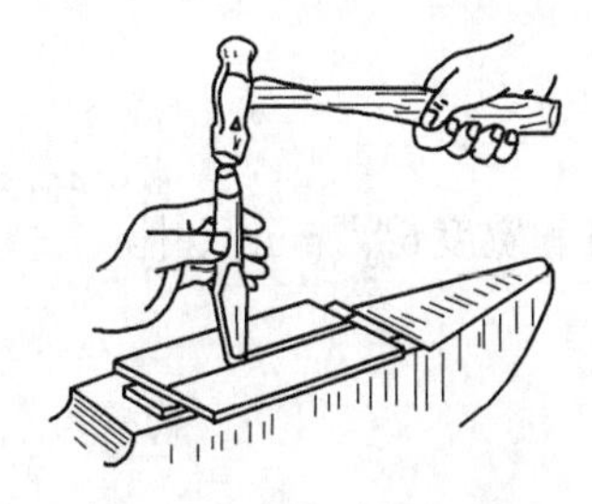
图 3.112 在铁砧上錾切板料

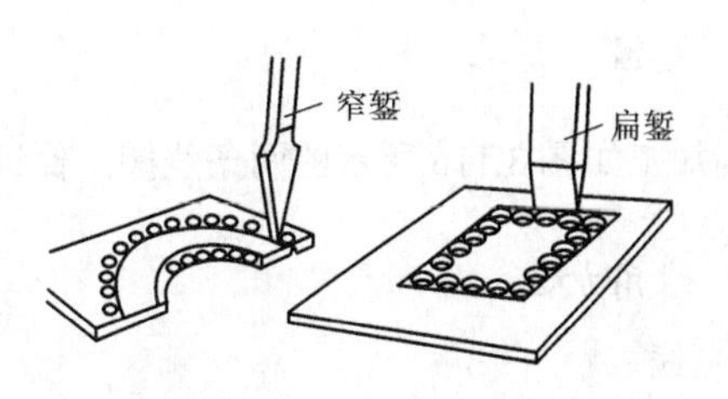

图 3.113 弯曲部分的錾断

任务实施

一、备料

1．检查毛坯尺寸

检查来料的材料和尺寸是否符合加工要求，如果有偏差要通过借料和找正的方法进行纠正，原则上尺寸要满足 88mm×51mm×15.5mm。

2．清理毛坯

在锉削基准和划线前进行必要清洗、去毛刺等清理工作。

二、外轮廓加工

1．锉削基准

加工 *A*、*B*、*C* 三个面作为基准，并要保证相互垂直。注意锉削 *B* 面时，要预留 0.05～0.1mm 的刮削余量。

2．划线

以 *A*、*B* 为基准划出图 3.114 所示的加工线。

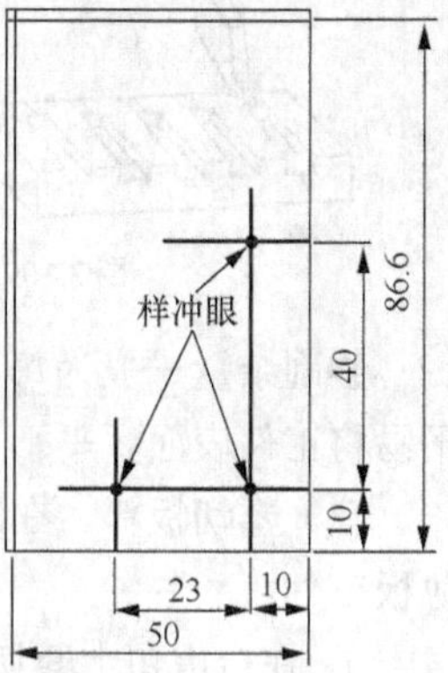

图 3.114 划线

3．刮削 *B* 面

刮削 *B* 面，达到接触点数不少于 20 点（25mm×25mm），表面粗糙度不大于 *Ra*0.8μm。

4．锉削长方体

按划线尺寸锉削加工长方体，预留 0.05～0.1mm 的精锉余量。

三、孔加工

对照样冲眼如图 3.115 所示，钻ϕ6.8mm 底孔，扩孔至ϕ9.8mm，再铰孔至精度要求。

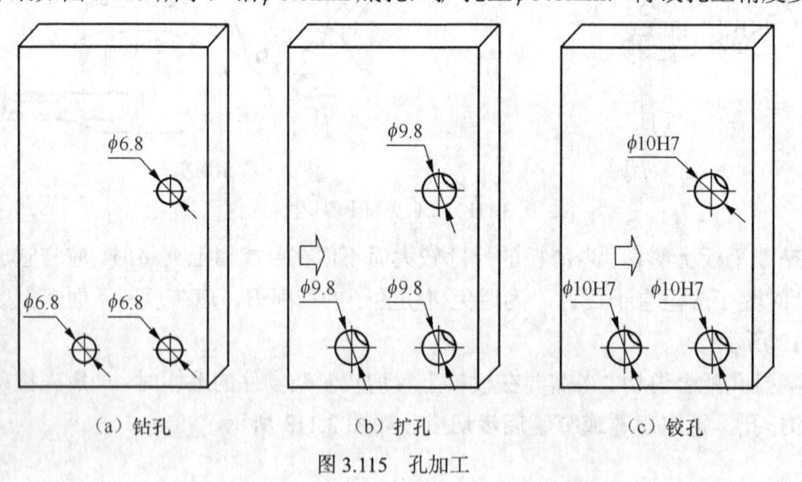

（a）钻孔 （b）扩孔 （c）铰孔

图 3.115 孔加工

四、錾槽

錾削加工如图 3.116 所示的两条线槽，保证深度 $4^{+0.18}_{0}$ mm 和宽度 $6^{+0.18}_{0}$ mm 尺寸。

五、斜角加工

1．划线

划出 30°斜角的加工线。

2．锯削

锯出 30°斜角的加工线，注意留出锉削加工余量。

3．锉削

锉削斜面余量，保证 30°±2′角度、⏥ 0.02、86.6±0.05 和 50±0.05 等精度，最后得到图 3.117 所示效果。

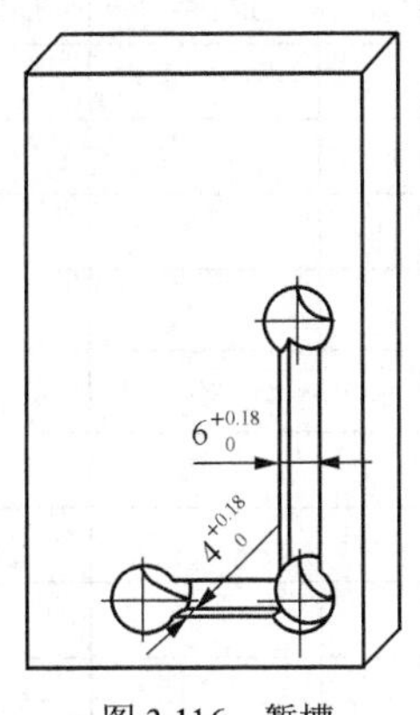

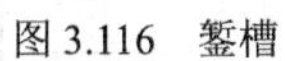
图 3.116 錾槽

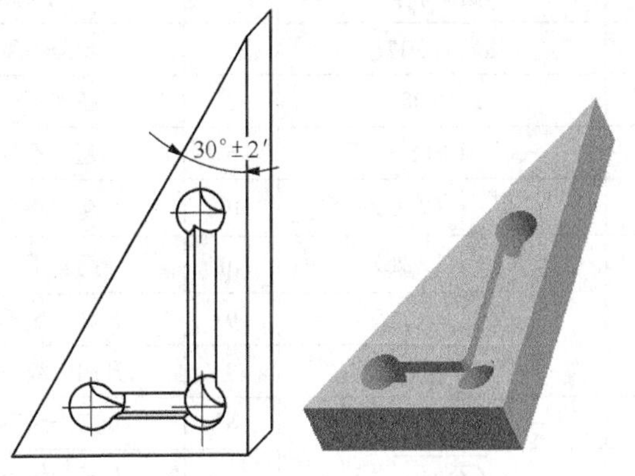

图 3.117 斜角加工效果

注意事项

（1）安排工艺时，要先刮削 *B* 面，然后以 *B* 面为基准锉削两个 *A*、*C* 基准面，再加工三个孔和錾削出直槽，最后再加工斜角。若斜角先加工将装夹非常困难。但是，如果有专用的装夹工具，则可以将刮削 *B* 面安排在最后，将降低刮削强度。

（2）刃磨刮刀时施加压力不能太大，刮刀应缓慢接触砂轮，避免刮刀颤抖过大造成事故。

（3）刮刀柄要安装可靠，防止木柄破裂使刮刀柄端穿过木柄伤人。

（4）刮削工件边缘时，不可用力过猛，以免失控发生事故。

质量评价

按照表 3-24 中的要求学习者进行自检、同伴之间互检、教师或专家进行抽检，并填写于表中，学习者根据质量评价归纳总结存在的不足，做出整改计划。

表 3-24　作品质量检测卡

制作 30°三角尺项目作品质量检测卡						
班　级			姓　名			
小组成员						
指导老师			训练时间			
序号	检测内容	配分	评价标准	自检得分	互检得分	抽检得分
1	50±0.05	5	超差不得分			
2	86.6±0.05	5	超差不得分			
3	30°±2′	5	超差不得分			

续表

制作 30°三角尺项目作品质量检测卡

班级			姓名			
小组成员						
指导老师			训练时间			
序号	检测内容	配分	评价标准	自检得分	互检得分	抽检得分
4	3×ϕ10H7	5	超差不得分			
5	23±0.08	5	超差不得分			
6	40±0.1	5	超差不得分			
7	$4_{0}^{+0.18}$（2 处）	10	超差不得分			
8	$6_{0}^{+0.18}$（2 处）	10	超差不得分			
9	Ra 1.6（3 处）	9	升高一级不得分			
10	Ra 0.8（3 处）	9	升高一级不得分			
11	Ra 12.5（2 处）	6	升高一级不得分			
12	⏥ 0.02	5	升高一级不得分			
13	⊥ 0.02 A B	6	升高一级不得分			
14	刮削 20 点（25mm×25mm）	10	升高一级不得分			
15	刮削无丝纹、振痕	5	升高一级不得分			
16	文明生产	—	违者不计成绩			
			总分			
			签名			

任务Ⅳ 制作斜 T 形检测样板

某零件的大批量生产时，检测工作量非常大，特别是 135°斜 T 形每次都用万能游标角度尺进行检测，效率非常低。鉴于此，自制了图 3.118 所示的斜 T 形检测样板，每次零件加工完成都用该样板进行配合检测，大大提高了检测效率。

如图 3.118 所示，斜 T 形检测样板从外形上看是两个钝角为 135° 并具有一定厚度的 T 形多面体，各个成型面精度和表面粗糙度要求高，钳工制作时需要较高的技能和工艺设计能力。

学习目标

本次任务是在巩固前面训练技能的基础上掌握检测样板制作工艺、百分表和千分尺的使用技能，尤其要领会相应的动作要领和操作技能，具体如下。

（1）巩固练习划线、锯削、锉削、钻孔、铰孔和测量技能。

（2）具有样板量具钳工制作工艺设计和实施的能力。

（3）掌握样板制作工艺特点及使用的工具、材料。

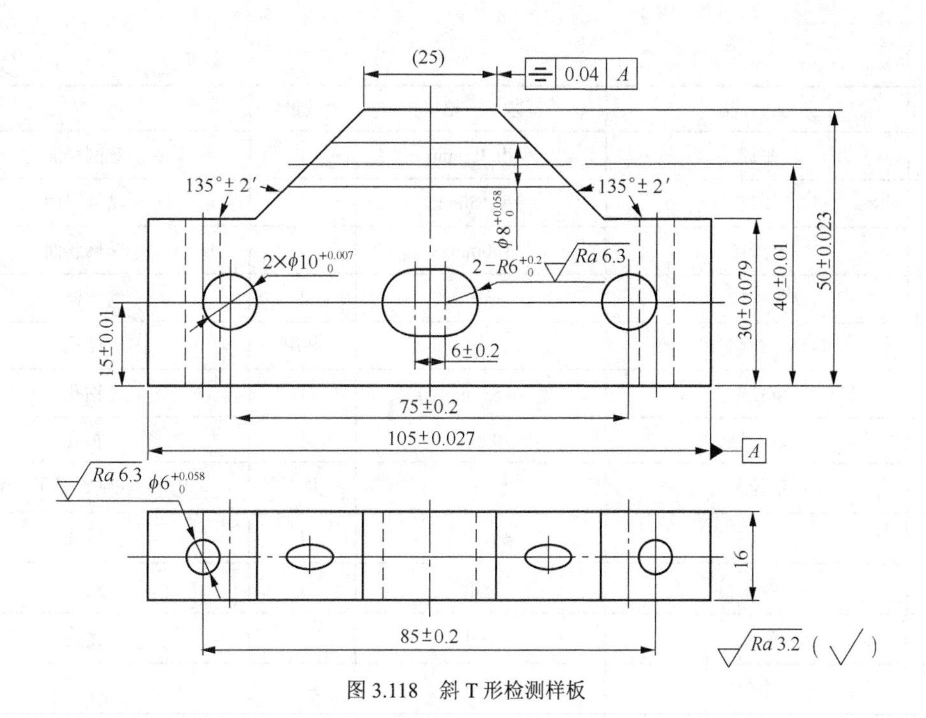

图3.118　斜T形检测样板

（4）正确掌握百分表和千分尺的使用技巧。

（5）具有精密加工达到精度的能力。

（6）具有正确执行安全操作规程、文明生产、岗位责任制、工艺规程等要求的能力。

工具清单

完成本项目任务所需的工具见表3.25。

表3.25　工量具清单

序号	名　称	规　格	数量	用　途
1	钢直尺	150mm	1	划线导向
2	刀口角尺	100mm	1	划垂直线和平行线、检测垂直度
3	游标卡尺	250mm	1	检测尺寸
4	游标万能角度尺	1型	1	检测角度
5	粗糙度对比仪	标准	1	检测表面质量
6	高度尺	250mm	1	划线
7	划规	普通	1	划圆弧
8	划针	$\phi 3$	1	划线
9	样冲	普通	1	打样冲眼
10	手锤	0.25kg	1	打样冲眼、錾削
11	划线平板	160mm×160mm	1	支撑工件和安放划线工具
12	锯弓	可调式	1	装夹锯条
13	锯条	细齿	1	锯削余量

续表

序号	名　称	规　格	数量	用　途
14	平锉	粗齿 350mm	1	锉削平面
15	平锉	细齿 150mm	1	精锉平面
16	整形锉	100mm	1	精修各面
17	钢丝刷	—	1	清洁锉刀
18	台钻（配附件）	—	共用	钻孔
19	麻花钻	ϕ6.5mm	1	钻孔
20	麻花钻	ϕ9.8mm	1	扩孔
21	砂轮机	—	共用	刃磨麻花钻、錾子、刮刀
22	铰刀	ϕ10mm	1	铰孔
23	绞手	标准	1	绞孔
24	砂纸	200	1	抛光
25	钳台	标准	共用	
26	台虎钳	标准	共用	
27	棉纱	—	若干	清洁划线平板及工件
28	毛刷	4 寸	1	清洁台面
29	煤油	—	若干	清洁工件

相关知识和工艺

一、检测样板制作工艺

1．工艺过程

检测样板是检查、确定工件尺寸、形状和位置的一种量具。由于它作成板状，并且使用的方法是将其本身的轮廓形状与被检查的工件相比较，所以称之为样板。

样板按其工作型面的形状，分为普通样板和复杂样板两类。普通样板的工作型面主要由直线或圆弧组成，而复杂样板的工作型面则由直线、圆弧和其他各种复杂曲线组成。

样板的制造方法一般有三种，手工加工方法主要由工具钳工用手工制作；机械加工方法是采用精密磨床和各种夹具进行加工；电加工方法主要是用电火花线切割机床加工。本项目就是学习训练样板制作知识和技能。

钳工加工样板的一般工艺过程如下。

（1）备料。

（2）矫正。

（3）锉削正面和背面，以备划线。

（4）锉削加工外轮廓的基准侧面。

（5）划线。

（6）锉削加工外轮廓、钻孔等。

（7）精锉加工型面。

（8）热处理。

（9）煮沸或喷砂清理。

（10）表面法兰。

（11）研磨抛光。

（12）打标记。

（13）检验。

2．加工余量

平面样板的毛坯，一般用钢板切成。其厚度应比样板的厚度稍大些，当样板尺寸小于200mm时，毛坯厚度要大0.5～1mm；当样板尺寸大于200mm时，毛坯厚度要大1～2mm。

样板轮廓尺寸的总加工余量见表3.26。

表3.26　样板的总加工余量（mm）

轮廓尺寸	每边余量	
	最小	最大
50以下	1	2
50～100	1.5	2.5
100～150	2	4
150～200	3	4
200～250	4	5
250以上	5	7

样板经粗加工后，留给工具钳工的精加工余量见表3.27。对于形状较复杂的样板，表中数值应增加20%～50%。

表3.27　样板型面的精加工余量（mm）

平面长度	宽度		
	100以下	100～200	200以上
	单边余量		
100以下	0.1	0.15	0.2
100～250	0.15	0.20	0.25
250～500	0.25	0.30	0.35
500以上	0.30	0.35	0.40

工具钳工在淬火前留给淬火后的研磨余量，一般为0.03～0.08mm。对于淬火时变形较大的样板，所留的研磨余量应大一些。

3．加工方法

（1）粗加工。样板型面的粗加工余量较大，为减轻劳动强度、提高效率，可采用机械加工方法。

① 钻排孔。当样板型面的某些部位难以用手工锯削时，可采用钻排孔的方法，如图 3.119 所示。加工时，孔的间距应当是孔与孔相交。这样，钻孔后才能把余料取下。当钻封闭的排孔时，必须仔细确定钻孔直径，否则会使最后一孔不能与邻孔相交，而使余料断不下来。

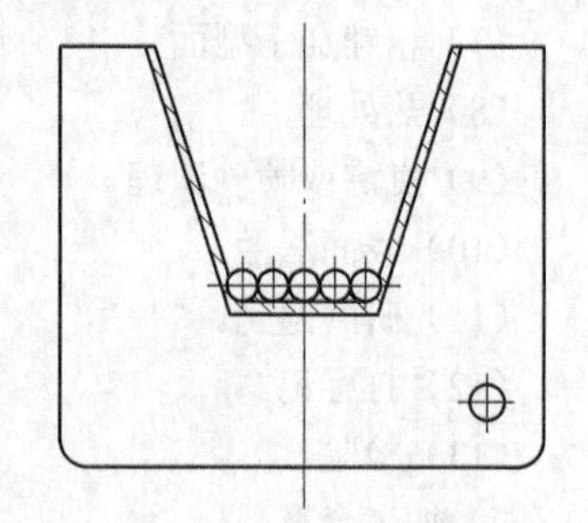

图 3.119 钻排孔粗加工样板型面

②用带锯加工。当锯削封闭的内孔时，需预先在适当位置钻出穿锯孔，并将带锯条，一端穿入孔内，然后将带锯的两端在带锯的专用附件上进行焊接、回火和磨平。

在一个成型内孔内应考虑只穿一次带锯，在带锯不能转弯或锯不到的地方，要预先钻孔，在有圆弧的转角处也必须钻与其半径相同的孔。

（2）精加工。样板型面上的凹圆弧首先用锉削（或镗孔）的方法进行加工，然后对淬火后的凹圆弧利用研磨和抛光的方法进行精加工。

（3）研磨。淬火以后的样板，需用各种不同的研具进行研磨。研具有可动和不可动的两种。可动的研具在研磨的过程中，只是研具在样板上移动，其结构形状不一定和样板型面完全一样。

（4）检验。样板在研磨后必须进行检验，检验方法有以下几种。

① 用万能量具检验。在样板检验中，尽可能采用万能量具。常用的万能量具有千分尺、百分表、量块、角度量块、正弦规、刀刃检验直尺及各种辅助用的量棒等。

② 用校对样板和分样样板检验。当样板制造的数量较多，而且测量面又较复杂，用万能量具检验较困难时，可采用此方法。校对样板是在样板加工完成后，用来检验全部型面的；而分样板则是在加工过程中，用来检验样板某一部分型面的。

③ 用划线法检验。它的原理和按划线制造样板一样。

④ 用光学仪器检验。光学仪器用于检验型面形状特别复杂而精度要求又特别高的样板。常用的光学仪器有工具显微镜、万能显微镜和投影仪等。

二、百分表

百分表用来检验机床精度和测量工件的尺寸、形状和位置误差，测量精度为 0.01mm。当测量精度为 0.001mm 和 0.005mm 时，称为千分表。按制造精度不同，百分表可分为 0 级（IT6～IT4）、1 级（IT6～IT16）和 2 级（IT7～IT16）。

百分表常用来检查零件的几何形状及其相互位置的准确度，如圆形零件的圆度、零件表面的直线度以及两表面的平行度；借助于量块还可以对零件的尺寸进行比较测量。它的特点是准确、可靠、迅速、方便。

百分表的测量范围有 0～3mm、0～5mm 和 0～10mm 三种，分度值为 0.01mm。常见的百分表如图 3.120 所示。

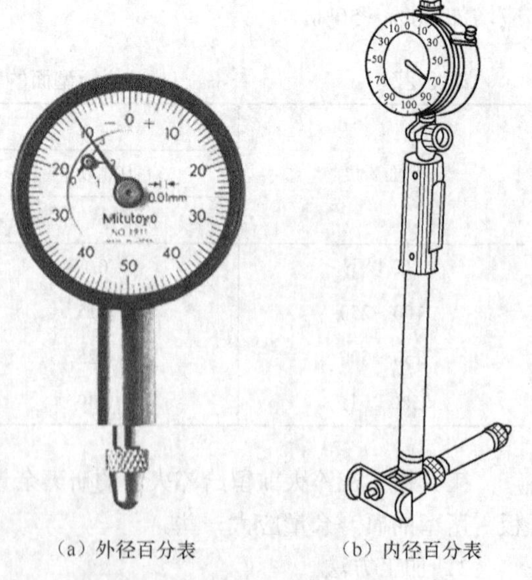

（a）外径百分表　（b）内径百分表

图 3.120 百分表

1．百分表结构

百分表主要由测头、量杆、齿轮、指针、表盘、表圈等组成，外径百分表结构如图 3.121 所示，内径百分表结构如图 3.122 所示。

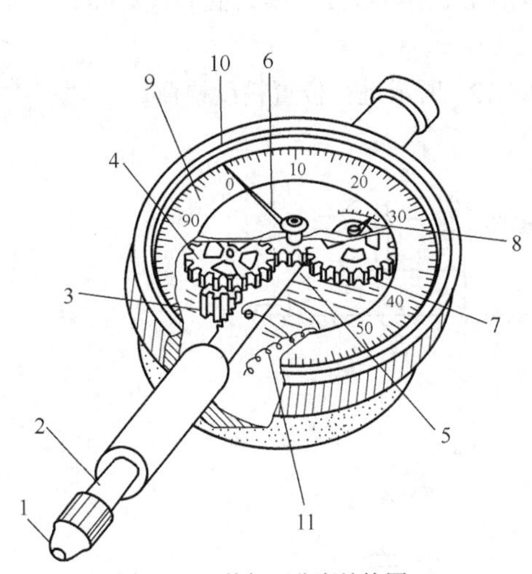

图 3.121　外径百分表结构图

1—测头；2—量杆；3—小齿轮（Z_1=16）；4、7—大齿轮（Z_2=100）；5—小齿轮（Z_3＝10）；6—长指针 8—短指针；9—表盘；10—表圈；11—拉簧

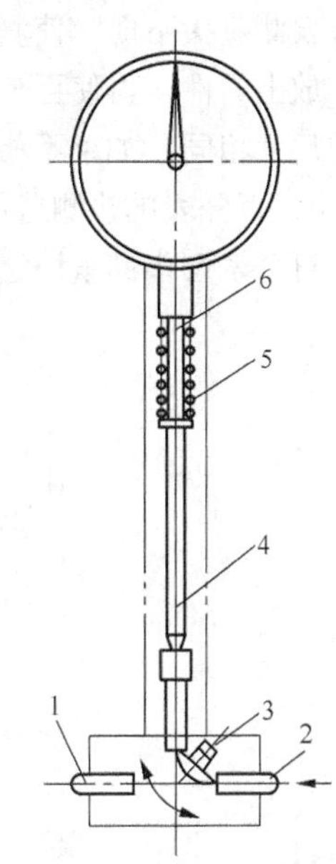

图 3.122　内径百分表结构图

1—固定测头；2—可换测头；3—摆动块；4—杆；5—弹簧；6—测头

2．百分表的刻线原理

百分表量杆 2 的齿距是 0.625mm，当量杆上升 16 齿时，上升的距离为 0.625mm×16=10mm，此时和量杆啮合的 16 齿的小齿轮 3 正好转动 1 周，而和该小齿轮同轴的大齿轮 4（100 个齿）也必然转 1 周。中间小齿轮 5（10 个齿）在大齿轮带动下将转 10 周，与中间小齿轮同轴的长指针也转 10 周。由此可知，当量杆上升 1mm 时，长指针转 1 周。表盘上共等分 100 格，长指针每转 1 格，量杆移动 0.01 mm，所以百分表的测量精度为 0.01mm。

3．百分表的使用方法

（1）如图 3.121 所示，将百分表固定在表座上。

（2）将百分表表座固定在被测表面或其相关表面上，调整内部磁铁吸稳。

（3）将百分表的测头压在被测要素上，为保证在整个测量过程中，百分表测头始终不脱离被测要素，通常将测头压入一定深度（1/2 圈左右）。

（4）旋转百分表的表盘进行调零，使大指针与表盘的零刻线对齐，以便于读数（转动表盘时不可压动表头）。

（5）移动百分表表座或被测对象，读出百分表中大指针的变动值即为被测要素的相关精度。

（6）接触百分表所有负荷，用软布把表面擦净，并在容易生锈的表面上涂一层工业凡士林，然后装入匣内。

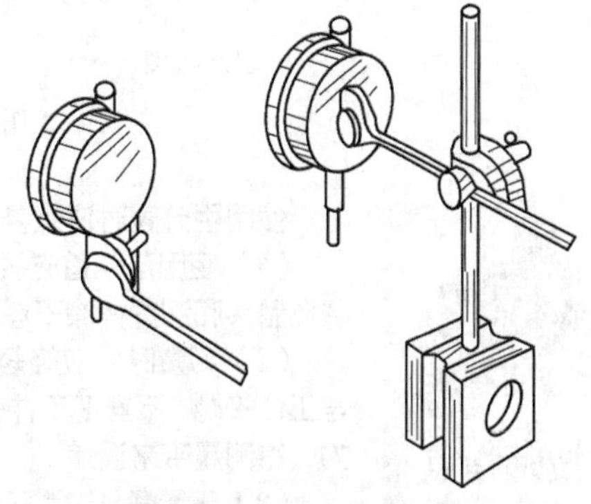

图 3.123　百分表表座及固定

移动百分表表座或被测对象，即可测出零件的直线度和平行度。将需要检验的轴装在两顶尖之间，使百分表的测量头压到轴的表面上，用手转动轴，

即可测出轴的径向圆跳动。对零件的尺寸进行比较测量时，首先按照测量的尺寸组成量块组放在百分表测量头下面，使测量头触及量块并转动表盘，使大指针与表盘的零刻线对齐，然后移去量块，放上零件，再使百分表的测量头与零件表面接触。如果读数还是零，就说明零件尺寸与量块组的尺寸相同；如果不相同，则零件的尺寸就是量块组的尺寸与百分表读数值的代数和。

4．百分表的检测范围

百分表可借助量块进行尺寸的测量，还可以如图 3.124 所示进行位置精度检测。

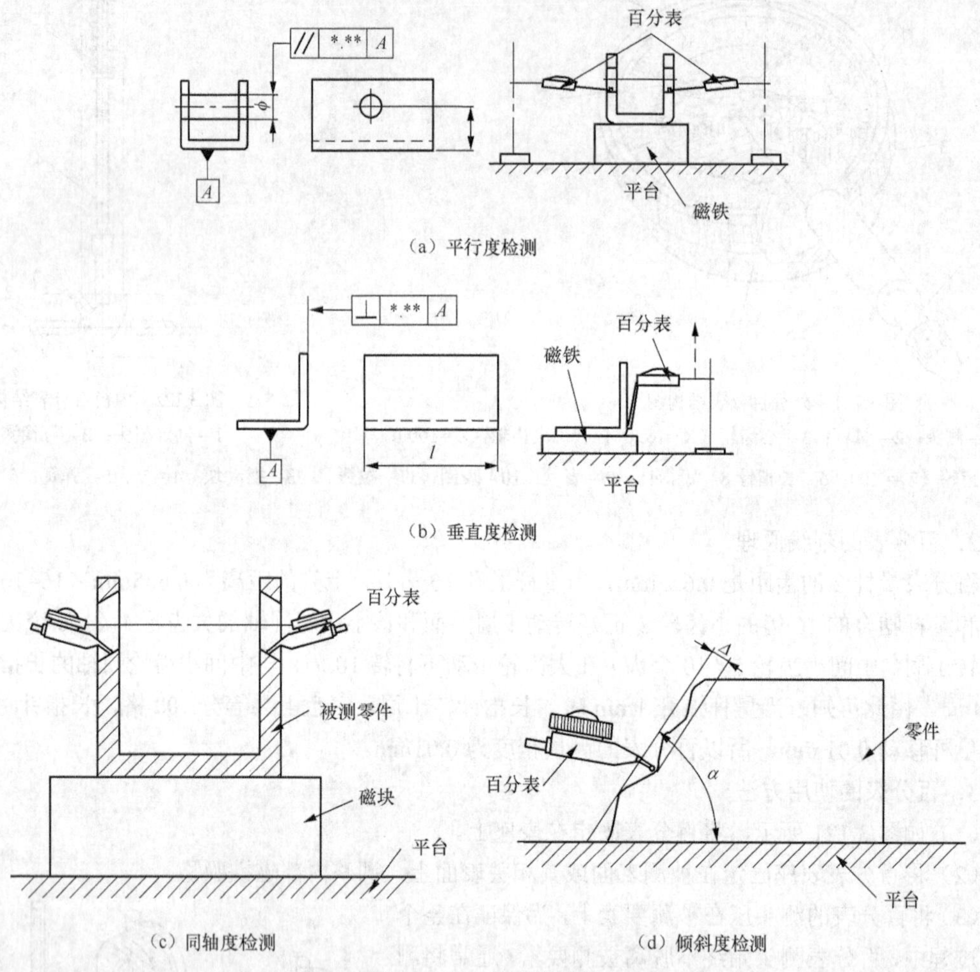

图 3.124 百分表的检测范围

技师指点

使用百分表时注意以下事项。

（1）使用前，首先要检查百分表的检定合格证是否在有效期内，然后用清洁的纱布将测量头和测量杆擦干净。

（2）测量时，应轻轻提起测量杆，把工件移至测量头下面，缓慢下降测量头，使之与工件接触，不准把工件强行推至测量头下，也不准急剧下降测量头，以免产生瞬时冲击力，给测量带来误差。

（3）测量杆与被测工件表面必须垂直，否则将产生较大的测量误差。

（4）测量圆柱形工件时，测量杆轴线应与圆柱形工件直径方向一致。

三、千分尺

1．千分尺种类

千分尺是测量中最常用的精密量具之一，按其用途不同可分为外径千分尺（见图 3.125）、内径千分尺、深度千分尺、螺纹千分尺、尖头千分尺和公法线千分尺等，如图 3.126 所示。千分尺的测量精度为 0.01mm，千分尺的规格按测量范围分有 0～25mm、25～50mm、50～75mm、75～100mm、100～125mm 等，使用时根据被测工件的尺寸选用。

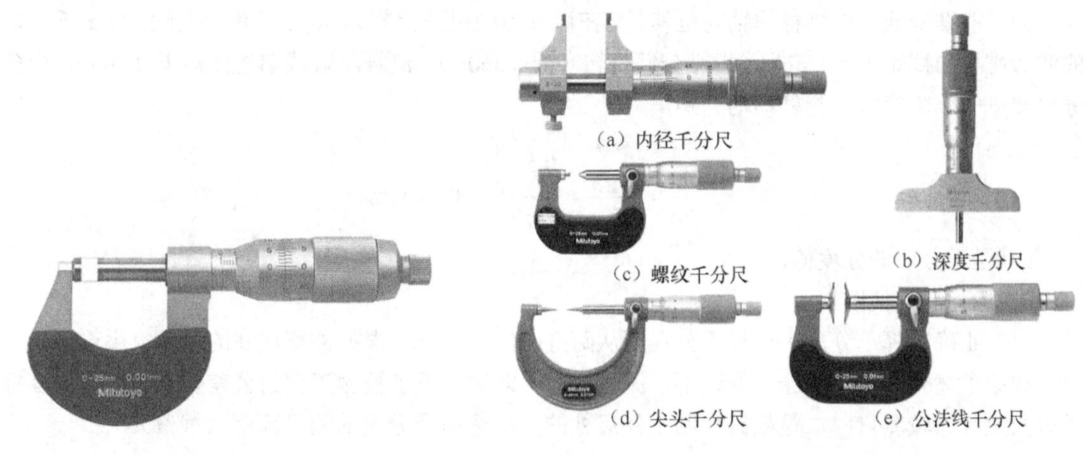

（a）内径千分尺　（b）深度千分尺　（c）螺纹千分尺　（d）尖头千分尺　（e）公法线千分尺

图 3.125　外径千分尺　　图 3.126　常见千分尺

2．千分尺原理

外径千分尺的结构如图 3.127 所示。

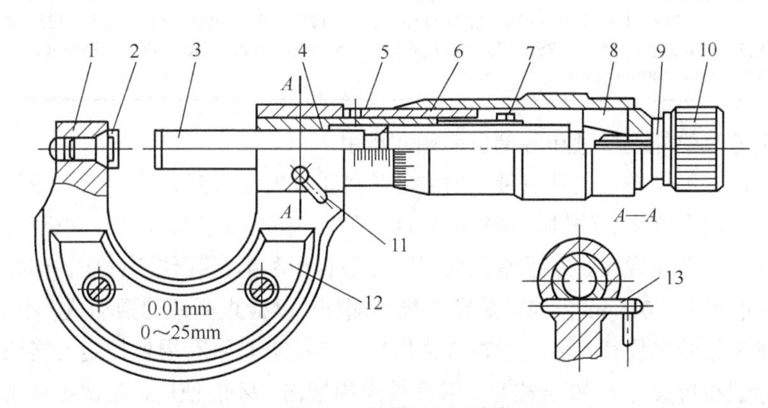

图 3.127　外径千分尺结构

1—尺架；2—固定测头（测砧）；3—测微螺杆；4—螺纹轴套；5—固定套管；6—微分筒；7—调节螺母；8—弹簧套；9—垫圈；10—测力装置；11—锁紧手柄；12—隔热垫板；13—锁紧销

螺旋副原理是将测微螺杆的旋转运动变成直线位移，测微螺杆在轴心线方向上移动的距离与螺杆的转角成正比：

$$L = P\frac{\theta}{2\pi}$$

式中 L——测杆直线位移的距离，mm；

P——测杆的螺距，mm；

θ——测杆的转角，rad。

图 3.127 中测微螺杆 3 和测微螺母（螺纹轴套）4 构成螺旋副。测微螺杆 3 的左端是测杆，右端带有精密外螺纹，右端通过弹簧套 8 与微分筒 6 连接。测微螺母与轴套制成一体，称为螺纹轴套 4。当转动策分筒时，测微螺杆在螺纹轴套 4 内与微分微同步转动，并做轴向移动，其移动量与微分筒的转动量成正比。

为了能准确地读出测杆的轴向位移量，在微分筒的斜面上刻有 50 个等份刻度线。分制千分尺的测微螺杆的螺距 P=0.5mm，故微分筒每转一周（360°），测杆就直线前进或后退 0.5mm。当微分筒转过一个刻度时，测杆移动的距离为

$$i=\frac{L}{50}=\frac{P\dfrac{\theta}{2\pi}}{50}=\frac{0.5\dfrac{2\pi}{2\pi}}{50}=0.01(\text{mm})$$

i 就是千分尺的分度值。

3．千分尺的使用

（1）正确选择千分尺。选择千分尺要从两方面考虑，一是根据被测尺寸的公差大小选择千分尺，如果上述介绍过的千分尺保证不了测量精度，即满足不了被测工件的公差要求，可选用杠杆千分尺进行比较测量；二是根据被测工件尺寸的大小选择千分尺的测量范围（规格）。

千分尺的规格见表 3.28。

表 3.28　　外径千分尺的测量范围（摘自 GB/T　1216—2004）

测量范围/mm
0～25，25～50，50～75，75～100，100～125，125～150，150～175，175～200，200～225，225～250，250～275，275～300，300～325，325～350，350～375，375～400，400～425，425～450，450～475，475～500，500～600，600～700，700～800，800～900，900～1000

（2）检查千分尺的外观质量和各部位的相互作用。

选择千分尺后，不管是从工具室领来的或者是借工友的千分尺，拿到后都应检查千分尺及其校对量杆，它们不应有碰伤、锈蚀、带磁或其他缺陷，刻线应均匀、清晰；微分筒转动和测策螺杆的移动应平稳、无卡住现象。左手拿住尺架，右手食指和拇指捏住测杆作轴向拉推以检查测杆的轴向串动量（不大于 0.01mm）；向前后左右推动测杆，以检查测杆的摆动量（不大于 0.01mm）。这两项是凭手感和经验来检查。经上述检查合格后，再检查是否有周期检定合格证（有的厂是将检定到期日期标识在尺架上），有合格证，且在检定周期内，才能使用，坚决不要用超过检定周期和未经检定合格的量具，不然，容易造成数据不准的后果。

（3）校对千分尺的零位

① 零位、压线、离线。当微分筒的“0”刻度线与固定套管的纵刻线对准时，微分筒锥面的端面与固定套管的“0”刻线右边缘恰好相切，这时称为零位，如图 3.128（a）所示。当微分筒的“0”刻线已与固定套管的纵刻线对齐时，而微分筒锥面的端面已压住，甚至完全盖位固定套管的“0”刻线，称为压线，如图 3.128（b）所示。

当微分筒的“0”刻线与固定套管的纵刻线对齐时，若微分筒锥面的端面不是与固定套筒的“0”刻线右边缘恰恰相切，而是远离“0”刻线右边缘，称为离线，如图 3.128（c）所示。

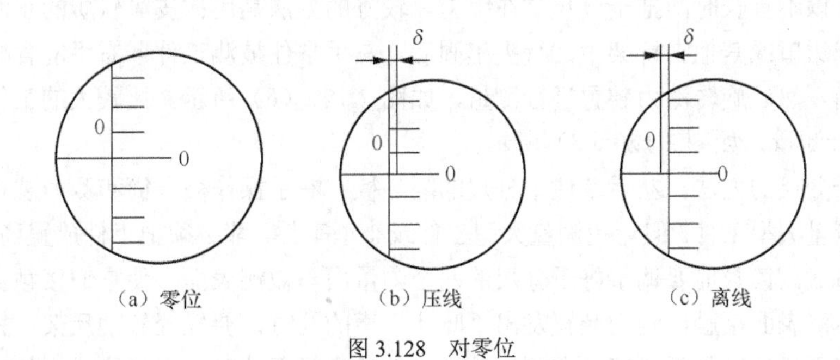

图3.128　对零位

② 校对零位的方法。以 0～25mm 的千分尺校对“0”位为例加以说明。校对的方法是：擦净千分尺的两个测量面，左手拿住千分尺的隔热垫板，右手的拇指、食指和中指施转微分筒，当两个测量面快要接触时，改为轻轻旋转测力装置（棘轮），使两个测量面轻轻地接触，当发出“咔咔”的响声后即可进行读数。如果微分筒上的“0”刻线与固定套筒的纵刻线重合，而且微分筒锥面的端面与固定套筒的“0”刻线的右边缘恰好相切，则说明“0”位正确。如果“0”位不正确，允许压线不大于 0.05mm，离线不大于 0.10mm。

如果压线或离线值超过上述要求，则不要使用，应将千分尺送到计量室检定和调整“0”位后再使用。

测量范围大于 25mm 的千分尺，则用校对量杆或量块校对“0”位。

（4）千分尺的操作。要正确使用微分筒和测力装置，当千分尺的两个测量面与被测表面快接触时，就不要旋转微分筒，而要旋转测力装置，使两测量面与被测成接触，等到发出“咔咔”响声后，再进行读数。

旋转测力装置要轻而且要慢，不允许猛力转动测力装置，否则测量面靠惯性作用猛烈冲向被测表面，测力超过测力装置限定的测力，测量结果不仅不准确，而且有可能把测微螺杆的螺纹牙型挤坏。退尺时，要旋转微分筒，不要旋转测力装置，以防把测力装置拧松，影响千分尺的“0”位。测量小型工件时，可采用单手操作或双手操作千分尺进行测量。

单手操作千分尺的方法。左手拿住被测工件，右手的小指和无名指夹住尺架，食指和拇指慢慢旋转微分筒；待两测量面与被测面快接触时，再旋转测力装置使两测量面轻轻与被测面接触，当发出“咔咔”声后，即可读数。也可以用右手的小指和无名指把尺架压向掌心，食指和拇指旋转微分筒进行测量。这种方法，由于食指和拇指够不着测力装置，所以不旋转测力装置。由于不能使用测力装置进行测量，测力的大小凭手指的感觉来控制，如图 3.129（a）、（b）所示。

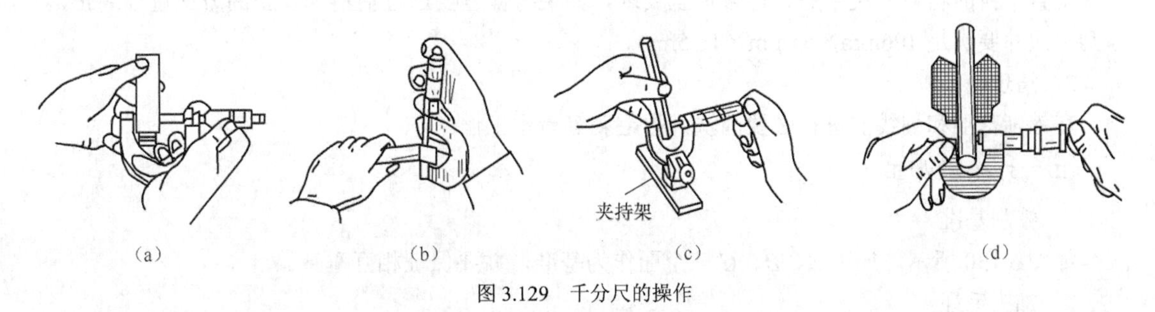

图3.129　千分尺的操作

上述两种单手操作千分尺的方法没有操作经验的人会感到困难，而且手的温度会传到尺架，使尺架变形，所以不宜长时间把千分尺拿在手上。较好的方法是用橡皮等软质的东西垫住尺架，把它轻轻夹在虎钳口或其他夹持架中，待夹牢固后，左手拿住被测工件，右手的食指和拇指旋转千分尺的微分筒，然后旋转测力装置进行测量，如图 3.129（c）所示。比较大的工件，可将它放在 V 形铁上进行测量，如图 3.129（d）所示。

双手操作千分尺的方法。左手拿住千分尺的隔热板，右手操作微分筒和测力装置进行测量。这种方法用于测量大型工件。但无论测量大型工件或小型工件，都必须把工件放置稳固后再测量，以防发生工件事故。读数前要调整好千分尺的两个测量面与被测表面，使它们接触良好。因此，当两测量面与被测表面接触，测力装置发出“咔咔”声的同时，要轻轻晃动尺架，凭手感判断两测量面与被测表面的接触是否良好。在测量轴类工件的直径尺寸时，当两测量面与被测表面接触后，要左右（沿轴心线方向）晃动尺架找出最小值，前后（沿径向方向）晃动尺架找出最大值，只有这样才是被测轴的直径尺寸。

技师指点

使用外径千分尺时注意如下事项。

（1）在测量前，必须校对其零位，也即通常所称的对零位。

（2）在减少温度对测量结果的影响。检定千分尺的各项技术参数是在一定的温度条件下进行的，使用千分尺进行精密测量时，应该在与检定该千分尺相同的环境温度下进行，这样可以减少温度差引起的测量误差。当不能满足这一要求时，应该使被测件和所使用千分尺在同一条件下放置一段时间，使它们的温度相同后再进行测量。测量时，第一要用手拿住隔热板，第二动作要快，以防手的温度传到尺架上，致使尺架变形，引起千分尺示值误差的变化。对于大型千分尺，这点尤为重要。

（3）千分尺两测量面将与工件接触时，要使用测力装置，不要直接转动微分筒。

（4）千分尺测量轴的中心线要与工件被测长度方向相一致，不要歪斜。

（5）千分尺测量面与被测工件相接触时，要考虑工件表面几何形状。

（6）在测量被加工的工件时，工件要在静态下测量，不要在工件转动或加工时测量，否则易使测量面磨损，测杆扭弯，甚至折断。

（7）按被测尺寸调节外径千分尺时，要慢慢地转动微分筒或测力装置，不要握住微分筒挥动或摇转尺架，以致使精密测微螺杆变形。

任务实施

一、备料

1．检查毛坯尺寸

检查来料的材料和尺寸是否符合加工要求，如果有偏差要通过借料和找正的方法进行纠正，原则上尺寸要满足 106mm×51mm×16.5mm。

2．清理毛坯

在锉削基准和划线前进行必要清洗、去毛刺等清理工作。

二、外轮廓加工

1．锉削基准

如图 3.130 所示，加工 *A*、*B*、*C* 三个面作为基准，并要保证相互垂直。

2．加工毛坯

将毛坯加工至 $105_{0}^{+0.027}$ mm × $50_{0}^{+0.023}$ mm × $16_{0}^{+0.2}$ mm 。

3．划线

以*A*、*B*为基准划出图3.131所示的加工线。

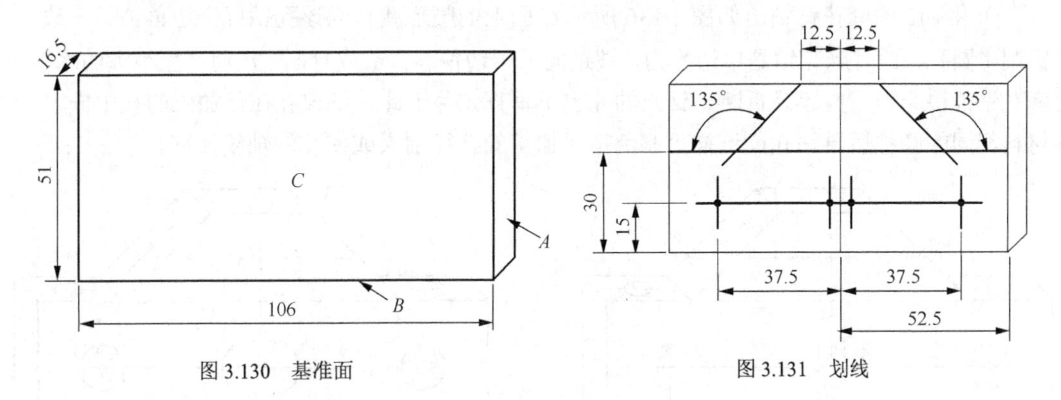

图3.130 基准面　　图3.131 划线

4．锉削外形

按划线尺寸锉削加工外形，预留0.05～0.1mm的精锉余量，得到图3.133所示效果。

三、孔加工

1．划线

如图3.133所示在新加工面上划出$\phi 8^{+0.058}_{0}$mm和$\phi 6^{+0.058}_{0}$mm孔的加工位置。

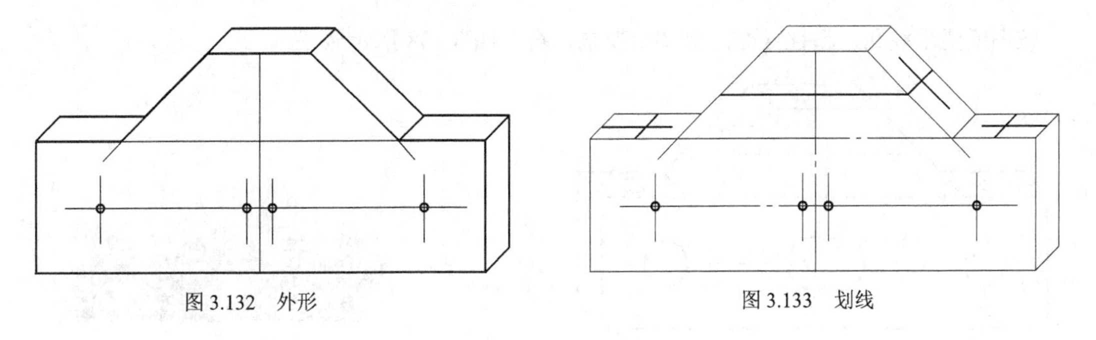

图3.132 外形　　图3.133 划线

2．钻孔

（1）用ϕ10的麻花钻钻出*C*面上2×ϕ10mm的孔，如图3.134所示。

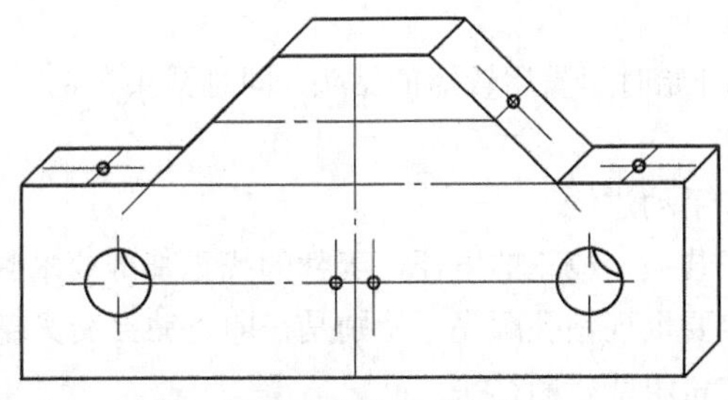

图3.134 钻*C*面上孔

（2）用ϕ6的麻花钻钻出如图3.135所示*D*面上2×ϕ6mm的孔。因该孔与已钻好的ϕ10mm相交，要注意如下两点。

① 不能先钻该孔，再钻 ϕ10mm，要遵守先大后小、先长再短的原则。

② 在钻削过程中，即将钻通交叉位置时要减小进给量。

（3）用 ϕ12 的麻花钻钻出如图 3.136 所示 C 面上的腰形孔。因该孔钻好一边再钻另一边会出现钻削半圆孔，此时麻花钻是单边受力，被迫向另一边偏斜，造成弯曲，从而产生很大的摩擦力，使麻花钻很快磨损，并容易折断，钻出的孔也不垂直。鉴于此，钻该孔在已加工的孔中嵌入与工件材料相同的圆柱后再钻孔，这样可避免把已加工的孔径刮大或使孔的轴线偏移。

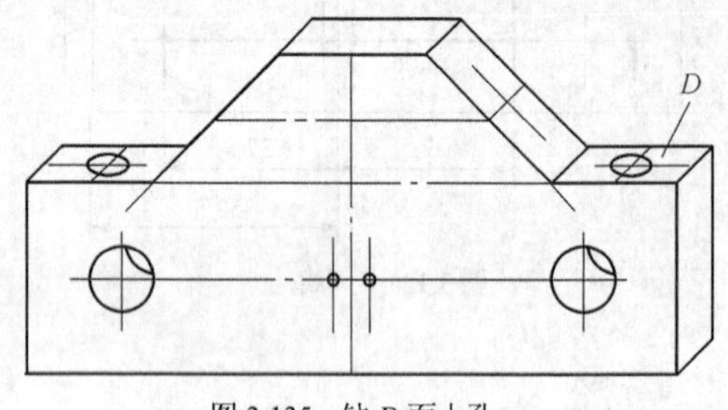

图 3.135 钻 D 面上孔

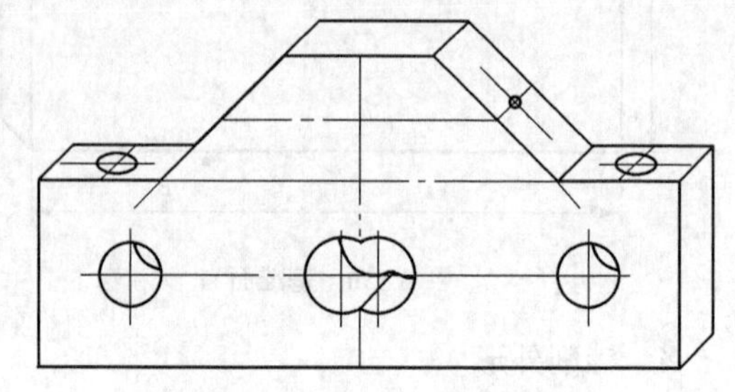

图 3.136 钻 C 面上腰形孔

（4）用 ϕ8 的麻花钻钻出如图 3.137 所示斜面上的孔。因该孔中心线与平面不垂直，导致钻头受到斜面作用力，使其向一侧偏移而弯曲，往往使钻头不能钻进工件甚至被折断。鉴于此，钻该孔可以考虑把斜面装夹成水平进行钻孔，或者用中心钻先钻出一个小孔再加工。

四、精加工

按图纸要求铰孔，精锉各面达到图纸要求，得到图 3.138 所示效果。

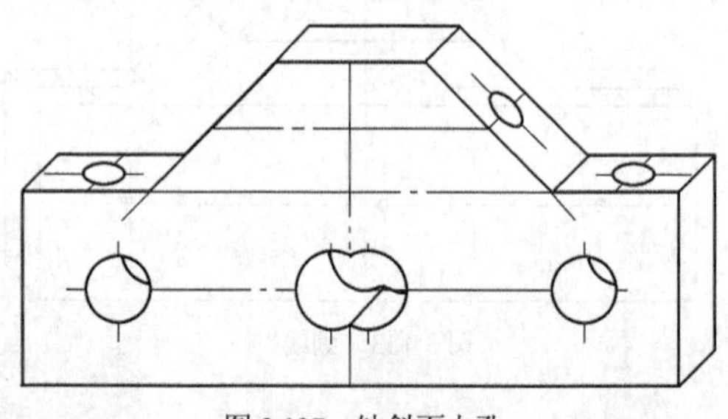

图 3.137 钻斜面上孔

图 3.138 精加工效果

注意事项

（1）斜面上钻孔时，刚开始时尽量用较短的钻头，同时钻头在钻夹头中的伸出部分要尽量短，以保证钻头的刚度。

（2）钻半圆孔用低速和手动进给。

（3）钻相交孔时，为了装夹、校正的方便，工件的找正基准要求划线清晰、正确。

（4）钻相交孔时，一定要重视钻孔顺序。特别是在即将钻穿交叉部位时，须减小进给量或改用手动进给，避免造成孔的歪斜或折断钻头。

质量评价

按照表 3.29 中的要求学习者进行自检、同伴之间互检、教师或专家进行抽检，并填写于表中，学习者根据质量评价归纳总结存在的不足，做出整改计划。

表3.29 作品质量检测卡

制作斜T形检测样板项目作品质量检测卡						
班 级			姓 名			
小组成员						
指导老师			训练时间			
序号	检测内容	配分	评价标准	自检得分	互检得分	抽检得分
1	105±0.027	5	超差不得分			
2	50±0.023	5	超差不得分			
3	30±0.019（2处）	10	超差不得分			
4	135°±2'（2处）	10	超差不得分			
5	⌯ 0.04 A	5	超差不得分			
6	√Ra 3.2	14	每处升高一级扣2分			
7	$\phi 8^{+0.058}_{0}$	5	超差不得分			
8	40±0.1	3	超差不得分			
9	$R6\pm0.2$	3	超差不得分			
10	15±0.1	3	超差不得分			
11	√Ra 6.3（4处）	8	每处升高一级扣2分			
12	$\phi 10^{+0.07}_{0}$（2处）	10	超差不得分			
13	105±0.027	3	超差不得分			
14	75±0.15	3	超差不得分			
15	$\phi 6^{+0.058}_{0}$（2处）	10	超差不得分			
16	85±0.15	3	超差不得分			
17	文明生产	—	违者不计成绩			
			总分			
			签名			

项目拓展

一、知识拓展

1．原始平板刮削

平板是刮削平面时的基本检验工具，也是机械制造中测量或安装时的基准平面，因此，对平板的精确度要求很高。在修复和加工高精度平面时，往往用标推平板平面为基准平面进行研点刮削。而标准平板的刮削，是采用3块平板互研、互刮的方法，获得十分精密的平面，这就是原始的平板刮削。分正研和对角研两个步骤进行。

（1）正研刮削法。先将3块平板分别进行粗刮，消除机械加工的粗刀痕。然后将3块平板分别编为1、2、3号，刮削中按编号顺序有规则地进行，工艺过程如下。

① 一次循环。以1号平板为基推，与2号平板互研互刮，使1、2号平板相互贴合。再将3号平板与1号平板互研，只刮3号平板，使之相互贴合。然后将2号平板与3号平板互研互刮，使之相互贴合。其平面度误差有所减小，如图3.139（a）所示。这一过程称为一次循环。

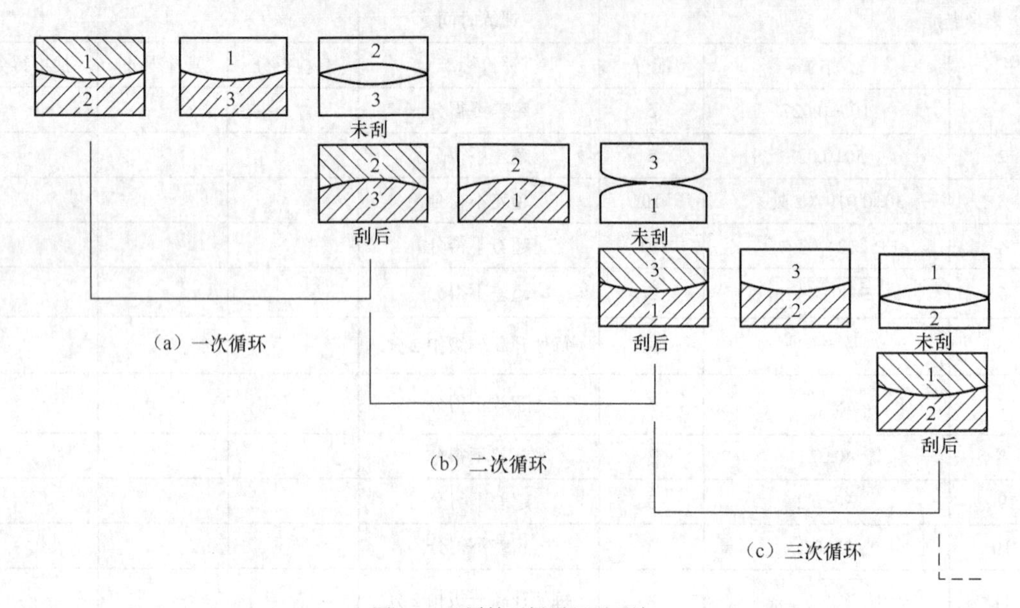

图3.139 原始平板循环刮研法

② 二次循环。在一次循环的基础上，以2号平板为基推，与1号平板互研，只刮1号平板。再将3号平板与1号平板互研互刮，使之平面度误差进一步减小，如图3.139（b）所示。这一过程作为二次循环。

③ 三次循环。在二次循环的基础上，以3号平板为基础，与2号平板互研，只刮2号平板。再将1号平板与2号平板互研互刮，使之平面度误差更进一步减小，如图3.139（c）所示。这一过程称为三次循环。

以后多次重复上述循环顺序，依次研点刮削，使平面度误差不断减小，循环次数越多，则平面度误差越小。直到3块平板中任取两块对研后，每块平板平面上的接触点数在25mm×25mm内达到12点左右时，正研刮削过程结束。

（2）对角研刮削法。在上述正研过程中，往往会在平板对角部位上产生如图3.140（a）所示的平面扭曲现象，即*AB*对角高，而*CD*对角低，而且3块高低位置相同，即同向扭曲。这种现象的产生，是由于在正研中平板的高处（+）正好和平板的低处（−）重合所造成，如图3.140（b）所示。要了解是否存在扭曲现象，可采用如图3.140（c）所示的对研方法来检查（对角研只限于正方形或长宽尺寸相差不大的平板，长条形的平板则不适合）。经合研后，会明显地显示出来，如图3.140（d）所示。根据研点修刮，直至研点分布均匀和消除扭曲，使3块平板相互之间，无论是直研、调头研、对角研，研点情况完全相同，研点数符合要求为止。

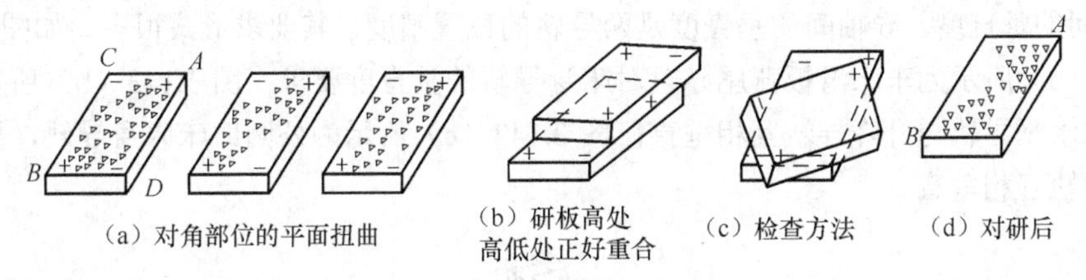

图 3.140　平板的扭曲现象

2．精密导轨的刮削

（1）机床导轨的精度。

① 导轨的几何精度。它包括两个部分，一是导轨本身的几何精度，即导轨在垂直平面和水平平面内的直线度；二是导轨之间相互位置精度，即导轨间的平行度和垂直度。

（a）导轨在垂直平面内的直线度。如图 3.141（a）所示，沿导轨长度方向作一假想垂直平面 *M* 与导轨相截，得 *opq* 内交线，该交线即为导轨在垂直平面内实际轮廓。包容 *opq* 曲线而且距离为最小的两平行线之间的数值 f_1，即为导轨在垂直平面内的直线度。

（b）导轨在水平平面内的直线度。如图 3.141（b）所示，沿导轨长度方向作一假想水平平面 *F* 与导轨相截，得交线 *ofg*。包容 *ofg* 曲线而距离为最小的两平行线间的数值 f_2，即为导轨在水平平面内的直线度。通常对导轨的直线度有两种表示方法，即导轨在局部测量长度（如 250mm、500mm、1000mm 等）内的直线度和导轨在全长内的直线度。

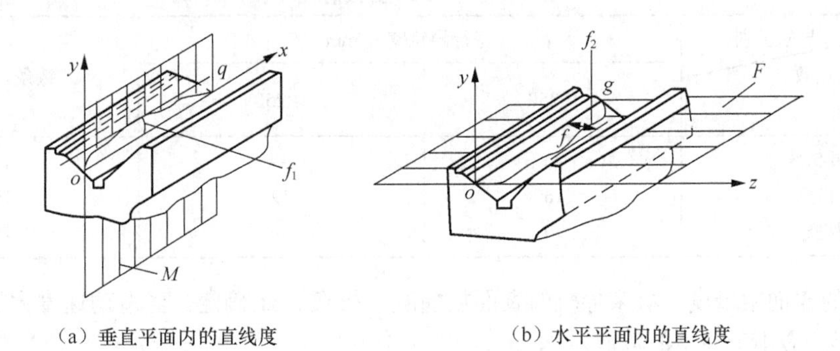

图 3.141　导轨的直线度

（c）导轨间的平行度。对于导轨的平行度误差俗称为“扭曲”，平行度误差是用横向的角值误差来表示。当测量桥板或滑板移动时，在横向 1000mm 宽度上的倾斜值为 *h*，其比值 *h*/1000mm 即为其平行度误差，如图 3.142 所示。平行度误差分为局部（如 500mm 或 1000mm）和全长上两种，常用水平仪横放在桥板或滑板上来测量。移动时，在要求长度内水平仪读数最大代数差即为平行度误差。一般机床导轨的平行度允差为 0.02/1000～0.05mm/1000mm。

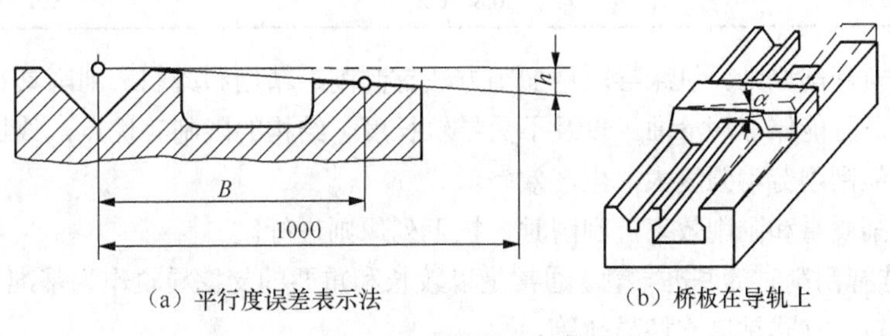

图 3.142　导轨的平行度

d. 导轨间的垂直度。导轴间的垂直度是两导轨的位置精度，其要求形式很多，如图 3.143 所示。图 3.143（a）所示为车床滑板燕尾导轨对床身导轨的垂直度要求；图 3.143（b）所示为牛头刨横梁，要求水平导轨与升降导轨互相垂直；图 3.143（c）所示为外圆磨床床身导轨，要求横向导轨与纵向导轨互相垂直。

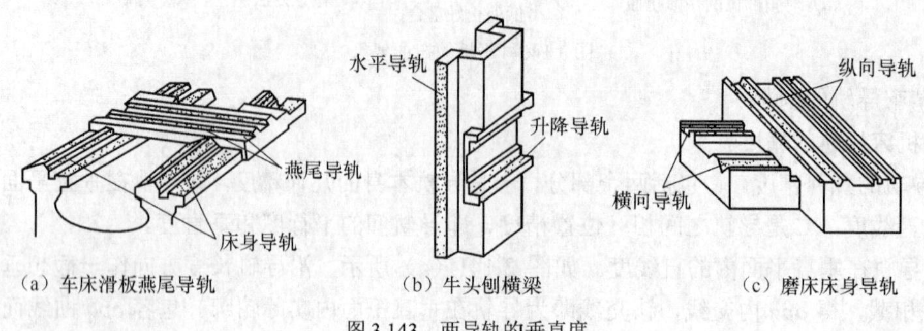

（a）车床滑板燕尾导轨　（b）牛头刨横梁　（c）磨床床身导轨

图 3.143　两导轨的垂直度

②导轨的接触精度。为保证导轨副的接触刚度及运动精度，导轨副的配合面必须有良好的接触刚度。一般用涂色法检查，根据 JB 2278—78 的规定，保证在 25mm×25mm 面积内的接触点不低于表 3.30 所规定的数值。

表 3.30　刮研导轨表面的接触精度

机床类别 \ 接触点数 \ 导轨类别	每行导轨宽度/mm		镶条，压板
	≤250	＞250	
高精度机床	20	—	12
精密机床	16	12	10
普通机床	10	16	16

③ 导轨的表面粗糙度。机床导轨的表面粗糙度，按表 3.31 确定。当滑动速度大于 0.5m/s 或淬硬的导轨面，应小于表中的数值。

表 3.31　滑动导轨表面粗糙度（μm）

机床类别 \ 导轨类别		支撑导轨	动导轨
普通机床	中小型	0.8	1.6
	大型	1.6～0.8	1.6
精密机床		0.8～0.2	1.6～0.8

（2）机床导轨刮削原则。机床导轨精加工方法有刮削、精刨和磨削。刮削具有精度高，耐磨性好，表面美观，且能储存润滑油，以及不受导轨长度、结构的限制等优点，故目前广泛用于制造和修理行业。但刮削劳动强度大，生产效率低。

为了提高刮削质量和刮削效率，刮削时，按下列原则进行。

① 首先要选择刮削时的基准导轨。通常是以较长和重要的支撑导轨作为基准导轨，如普通车床床身溜板用导轨、立式钻床立柱导轨等。

② 先刮基准导轨，再根据基准导轨刮削与其相配的另一导轨。刮削时，相配的导轨以基准导轨为校准工具，进行配研配刮。

③ 对于组合导轨上各个表面的刮削次序应合理安排。如先刮大表面，后刮小表面；先刮刚度较高的表面，后刮刚度低的表面。

④ 刮削中、小长度导轨时，工件应放在调整垫铁上，以便调整导轨的水平或垂直位置，从而保证精度和便于测量。

⑤ 大型机床导轨较长，多由几段拼接而成。刮削修理多在基础上进行。故应先修整基础，然后进行刮削。夏季刮削长导轨对应把导轨面刮成中凸状态，以便消除热胀冷缩引起的导轨直线度误差。

（3）普通车床床身导轨的刮削。图 3.144 所示为车床床身导轨。其中导轨面 4、5、6 为溜板用导轨，1、2、3 为尾架用导轨，7、8 为压板用导轨。

刮削前，首先应选择基准导轨。选择工作量最大、精度要求最高，最主要和最难的溜板用导轨面 5、6 为基准导轨。刮削步骤如下。

①先刮削基准导轨面 5 和 6。刮削前先检查其直线度误差，画出直线度误差曲线图，综合考虑刮削方法。先用校准平尺研点刮削平面 5，再用角度平尺校研刮削平面 6。用专用桥板配合水平仪测量基准导轨的直线度，直至直线度、接触点和表面粗糙度均符合要求为止。

②刮削平面 4，以已刮好的 5、6 为基准，用平尺研点刮削平面 4。要保证导轨表面 4 本身的平面度、直线度要求，还要保证对基推导轨的平行度要求，检查时，将磁力百分表座放在与基准导轨吻合的垫铁上，表头触及被测表面 4 上，移动垫铁在导轨全长上进行测量，表值最大代数差即为平行度误差，如图 3.145 所示。

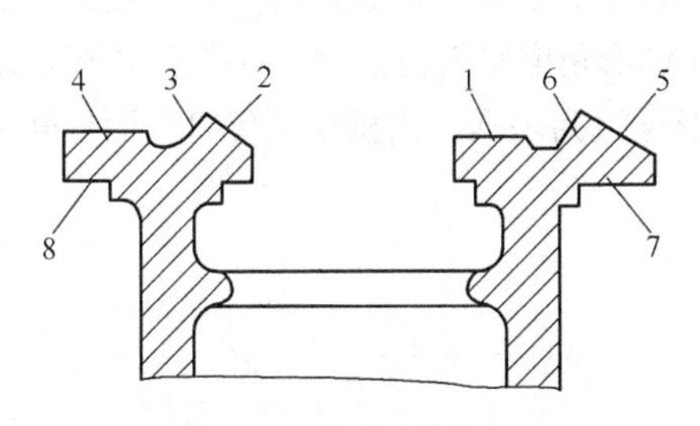

图 3.144　车床床身导轨

1、2、3—尾架用导轨；4、5、6—溜板用导轨；7、8—压板用导轨

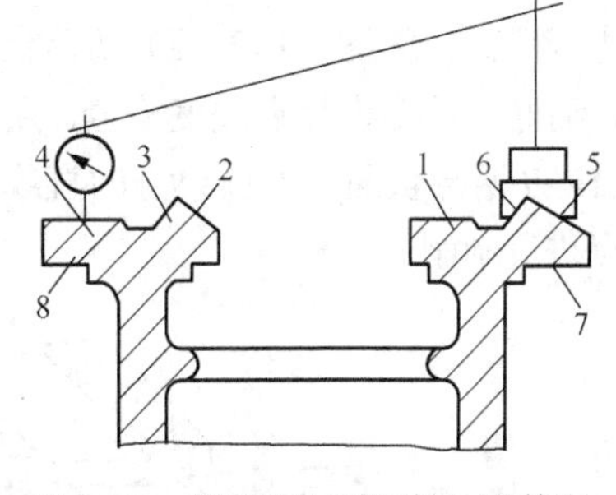

图 3.145　车床床身导轨刮削时的检查

③ 刮削尾架用平面 1。以已刮好的 5、6 面及 4 面为基准导轨，用平尺研点刮削平面 1，达到自身精度和平行度要求。用图 3.146 所示的检验桥板和百分表配合检查平行度。

④ 刮削导轨面 2、3。刮削方法与刮削基准导轨 5、6 相同，必须保证自身的精度，同时要达到对基准导轨 5、6 和平面 1 的平行度要求。用图 3.146 所示的检验桥板和百分表配合检查平行度。

（4）双矩形导轨的刮削。其形状如图 3.147 所示。刮削时一般不采用逐条刮削的方法，而是使用标准平板对两条导轨同时研点刮削，使两条导轨的自身精度和平行度要求同时达到，工作效率高。研点用标准平板的宽度应大于或等于导轨的宽度 B，长度稍小于导轨长度 L。对于较长的导轨也可用短一些平板逐段刮削。

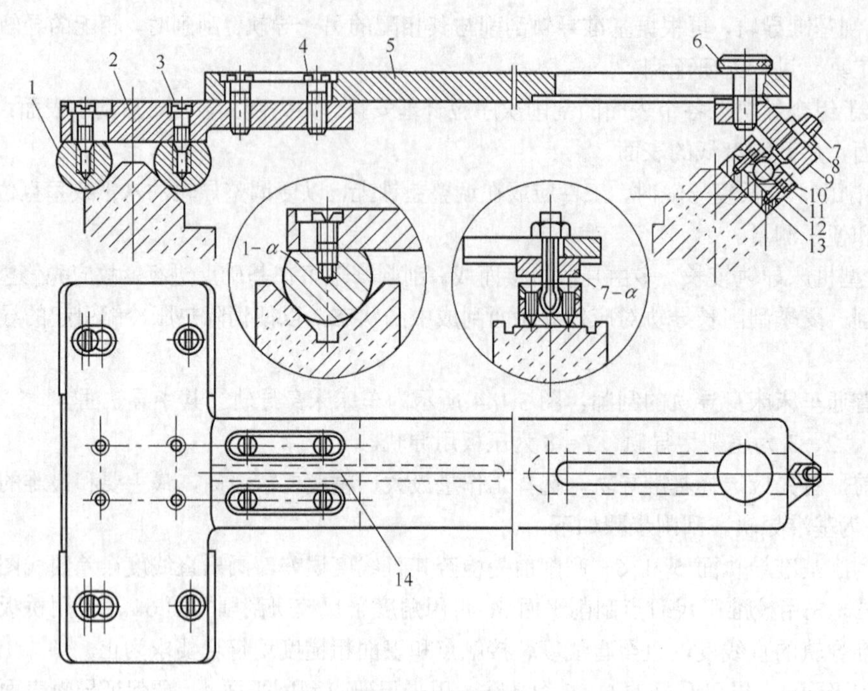

图 3.146 检验桥板

1—半圆棒；2—丁字板；3、4、10—圆柱头螺钉；5—桥板；6—滚花螺钉；7—调整杆；8—六角螺母；

9—滑动支撑；11—盖板；12—垫板；13—接触板；14—平键

（5）V 形—矩形导轨的刮削。其结构形状如图 3.148 所示。其刮削方法有两种，一种是用相配的工作台进行研点（因工作台导轨面较短，容易保证精度，常用刮或磨削）；另一种是用校准工具进行研点，如图 3.149（a）所示。用组合平板研点时，*A*、*B*、*C* 三条导轨面可同时显点进行刮削，刮好后只得进行直线度检查。用图 3.149（b）所示的 V 形角度平尺研点时，应先刮 V 形导轨的 *A*、*B* 两导轨面，保证自身的直线度要求。然后以 V 形导轨为基准，用桥形平尺研平面导轨 *C* 显点进行刮削。

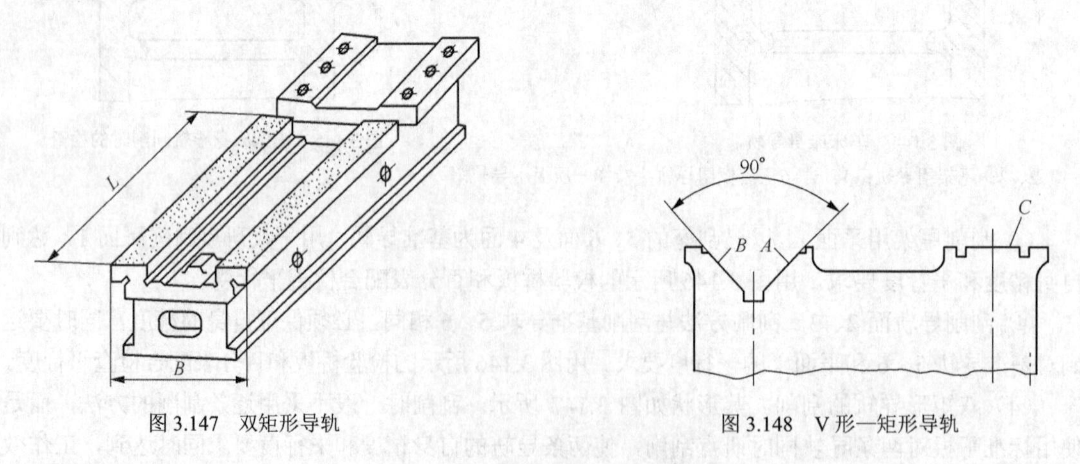

图 3.147 双矩形导轨　　　　图 3.148 V 形—矩形导轨

刮削时用图 3.150 所示方法检查。先用水平仪（或光学平直仪）检查平面导轨 C 的直线度；然后用水平仪置于工字平尺（或专用桥板）上，沿导轨移动逐段测量两导轨间的平行度。

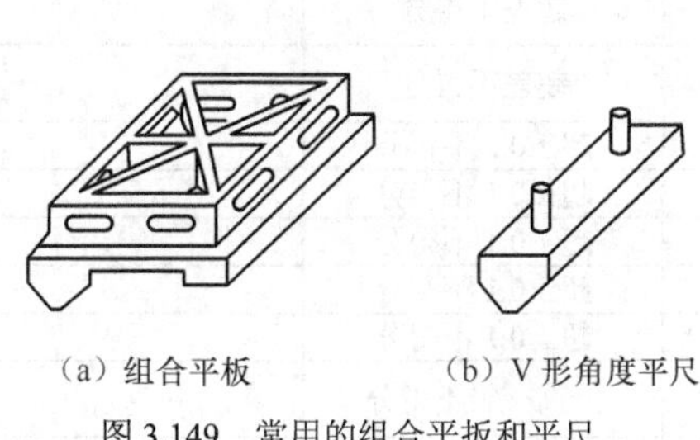

图 3.149 常用的组合平扳和平尺

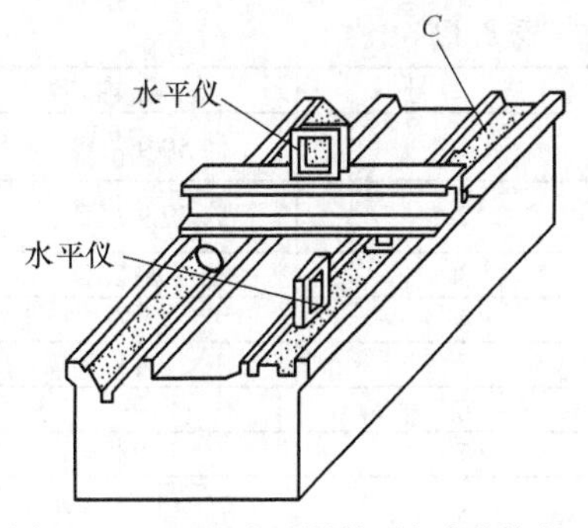

图 3.150 V 形—矩形导轨平行度的检查

图 3.152 所示为检查外圆磨床床身两组 V 形—矩形导轨之间垂直度的方法。以床身纵导轨 1 为基准，借助标准方框角尺 2 检查横导轨 3 对纵导轨的垂直度。

检查导轨间的平行度可使用检验桥板与水平仪配合。该导轨不同的形状，可以做成不同结构的检验桥板，图 3.146 是常见的一种形式。桥板支撑部分如图 3.146 中的 1 和 7～11 两部分，可以根据导轨形状更换，测量跨度可以调整，能适应多种床身组合导轨的测量。

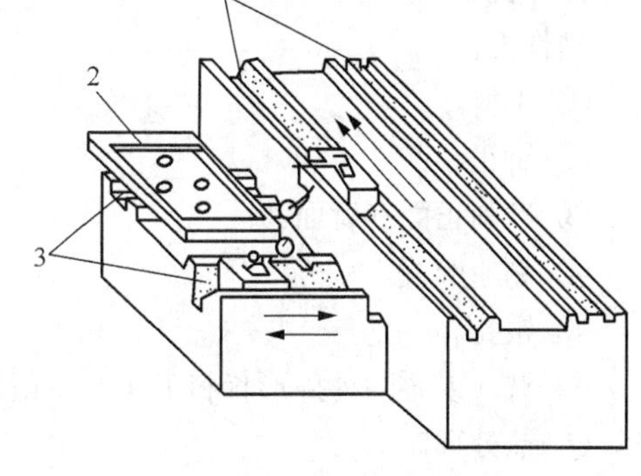

图 3.151 两组 V 形—矩形导轨垂直度的检查
1—导轨；2—方框角尺；3—横导轨

二、技能拓展

1. 制作板状卡规

细读图 3.152 所示的板状卡规图形，材料为 45 钢，质量评价要求见表 3.32。

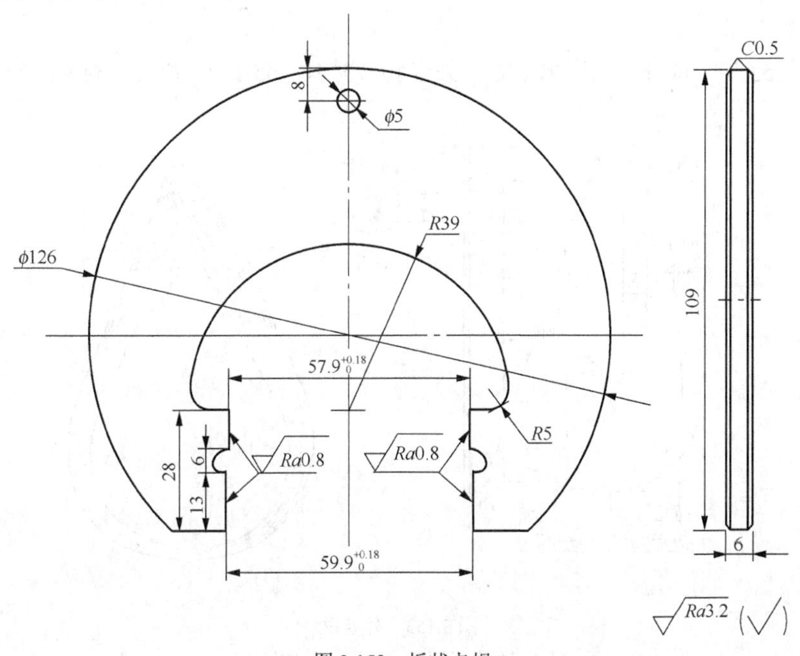

图 3.152 板状卡规

表 3.32　　　　板状卡规评分标准

序　号	检测内容	配　分	评价标准	得　分
1	$59.9^{+0.18}_{0}$	15	超差不得分	
2	$57.9^{+0.18}_{0}$	15	超差不得分	
3	$\phi126$	5	超±0.2 不得分	
4	$R39$	5	超±0.1 不得分	
5	13	5	超±0.1 不得分	
6	6	5	超±0.1 不得分	
7	28	5	超±0.1 不得分	
8	Ra 1.6（4 处）	20	升高一级不得分	
9	Ra 3.2	25	升高一级不得分	
10	文明生产	—	违者不计成绩	

操作提示

制作工艺。

① 下料。

② 矫正。

③ 磨削正面和背面。

④ 划轮廓线。

⑤ 钻孔。

⑥ 铣（或錾）内外形状和工作面，留锉削加工余量。

⑦ 热处理。

⑧ 锉削工作面。

⑨ 研磨工作面。

⑩ 检验。

2．制作外卡钳

细读图 3.153 所示的外卡钳图形，它由外卡脚（材料：45 钢），垫片（材料：35 钢），使用半

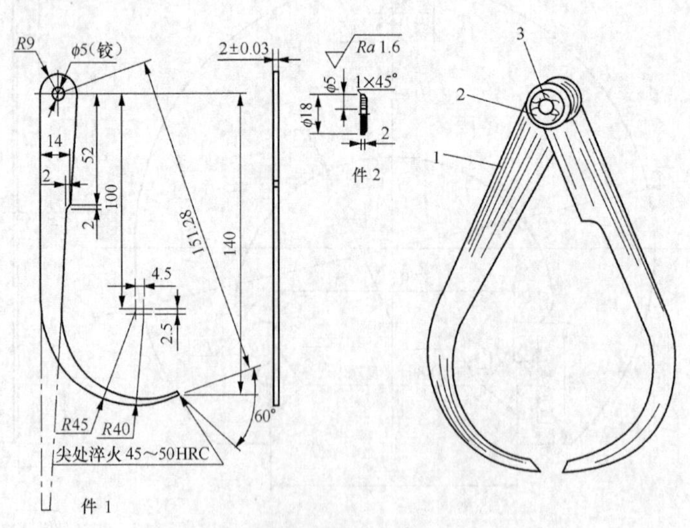

图 3.153　外卡钳

1—外卡脚；2—垫片；3—铆钉

圆头铆钉铆接，质量评价要求见表3.33。

表3.33 外卡钳评分标准

序号	检测内容		配分	评价标准	得分
1	卡脚	140	5	超±0.2不得分	
2		2±0.03	10	超差不得分	
3		*R*45	5	超±0.1不得分	
4		*R*40	5	超±0.1不得分	
5		14	5	超±0.1不得分	
6		2	5	超±0.1不得分	
7		对称正确	5	超差不得分	
8		$\sqrt{Ra\ 1.6}$	15	升高一级不得分	
9	垫片	ϕ18	5	超±0.1不得分	
10		$\sqrt{Ra\ 1.6}$	15	升高一级不得分	
11	装配	两脚合并相差≤0.1	5	超差不得分	
12		*R*9圆头圆弧正确	10	超差不得分	
13		ϕ5铆接松紧适宜，铆合头完整	10	超差不得分	
14	文明生产		—	违者不计成绩	

3．制作U形检测样板

细读图3.154所示的U形检测样板，材料为45钢，质量评价要求见表3.34。

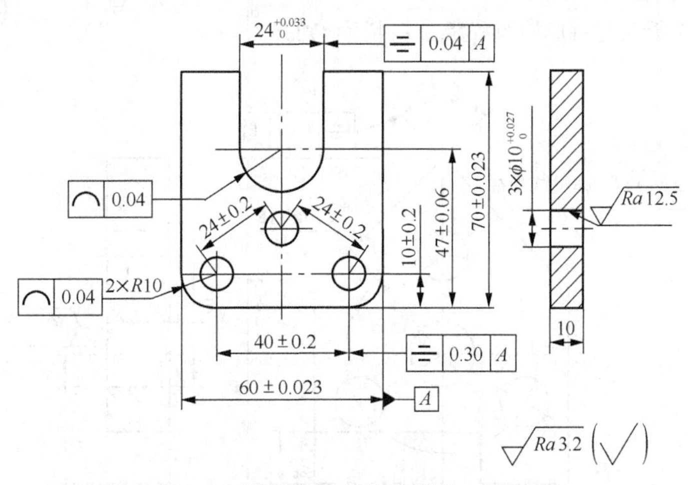

图3.154 U形检测样板

表3.34 U形检测样板评分标准

序号	检测内容	配分	评价标准	得分
1	70±0.023	10	超差不得分	
2	60±0.023	10	超差不得分	
3	47±0.06	10	超差不得分	

续表

序　号	检测内容	配　分	评价标准	得　分
4	$24^{+0.033}_{0}$	5	超差不得分	
5	⌯ 0.04 A	5	超差不得分	
6	⌒ 0.04	5	超差不得分	
7	⌒ 0.04（2 处）	10	超差不得分	
8	Ra 3.2（10 处）	10	每处升高一级扣 1 分	
9	24±0.2（2 处）	10	超差不得分	
10	40±0.2	5	超差不得分	
11	10±0.2	5	超差不得分	
12	⌯ 0.30 A	5	超差不得分	
13	$\phi10^{+0.027}_{0}$	5	超差不得分	
14	Ra 12.5	5	升高一级不得分	
15	文明生产	—	违者不计成绩	

强化训练

1．制作鱼形检测样板

制作如图 3.155 所示的鱼形检测样板，材料为 Q235。

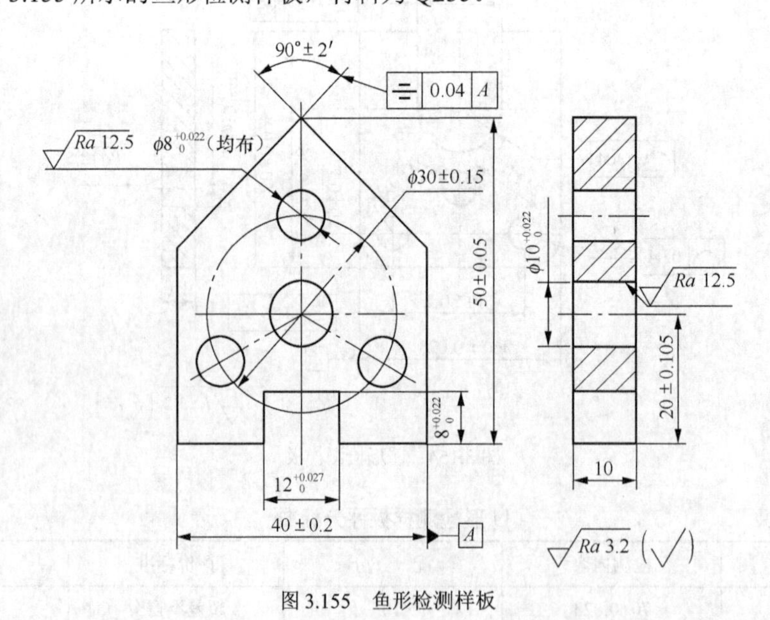

图 3.155　鱼形检测样板

2．制作划规

制作如图 3.156 所示的划规。

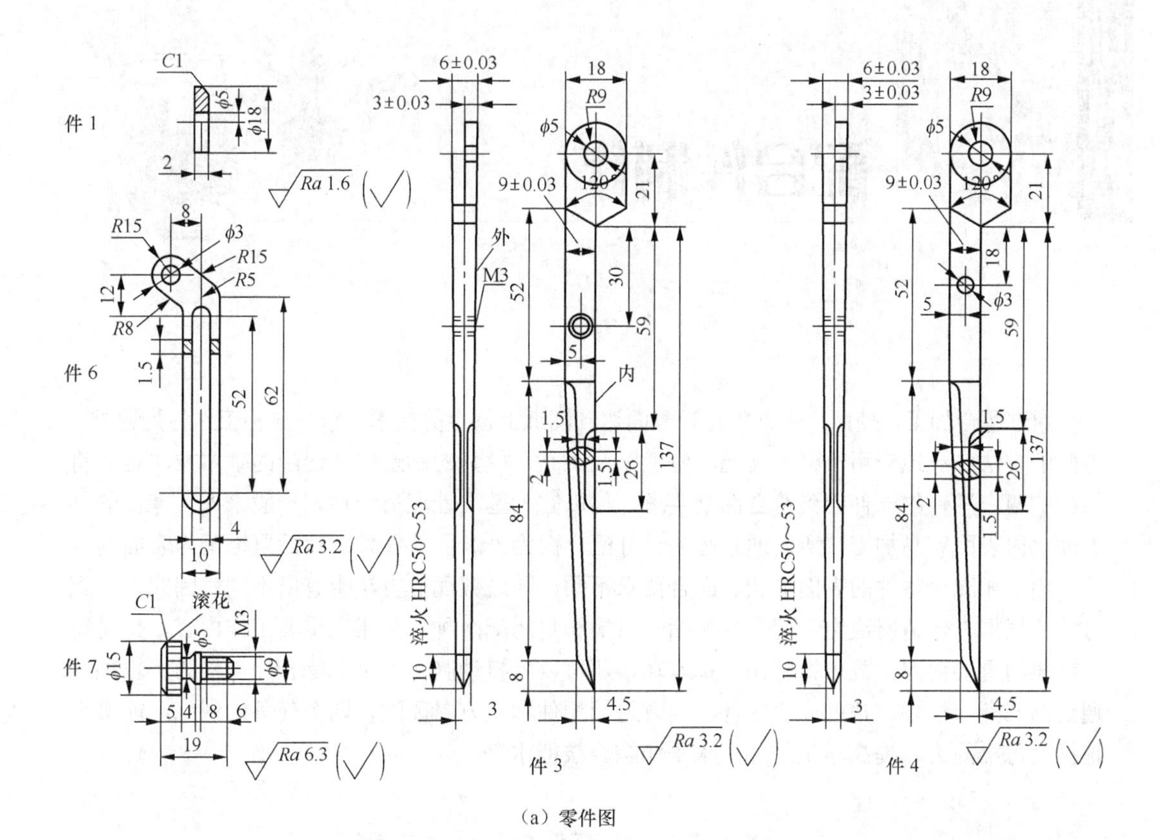

（a）零件图

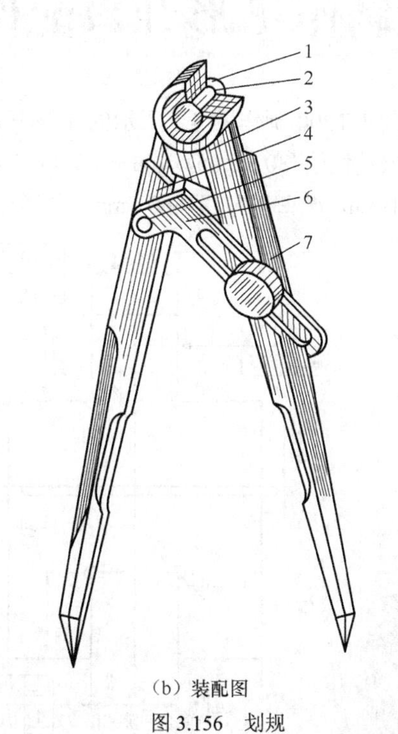

（b）装配图

图 3.156 划规

1—垫片（35 钢）；2—$\phi 5\times 20$ 半圆头铆钉（Q235）；3—右划规脚（45 钢）；4—左划规脚（45 钢）；5—$\phi 3\times 12$ 半圆头铆钉；6—活动连板；7—紧固螺钉

项目四 配合件制作

通过配合加工，使两个零件的相配表面达到图纸上规定的技术要求，这种工作称为锉配。锉配的方法广泛地应用于机器装配、修理以及工具、模具的制造中。锉配的基本方法是先将相配的两个零件的一件锉到符合图纸要求，再以它为基准锉配另一件。一般来说，零件的外表面比内表面容易加工，所以通常是先锉好配合面为外表面的零件，然后再锉配内表面的零件。由于相配合零件的表面形状、配合要求不同，随之锉配的方法也有所不同，因此，锉配方法应根据具体情况决定。配合件包括开口配和封闭配两种，是钳工重要工作内容，也是钳工考核的重要内容，既可检验钳工基本功，还可以考核动脑、动手等综合加工能力。本项目通过凸凹开口配件、角度开口配件、四方封闭配件和六方封闭配件四个任务的训练，能极大地提高思维能力，提高学生的加工水平和综合技能水平。

任务1 制作T形开口配件

本项目的第一个任务就是用HT200制作图4.1所示的T形开口配件，其尺寸如图4.2所示。根据图4.2所示的图样要求是使用(80±0.05)×(60±0.05)×(20±0.1)的毛坯料锉削一套T形开口配件，配合间隙小于0.1mm，凸凹对称度为0.1mm，配合面的粗糙度 *Ra* 小于3.2μm。

图4.1　T形开口配件

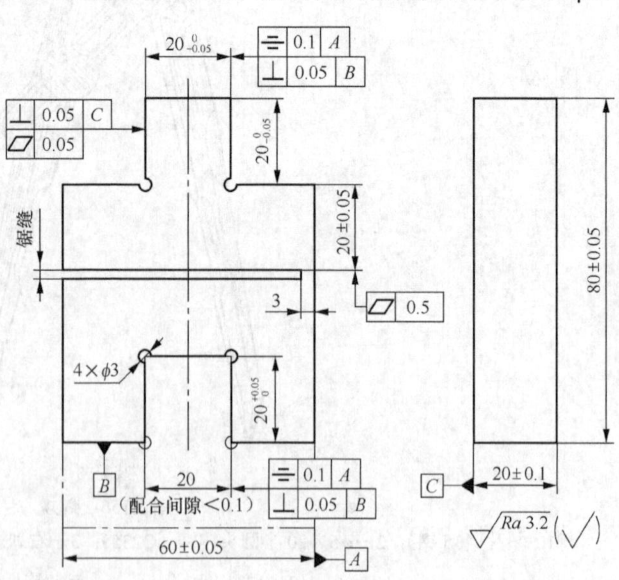

图4.2　凸凹样板尺寸图

学习目标

T形开口配件的制作需熟练运用划线、锯削、锉削、錾削、测量等钳工基本操作技能。所以，通过完成本项目训练可达成如下学习目标。

（1）巩固练习划线、锯削、锉削、钻孔和测量技能。

（2）掌握锉配样板的方法。

（3）掌握对称度测量方法。

（4）具备凸凹开口配件配作技能。

（5）具有制作配件的常用工具使用和保养的能力。

（6）具有依图设计配件制作工艺规程的能力。

（7）具有正确执行安全操作规程、文明生产、岗位责任制、工艺规程等要求的能力。

（8）通过反复修锉配养成勤奋努力、精益求精的作风。

工具清单

完成本项目任务所需的工具见表4.1。

表4.1 工量具清单

序　号	名　称	规　格	数　量	用　途
1	钢直尺	150mm	1	划线导向
2	刀口角尺	100mm	1	划垂直线和平行线、检测垂直度
3	百分表（带表座）	0～3mm	1	检测平行度
4	游标卡尺	250mm	1	检测尺寸
5	高度尺	250mm	1	划线
6	划规	普通	1	圆弧
7	划针	$\phi3$	1	划线
8	样冲	普通	1	打样冲眼
9	手锤	0.25kg	1	打样冲眼
10	划线平板	160mm×160mm	1	支撑工件和安放划线工具
11	锯弓	可调式	1	装夹锯条
12	锯条	细齿	1	锯削余量
13	平锉	粗齿350mm	1	锉削平面
14	平锉	细齿150mm	1	精锉平面
15	半圆锉	中齿250mm	1	精锉90°形面
16	方锉	中齿250mm	1	锉90°形面
17	整形锉	100mm	1	精修各面
18	钢丝刷	—	1	清洁锉刀
19	台钻（配附件）	—	共用	钻腰形孔
20	麻花钻	$\phi3$mm	1	钻$\phi2$mm孔

续表

序号	名称	规格	数量	用途
21	砂轮机	—	共用	刃磨麻花钻
22	砂纸	200	1	抛光
23	棉纱	—	若干	清洁划线平板及工件
24	毛刷	4寸	1	清洁台面
25	煤油	—	若干	清洁工件
26	钳台	标准	共用	
27	台虎钳	标准	共用	
28	粗糙度对比仪	标准	1	检测表面质量
29	錾子	窄錾	1	錾凹槽
30	百分表	0～3mm	1	检测位置精度
31	千分尺	0～3mm	1	检测位置精度

相关知识和工艺

一、对称度的测量

对称度误差，是指被测表面的中心平面与基准表面的中心平面间的最大偏移距离，如图4.3所示的Δ。

对称度公差带是距离为公差值t，且相对基准中心平面对称配置的两平行平面之间的区域。

对称度的测量如图4.4所示。要检查尺寸m是否对称于尺寸n的中心平面，先把样板垂直放置在平板上，用百分表测量A表面，得出数值k_1；然后把另一侧面同样放置在平板上，测量B表面，得出数值k_2。如果两次测量的数值一样，说明尺寸m的两表面对称于尺寸n的中心平面；如果两次测量的数值不一样，则对称度误差值为$\frac{|k_1-k_2|}{2}$。

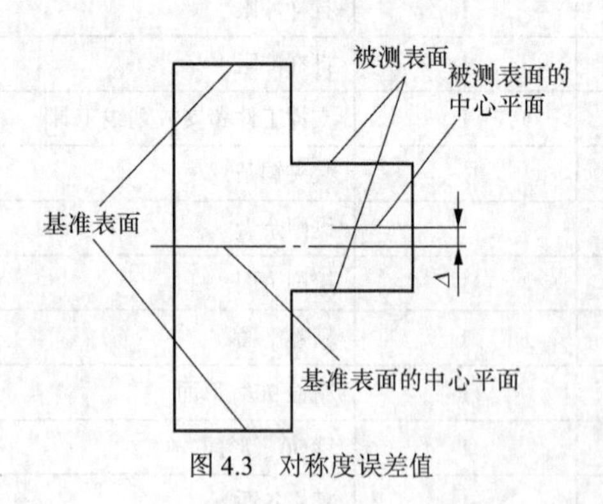

图4.3 对称度误差值

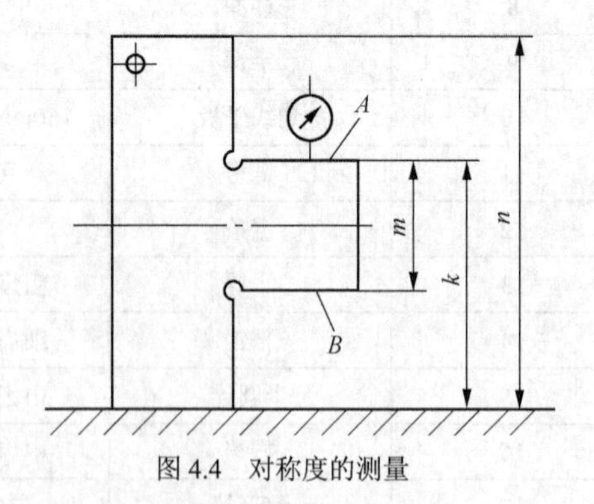

图4.4 对称度的测量

二、对称度误差修整

对称度误差在凸凹配合件中可通过凸凹体配合进行检查，然后根据检查结果修整，以减小或消除对称度误差。其原理如图4.5所示。

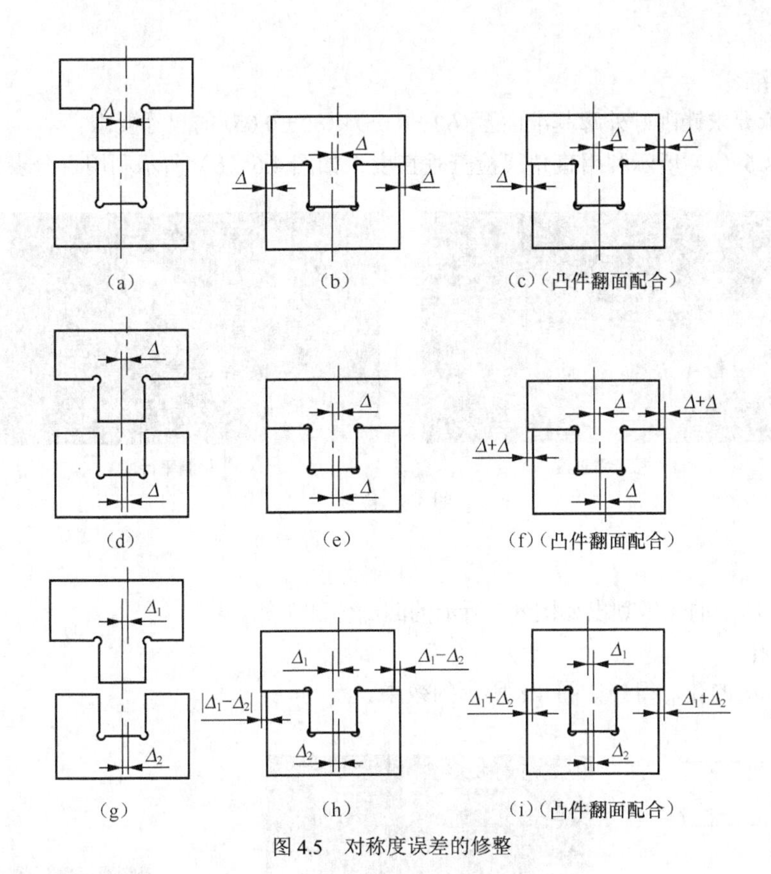

图 4.5　对称度误差的修整

在图 4.5（a）、（b）、（c）中，图 4.5（a）为该组凸凹件配合前的情况，图 4.5（b）为该组件配合后的情形，图 4.5（c）为翻转凸形后的配合情形。修整时，凸形件多的一侧要修去 2Δ，凹形件每侧要修去Δ。

在图 4.5（d）、（e）、（f）中，图 4.5（d）为配合前的情形，图 4.5（f）为翻转凸形件后的配合情形。修整时，凸件、凹件多的一侧都要修去 2Δ。

在图 4.5（g）、（h）、（i）中，凸件和凹件先按图 4.5（h）所示多的侧修去$\left|\Delta_1-\Delta_2\right|$，然后翻转凸件，再按图 4.5（i）所示多的一侧修去 $\Delta_1+\Delta_2$。

以上几种情形表明，要修整、减小对称度误差，都要对凸件或凹件的外形基准尺寸进行修去，所以在开始锉削外形基准尺寸时，一定要按所给尺寸的上限加工，留有一定的修整余量。

这样，即使最后因对称度超差修去一些，外形尺寸仍在公差范围之内。

任务实施

一、备料

1．检查毛坯尺寸

检查毛坯尺寸（或下坯料）是否大于 $60\text{mm}\times80\text{mm}\times20\text{mm}$。

2．去毛刺

将毛坯锐边毛刺去掉。

二、加工

1．锉削基准

（1）按图纸要求锉削好外廓基准面至（60±0.05）×（80±0.05）的尺寸要求

（2）如图 4.6（a）所示利用直角尺检查垂直度，如图 4.6（b）所示利用百分表检查平行度。

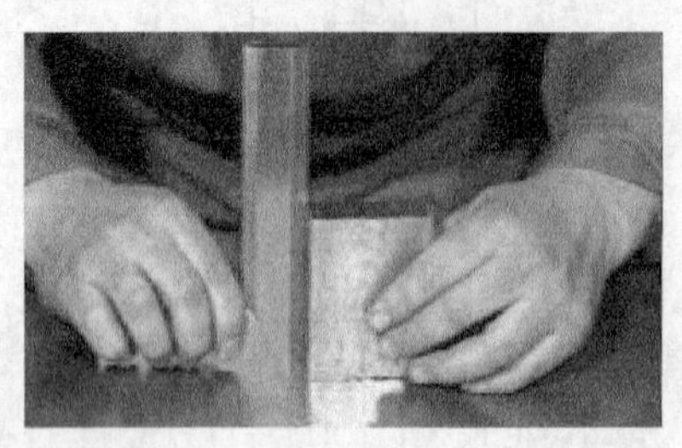

（a）检查垂直度

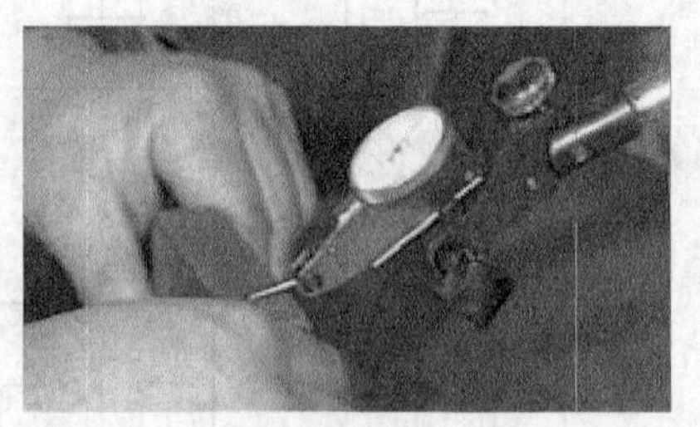

（b）检测平行度

图 4.6 检验

2．划线

根据图 4.2 所示的图纸划出如图 4.7 所示的凹凸体加工线。

3．钻工艺孔

钻 4 个 ϕ3mm 的孔，得到如图 4.8 所示的效果。

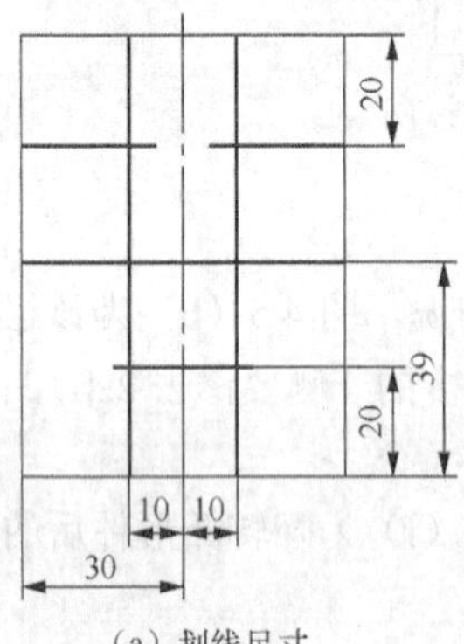

（a）划线尺寸

（b）划线效果

图 4.7 划线

图 4.8 钻孔效果

4．锉削凸凹形

（1）加工凸形面。锯削凸形面，并对两个垂直面进行精锉和细锉，得到图 4.9 所示的效果。

（2）加工凹形面。

①用排钻加工出图 4.10 所示的排孔。

② 用锯削、錾削去除凹形面的多余部分，并用精锉、细锉加工达到与凸形件配合精度，得到图 4.11 所示的效果。

三、修饰

1．锐边倒角

2．检查尺寸

3．锯削锯缝

按图 4.2 所示的图纸锯削锯缝，并修去锯缝毛刺，得到图 4.12 所示效果。

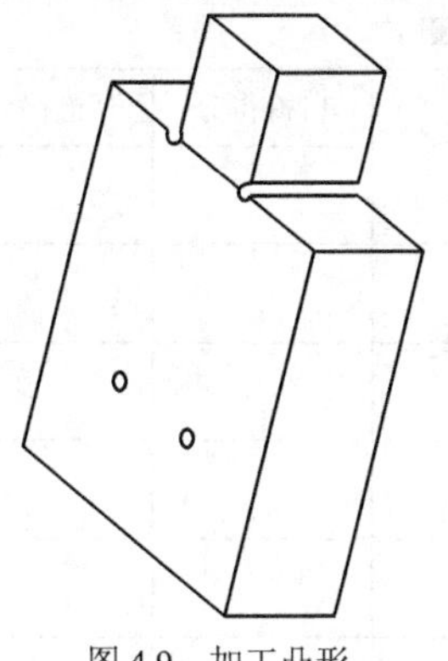

图 4.9　加工凸形

图 4.10　钻排孔

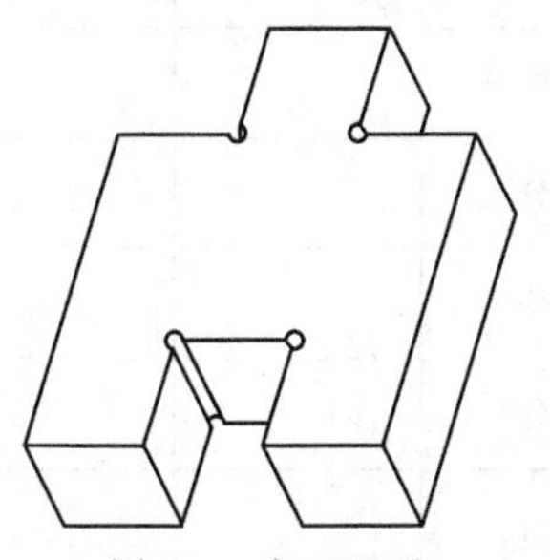

图 4.11　加工凹形

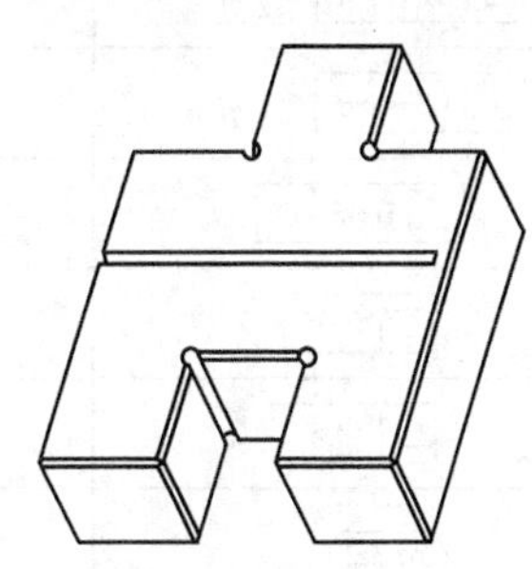

图 4.12　立体效果

注意事项

T 形开口配件的制作注意事项如下。

（1）要确保 $20_{-0.05}^{\ 0}$ mm 处的对称度误差测量的准确性，尺寸（60±0.05）mm 在实际测量时必须确保准确，并将实际尺寸值带入对称度误差的计算中。

（2）加工 $20_{-0.05}^{\ 0}$ mm 凸形时只能先锯削加工一个，再加工另一个，以避免间接测量法形成的误差。

（3）在加工零件时，应控制好各项形位误差，以避免配合时造成配合间隙的增大。

（4）加工垂直面时要避免锉刀面破坏另一垂直面，必须将锉刀在砂轮上打磨成小于 90°，并用油石磨光。

质量评价

按照表 4.2 中的要求学习者进行自检、同伴之间互检、教师或专家进行抽检，并填写于表中，学习者根据质量评价归纳总结存在的不足，做出整改计划。

表 4.2　作品质量检测卡

制作 T 形开口配件项目作品质量检测卡			
班　级		姓　名	
小组成员			
指导老师		训练时间	

续表

制作T形开口配件项目作品质量检测卡

序号	检测内容	配分	评价标准	自检得分	互检得分	抽检得分
1	60±0.05	5	超差不得分			
2	80±0.05	5	超差不得分			
3	20±0.05	5	超差不得分			
4	$20_{-0.05}^{\ 0}$（2处）	10	超差不得分			
5	$20_{\ 0}^{+0.05}$	6	超差不得分			
6	⌯ 0.1 *A*（2处）	6	每处超差不得分			
7	⊥ 0.05 *B*（2处）	6	每处超差不得分			
8	⊥ 0.05 *C*	5	超差不得分			
9	▱ 0.05	5	超差不得分			
10	▱ 0.5	5	超差不得分			
11	$\sqrt{Ra\ 3.2}$（12处）	12	每处升高一级			
12	配合间隙＜0.1（5处）	15	每处超差不得分			
13	互换间隙＜0.1（5处）	15	每处超差不得分			
	文明生产	—	违者不计成绩			
			总分			
			签名			

任务II　制作角度开口配件

本项目的第二个任务就是用Q235钢制作图4.13所示的角度开口配件，其尺寸如图4.14所示。根据图4.14所示的图样要求是使用62mm×42mm×8mm的毛坯料锉削一套角度开口配件，配合间隙小于0.1mm，凸凹对称度为0.1mm，配合面的粗糙度*Ra*小于3.2μm。

图4.13　角度样板

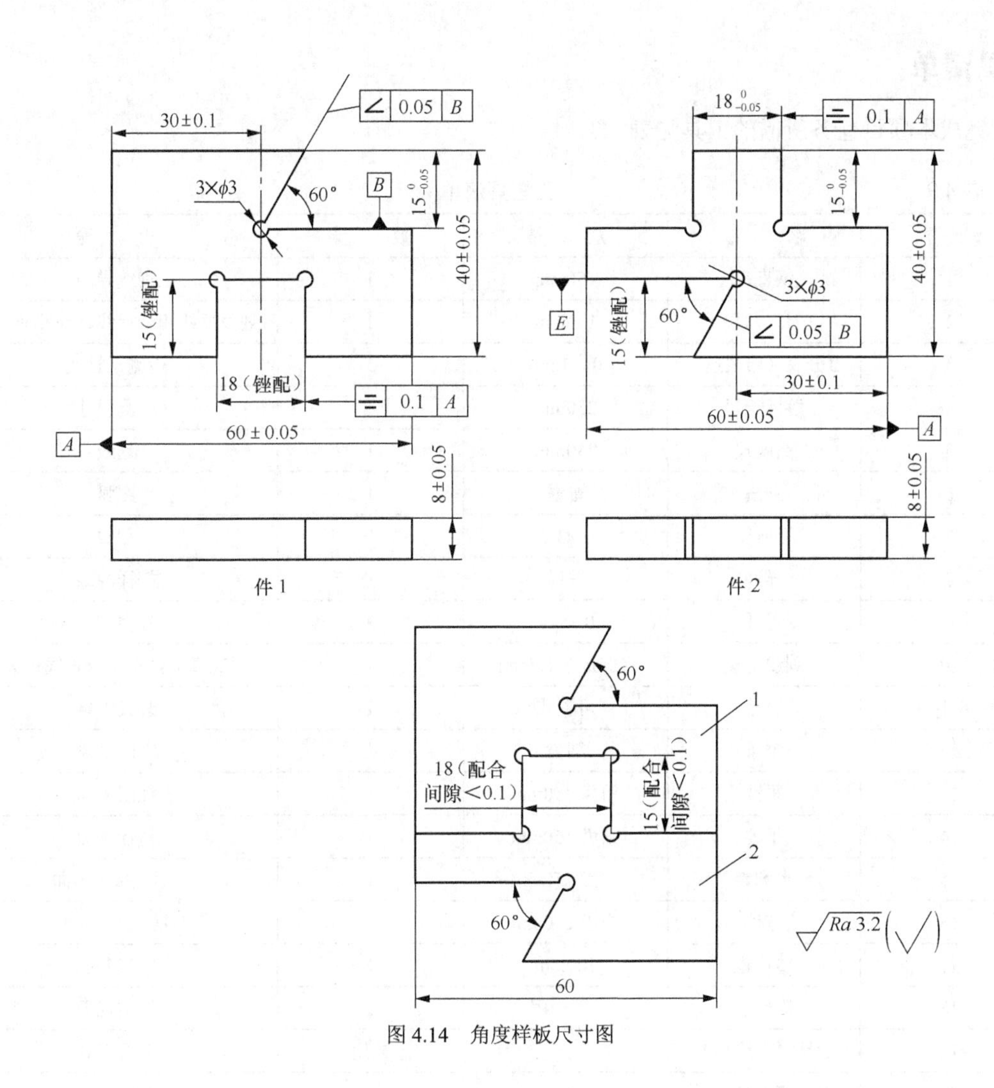

图 4.14　角度样板尺寸图

学习目标

角度开口配件的制作需熟练运用划线、锯削、锉削、錾削、测量等钳工基本操作技能。所以，通过完成本项目训练可达成如下学习目标。

（1）巩固练习划线、锯削、锉削、钻孔和测量技能。

（2）掌握锉配的方法。

（3）掌握对称度测量方法。

（4）具备角度和凸凹开口配件配作技能。

（5）具有制作配件的常用工具使用和保养的能力。

（6）具有依图设计配件制作工艺规程的能力。

（7）具有正确执行安全操作规程、文明生产、岗位责任制、工艺规程等要求的能力。

（8）通过反复修锉配养成勤奋努力、精益求精的作风。

工具清单

完成本项目任务所需的工具见表 4.3。

表 4.3 工量具清单

序号	名称	规格	数量	用途
1	钢直尺	150mm	1	划线导向
2	刀口角尺	100mm	1	划垂直线和平行线、检测垂直度
3	百分表（带表座）	0～3mm	1	检测平行度
4	游标卡尺	250mm	1	检测尺寸
5	高度尺	250mm	1	划线
6	划规	普通	1	圆弧
7	划针	$\phi 3$	1	划线
8	样冲	普通	1	打样冲眼
9	手锤	0.25kg	1	打样冲眼
10	划线平板	160mm×160mm	1	支撑工件和安放划线工具
11	锯弓	可调式	1	装夹锯条
12	锯条	细齿	1	锯削余量
13	平锉	粗齿 350mm	1	锉削平面
14	平锉	细齿 150mm	1	精锉平面
15	半圆锉	中齿 250mm	1	精锉 90°形面
16	方锉	中齿 250mm	1	锉 90°形面
17	整形锉	100mm	1	精修各面
18	钢丝刷	—	1	清洁锉刀
19	台钻（配附件）	—	共用	钻腰形孔
20	麻花钻	$\phi 3$mm	1	钻$\phi 2$mm 孔
21	砂轮机	—	共用	刃磨麻花钻
22	砂纸	200	1	抛光
23	棉纱	—	若干	清洁划线平板及工件
24	毛刷	4寸	1	清洁台面
25	煤油	—	若干	清洁工件
26	钳台	标准	共用	
27	台虎钳	标准	共用	
28	粗糙度对比仪	标准	1	检测表面质量
29	錾子	窄錾	1	錾凹槽
30	百分表	0～3mm	1	检测位置精度
31	千分尺	0～3mm	1	检测位置精度
32	万能游标角度尺	标准	1	测量角度

相关知识和工艺

一、锉内、外角度检验样板

锉配角度样板工件之前，一般要挫制一副内、外角度检查样板（见图 4.15）。锉削时 α 角要准确，两条锐角边要平直。内外样板配合时，在 α 角的两边只允许有微弱的光隙。

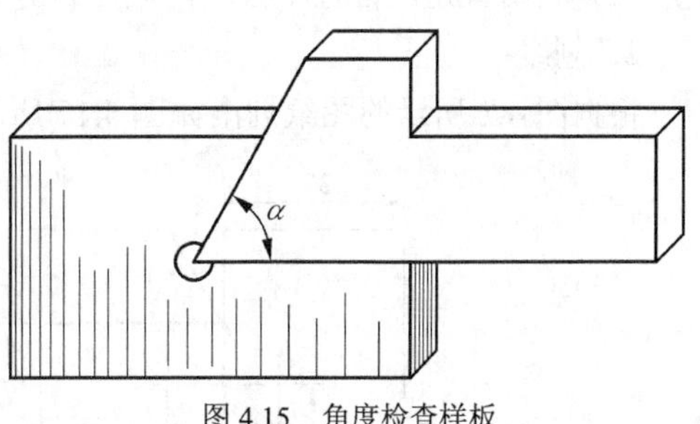

图 4.15　角度检查样板

二、角度样板的尺寸测量

图 4.16 所示的尺寸 B 不容易直接测量准确，一般都采用间接的测量方法。样板形状不同，测量时的计算方法也有所不同。图 4.16（b）的测量尺寸 M 与样板的尺寸 B、圆柱直径 d 之间有如下关系：

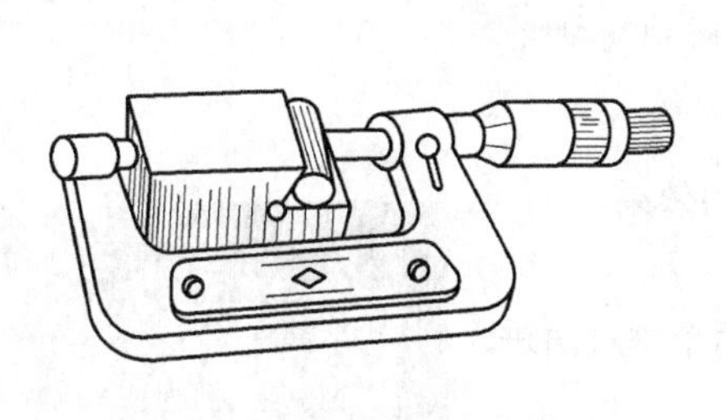

（a）角度样板尺寸测量

（b）计算图

图 4.16　角度样板边角尺寸的测量

$$M = B + \frac{d}{2} \cdot \mathrm{ctan}\frac{\alpha}{2} + \frac{d}{2}$$

式中　M——测量读数值，mm；

B——样板斜面与槽底的交点至测量面的距离，mm；

d——圆柱量棒的直径尺寸，mm；

α——斜面的角度值。

当要求尺寸为 B 时，则可按下式计算

$$B = A - C\tan$$

或

$$B = M - \frac{d}{2}\mathrm{ctan}\frac{\alpha}{2} - \frac{d}{2}$$

任务实施

一、备料

1．检查毛坯尺寸

检查毛坯尺寸（或下坯料）是否大于 $40\mathrm{mm} \times 60\mathrm{mm} \times 8\mathrm{mm}$ 。

2．去毛刺

将毛坯锐边毛刺去掉。

二、加工

1．锉削基准

（1）按图纸要求锉削好外廓基准面至(60±0.05)×(40±0.05)的尺寸要求。

（2）利用直角尺检查垂直度，利用百分表检查平行度。

2．划线

根据图 4.2 所示的图纸划出如图 4.17 所示的凹凸体加工线。

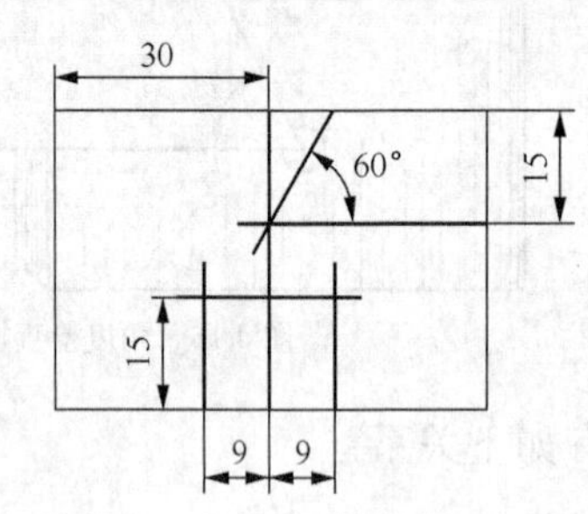

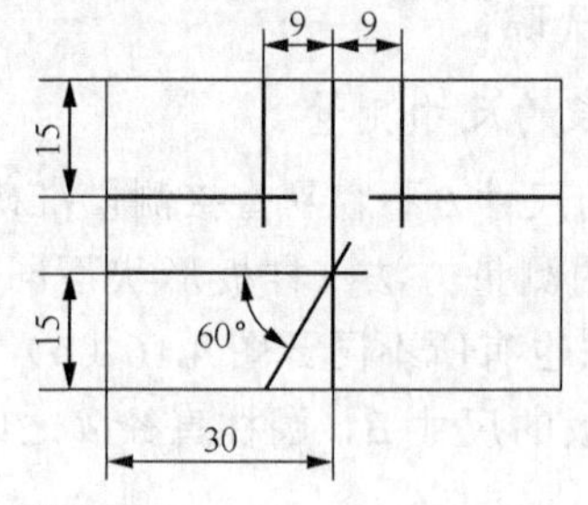

图 4.17 划线

3．钻工艺孔

钻 4 个 ϕ3mm 的孔，得到图 4.18 所示的效果。

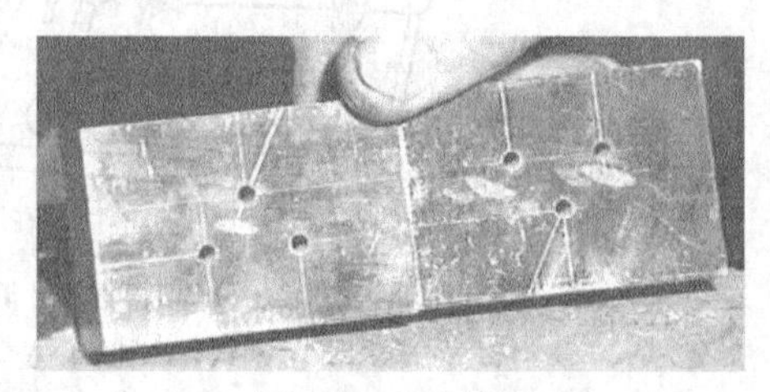

图 4.18 钻孔效果

4．锉削凸凹形

（1）加工凸形面。锯削凸形面，并对两个垂直面进行精锉和细锉，得到如图 4.19 所示的效果。

（2）加工凹形面。用排钻加工出排孔，用锯削、錾削去除凹形面的多余部分，并用精锉、细锉加工达到与凸形件配合精度，得到图 4.20 所示的效果。

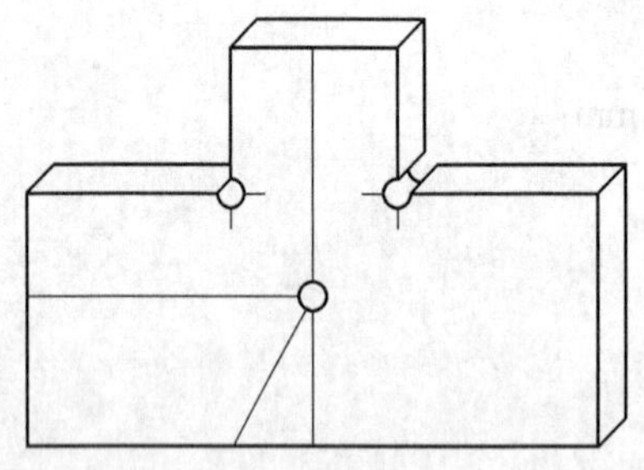

图 4.19 加工凸形

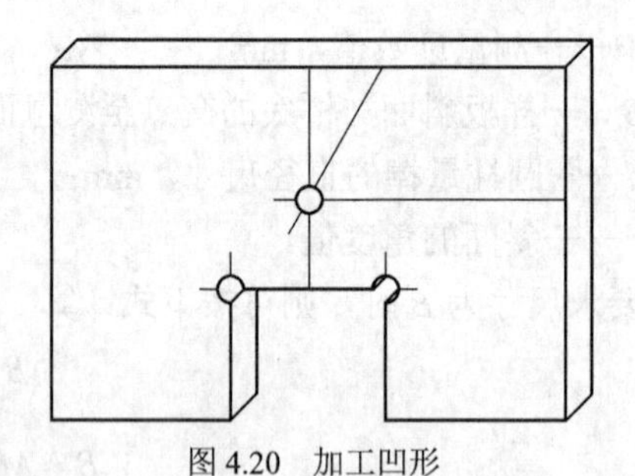

图 4.20 加工凹形

5．锉削角度

（1）加工凸角。锯削凸角，并进行精锉和细锉，得到图 4.21 所示的效果。

（2）加工凹角。锯削凸角，并进行精锉和细锉，得到图 4.22 所示的效果。

三、修饰

1．锐边倒角

2．检查尺寸

如图 4.23 所示，检查角度大小、尺寸大小、配合检查等，得到最终效果如图 4.24 所示。

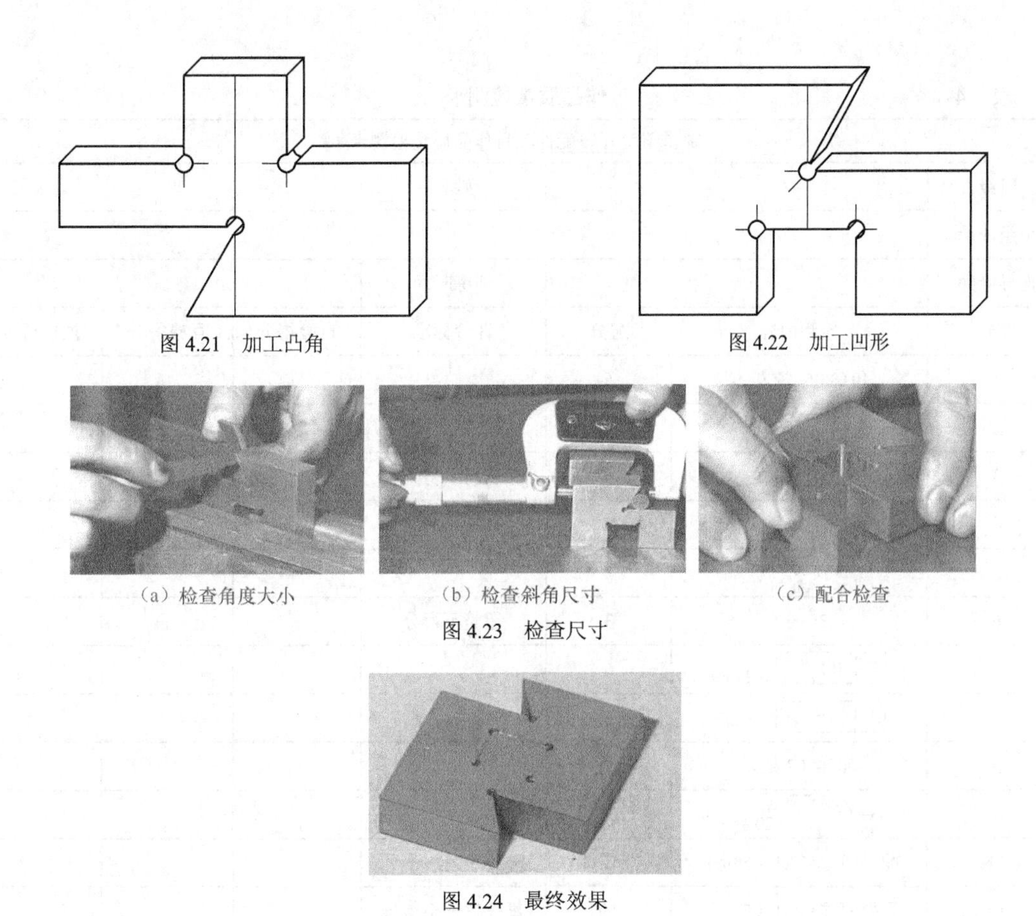

图 4.21　加工凸角

图 4.22　加工凹形

（a）检查角度大小

（b）检查斜角尺寸

（c）配合检查

图 4.23　检查尺寸

图 4.24　最终效果

注意事项

角度开口配件的制作注意事项如下。

（1）由于采用间接测量法，因此必须经过正确的换算和测量才能得到实际要求的尺寸。

（2）在整个加工过程中，加工面都比较窄，因此一定要锉平保证与大平面垂直，才能达到配合精度。

（3）加工凸形面时，为了保证配合精度，必须先去掉一端角料，达到精度后才能去掉另一端角料。

（4）加工角度配合必须在凸凹配合面之后，以保证加工时便于测量。

（5）在锉凹形面时，必须先锉一个凹形面侧面，根据 60mm 的实际尺寸，通过控制 21mm 的尺寸误差来控制配合尺寸。

（6）加工凸凹配合时，必须先锉配两个侧面，再锉配端面。

（7）基准加工成形之后，不再进行修整，以免因破坏了基准而无法达到配合要求。

质量评价

按照表 4.4 中的要求学习者进行自检、同伴之间互检、教师或专家进行抽检，并填写于表中，学习者根据质量评价归纳总结存在的不足，做出整改计划。

表 4.4 作品质量检测卡

制作角度开口配件项目作品质量检测卡						
班级			姓名			
小组成员						
指导老师			训练时间			
序号	检测内容	配分	评价标准	自检得分	互检得分	抽检得分
1	40±0.05（2 处）	6				
2	60±0.05（2 处）	6	超差不得分			
3	40±0.05（2 处）	6	超差不得分			
4	$15_{-0.05}^{\ 0}$（3 处）	9				
5	$18_{-0.05}^{\ 0}$	3				
6	30±0.1	3	超差不得分			
7	⌯ 0.1 A（2 处）	6				
8	∠ 0.05 B（2 处）	6				
9	60°（2 处）	10				
10	$\sqrt{Ra\,3.2}$（20 处）	20				
11	配合间隙＜0.1（5 处）	15	每处超差不得分			
12	互换间隙＜0.1（5 处）	10	每处超差不得分			
13	文明生产	—	违者不计成绩			
				总分		
				签名		

任务III 制作四方封闭配件

本项目的第三个任务就是用 45 钢制作图 4.25 所示的四方封闭配件，其尺寸如图 4.26 所示。根据图 4.26 所示的图纸要求使用 45 钢的毛坯料锉削一套凸凹配合样板，配合间隙和互换间隙小于 0.05mm。

（a）分解状态　　（b）配合状态

图 4.25 四方封闭配件

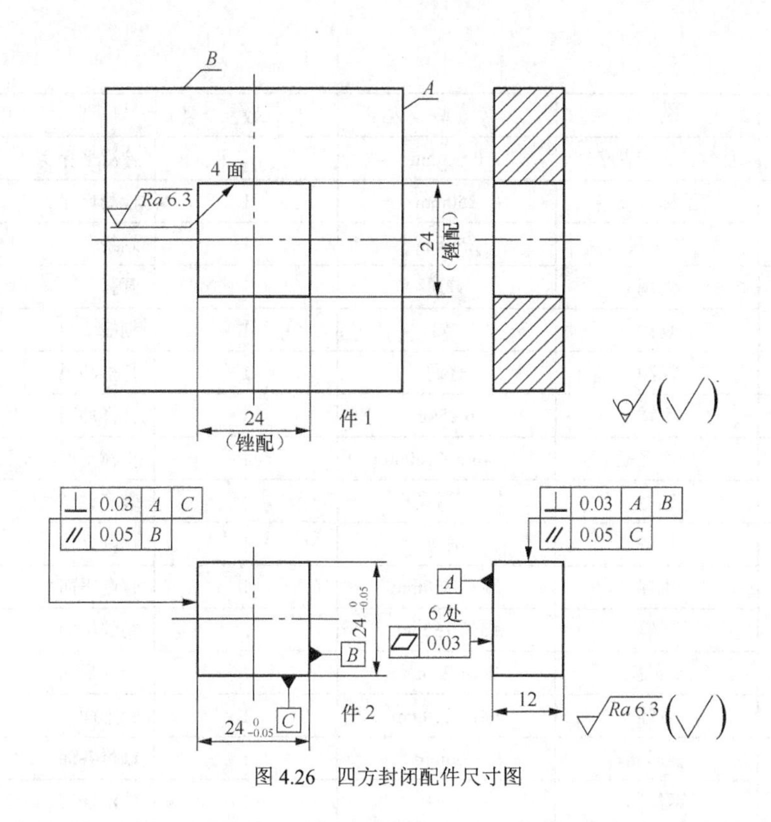

图 4.26 四方封闭配件尺寸图

学习目标

四方封闭配件的制作需熟练运用划线、锯削、锉削、錾削、测量等钳工基本操作技能，还要灵活掌握凹件去除型腔废料、修配等方法，同时还应根据初配痕迹正确判断修配的位置以及修配量。所以，通过完成本项目训练可达成如下学习目标。

（1）巩固练习划线、锯削、锉削、钻孔和测量技能。

（2）掌握锉配样板的方法。

（3）掌握对称度测量方法。

（4）具备封闭配件配作技能。

（5）掌握影响锉配精度的因素，并能对锉配误差进行检查和修正。

（6）进一步掌握平面锉配技能，具有形位精度在加工中的控制能力。

（7）具有正确执行安全操作规程、文明生产、岗位责任制、工艺规程等要求的能力。

（8）通过反复修锉配养成勤奋努力、精益求精的作风。

工具清单

完成本项目任务所需的工具见表 4.5。

表 4.5 工量具清单

序　号	名　称	规　格	数　量	用　途
1	钢直尺	150mm	1	划线导向
2	刀口角尺	100mm	1	划垂直线和平行线、检测垂直度

续表

序号	名称	规格	数量	用途
3	百分表（带表座）	0～3mm	1	检测平行度
4	游标卡尺	250mm	1	检测尺寸
5	高度尺	250mm	1	划线
6	划规	普通	1	圆弧
7	划针	$\phi3$	1	划线
8	样冲	普通	1	打样冲眼
9	手锤	0.25kg	1	打样冲眼
10	划线平板	160mm×160mm	1	支撑工件和安放划线工具
11	锯弓	可调式	1	装夹锯条
12	锯条	细齿	1	锯削余量
13	平锉	粗齿 350mm	1	锉削平面
14	平锉	细齿 150mm	1	精锉平面
15	半圆锉	中齿 250mm	1	精锉形面
16	方锉	中齿 250mm	1	锉形面
17	整形锉	100mm	1	精修各面
18	钢丝刷	—	1	清洁锉刀
19	台钻（配附件）	—	共用	钻排孔
20	麻花钻	$\phi3$mm	1	钻排孔
21	砂轮机	—	共用	刃磨麻花钻
22	砂纸	200	1	抛光
23	棉纱	—	若干	清洁划线平板及工件
24	毛刷	4寸	1	清洁台面
25	煤油	—	若干	清洁工件
26	钳台	标准	共用	
27	台虎钳	标准	共用	
28	粗糙度对比仪	标准	1	检测表面质量
29	錾子	窄錾	1	錾凹槽
30	百分表	0～3mm	1	检测位置精度
31	千分尺	0～3mm	1	检测位置精度

任务实施

一、加工件 1

1．备料

（1）检查件 1 毛坯尺寸（或下坯料）是否有足够的加工余量。

（2）将毛坯锐边毛刺去掉。

2．锉削

（1）锉削基准平面 A，并使之达到平面度 0.03mm．表面粗糙度 Ra6.3μm 要求。

（2）锉削 A 面对应面。以 A 面为基准，在相距 12mm 处划出平面加工线，并使锉削达到尺寸 12mm，平面度 0.03mm，表面粗糙度 Ra6.3μm 要求。

（3）锉削基准面 C，并使之达到平面度和垂直度 0.03mm，表面租糙度 Ra6.3μm 要求。

（4）锉削 B 面对应面。以 B 面为基准，在相距 24mm 处划出平面加工线，并使锉削达到尺寸 $24_{-0.05}^{\ 0}$ mm，平面度、垂直度 0.03mm，平行度 0.05mm，表面粗糙度 Ra6.3μm 的要求。

（5）锉削基准面 C，并使之达到平面度、垂直度 0.03mm，表面租糙度 Ra6.3μm 的要求。

（6）锉削 C 面的对应面。以 C 面为基准，在相距 24mm 处划出平面加工线，并使锉削达到尺寸 $24_{-0.05}^{\ 0}$ mm，平面度、垂直度 0.03mm，平行度 0.05mm，表面粗糙度 Ra6.3μm 的要求。

（7）在棱边上倒棱。

二、加工件 2

1．备料

（1）检查件 2 毛坯尺寸（或下坯料）是否有足够的加工余量。

（2）将毛坯锐边毛刺去掉。

2．锉削

（1）按加工件 1 的方法锉件 2 左右两大面，使之达到平面度、平行度、表面粗糙度要求。

（2）锉削 A、B 基准面，使之达到平面度、垂直度、表面粗糙度的要求。

（3）以 A、B 面为基准，划内四方体 24mm×24mm 尺寸线，并用已加工四方体校核所划线条的正确性。

（4）钻排孔，粗锉至接近线条并留 0.1～0.2mm 的加工余量。

（5）细锉靠近 A 基准的一侧面，达到与 A 面平行，与大平面垂直。

（6）细锉第一面的对应面、达到与第一面平行。用件 2 试配，使其较紧地塞入。

（7）细锉靠近 B 基准的一侧面，使之达到与 B 面平行，且与大平面及已加工的两侧面垂直。

（8）细挫第四面，使之达到与第三面平行，与两侧面和大平面垂直，达到用件 1 能较紧地塞入。

（9）用件 1 进行转位修正，达到全部精度符合图样要求，最后达到件 2 在内四方体内能自由地推进推出，毫无阻碍。

（10）去毛刺。用塞规检查配合精度，达到换位后最大间隙不得超过 0.1mm，最大喇叭口不得超过 0.05mm，塞入深度不得超过 3mm。

注意事项

四方封闭配件的制作注意事项如下。

（1）锉配件的划线必须准确，线条要细而清晰。两面要同时一次划线，以便加工时检查。

（2）为达到转位互换对的配合精度，开始试配时其尺寸误差都要控制在最小范围内，亦即配合要达到很紧的程度，以便于对平行度、垂直度和转位配合精度作微量修正。

（3）锉配件的外形基准面 A、B，从图纸上看没有垂直度和平行度要求，但在加工内四方体时，外形面 A、B 就自然成为锉配的基准面。因此为保证划线时的准确性和挫配时的测量基准，对外

形基准 A、B 的垂直度和与大平面的垂直度，都应控制在小于 0.02mm 以内。

（4）从整体考虑，锉配时的修锉部位要在透光与涂色检查之后进行，这样就可避免仅根据局部试配情况就急于进行修配，而造成最后配合面的过大间隙。

（5）在锉配与试配过程中，四方体的对称中心平面必须与锉配件的大平面垂直，否则会出现扭曲状态，不能正确地反映出修正部位，达不到正确的锉配目的。

（6）正确选用小于 90° 的光边锉刀，防止锉成圆角或锉坏相邻面。

（7）在锉配过程中，只能用手推入四方体，禁止使用榔头或硬金属敲击，以避免将两锉配面咬毛。

（8）锉配时应采用倾向锉、不得推锉。

（9）加工内四方体时，可加工一件内角样板。

质量评价

按照表 4.6 中的要求学习者进行自检、同伴之间互检、教师或专家进行抽检，并填写于表中，学习者根据质量评价归纳总结存在的不足，做出整改计划。

表 4.6　　　　作品质量检测卡

制作四方封闭配件项目作品质量检测卡						
班　级			姓　名			
小组成员						
指导老师			训练时间			
序号	检测内容	配分	评价标准	自检得分	互检得分	抽检得分
1	$24_{-0.05}^{\ 0}$（2处）	10	超差不得分			
2	⊥ 0.03 *A* *C*	5	超差不得分			
3	// 0.05 *B*	5	超差不得分			
4	▱ 0.03	5	超差不得分			
5	⊥ 0.03 *A* *B*	5	超差不得分			
6	// 0.05 *C*	5	超差不得分			
7	√*Ra* 3.2	15	每一处超差扣 2 分			
8	配合间隙（4处）	20	每一处超差扣 5 分			
9	互换间隙（12处）	30	每一处超差扣 3 分			
10	文明生产	—	违者不计成绩			
			总分			
			签名			

任务Ⅳ　制作六方组合配件

本项目的第四个任务就是用 45 钢制作图 4.27 所示的六方组合体，其形状如图 4.28 所示。该组合件的技术要求如下。

图 4.27 六方组合体

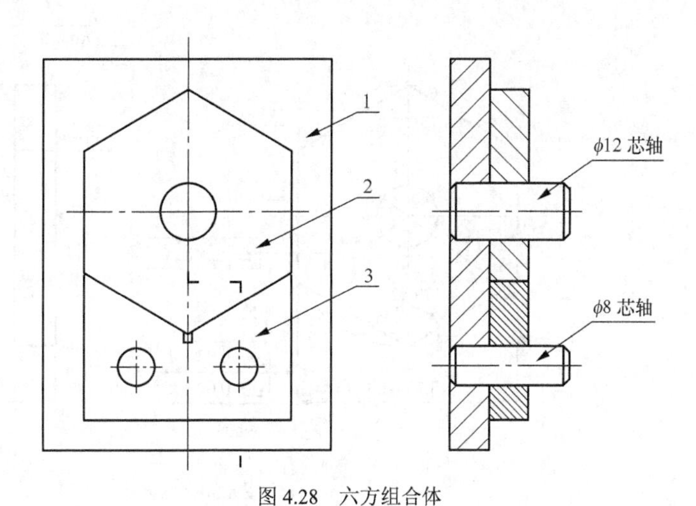

图 4.28 六方组合体

1—底板 2—六方块；3—V 形块

（1）用备用的芯轴装配，三件能同时装配，按评分标准配分，否则不能得装配分。

（2）装配时件 1 标记如图 4.8 所示为基准，件 2、件 3 可作两面翻转。件 2 两面均能做 60°旋转换向，均能符合装配要求，即 24 个方向。

（3）装配后件 2 与件 3 配合间隙及换向后间隙≤0.02mm。

（4）ϕ12mm、ϕ8mm 芯轴先按 $\frac{H7}{k6}$ 精度配合。

（5）组装后外观整齐。

3 个零件尺寸和要求如图 4.29、图 4.30、图 4.31 所示。

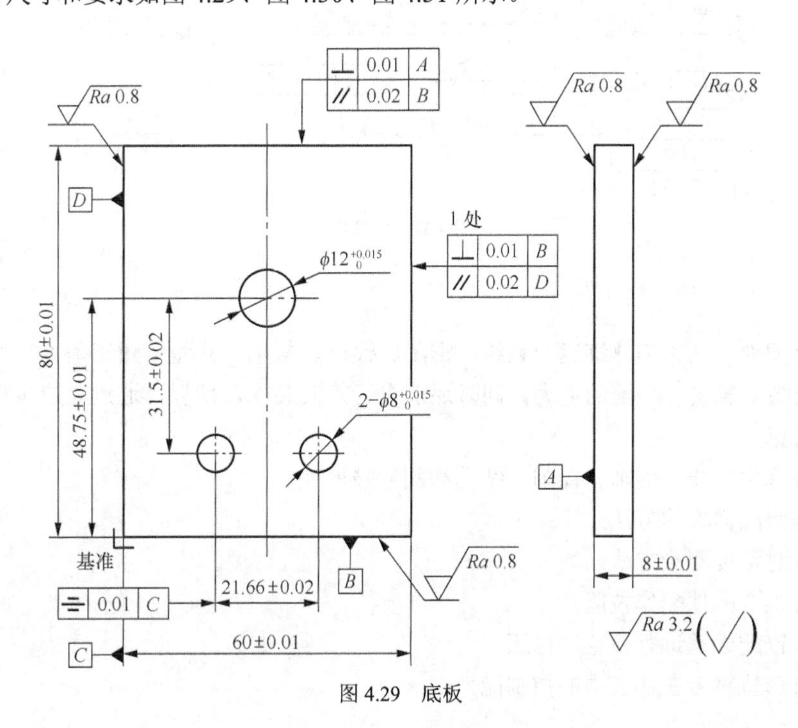

图 4.29 底板

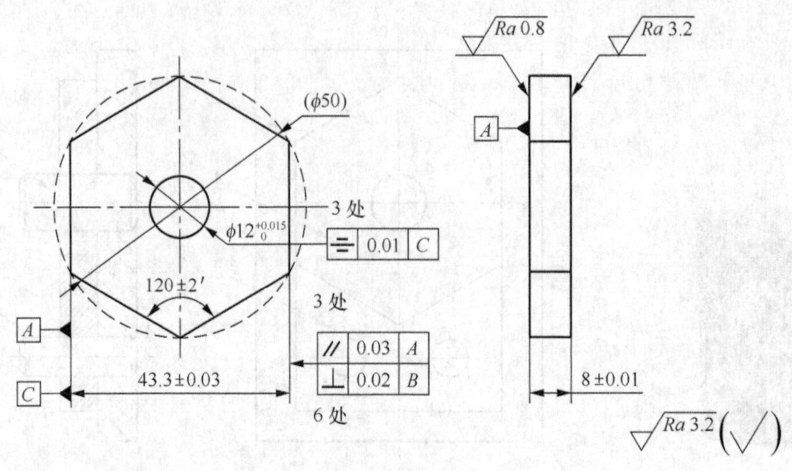

图 4.30 六方块

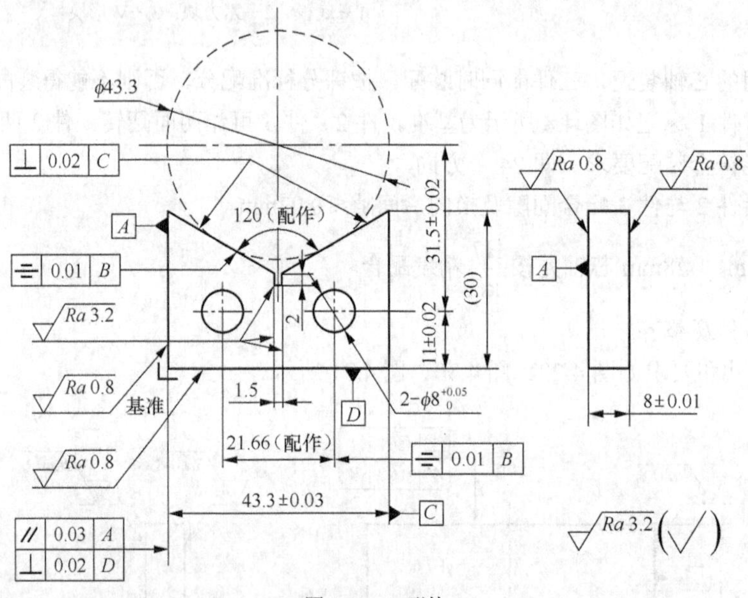

图 4.31 V 形块

学习目标

六方组合配件的制作需熟练运用划线、锯削、锉削、錾削、测量等钳工基本操作技能，还要具有能使用自备心轴进行装配的能力，同时还能进行换向装配。所以，通过完成本项目训练可达成如下学习目标。

（1）巩固练习划线、锯削、锉削、钻孔和测量技能。

（2）掌握锉配样板的方法。

（3）掌握对称度测量方法。

（4）具备组合配件配作技能。

（5）能对锉配误差进行检查和修正。

（6）具有形位精度在加工中的控制能力。

（7）具有正确执行安全操作规程、文明生产、岗位责任制、工艺规程等要求的能力。

（8）通过反复修锉配养成勤奋努力、精益求精的作风。

工具清单

完成本项目任务所需的工具见表4.7。

表4.7 工量具清单

序　号	名　称	规　格	数　量	用　途
1	钢直尺	150mm	1	划线导向
2	刀口角尺	100mm	1	划垂直线和平行线、检测垂直度
3	百分表（带表座）	0～3mm	1	检测平行度
4	游标卡尺	250mm	1	检测尺寸
5	高度尺	250mm	1	划线
6	划规	普通	1	圆弧
7	划针	$\phi 3$	1	划线
8	样冲	普通	1	打样冲眼
9	手锤	0.25kg	1	打样冲眼
10	划线平板	160mm×160mm	1	支撑工件和安放划线工具
11	锯弓	可调式	1	装夹锯条
12	锯条	细齿	1	锯削余量
13	平锉	粗齿350mm	1	锉削平面
14	平锉	细齿150mm	1	精锉平面
15	半圆锉	中齿250mm	1	精锉形面
16	方锉	中齿250mm	1	锉形面
17	整形锉	100mm	1	精修各面
18	钢丝刷	—	1	清洁锉刀
19	台钻（配附件）	—	共用	钻孔
20	麻花钻	$\phi 7$mm	1	钻$\phi 12$mm孔的底孔
21	麻花钻	$\phi 10$mm	1	扩钻$\phi 12$mm孔
22	麻花钻	$\phi 11.8$mm	1	扩钻$\phi 12$mm孔
23	铰刀	$\phi 12$mm	1	铰$\phi 12$mm孔
24	麻花钻	$\phi 5$mm	1	钻$\phi 8$mm孔的底孔
25	麻花钻	$\phi 6.8$mm	1	扩钻$\phi 8$mm孔
26	麻花钻	$\phi 7$mm	1	扩钻$\phi 8$mm孔
27	麻花钻	$\phi 7.2$mm	1	扩钻$\phi 8$mm孔
28	麻花钻	$\phi 7.8$mm	1	扩钻$\phi 8$mm孔
29	铰刀	$\phi 8$mm	1	铰$\phi 8$mm孔
30	砂轮机	—	共用	刃磨麻花钻

续表

序　号	名　称	规　格	数　量	用　途
31	砂纸	200	1	抛光
32	棉纱	—	若干	清洁划线平板及工件
33	毛刷	4寸	1	清洁台面
34	煤油	—	若干	清洁工件
35	钳台	标准	共用	
36	台虎钳	标准	共用	
37	粗糙度对比仪	标准	1	检测表面质量
38	錾子	窄錾	1	錾凹槽
39	百分表	0～3mm	1	检测位置精度
40	千分尺	0～3mm	1	检测位置精度
41	心轴	ϕ12mm	1	装配
42	心轴	ϕ8mm	2	装配

任务实施

一、加工六方块

1．备料

（1）检查六方块毛坯尺寸（大于ϕ50mm）是否有足够的加工余量。

（2）将毛坯锐边毛刺去掉。

2．划线

参考项目二中任务三的制作 M12 螺母的划线方法进行划线，得到图 4.32 的划线效果。

3．孔加工

（1）压板将毛坯装夹在钻床上，用ϕ7mm 钻头钻孔。

（2）用ϕ10mm 钻头钻扩孔。

（3）用ϕ11.8mm 钻头钻扩孔。

（4）钻孔后，保持工件在钻床工作台面上原位置上，用ϕ12mm 铰刀铰孔，保证$\phi 12^{+0.015}_{0}$ mm 精度。

（5）用心轴进行校验，确保略有过盈量。

4．外形加工

（1）锯削余量，留锉削加工余量。

（2）加工六方体的第一面。

①用粗板锉和中板锉锉削六方体的第一面，用直角尺检测该面与大平面的垂直度，用卡尺检测尺寸。

②用细板锉和什锦锉修锉第一面。

③如图 4.33 所示，用百分表检测尺寸精度，确保第一面与心轴中心距离符合图纸要求。

图 4.32　划线效果

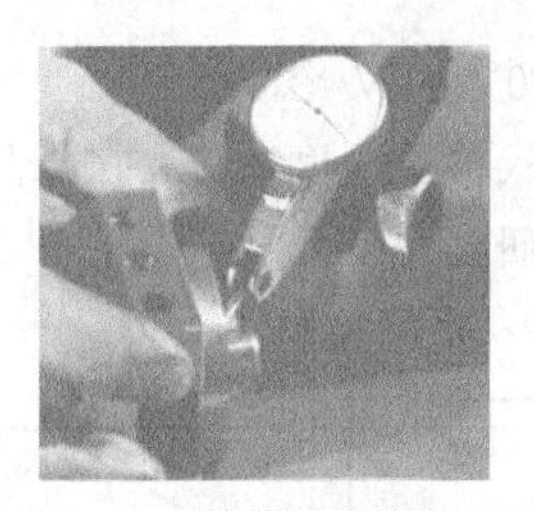

图 4.33　检测尺寸精度

（3）加工六方体的第二面。

① 经粗锉、细锉、修锉控制第二面与第一面的尺寸精度为(43.3±0.03) mm，平行度小于0.03mm，与底面垂直度小于 0.02mm。

② 用千分尺检测尺寸，用百分表检测位置精度。

（4）加工六方体的第三面。经粗锉、细锉、修锉控制第三面与第一面的角度精度为120°±2'，与底面垂直度小于 0.02mm。

（5）加工六方体的第四面。经粗锉、细锉、修锉控制第四面与第三面的尺寸精度为(43.3±0.03) mm，平行度小于 0.03mm，与底面垂直度小于 0.02mm。同时，还要检测第四面与第二面的角度精度为120°±2'。

图 4.34　面标记

（6）加工六方体的第五面。经粗锉、细锉、修锉控制第五面与第一面的角度精度为120°±2'，与底面垂直度小于 0.02mm。

（7）加工六方体的第六面。经粗锉、细锉、修锉控制第六面与第五面的尺寸精度为(43.3±0.03) mm，平行度小于 0.03mm，与底面垂直度小于0.02mm。同时，还要检测第六面与第二面和第三面的角度精度为120°±2'。

六个面加工过程中，为避免方位弄错，注意每加工一个面如图 4.34 所示用油性笔做好标记。

二、加工 V 形块

1．备料

（1）检查 V 形块毛坯尺寸（43.3mm×30mm×8mm）是否有足够的加工余量。

（2）将毛坯锐边毛刺去掉。

（3）经粗锉、细锉、精锉加工 *A*、*D* 基准面。

2．划线

以 *A* 面和 *D* 面为基准，划如图 4.35 所示的加工线，图中粗实线为划线线条。

3．孔加工

（1）压板将毛坯装夹在钻床上，用中心钻在样冲眼上进行定位。

（2）用ϕ5mm 钻头钻一个孔。

（3）用小圆锉刀修正位置，并用间接法进行检测。

（4）位置保证之后，用ϕ6.5mm 钻头钻扩孔。

（5）再用小圆锉刀修正位置，经检验后，用ϕ7mm 钻头钻扩孔，预留精扩、精铰余量。

（6）检验位置精度。

4．外形加工

（1）锯削 V 形和工艺槽，留锉削余量。

（2）锉削 120° 的 V 形面。

（3）用角度尺检验角度精度，用卡尺测量控制尺寸，用刀口角尺检测垂直度。

（4）精修、研磨 V 形面。

（5）如图 4.36 所示检验。

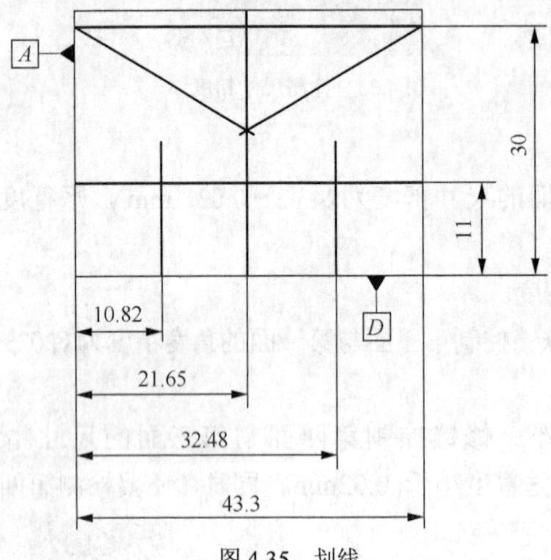

图 4.35 划线

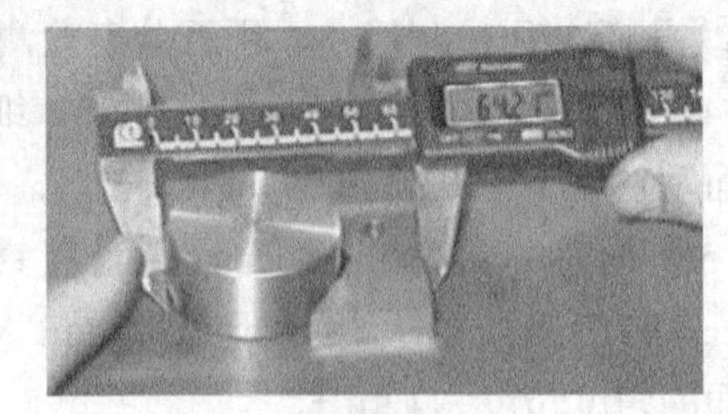

图 4.36 检测精度

三、加工底板

1．备料

（1）检查 V 形块毛坯尺寸（80mm×60mm×8mm）是否有足够的加工余量。

（2）将毛坯锐边毛刺去掉。

（3）经粗锉、细锉、精锉加工 *B*、*D* 基准面。

2．划线

以 *B* 面和 *D* 面为基准，划如图 4.37 所示的加工线，图中粗实线为划线线条。

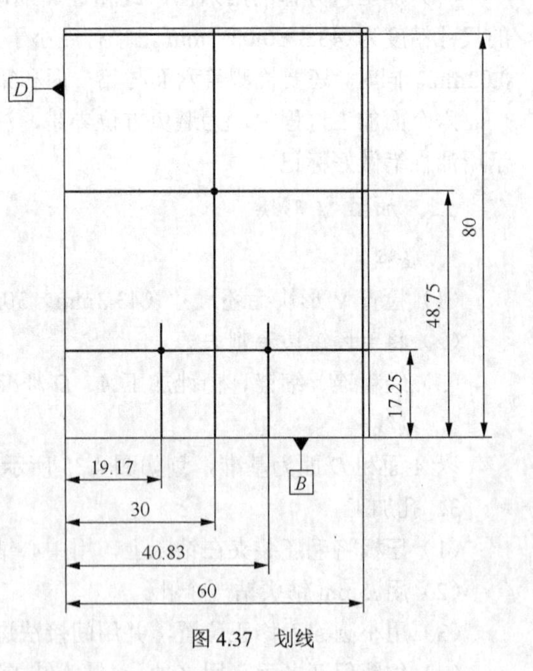

图 4.37 划线

3．ϕ12mm 孔加工

（1）压板将毛坯装夹在钻床上，用中心钻在样冲眼上进行定位。

（2）用ϕ5mm 钻头钻 $\phi 12^{+0.015}_{0}$ 孔。

（3）用小圆锉刀修正位置，并用间接法进行检测。

（4）位置保证之后，用ϕ10mm 钻头钻扩孔。

（5）再用小圆锉刀修正位置，经检验后，用ϕ11.8mm 钻头钻扩孔，预留精铰余量。

（6）检验位置精度。

（7）用ϕ12mm 铰刀铰孔。

（8）装入心轴，用百分表进行精密检测。

4．外形加工

（1）锉削外形，预留研磨余量，保证垂直度、平行度，以及尺寸精度。

（2）用角度尺检验角度精度，用卡尺测量控制尺寸，用刀口角尺检测垂直度。

（3）精修两个形面。

四、装配

1．零部件复检

用万能角度尺、千分尺、百分表等精密量具对 3 个零件进行复检。例如，图 4.38 所示为对六方块进行角度复检，并确定一个最佳方位作为基准方位。

（a）角度复检

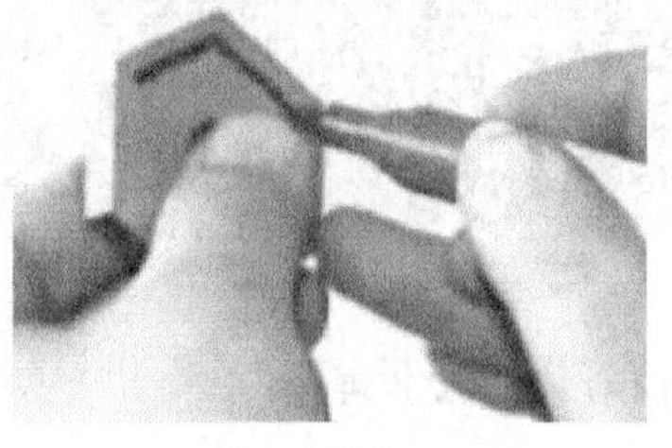

（b）划标记

图 4.38 六方块的角度复检

2．装配六方块

（1）将ϕ12mm 的心轴装入底板。

（2）如图 4.39 所示，将六方体装入心轴，并调整方位使刚刚确定的基准方位向下。

（3）如图 4.40 所示，用平行夹铁夹紧底板块六方体，将其靠于精密 V 形铁之后，用百分表检验六方体的装配平行度。用平行夹铁装夹时注意不需要特别紧，以备检验时进行调整。

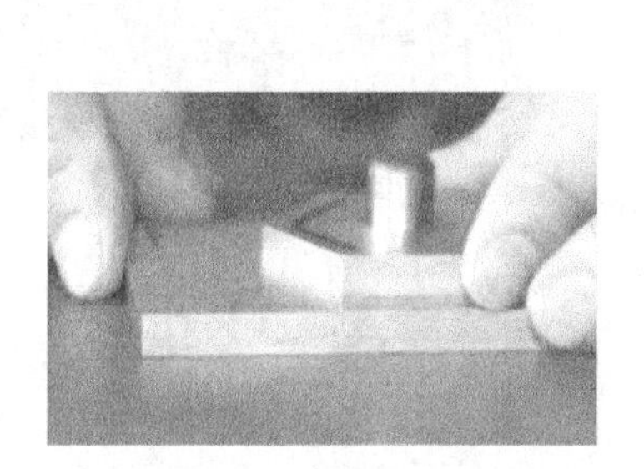

图 4.39 安装六方体

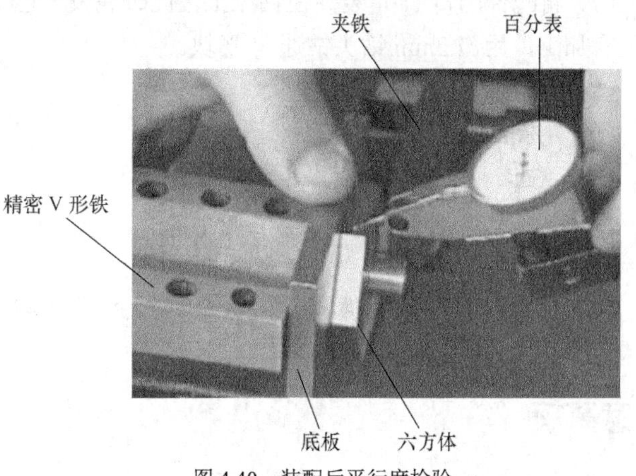

图 4.40 装配后平行度检验

3．装配 V 形块

（1）将 V 形块紧靠六方体，并如图 4.41 所示用百分表进行位置检测和换向检测。

（2）仔细清理各接触面。

（3）再将 V 形块紧靠六方体，用夹板将其固定于底板上。

（4）用百分表进行位置检验，再如图 4.42 所示用塞尺检测 V 形块和六方体的间隙。

4．ϕ8mm 孔加工

（1）将用平行夹铁夹紧的装配体装夹于钻床上，用ϕ7mm 钻头按 V 形块已加工的基准孔钻底板上的相应孔。

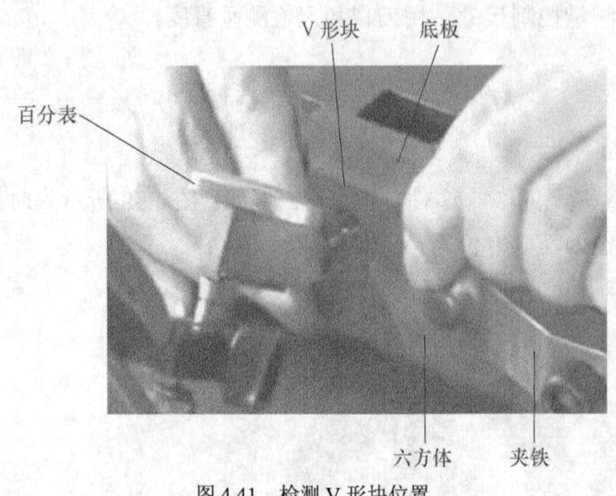

图 4.41 检测 V 形块位置

图 4.42 间隙检测

（2）用ϕ7.2mm 的钻头扩孔，保证 V 形块和底板上的孔同心。

（3）将 V 形块翻转 180°，再用平行夹铁夹紧，用同样的方法用 V 形块上的基准孔定位加工底板上的孔。

（4）检测各尺寸达到要求后，用ϕ7.8mm 钻头扩此孔。

（5）用ϕ8mm 铰刀铰此孔。

（6）在该孔中装配心轴。

（7）将配件翻转 180° 装夹在钻床上，此时底板上已于第二步加工了ϕ7.2mm 孔，但是 V 形块还没有加工，用ϕ7.2mm 钻头钻通 V 形块。

（8）用ϕ7.8mm 钻头扩孔。

（9）用ϕ8mm 铰刀铰此孔。

（10）在该孔中装配心轴。

5. 组装

（1）锉修毛边。

（2）组装、检验，并换向检验，最终得到图 4.43 所示的效果。

图 4.43 加工效果

注意事项

六方组合配件的制作注意事项如下。

（1）划线时必须做到线条细而清晰准确，两面要同时一次划线以便检查。

（2）锉配过程中一些尺寸是采用间接法测量的。为保证加工尺寸的精度和对称度要求，在尺寸测量时，一定要认真细致，以确保锉配的质量。

（2）在加工六方体和 V 形块时，要保证锉削的尺寸精度和对称度。

（3）加工垂直面对，只能使用小于 90° 的光边挫刀，以防锉伤另一垂直面。

（4）为了提高检测效率，事先准备两个已调好的万能角度尺，一个为 60°，另一个为 120° 。

（5）锉配加工，从基准面开始，都要从严控制平面度、垂直度、平行度和尺寸精度等，才能保证转位误差不超差和单面间隙的精度。

（6）在转位锉配时，不得通过修锉的办法达到转位配合的精度要求。

质量评价

按照表 4.8 中的要求学习者进行自检、同伴之间互检、教师或专家进行抽检，并填写于表中，学习者根据质量评价归纳总结存在的不足，做出整改计划。

表 4.8　　　　作品质量检测卡

制作六方组合配件项目作品质量检测卡							
班　级				姓　名			
小组成员							
指导老师				训练时间			
序号	检测内容		配分	评价标准	自检得分	互检得分	抽检得分
1	底板	80±0.01	1				
2		60±0.01	1				
3		48.75±0.01	1				
4		31.5±0.02	1				
5		21.66±0.02	1				
6		8±0.01	1				
7		$\phi12^{+0.015}_{0}$	2				
8		$\phi8^{+0.015}_{0}$	2				
9		⊥ 0.01 A	1				
10		// 0.02 B	1				
11		⊥ 0.01 B	1				
12		// 0.02 D	1				
13		⌯ 0.01 C	1				
14		Ra 0.8（4处）	4				
15		Ra 3.2（5处）	5				
16	六方体	43.3±0.03	2				
17		8±0.01	2				
18		$\phi12^{+0.015}_{0}$	2				
19		120°±2'	2				
20		⌯ 0.01 C（3处）	3				
21		// 0.03 A（3处）	3				
22		⊥ 0.02 B（3处）	3				
23		Ra 0.8（2处）	2				

续表

班 级				姓 名			
小组成员							
指导老师				训练时间			
序号	检测内容		配分	评价标准	自检得分	互检得分	抽检得分
24		$\sqrt{Ra\ 3.2}$（7处）	7				
25		43.3±0.03	1				
26		35.1±0.02	2				
27		11±0.02	1				
28		$\phi 8^{+0.015}_{0}$	2				
29		8±0.01	1				
30	V形块	⌯ 0.01 B	1				
31		∥ 0.03 A	1				
32		⊥ 0.02 D	1				
33		⌯ 0.01 B	1				
34		⊥ 0.02 C	1				
35		$\sqrt{Ra\ 0.8}$（2处）	2				
36		$\sqrt{Ra\ 3.2}$（6处）	6				
37	配合间隙（6处）		6	每一处超差扣5分			
38	互换间隙（24处）		24	每一处超差扣3分			
39	文明生产		—	违者不计成绩			
					总分		
					签名		

项目拓展

一、知识拓展

1．抛光

抛光是利用柔性抛光工具和微细磨料颗粒或其他抛光介质对工件表面进行的修饰加工，去除前工序留下的加工痕迹（如刀痕、磨纹、麻点、毛刺）。抛光不能提高工件的尺寸精度或几何形状精度，而是以得到光滑表面或镜面光泽为目的。有时也用以消除光泽（消光处理）。抛光与研磨的原理是相同的，人们习惯上把使用硬质研具的加工称为研磨，而使用软质研具的加工称为抛光。

按照不同的抛光要求，抛光可分为普通抛光和精密抛光。

（1）抛光工具。抛光除可采用研磨工具外，还有适合快速降低表面粗糙度的专用抛光工具。

① 油石。油石是用磨料和结合剂等压制烧结而成的条状固结磨具。油石在使用时通常要加油润滑，因而得名。油石一般用于手工修磨零件，也可装夹在机床上进行珩磨和超精加工。油石有人造的和天然的两类，人造油石由于所用磨料不同有两种结构类型，如图4.44所示。

(a) 用刚玉或碳化硅磨料和结合剂制成的无基体的油石，按其横断面形状可分为正方形、长方形、三角形、楔形、圆形和半圆形等。

(b) 用金刚石或立方氮化硼磨料和结合剂制成的有基体的油石，有长方形、三角形和弧形等。天然油石是选用质地细腻又具有研磨和抛光能力的天然石英岩加工成的，适用于手工精密修磨。

(a) 无基油石　　(b) 有基油石

图 4.44　油石的分类

② 砂纸。砂纸是由氧化铝或碳化硅等磨料与纸黏结而成，主要用于粗抛光，按颗粒大小常用的有 400#、600#、800#、1000#等磨料粒度。

③ 研磨抛光膏。研磨抛光膏是由磨料和研磨液组成的，分硬磨料和软磨料两类。硬磨料研磨抛光膏中的磨料有氧化铝、碳化硅、碳化硼和金刚石等，常用粒度为 200＃，240＃，W40 等型号的磨粒和微粉；软磨料研磨抛光膏中含有油质活性物质，使用时可用煤油或汽油稀释。主要用于精抛光。

④ 抛研液。它是用于超精加工的研磨材料，由 W0.5～W5 粒度的氧化铬和乳化液混合而成的。多用于外观要求极高的产品模具的抛光，如光学镜片模具等。

(2) 抛光工艺。

①工艺顺序。首先了解被抛光零件的材料和热处理硬度，以及前道工序的加工方法和表面粗糙度情况，检查被抛光表面有无划伤和压痕，明确工件最终的粗糙度要求，并以此为依据，分析确定具体的抛光工序和准备抛光用具及抛光剂等。

(a) 粗抛。经铣削、电火花成形、磨削等工艺后的表面清洗后，可以选择转速在 35000～40000r/min 的旋转表面抛光机或超声波研磨机进行抛光。常用的方法是先利用直径ϕ3mm、WA400#的轮子去除白色电火花层或表面加工痕迹，然后用油石加煤油作为润滑剂或冷却剂手工研磨，再用由粗到细的砂纸逐级进行抛光。对于精磨削的表面，可直接用砂纸进行粗抛光，逐级提高砂纸的号数，直至达到模具表面粗糙度的要求。一般的使用顺序为 180#→240#→320#→400#→600#→800#→1000#。许多模具制造商为了节约时间而选择从#400 开始。

(b) 半精抛。半精抛主要使用砂纸和煤油。砂纸的号数依次为 400#→600#→800#→1000#→1200#→1500#。一般 1500#砂纸只用适于淬硬的模具钢（52HRC 以上），而不适用于预硬钢，因为这样可能会导致预硬钢件表面烧伤。

(c) 精抛。精抛主要使用研磨膏。用抛光布轮混合研磨粉或研磨膏进行研磨时，通常的研磨顺序是 1800#→3000#→8000#。1800#研磨膏和抛光布轮可用来去除 1200#和 1500#砂纸留下的发状磨痕。接着用黏毡和钻石研磨膏进行抛光时，顺序为 14000#→60000#→100000#。精度要求在 1μm 以上（包括 1μm）的抛光工艺在模具加工车间中的一个清洁的抛光室内即可进行。若进行更加精密的抛光则必需一个绝对洁净的空间。灰尘、烟雾，头皮屑等都有可能报废数个小时的工作量得到的高精密抛光表面。

② 工艺措施。

(a) 工具材质的选择。用砂纸抛光需要选用软的木棒或竹棒。在抛光圆面或球面时，使用软木棒可更好的配合圆面和球面的弧度。而较硬的木条像樱桃木，则更适用于平整表面的抛光。修整木条的末端使其能与钢件表面形状保持吻合，这样可以避免木条（或竹条）的锐角接触钢件表面而造成较深的划痕。

(b) 抛光方向选择和抛光面的清理。当换用不同型号的砂纸时，抛光方向应与上一次抛光方向变换 30°～45°进行抛光，这样前一种型号砂纸抛光后留下的条纹阴影即可分辨出来。对于塑料模具，最终的抛光纹路应与塑件的脱模方向一致。

在换不同型号砂纸之前，必须用脱脂棉沾取酒精之类的清洁液对抛光表面进行仔细的擦拭，不允许有上一工序的抛光膏进入下一工序，尤其到了精抛阶段。从砂纸抛光换成钻石研磨膏抛光时，这个清洁过程更为重要。在抛光继续进行之前，所有颗粒和煤油都必须被完全清洁干净。

（c）抛光中可能产生的缺陷及解决办法。当在研磨抛光过程中，不仅是工作表面要求洁净，工作者的双手也必须仔细清洁；每次抛光时间不应过长，时间越短，效果越好。如果抛光过程进行得过长将会造成“过抛光”表面反而粗糙。“过抛光”将产生“橘皮”和“点蚀”。为获得高质量的抛光效果，容易发热的抛光方法和工具都应避免。比如，抛光中产生的热量和抛光用力过大都会造成“橘皮”，或材料中的杂质在抛光过程中从金属组织中脱离出来，形成“点蚀”。

解决的办法是提高材料的表面硬度，采用软质的抛光工具，优质的合金钢材；在抛光时施加合适的压力，并用最短的时间完成抛光。

当抛光过程停止时，保证工件表面洁净，仔细去除所有研磨剂和润滑剂非常重要，同时应在表面喷淋一层模具防锈涂层。

（3）影响模具抛光质量的因素。由于一般抛光主要还是靠人工完成，所以抛光技术目前还是影响抛光质量的主要原因。除此之外，还与模具材料、抛光前的表面状况、热处理工艺等有关。

① 不同硬度对抛光工艺的影响。硬度增高使研磨的困难增大，但抛光后的粗糙度减小。由于硬度的增高，要达到较低的粗糙度所需的抛光时间相应增长。同时硬度增高，抛光过度的可能性相应减少。

② 工件表面状况对抛光工艺的影响。钢材在机械切削加工的破碎过程中，表层会因热量、内应力或其他因素而使工件表面状况不佳；电火花加工后表面会形成硬化薄层。因此，抛光前最好增加一道粗磨加工，彻底清除工件表面状况不佳的表面层，为抛光加工提供一个良好基础。

（4）其他研磨抛光方法。

① 化学抛光。化学抛光是让材料在化学介质中，使表面微观凸出的部分较微观凹坑部分优先溶解，从而得到平滑面。

② 电解抛光。电解抛光基本原理与化学抛光相同，即选择性的溶解材料表面微小凸出部分，使表面光滑。与化学抛光相比，可以消除阴极反应的影响，效果较好。

③ 超声波抛光。将工件放入磨料悬浮液中并一起置于超声波场中，依靠超声波的振荡作用，使磨料在工件表面磨削抛光。超声波加工宏观力小，不会引起工件变形，但工装制作和安装较困难。超声波加工可以与化学或电化学方法结合。

④ 磁研磨抛光。磁研磨抛光是利用磁性磨料在磁场作用下形成磨料刷，对工件磨削加工。这种方法加工效率高，质量好，加工条件容易控制，工作条件好。

⑤ 流体抛光。流体抛光是依靠高速流动的液体及其携带的磨粒冲刷工件表面达到抛光的目的。常用方法有磨料喷射加工、液体喷射加工、流体动力研磨等。

2．机械产品的质量检验

机械产品是工业产品的基础，其产品的用途极为广泛，涉及钢铁、机电、交通、运输、电工、电子、轻工、食品、石化、能源、采矿、冶炼、建材、建筑、环保、医药、卫生、航空、航天、海洋、军工和农业等各行各业、各项领域。

（1）机械产品质量检验的基本概念。机械产品无论其尺寸形状、结构如何变化，都是由若干分散的、不具有独立使用功能的制造单元（零件）组成具有某种或某项局部功能的组件（部件）或具有综合性能的组装整体（整机）。由于机械产品用途千差万别，其结构性能就各不相同。因此，不但要对机械产品整机的综合性能进行评定，还必须对组成整机的每个零件的金属材料的化学成分（金属元素含量及非金属夹杂物含量）、金属材料的显微组织、材料（金属和非金属）的机械力学性能、尺寸几何参数、形状与位置公差、表面粗糙度等进行质量检验与测量。本实训学习的是对尺寸几何参数、形状与位置误差及表面粗糙度的检验与测量。

（2）机械产品质量检验的主要内容。根据质量要领的定义，质量检验包括以下内容。

① 宣传产品的质量标准。

② 产品制造质量的度量。

③ 比较度量结果与质量标准的符合程度。

④ 作出符合性的判断。

⑤ 合格品的安排（转工序、入库）。

⑥ 不良品的处理（返修、报废）。

⑦ 数据记录（为做好产品质量的统计分析提供依据）。

⑧ 数据整理和分析。

⑨ 提出预防不良品的方案，供决策者参考。

（3）机械产品质量检验的分类。产品的质量检验从原材料进行厂制造过程中的各工序到出厂，整个过程都贯穿着质量检验工作。不同的方法适用于不同的生产条件和检验目的，根据不同的方式分为以下各类。

① 按检验工作性质分类有尺寸精度检验、外观质量检验、几何形状位置精度检验、性能检验、可靠性检验、重复性检验、分析性检验。

② 按工艺过程分类有进厂检验、工序检验、入库检验。

③ 按检验地点分类有定点检验和流动检验。

④ 按产品检验后的性能分析分类有破坏性检验和非破坏性检验。

⑤ 按检验数量分类有全数检验和抽样检验。

⑥ 按预防性检验分类有首件检验、统计检验、频数检验。

⑦ 按人员分类有自检、互检、专职检。

（4）机械产品质量检验的基本步骤如图 4.45 所示。

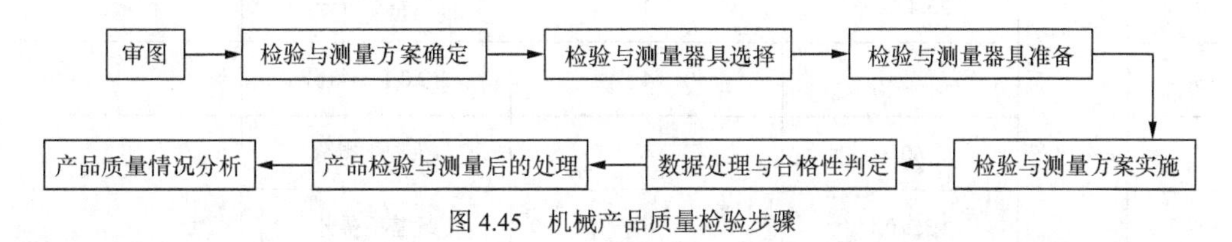

图 4.45　机械产品质量检验步骤

二、技能拓展

1．制作圆弧开口配件

细读图 4.46 所示的圆弧开口配件图形，材料为 45 钢，质量评价要求见表 4.9。

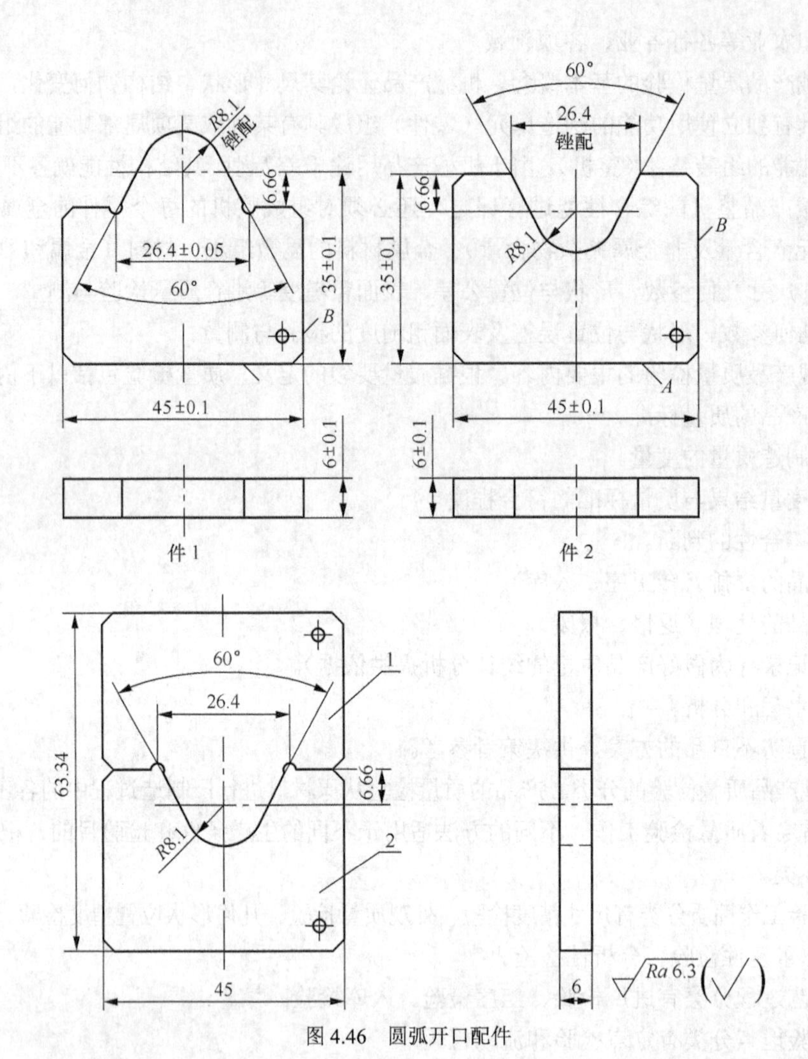

图 4.46 圆弧开口配件

表 4.9 圆弧开口配件评分标准

序 号	检测内容		配 分	评价标准	得 分
1	件 1	45±0.1	4	超差不得分	
2		26.4±0.05	4	超差不得分	
3		6.66	4	超±0.1 不得分	
4		60°	4	超±5′不得分	
5		35±0.1	4	超差不得分	
6		R8.1	4	超±0.1 不得分	
7		Ra 3.2（8 处）	8		

续表

序　号	检测内容		配　分	评价标准	得　分
8	件2	45±0.1	4		
9		35±0.1	4		
10		6.66	4	超±0.1不得分	
11		60°	4	超±5′不得分	
12		R8.1	4	超±0.1不得分	
13		$\sqrt{Ra\ 3.2}$（8处）	8		
14	配合间隙＜0.1（5处）		20	每处超差不得分	
15	互换间隙＜0.1（5处）		20	每处超差不得分	
16	文明生产		—	违者不计成绩	

操作提示

圆弧样板可以用互为基准的方法进行挫配，这就是以凸样板的斜面和凹样板的圆弧面为基准，分别挫配另一块样板上的斜面和圆弧。

（1）首先要加工一块辅助检查样板如图4.47所示，其角度$\alpha_1=90°+\dfrac{\alpha}{2}$。

（2）斜面大端的尺寸测量。图4.48所示的尺寸B直接测量时易出现测量误差，可采用间接法测量。测量时用两个直径相等、大小适当的标准圆柱（常用圆栓销钉）进行测量。测量尺寸M与斜面大端尺寸B、圆柱直径d之间的关系为：

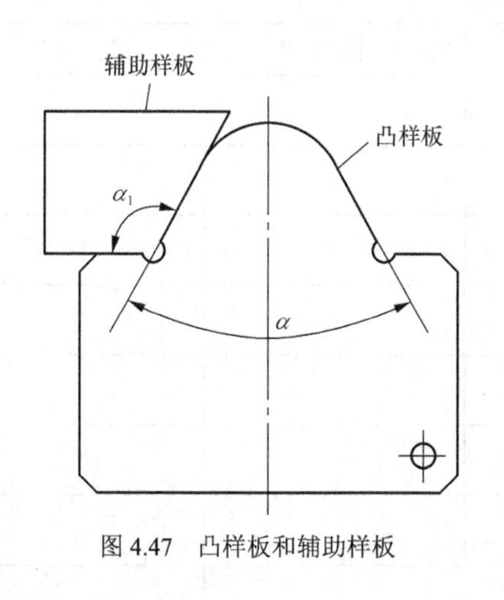

图4.47　凸样板和辅助样板

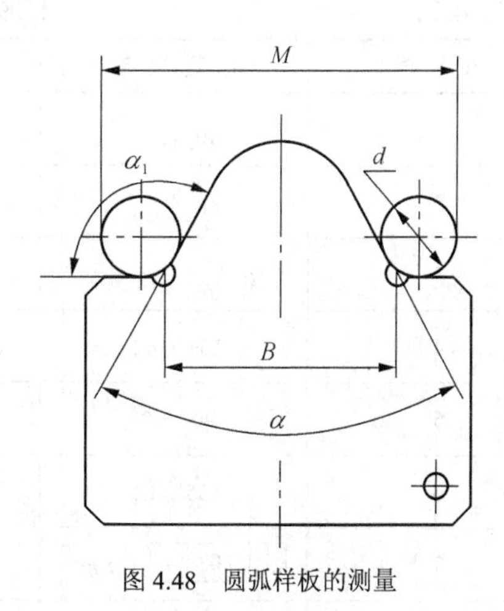

图4.48　圆弧样板的测量

$$M=B+d(1+\cot\frac{\alpha_1}{2})$$

式中　M——测量读数，mm；

B——两斜面与两凸肩平面交点间距离，mm:

d——圆柱量捧的直径，mm;

α_1——斜面与凸肩平面的角度值。

2．制作 L 形封闭配件

细读图 4.49 所示的 L 形封闭配件，材料为 45 钢，质量评价要求见表 4.10。

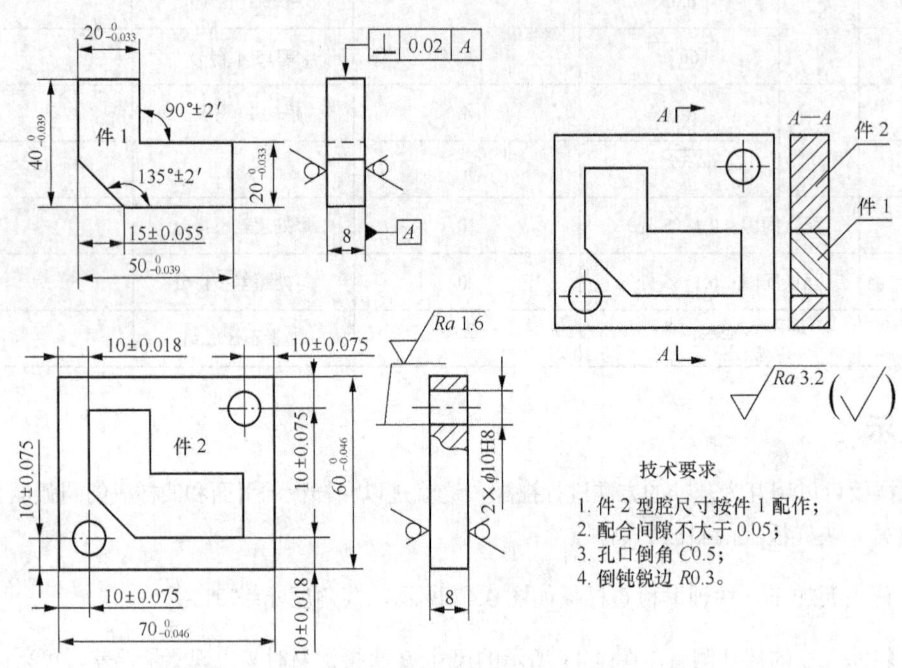

图 4.49 L 形封闭配件

表 4.10 L 形封闭配件评分标准

序 号	检 测 内 容	配 分	评 价 标 准	得 分
1	$40_{-0.039}^{0}$	5		
2	$50_{-0.039}^{0}$	5		
3	$20_{-0.033}^{0}$ （2 处）	6		
4	15±0.055	5		
5	90° ±2'	5		
6	135° ±2'	5		
7	⊥ 0.02 A （7 处）	7		
8	$60_{-0.046}^{0}$	5		
9	$70_{-0.046}^{0}$	4		

续表

序　号	检 测 内 容	配　分	评 价 标 准	得　分
10	10±0.018（2 处）	4		
11	10±0.075（4 处）	8		
12	ϕ10H8（2 处）	4		
13	Ra 1.6（2 处）	4		
14	Ra 3.2（18 处）	16		
15	配合间隙＜0.1（7 处）	7	每处超差不得分	
16	互换间隙＜0.1（7 处）	7	每处超差不得分	
17	文明生产	3	违者不计成绩	

强化训练

1．制作双燕尾开口配件

制作如图 4.50 所示的双燕尾开口配件，材料为 Q235。

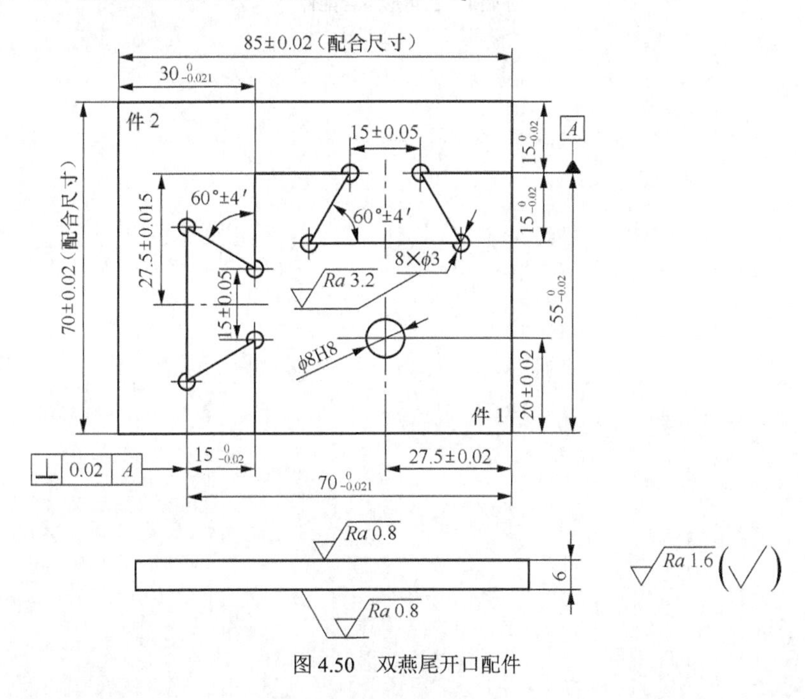

图 4.50　双燕尾开口配件

2．制作三角形组合配件

制作如图 4.51 所示的三角形组合配件，材料为 Q235。

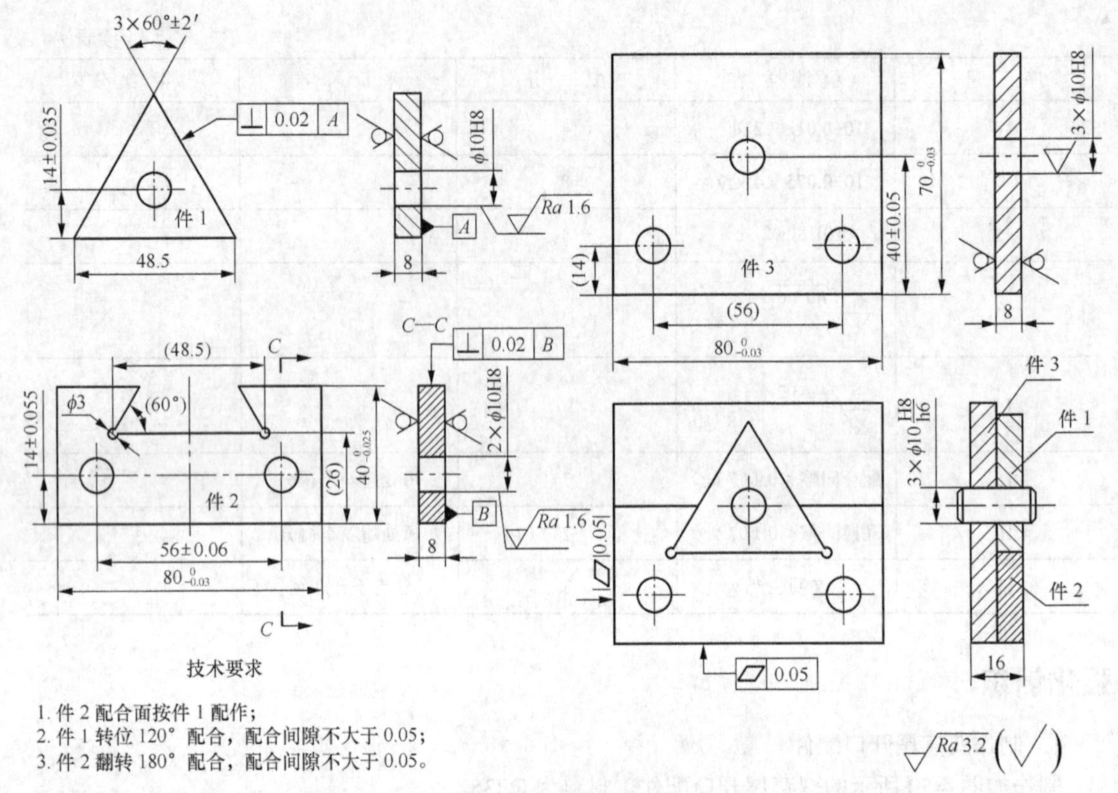

图4.51 三角形组合配件

项目五 设备装配与调整

按规定的技术要求，将零件或部件进行配合和连接，使之成为半成品或成品的工艺过程，称为装配。装配对设备的精度和工作质量有很大的影响。例如，车床的主轴与床身导轨装配得不平行，车削出来的零件就会出现锥度；车床的主轴与横溜板导轨装配得不垂直，加工出来的零件端面就会不平。装配时，零件表面如果有碰伤或者配合表面擦洗得不干净，设备工作起来，零件就会很快磨损，这样就会降低设备的使用寿命。装配的不好的设备，其生产能力就要降低，消耗的功率就会增加。因此，一方面装配要细致工作，另一方面要进行调整。这些工作都是由钳工完成。

任务 1 单级圆柱齿轮减速器的装配

减速器是由封闭在箱体内的齿轮传动或蜗杆传动所组成的独立部件，为了提高电动机的效率，原动机提供的回转速度一般比工作机械所需的转速高，因此齿轮减速器、蜗杆减速器常安装在机械的原动机与工作机之间，用以降低输入的转速并相应地增大输出的转矩，在机器设备中被广泛采用。

作为中高级钳工必须具有减速器等复杂设备的装配和调整能力，本项目任务就是装配和调整图 5.1 所示的单级圆柱齿轮减速器。

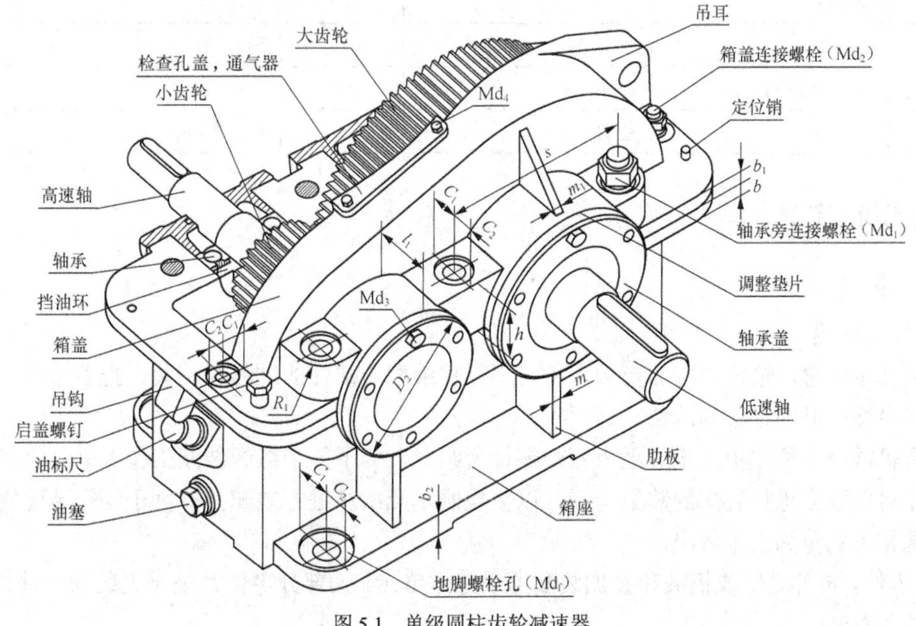

图 5.1　单级圆柱齿轮减速器

学习目标

单级圆柱齿轮减速器的装配与调整需要熟练设计装配工艺，正确使用装配工具进行装配，并具有按照技术要求检验装配效果的能力。所以，通过完成本项目训练可达成如下学习目标。

（1）装配基本知识，具有设计装配工艺规程的能力。

（2）具有正确选用和使用装配工具的能力。

（3）具有按照技术要求精确装配单级圆柱齿轮减速器的能力。

（4）具有装配精度检验的能力。

（5）具有正确执行安全操作规程、文明生产、岗位责任制、工艺规程等要求的能力。

（6）通过反复训练养成勤奋努力、精益求精的作风。

工具清单

完成本项目任务所需的工具见表 5.1。

表 5.1 工量具清单

序号	名称	规格	数量	用途
1	内六角扳手	普通	1	旋内六角螺钉
2	橡胶锤	普通	1	敲击
3	长柄十字形起子	普通	1	旋螺钉
4	顶拔器	普通	1	拉套件
5	活动扳手	250mm	1	旋螺母
6	圆螺母扳手	普通	1	M27、M16 圆螺母
7	外用卡簧钳	直角 7 寸	1	安装轴的弹性挡圈
8	防锈油	普通	若干	
9	紫铜棒	一头ϕ18，一头ϕ24	1	敲击
10	通芯一字改锥	普通	1	
11	零件盒	普通	2	装零配件

相关知识和工艺

一、装配基础

1．装配概述

（1）基本概念。根据规定的要求，将若干零件装配成部件的过程叫部装，把若干个零件和部件装配成最终产品的过程叫总装。

一台机械产品往往由上千甚至上万个零件所组成，为了便于组织装配工作，必须将产品分解为若干个可以独立进行装配的装配单元，以便按照单元次序进行装配并有利于缩短装配周期。装配单元通常可划分为五个等级。

① 零件。零件是组成机械和参加装配的最基本单元。大部分零件都是预先装成合件、组件和部件再进入总装。

② 合件。合件是比零件大一级的装配单元。下列情况皆属合件。

a．两个以上零件,是由不可拆卸的连接方法（如铆、焊、热压装配等）连接在一起。

b．少数零件组合后还需要合并加工，如齿轮减速箱体与箱盖、柴油机连杆与连杆盖，都是组合后镗孔的，零件之间对号入座，不能互换。

c．以一个基准零件和少数零件组合在一起，如图 5.2（a）所示属于合件，其中蜗轮为基准零件。

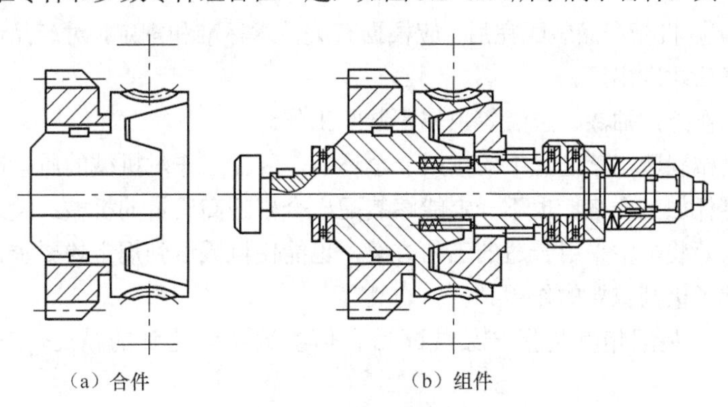

（a）合件　　（b）组件

图 5.2　合件和组件实例

③ 组件。组件是一个或几个合件与若干个零件的组合。如图 5.2（b）所示即属于组件，其中蜗轮与齿轮为一个先装好的合件，而后以阶梯轴为基准件，与合件和其他零件组合为组件。

④ 部件。部件由一个基准件和若干个组件、合件和零件组成，如主轴箱、走刀箱等。

⑤ 机械产品。它是由上述全部装配单元组成的整体。

装配单元系统图表明了各有关装配单元间的从属关系，如图 5.3 所示。

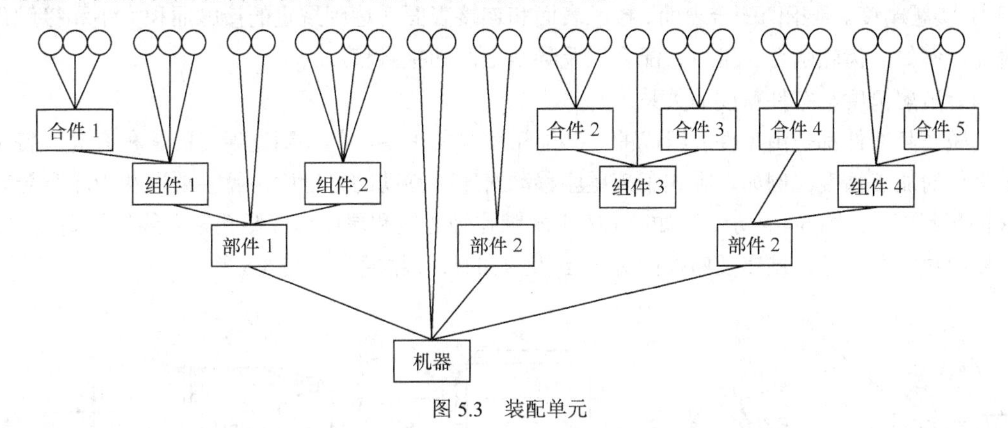

图 5.3　装配单元

（2）装配工作内容。机械装配是产品制造的最后阶段，装配过程中不是将合格零件简单地连接起来，而是要通过一系列工艺措施，才能最终达到产品质量要求。常见的装配工作有以下几项。

① 清洗。目的是去除零件表面或部件中的油污及机械杂质。

② 连接。连接的方式一般有两种，可拆连接和不可拆连接。可拆连接在装配后可以很容易拆卸而不致损坏任何零件，且拆卸后仍重新装配在一起。例如，螺纹连接、键连接等。不可拆连接，装配后一般不再拆卸，如果拆卸就会损坏其中的某些零件，例如，焊接、铆接等。

③ 调整。包括校正、配作、平衡等。

校正是指产品中相关零、部件间相互位置找正，找正并通过各种调整方法，保证达到装配精度要求等。

配作是指两个零件装配后确定其相互位置的加工，如配钻、配铰，或为改善两个零件表面结合精度的加工，如配刮及配磨等，配作是校正调整工作结合进行的。

平衡为防止使用中出现振动，装配时，应对其旋转零、部件进行平衡，包括静平衡和动平衡两种方法。

④ 检验和试验。机械产品装配完后，应根据有关技术标准和规定，对产品进行较全面的检验和试验工作，合格后才准出厂。

除上述装配工作外，油漆、包装等也属于装配工作。

装配是整个机械制造工艺过程中的最后一个环节。装配工作对机械的质量影响很大。若装配不当，即使所有零件加工合格，也不一定能够装配出合格的高质量的机械；反之当零件制造质量不十分良好时，只要装配中采用合适的工艺方案，也能使机械达到规定的要求，因此，装配质量对保证机械质量起了极其重要的作用。

（3）装配精度。装配精度是指产品装配后几何参数实际达到的精度，它一般包括以下几方面。

① 尺寸精度。是指零部件的距离精度和配合精度，例如，卧式车床前，后两顶尖对床身导轨的等高度。

② 位置精度。是指相关零件的平行度、垂直度和同轴度等方面的要求，例如，台式钻床主轴对工作台台面的垂直度。

③ 相对运动精度。是指产品中有相对运动的零、部件间在运动方向上和相对速度上的精度，例如，滚齿机滚刀与工作台的传动精度。

④ 接触精度。是指两配合表面、接触表面和连接表面间达到规定的接触面积大小和接触点分布情况，例如，齿轮啮合、锥体、配合以及导轨之间的接触精度。

（4）装配精度与零件精度的关系。

机械及其部件都是由零件所组成的，装配精度与相关零、部件制造误差的累积有关，特别是关键零件的加工精度。例如，卧式车床尾座移动对床鞍移动的平行度，就主要取决于床身导轨 A 与 B 的平行度，如图 5.4 所示。又如，车床主轴锥孔轴心线和尾座套筒锥孔轴心线的等高度（A_0），即主要取决于主轴箱，尾座及座板的 A_1、A_2 及 A_3 的尺寸精度，如图 5.5 所示。

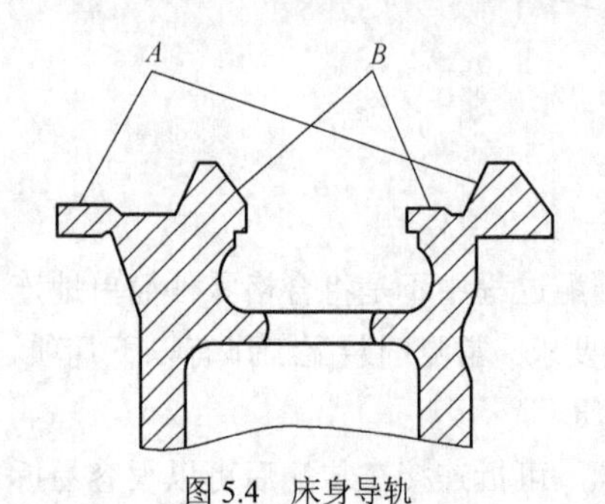

图 5.4　床身导轨

A—床鞍移动导轨；B—尾座移动导轨

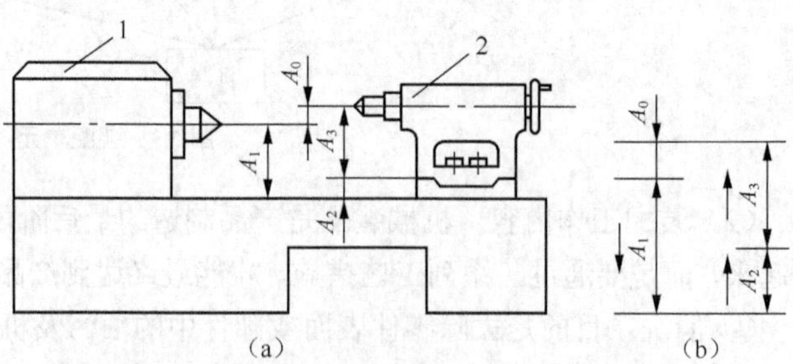

（a）　（b）

图 5.5　主轴箱主轴中心尾座套筒中心等高示意

1—主轴箱；2—尾座

另一方面，装配精度又取决于装配方法，在单件小批生产及装配精度要求较高时装配方法尤为重要，例如图 5.5 所示的等高度要求是很高的。如果靠提高尺寸 A_1、A_2 及 A_3 的尺寸精度来保证是不经济的，甚至在技术上也是很困难的。比较合理的办法是在装配中通过检测，对某个零部件进行适当的修配来保证装配精度。

总之，机械的装配精度不但取决于零件的精度，而且取决于装配方法。

2．装配尺寸链

（1）装配尺寸链基本概念及其特征。装配尺寸链是产品或部件在装配过程中，由相关零件的有关尺寸（表面或轴线间距离）或相互位置关系（平行度、垂直度或同轴度等）所组成的尺寸链。其基本特征是具有封闭性，即有一个封闭环和若干个组成环所构成的尺寸链呈封闭图形，如图5.6（b）所示。其封闭环不是零件或部件上的尺寸，而是不同零件或部件的表面或轴心线间的相对位置尺寸，它不能独立地变化，而是装配过程最后形成的，即为装配精度，如图5.6中的A_0。其各组成环不是在同一个零件上的尺寸，而是与装配精度有关的各零件上的有关尺寸，如图5.6中的A_1、A_2及A_3。显然，A_2和A_3是增环，A_1是减环。

装配尺寸链按照各环的几何特征和所处的空间位置大致可分为线性尺寸链、角度尺寸链、平面尺寸链和空间尺寸链。常见的是前两种。

（2）装配尺寸链的建立——线性尺寸链（直线尺寸链）。应用装配尺寸链分析和解决装配精度问题，首先是查明和建立尺寸链，即确定封闭环，并以封闭环为依据查明各组成环，然后确定保证装配精度的工艺方法和进行必要的计算。查明和建立装配尺寸链的步骤如下。

① 确定封闭环。在装配过程中，要求保证的装配精度就是封闭环。

② 查明组成环，画装配尺寸链图。从封闭环任意一端开始，沿着装配精度要求的位置方向，将与装配精度有关的各零件尺寸依次首尾相连，直到封闭环另一端相接为止，形成一个封闭形的尺寸图，图上的各个尺寸即是组成环。

③ 判别组成环的性质。画出装配尺寸链图后，判别组成环的性质，即增、减环。在建立装配尺寸链时，除满足封闭性、相关性原则外，还应符合下列要求。

（a）组成环数最少原则。从工艺角度出发，在结构已经确定的情况下，标注零件尺寸时，应使一个零件仅有一个尺寸进入尺寸链，即组成环数目等于有关零件数目。如图5.6（a）所示，轴只有A_1一个尺寸进入尺寸链，是正确的。图5.6（b）所示的标注法中，轴有a、b两个尺寸进入尺寸链，是不正确的。

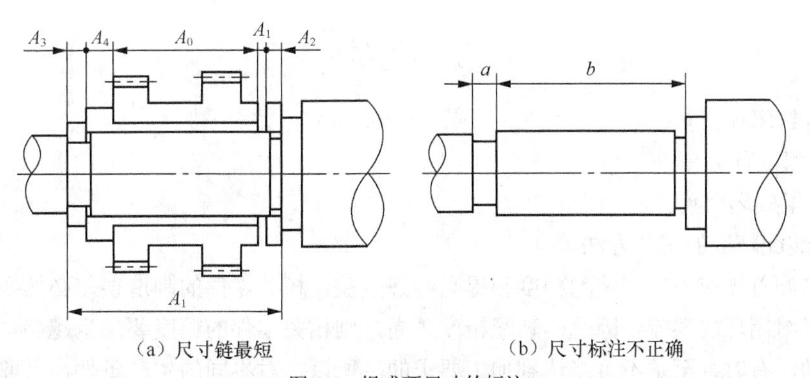

（a）尺寸链最短　　（b）尺寸标注不正确

图5.6　组成环尺寸的标注

（b）按封闭环的不同位置和方向，分别建立装配尺寸链。例如，常见的蜗杆副结构，为保证正常啮合，蜗杆副两轴线的距离（啮合间隙）、蜗杆轴线与蜗轮中间平面的对称度均有一定要求，这是两个不同位置方向的装配精度，因此需要在两个不同方向分别建立装配尺寸链。

（3）装配尺寸链的计算。

① 计算类型。

（a）正计算法。已知组成环的基本尺寸及偏差代入公式，求出封闭环的基本尺寸偏差，计算比较简单不再赘述。

（b）反计算法。已知封闭环的基本尺寸及偏差，求各组成环的基本尺寸及偏差。下面介绍利用“协调环”解算装配尺寸链的基本步骤。

在组成环中，选择一个比较容易加工或在加工中受到限制较少的组成环作为“协调环”，其计算过程是先按经济精度确定其他环的公差及偏差，然后利用公式算出“协调环”的公差及偏差。

（c）中间计算法。已知封闭环及组成环的基本尺寸及偏差，求另一组成环的基本尺寸及偏差，计算也较简便不再赘述。

无论哪一种情况，其解算方法都有两种，即极大极小法和概率法。

② 计算方法。

（a）极大极小法。极大极小法的封闭环公差：

$$T_0=\sum_{i=1}^{m}T_i$$

式中 T_0——封闭环公差；

T_i——组成环公差；

m——组成环个数。

（b）概率法。极大极小法的优点是简单可靠，其缺点是从极端情况下出发推导出的计算公式，比较保守。当封闭环的公差较小，而组成环的数目又较多时，则各组成环分得的公差是很小的，加工困难，制造成本增加。生产实践证明，加工一批零件时，其实际尺寸处于公差中间部分的是多数，而处于极限尺寸的零件是极少数的，而且一批零件在装配中，尤其是对于多环尺寸链的装配，同一部件的各组成环，恰好都处于极限尺寸情况，更是少见。因此，在成批、大量生产中，当装配精度要求高，而且组成环的数目又较多时，应用概率法求解装配尺寸链比较合理。

概率法和极大极小法所用计算公式的区别只在封闭环公差的计算上，其他完全相同。

概率法封闭环公差：

$$T_0=\sqrt{\sum_{i=1}^{m}T_i^2}$$

式中 T_0——封闭环公差；

T_i——组成环公差；

m——组成环个数。

3．保证装配精度的工艺方法

机械的装配首先应当保证装配精度和提高经济效益。相关零件的制造误差必然要累积到封闭环上，构成了封闭环的误差。因此，装配精度越高，则相关零件的精度要求也越高。这对机械加工很不经济的，有时甚至是不可能达到加工要求的。所以，对不同的生产条件，采取适当的装配方法，在不过高的提高相关零件制造精度的情况下来保证装配精度，是装配工艺的首要任务。

在长期的装配实践中，人们根据不同的机械、不同的生产类型条件，创造了许多巧妙的装配工艺方法，归纳起来有互换装配法、选配装配法、修配装配法和调整装配法四种。现分述如下。

（1）互换装配法。互换装配法就是在装配时各配合零件不经修理、选择或调整即可达到装配精度的方法。根据互换的程度不同，互换装配法又分为完全互换装配法和不完全互换装配法两种。

① 完全互换装配法。这种方法的实质是在满足各环经济精度的前提下，依靠控制零件的制造精度来保证的。

在一般情况下，完全互换装配法的装配尺寸链按极大极小法计算，即各组成环的公差之和等于或小于封闭环的公差。

完全互换装配法的优点是装配过程简单，生产率高；对工人技术水平要求不高；便于组织流水作业和实现自动化装配；容易实现零部件的专业协作、成本低；便于备件供应及机械维修工作。

由于具有上述优点，所以，只要当组成环分得的公差满足经济精度要求时，无论何种生产类型都应尽量采用完全互换装配法进行装配。

② 不完全互换装配法。如果装配精度要求较高，尤其是组成环的数目较多时，若应用极大极小法确定组成环的公差，则组成环的公差将会很小，这样就很难满足零件的经济精度要求。因此，在大批量生产的条件下，就可以考虑不完全互换装配法，即用概率法解算装配尺寸链。

不完全互换装配法与完全装配法相比，其优点是零件公差可以放大些从而使零件加工容易、成本低，也能达到互换性装配的目的。其缺点是将会有一部分产品的装配精度超差。这就是需要采取补救措施或进行经济论证。

（2）选配装配法。在成批或大量生产的条件下，对于组成环不多而装配精度要求却很高的尺寸链，若采用完全互换法，则零件的公差将过严，甚至超过了加工工艺的实现可能性。在这种情况下可采用选择装配法。该方法是将组成环的公差放大到经济可行的程度，然后选择合适的零件进行装配，以保证规定的精度要求。

选择装配法有三种直接选配法、分组装配法和复合选配法。

① 直接选配法。由装配工人从许多待装的零件中，凭经验挑选合适的零件通过试凑进行装配的方法，这种方法的优点是简单，零件不必要先分组，但装配中挑选零件的时间长，装配质量取决于工人的技术水平，不宜于节拍要求较严的大批量生产。

② 分组装配法。在成批大量生产中，将产品各配合副的零件按实测尺寸分组，装配时按组进行互换装配以达到装配精度的方法。分组装配在机床装配中用得很少，但在内燃机、轴承等大批大量生产有一定应用。

采用分组互换装配时应注意以下几点。

（a）为了保证分组后各组的配合精度和配合性质符合原设计要求，配合件的公差应当相等，公差增大的方向要相同，增大的倍数要等于以后的分组数。

（b）分组数不宜多，多了会增加零件的测量和分组工作量，并使零件的储存、运输及装配等工作复杂化。

（c）分组后各组内相配合零件的数量要相符，形成配套。否则会出现某些尺寸零件的积压浪费现象。

分组互换装配适合于配合精度要求很高和相关零件一般只有两三个的大批量生产中，例如，滚动轴承的装配等。

③ 复合选配法。复合选配法是直接选配与分组装配的综合装配法，即预先测量分组,装配时再在各对应组内凭工人经验直接选配。这一方法的特点是配合件公差可以不等，装配质量高，且速度较快，能满足一定的节拍要求。发动机装配中，气缸与活塞的装配多采用这种方法。

（3）修配法。在单件生产和成批生产中，对那些要求很高的多环尺寸链，各组成环先按经济精度加工，在装配时修去指定零件上预留修配量达到装配精度的方法。

由于修配法的尺寸链中各组成环的尺寸均按经济精度加工，装配时封闭环的误差会超过规定的允许范围。为补偿超差部分的误差，必须修配加工尺寸链中某一组成环。被修配的零件尺寸叫修配环或补偿环。一般应选形状比较简单，修配面小，便于修配加工，便于装卸，并对其他尺寸链没有影响的零件尺寸作修配环。修配环在零件加工时应留有一定量的修配量。

生产中通过修配达到装配精度的方法很多，常见的有以下几种。

① 单件修配法。这种方法是将零件按经济精度加工后，装配时将预定的修配环用修配加工来改变其尺寸，以保证装配精度。

② 合并修配法。这种方法是将两个或多个零件合并在一起进行加工修配。合并加工所得的尺寸可看作一个组成环，这样减少了组成环的环数，就相应减少了修配的劳动量。

③ 自身加工修配法。在机床制造中，有一些装配精度要求，是在总装时利用机床本身的加工能力，“自己加工自己”，可以很简捷地解决，这即是自身加工修配法。

④ 调整法。在成批大量生产中，对于装配精度要求较高而组成环数目较多的尺寸链，也可以采用调整法进行装配。调整法与修配法在补偿原则上相似的，只是它们的具体做法不同。调整装配法也是按经济加工精度确定零件公差的。由于每一个组成环公差扩大，结果使一部分装配件超差。故在装配时用改变产品中调整零件的位置或选用合适的调整件以达到装配精度。

调整装配法与修配法的区别是，调整装配法不是靠去除金属，而是靠改变补偿件的位置或更换补偿件的方法来保证装配精度。

根据补偿件的调整特征，调整法可分为可动调整，固定调整和误差抵消调整三种装配方法。

① 可动调整装配法。用改变调整件的位置来达到装配精度的方法，叫做可动调整装配法。调整过程中不需要拆卸零件，比较方便。

采用可动调整装配法可以调整由于磨损、热变形、弹性变形等所引起的误差。所以它适用于高精度和组成环在工作中易于变化的尺寸链。

② 固定调整装配法。固定调整装配法是尺寸链中选择一个零件（或加入一个零件）作为调整环，根据装配精度来确定调整件的尺寸，以达到装配精度的方法。常用的调整件有轴套、垫片、垫圈和圆环等。

③ 误差抵消调整装配法。误差抵消调整法是通过调整某些相关零件误差的方向，使其互相抵消。这样各相关零件的公差可以扩大，同时又保证了装配精度。

二、装配工艺规程

装配工艺规程是指装配工艺过程的文件固定形式。它是指导装配工作和保证装配质量的技术文件，是制订装配生产计划和进行装配技术准备的主要技术依据，是设计和改造装配车间的基本文件。

1．制订装配工艺规程的原则

装配是机器制造和修理的最后阶段，是机器质量的最后保证环节。在制订装配工艺规程时应遵循以下原则。

① 保证并力求提高产品装配质量，以延长产品的使用寿命。

② 合理安排装配工序，尽量减少钳工装配工作量，以提高装配生产率。

③ 尽可能减少装配车间的生产面积，以提高单位面积生产率。

2. 制订装配工艺规程的原始资料

在制订装配工艺规程时，通常应具备以下原始资料。

① 机械产品的总装配图、部件装配图以及有关的零件图。

② 机械产品装配的技术要求和验收的技术条件。

③ 产品的生产纲领及生产类型。

④ 现有生产条件。其中包括装配设备、车间面积、工人的技术水平等。

3. 制订装配工艺规程的步骤

（1）产品分析。

① 研究产品的装配图和部件图，审查图样的完整性和正确性。

② 明确产品的性能、工作原理和具体结构。

③ 对产品进行结构工艺性分析，明确各零部件间的装配关系。

④ 研究产品的装配技术要求和验收标准，以便制定相应措施予以保证。

⑤ 进行必要的装配尺寸链的分析与计算。

在产品的分析过程中，如发现问题，应及时提出，并同有关工程技术人员进行协商解决，报主管领导批准后执行。

（2）确定装配组织形式。在装配过程中，产品结构的特点和生产纲领不同，所采用的装配组织形式也不相同。常见的装配组织形式有固定式装配和移动式装配两种。

固定式装配是指产品或部件的全部装配工作都安排在某一固定的装配工作地上进行的装配。在装配过程中产品的位置不变，装配所需要的所有零部件都汇集在工作地附近。其特点是装配工人的技术水平要求较高，占地面积较大，装配生产周期较长，生产率较低。因此，它主要适用于单件小批生产以及装配时不便于或不允许移动产品的装配，如新产品试制或重型机械的装配等。

移动式装配是指在装配生产线上，通过连续或间歇式的移动，依次通过各装配工作地，以完成全部装配工作的装配。其特点是装配工序分散，每个装配工作地重复完成固定的装配工序内容，广泛采用专用设备及工具，生产率高，但要求装配工人的技术水平不高。因此，多用于大批大量生产，如汽车、柴油机等装配。

装配组织形式的选择主要取决于产品结构特点（包括尺寸、重量和装配精度等）和生产类型。

（3）划分装配单元。装配单元的划分，就是从工艺的角度出发，将产品划分为若干个可以独立进行装配的组件或部件，以便组织平行装配或流水作业装配。这是设计装配工艺规程中最重要的工项工作，这对于大批大量生产中装配那些结构较为复杂的产品尤为重要。

（4）确定装配顺序。在确定各级装配单元的装配顺序时，首先要选定某一零件或比它低一级的装配单元（或组件或部件）作为装配基准件（装配基准件一般应是产品的基体或主干零件，一般应有较大的体积、重量和足够大的承压面）；然后再以此基准件作为装配的基础，按照装配结构的具体情况，根据“预处理工序先行，先下后上，先内后外，先难后易，先重大后轻小，先精密后一般”的原则，确定其他零件或装配单元的装配顺序；最后用装配工艺系统图或装配工艺卡的形式表示出来。

（5）划分装配工序，进行工序设计。根据装配的组织形式和生产类型，将装配工艺过程划分为若干个装配工序。其主要任务如下。

① 划分装配工序，确定各装配工序内容。

② 确定各工序所需要的设备及工具；如需专用夹具和设备，须提出设计任务书。

③ 制订各工序的装配操作规范；例如，过盈配合的压入力，装配温度、拧紧紧固件的额定扭矩等。

④ 规定装配质量要求与检验方法。

⑤ 确定时间定额，平衡各工序的装配节拍。

（6）填写装配工艺文件。在单件小批生产时，通常不制订装配工艺文件，仅绘制装配系统图即可。成批生产时，应根据装配系统图分别制订出总装和部装的装配工艺过程卡，关键工序还需要制订装配工序卡。大批大量生产时，每一个工序都要制订出装配工序卡，详细说明该工序的装配内容，用以直接指导装配工人进行操作。装配工艺卡片如图 5.7 所示。

									G25a
产口工号	装配工艺卡片			产品代号	部、组（整）件代号	部、组（整）件名称		工艺文件编号	
	单套产品中装配件数量			本批装配件生产总数	1	交往何处			
	车间	工序号	工序名称	工序内容	辅助材料	专用仪器、仪表及工艺装备	工时定额 h		
							准结	单件	总计
	02	1	钳	1. 按图齐套零件序号 1～9，标准件序号 10～16					
				2. 将序号 2、3 螺接于序号 1 上，用序号 10、12、16					
				3. 将序号 4 用序号 9 铆接于序号 2、3 上，铆正、铆平					
会签				4. 将序号 7、8 用序号 11 螺接于序号 1 上					
				5. 将序号 5、6 螺接于序号 1 上，用序号 10、12、16					
				6. 安装序号 13、14、15 于序号 9 上					
			检验	按本工序内容进行检验					
				编制		审核		阶段标记	
				校对		标检		C	
更改标记	更改单号	签名	日期			批准		共 2 页	第 1 页
								第 页	

图 5.7　装配工艺卡片

（7）制订产品的试验验收规范。产品装配后，应按产品的要求和验收标准进行试验验收。因此，还应制订出试验验收规范。其中包括试验验收的项目、质量标准、方法、环境要求、试验验收所需的工艺装备、质量问题的分析方法和处理措施等。

三、常用装配工具

1．螺钉旋具

主要用来拆装头部开槽的螺钉。螺钉旋具有图 5.8 所示的一字旋具、十字旋具、快速旋具和弯头旋具等

2．扳手

扳手用来装拆六角形、正方形螺钉及各种螺母。扳手有通用扳手（活扳手）、专用扳手和特种

扳手等。活扳手如图 5.9 所示，使用时应让固定钳口承受主要的作用力，扳手长度不可随意加长，以免损坏扳手和螺钉。

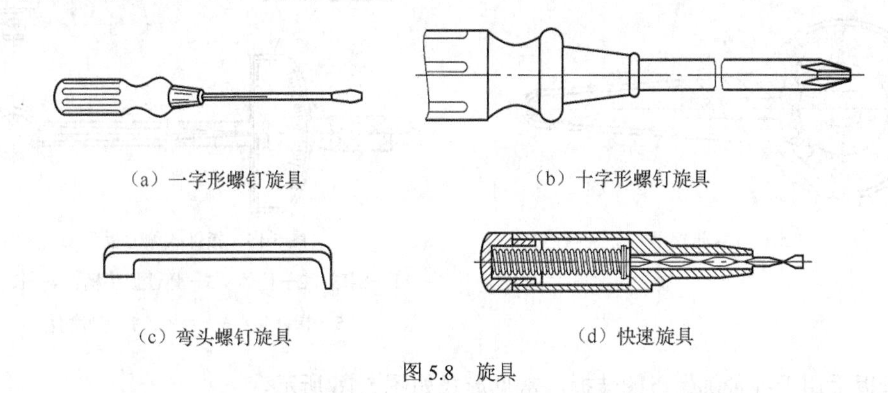

（a）一字形螺钉旋具　（b）十字形螺钉旋具

（c）弯头螺钉旋具　（d）快速旋具

图 5.8　旋具

专用扳手只能拆装一种规格的螺母或螺钉。根据其用途不同可分为呆扳手（见图 5.10），整体扳手（见图 5.11），成套套筒扳手（见图 5.12）和内六角扳手（见图 5.13）等。

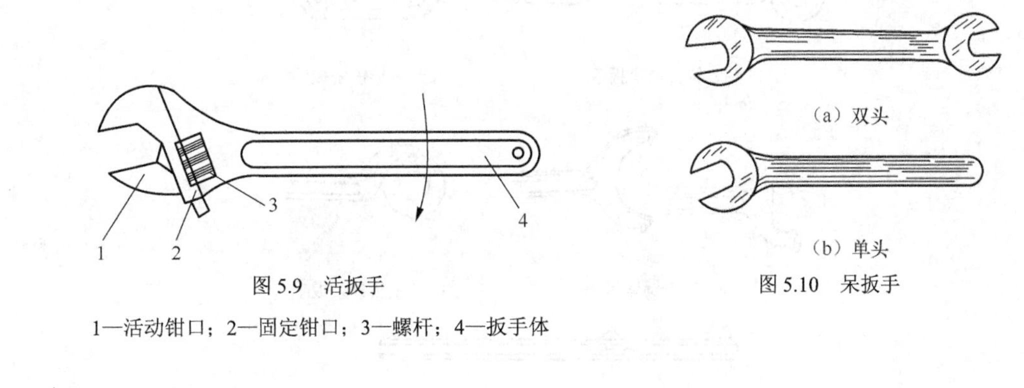

图 5.9　活扳手

1—活动钳口；2—固定钳口；3—螺杆；4—扳手体

（a）双头　（b）单头

图 5.10　呆扳手

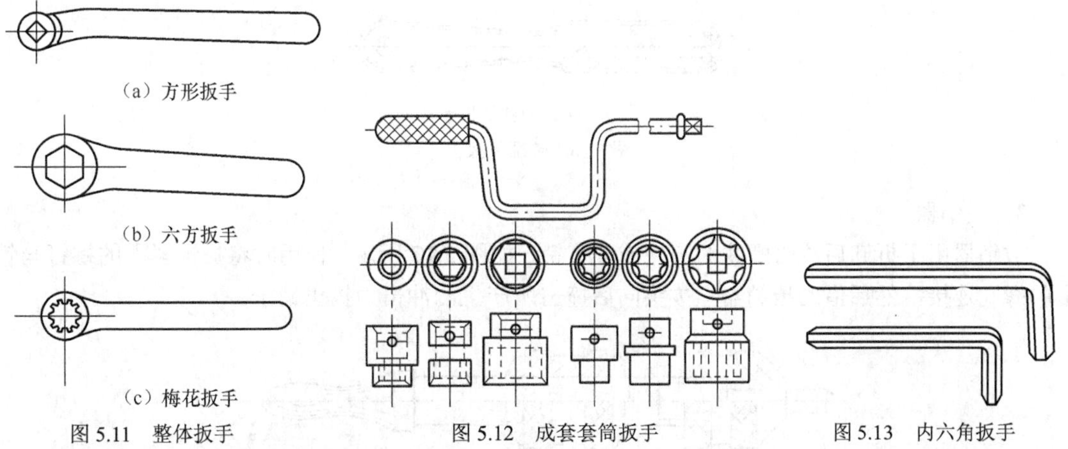

（a）方形扳手　（b）六方扳手　（c）梅花扳手

图 5.11　整体扳手

图 5.12　成套套筒扳手

图 5.13　内六角扳手

特种扳手是根据某些特殊需要制造的，如图 5.14 所示的棘轮扳手，不仅使用方便，而且效率较高。

指针式测力扳手是用于需要严格控制螺纹连接时能达到规定的拧紧力矩的场合，以保证连接的可靠性及螺钉的强度，如图 5.15 所示。

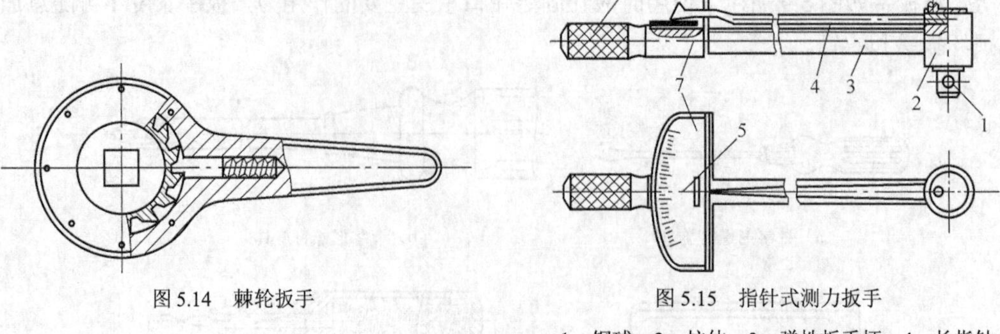

图 5.14　棘轮扳手

图 5.15　指针式测力扳手

1—钢球；2—柱体；3—弹性扳手柄；4—长指针；

5—指针尖；6—手柄；7—刻度盘

圆螺母扳手用于各种圆螺母的装拆，常见形式如图 5.16 所示。

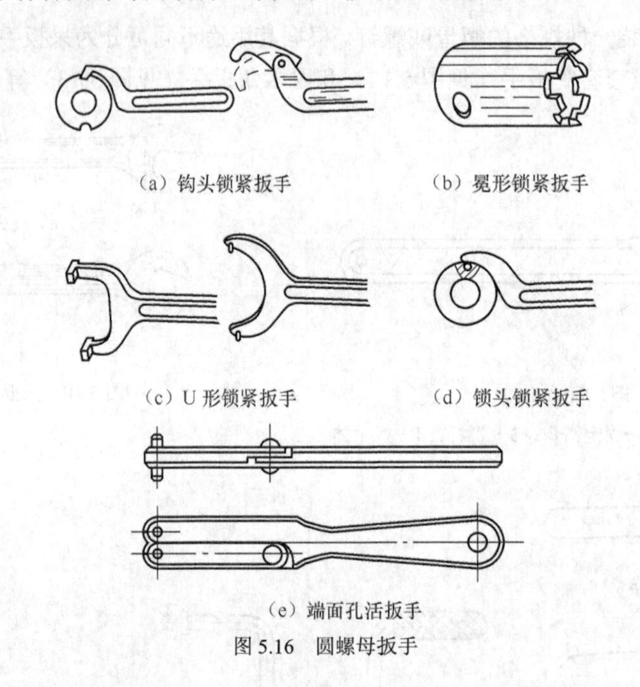

（a）钩头锁紧扳手　（b）冕形锁紧扳手

（c）U 形锁紧扳手　（d）锁头锁紧扳手

（e）端面孔活扳手

图 5.16　圆螺母扳手

3．拔销器

拔销器用于拆卸后端带螺孔的圆柱或圆锥销，如图 5.17 所示。使用时将拔销器上的螺钉与销上的螺孔连接，然后借助拔销器上拔头向后撞击所产生的冲击力拔出销子。

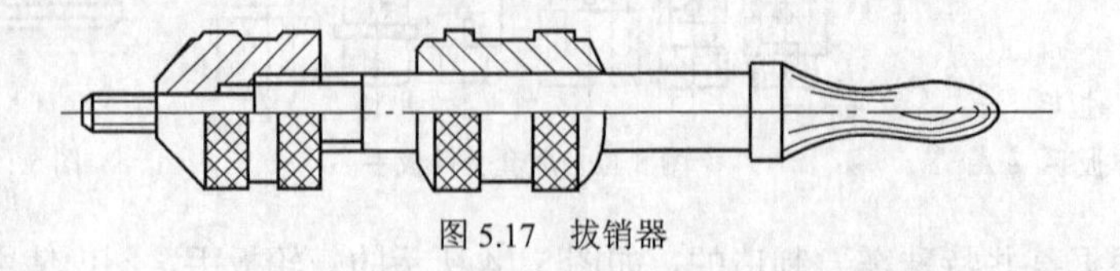

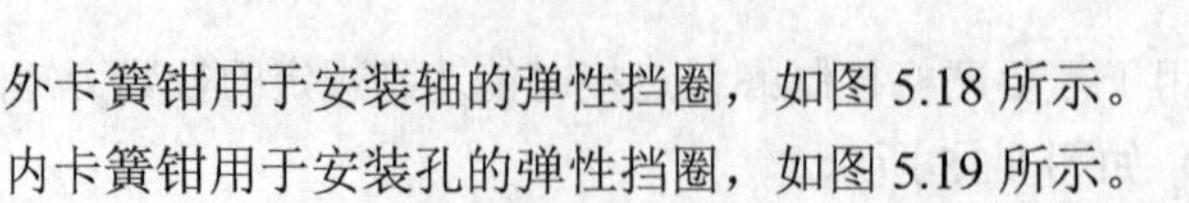

图 5.17　拔销器

4．簧钳

（1）外卡簧钳。外卡簧钳用于安装轴的弹性挡圈，如图 5.18 所示。

（2）内卡簧钳。内卡簧钳用于安装孔的弹性挡圈，如图 5.19 所示。

5．顶拔器

顶拔器如图 5.20 所示，顶拔器有两爪和三爪两种，用于装卸紧固配套的轴上套件，如带轮、轴承、齿轮等；也可用于从孔中拉出套件等。

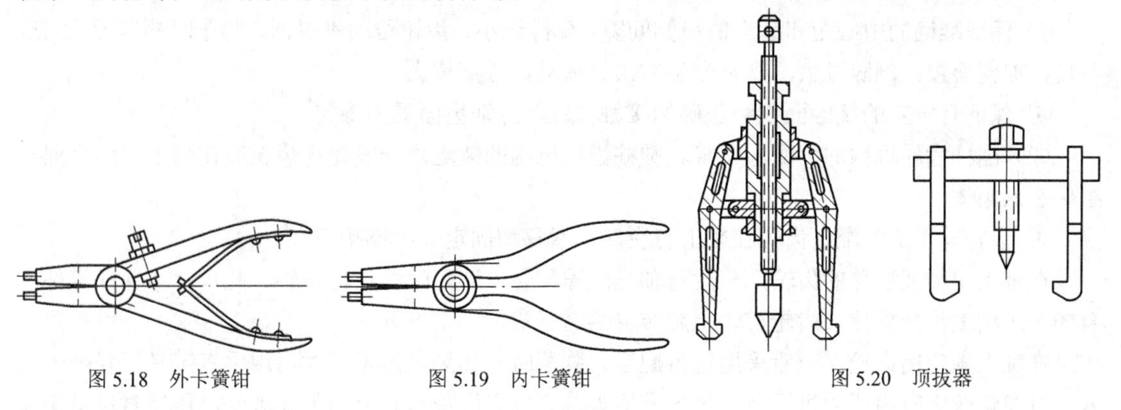

图 5.18　外卡簧钳　　图 5.19　内卡簧钳　　图 5.20　顶拔器

6．电动工具

（1）电钻。电钻的种类如图 5.21 所示。电钻主要由电动机、减速箱、手柄、钻夹头或圆锥套筒及电源连接装置等组成。

（2）电动扳手。图 5.22 所示的电动扳手是拆装螺纹连接件的工具，目前在成批生产的厂矿企业得到了广泛应用。

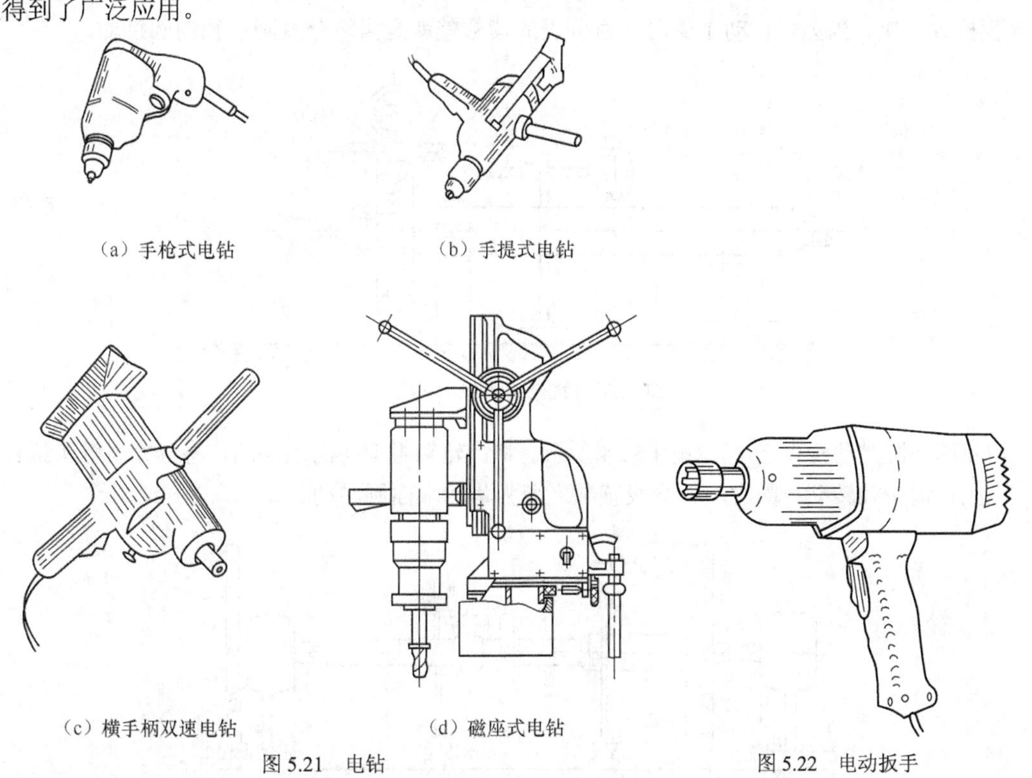

（a）手枪式电钻　（b）手提式电钻　（c）横手柄双速电钻　（d）磁座式电钻

图 5.21　电钻　　图 5.22　电动扳手

四、典型机构装配

1．齿轮传动机构的装配和调整

（1）齿轮传动机构装配的技术要求。对齿轮传动装置的基本要求是传动平稳、传递运动准确、载荷分布均匀及传动侧隙合理，保证齿轮副的工作性能及使用寿命。现将装配过程的要点说明如下。

① 齿轮孔与轴的配合能满足使用要求。空套齿轮在轴上不得有晃动现象；滑移齿轮不应有咬死或阻滞现象；固定齿轮不得有偏心或歪斜。

② 保证准确的中心距和适当的齿侧间隙。侧隙过小，齿轮传动不灵活，热胀时易卡死，润滑不良，加剧磨损；侧隙过大，则易产生冲击、振动，噪声增大。

④ 保证有一定的接触面积和正确的接触位置，保证齿面受力均匀。

（2）圆柱齿轮机构的装配与调整。圆柱齿轮机构的装配，一般先将齿轮装在轴上，然后把轴组件装入箱体。

① 齿轮与轴的装配。齿轮在轴上有空转、滑移和固定 3 种连接方式。

在轴上空转或滑移的齿轮，一般与轴是间隙配合。装配时注意检查轴、孔尺寸，保证零件本身的加工精度。装配后，齿轮在轴上旋转灵活、平稳。

在轴上固定的齿轮，一般采用过盈配合。装配时，如果过盈量不大，用手工工具轻轻敲击装入；过盈量较大时用压力机压装；过盈量很大，则需采用液压套合的装配方法。压装时尽量避免齿轮偏心、歪斜和端面未紧贴轴肩（轴向末装到位）及轴变形等安装误差。

对于精度要求高的齿轮传动机构，齿轮装到轴上后，应进行径向和端面团跳动检查。

齿轮径向圆跳动检查方法，如图 5.23 所示。将齿轮轴组架在 V 形架或两顶尖上，使轴中心线与平板平行，把圆柱规放在齿轮的齿间，百分表触头抵在圆柱规的最高点，然后转动齿轮，每隔 3～4 齿检查一次。当齿轮转动 1 圈时，百分表的读数差就是齿轮分度圆的径向圆跳动。

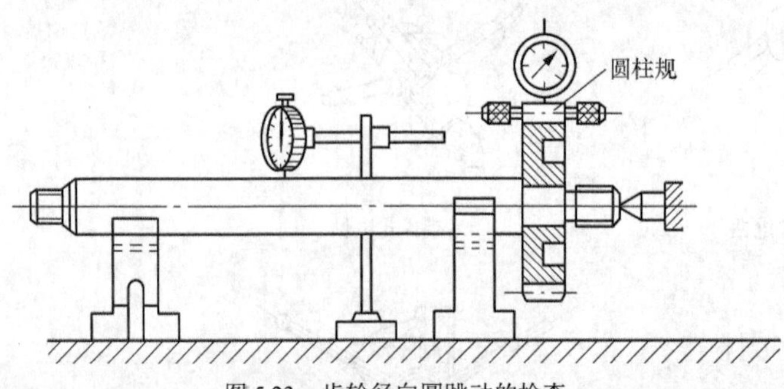

图 5.23 齿轮径向圆跳动的检查

齿轮端面圆跳动检查方法，如图 5.24 所示。将齿轮轴组架在两顶尖间，将百分表触头抵在齿轮端面上，齿轮轴转动一圈时，百分表读数之差为齿轮端面圆跳动。

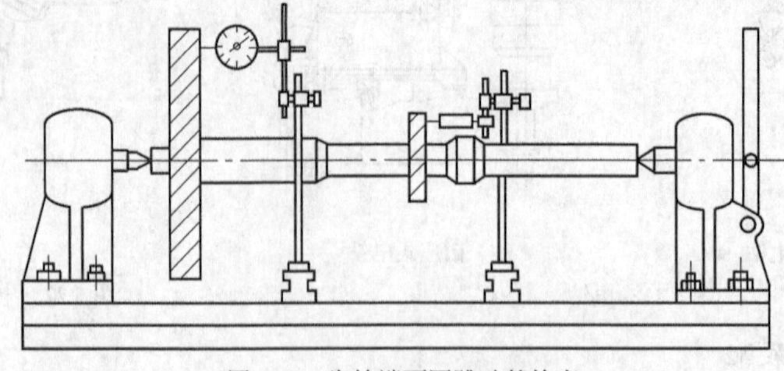

图 5.24 齿轮端面圆跳动的检查

② 齿轮轴组件装入箱体内。齿轮轴组件装入箱体，这是影响齿轮啮合质量的关键工序。齿轮

轴组件装入箱体的步骤如下。

（a）装前对箱体的检查。齿轮的啮合质量，除了与齿轮本身的制造程度有关外，箱体孔的加工精度（尺寸精度、形状精度及相互位置精度）对啮合质量的影响也十分显著。因此，装配前应对箱体的主要部位进行检查，检验方法如图 5.25～图 5.30 所示。

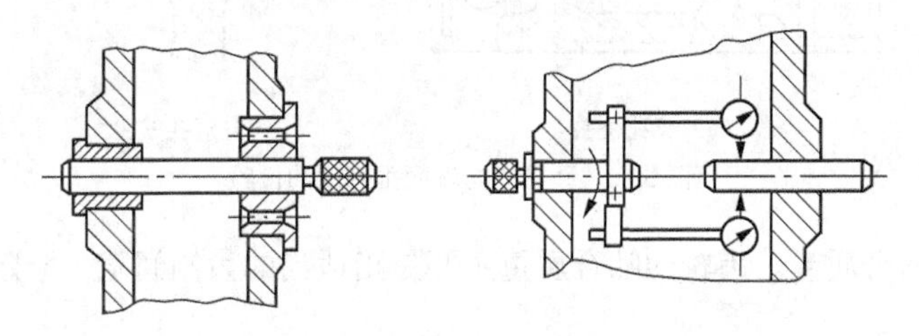

（a）用长棒检验　　（b）用短棒检验

图 5.25　利用通用心棒检验孔同心度

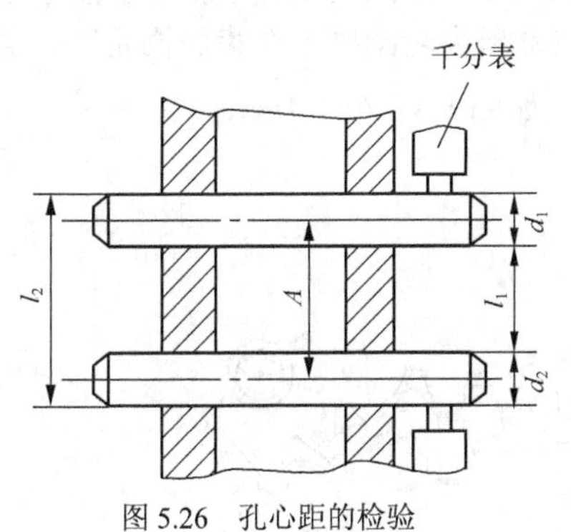

图 5.26　孔心距的检验

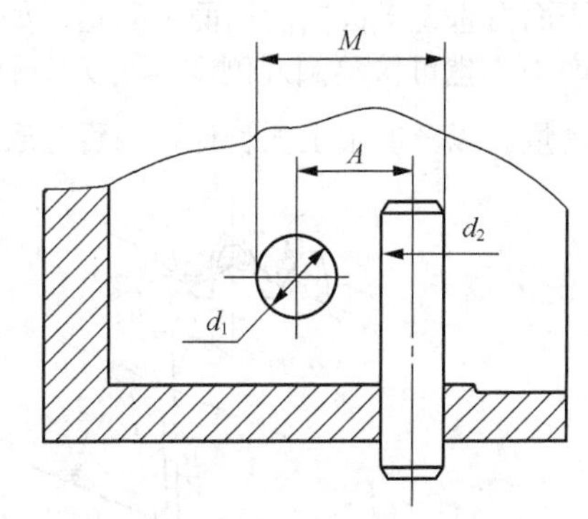

图 5.27　垂直交叉孔中心距检验

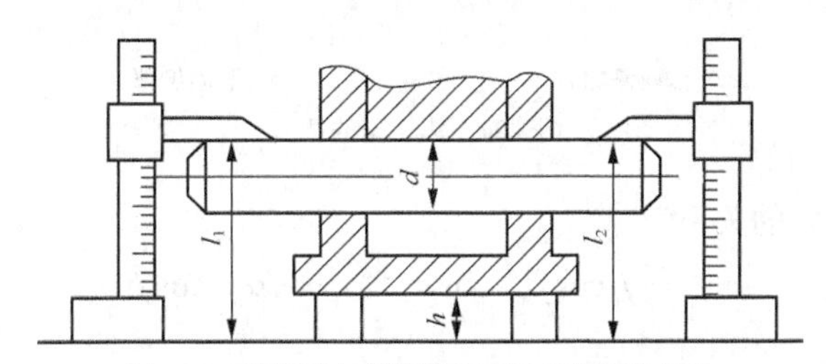

图 5.28　孔轴线与基面的距离及平行度的检验

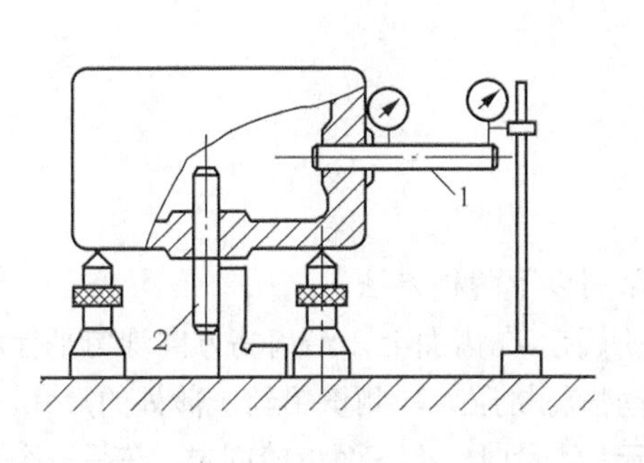

（a）使用直角尺　　（b）使用百分表

图 5.29　两孔垂直度的检验

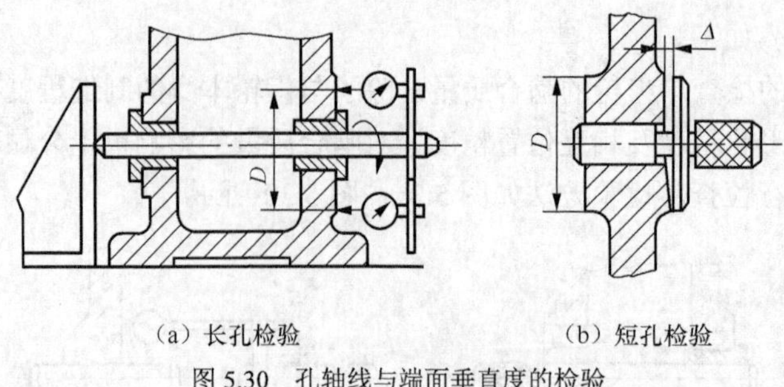

（a）长孔检验 （b）短孔检验

图 5.30 孔轴线与端面垂直度的检验

（b）检查齿轮啮合质量。齿轮的啮合质量主要是指适当的齿侧间隙、一定的接触面积和正确的接触部位。

检查齿侧间隙。齿轮副的侧隙分为法向侧隙和圆周侧隙。

齿轮副的法向侧隙（j_n）是齿轮副工作齿面接触时，非工作齿面之间的最小距离，在两基圆柱的公切平面内垂直于齿向的剖面中测定，如图 5.31（a）所示。法向侧隙可用塞尺检查。

在生产中，也可检验圆周侧隙（j_t）。圆周侧隙是指齿轮副中一个齿轮固定时，另一个齿轮的圆周晃动量。以分度圆上弧长计，用百分表测量，如图 5.31（b）所示。

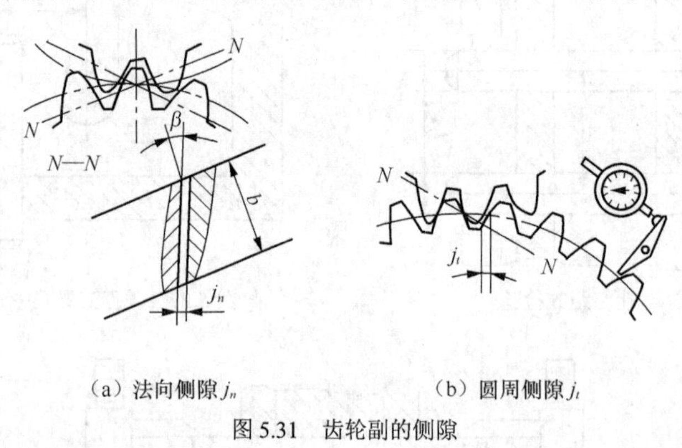

（a）法向侧隙 j_n （b）圆周侧隙 j_t

图 5.31 齿轮副的侧隙

法向侧隙与圆周侧隙的关系为

$$j_{\mathrm{n}} = j_{\mathrm{t}}\cos\beta_{\mathrm{b}}\cdot\cos\alpha_{\mathrm{t}} = j_{\mathrm{t}}\cos\alpha_{\mathrm{n}}\cdot\cos\beta$$

式中 j_{n}——法向侧隙；

j_{t}——圆周侧隙；

α_{n}——法向齿形角；

α_{t}——端面齿形角；

β——分度圆螺旋角；

β_{b}——基圆螺旋角。

在生产中，一般齿轮副侧隙的检查，常用以下两种方法。

一是用压铅丝法检验，如图 5.32（a）所示，在齿面上，沿齿高方向均匀平行放置 2～3 条铅丝，其直径不宜超过最小间隙的 4 倍，转动齿轮挤压后，测量铅丝压薄处的尺寸，即为侧隙。

二是用百分表检验，如图 5.32（b）所示，测量时，将下面齿轮固定，在另一个齿轮装夹紧杆，使其外端与百分表测头接触。由于侧隙的存在，装有夹紧杆的齿轮做正反向摆动时与固定齿轮轮齿的两侧接触。此时，夹紧杆也随着摆动一定角度，在百分表上得到读数 C，则齿侧间隙：

$$j_n = C\frac{R}{L}$$

式中 C——百分表 2 的读数，mm；

R——装夹紧杆齿轮的分度圆半径，mm；

L——夹紧杆长度，mm。

也可将百分表与活动齿轮的齿面接触，另一齿轮固定，使活动齿轮从齿的一侧啮合转到另一侧啮合。此时在百分表上的读数差，即为侧隙。

（b）检验接触精度。接触精度的主要指标是接触斑点。接触斑点是指安装后的齿轮副，在轻微制动下，运转后齿面上分布的接触擦亮点痕迹，如图 5.33 所示。它综合地反应齿轮副的制造和安装误差，反映齿轮在工作状态下载荷的分布情况。

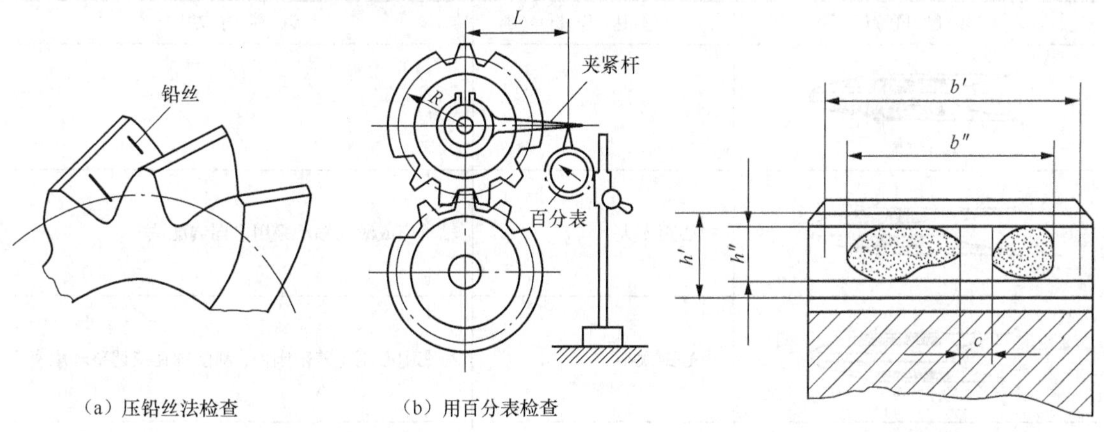

（a）压铅丝法检查 （b）用百分表检查

图 5.32 齿侧间隙的检验

图 5.33 齿轮的接触斑点

接触痕迹的大小在齿面展开图上用百分比计算。

沿齿长方向上接触痕迹的长度 b''（扣除超过模数值的断开部分 c）与工作长度 b' 之比为

$$\frac{b''-c}{b'}\times 100\%$$

沿齿高方向上接触痕迹的平均高度 h'' 与工作高度 h' 之比为

$$\frac{h''}{h'}\times 100\%$$

对齿轮副接触斑点的要求见表 5.2。

表 5.2 齿轮副接触斑点

接触斑点	单位	精度等级											
		1	2	3	4	5	6	7	8	9	10	11	12
按高度不小于	%	65	65	65	60	55 (45)	50 (40)	45 (35)	40 (30)	30	25	20	15
按长度不小于	%	95	95	95	90	80	70	60	50	40	30	30	30

注：① 接触斑点的分布位置应趋近于齿面中部，齿顶和两端部校边处不允许接触。

② 括号内数值用于轴向重合度 $\varepsilon_\beta > 0.8$ 的斜齿轮。

所谓“轻微制动”是指既不使轮齿脱离，又不使轮齿和传动装置发生较大的变形。

国标规定，检查齿轮接触斑点时，一般不用涂料，必要时采用规定的条件（如红丹粉调合剂)。用涂色检查时，在大齿轮的齿面上涂一层薄薄的涂料，使被动齿轮在轻微制动下滚动。对双向工作的齿轮传动，正反两个方向均应检查。

对较大的齿轮副，一般是在安装好的传动装置中检验。对成批生产的机床、汽车、拖拉机等中小齿轮允许在啮合机上与精确齿轮啮合检验。

影响齿轮接触精度的主要因素是齿形精度及安装误差。对于一般要求的齿轮副，接触斑点的分布位置应趋近于齿面中部，齿顶和两端部棱边处不允许接触，见表5.3。若接触斑点位置正确，而面积太小时，是由于齿形误差太大所致。可在齿面上加研磨剂，将两轮转动进行研磨，以增加接触面积。若齿形正确，而安装有误差，所造成的接触不良的原因及排除方法见表5.3。

表5.3 渐开线圆柱齿轮由安装误差造成接触不良的原因及调整方法

接触斑点	原因分析	调整方法
正常接触		
	中心距太大	轴承座或滚动轴承采用定向装配法
	中心距太小	可在中心距允差范围内，刮削轴瓦或调整轴承座
同向偏接触	两齿轮轴线不平行	可在中心距允差范围内，刮削轴瓦或调整轴承座
异向偏接触	两齿轮轴线歪斜	可在中心距允差范围内，刮削轴瓦或调整轴承座
单面偏接触	两齿轮轴线不平行，同时歪斜	可在中心距允差范围内，刮削轴瓦或调整轴承座
游离接触 在整个齿圈上接触区由一边逐渐移至另一边	齿轮端面与回转中心线不垂直	检查并校正齿轮端面与回转中心线的垂直度
不规则接触（有时齿面一个点接触，有时在端面边线上接触）	齿面有毛刺或有碰伤隆起	去毛刺、修整

（3）圆锥齿轮机构的装配与调整。圆锥齿轮副是用来传递两根不平行轴或两轴线位置成90°

的两轴间的旋转运动。圆锥齿轮传动机构装配与圆柱齿轮传动机构装配的顺序相似，其装配内容如下。

① 检验圆锥齿轮副箱体。圆锥齿轮副的装配质量，首先取决于箱体的轴孔质量，因此在装配前，对于箱体孔轴线的垂直度和相交程度进行检查，只有合格后才能装配。

② 圆锥齿轮轴向位置的确定。装配时，要求两齿轮分度圆锥相切，两锥顶重合。为此，小齿轮轴向位置按安装距离（小齿轮基面至大齿轮轴的距离)来确定，如图 5.34 所示。检查时将专用量规装在小齿轮轴上，使其一端与大齿轮轴贴紧，另一端用量块或塞尺测量小齿轮基面的距离，用相应厚度的垫片来确定小齿轮的轴向位置。若此时大齿轮尚未装好，可用工艺轴代替。然后按侧隙要求决定大齿轮的轴向位置。

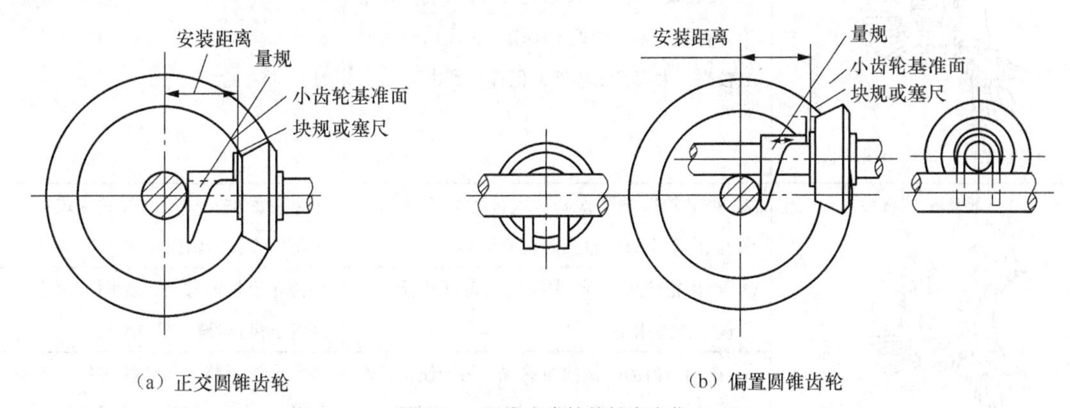

（a）正交圆锥齿轮　　（b）偏置圆锥齿轮

图 5.34　圆锥小齿轮的轴向定位

有些用背锥面作基准的圆锥齿轮，装配时将背锥面对成齐平，可用手的感觉进行检查，以此来保证两齿轮的正确装配位置。但是有的圆锥齿轮齿背并未标公差尺寸，甚至加工成圆弧形，这样就难免会出现误差。因此要通过调整圆锥齿轮副的轮齿啮合，来调整圆锥齿轮 1 和圆锥齿轮 2 的轴向位置，如图 5.35 所示。圆锥齿轮 2 的轴向位置，则通过移动固定圈 4 的位置来解决。啮合精度调整好之后，根据固定圈的位置，在传动轴上配钻固定孔，用螺栓固定。

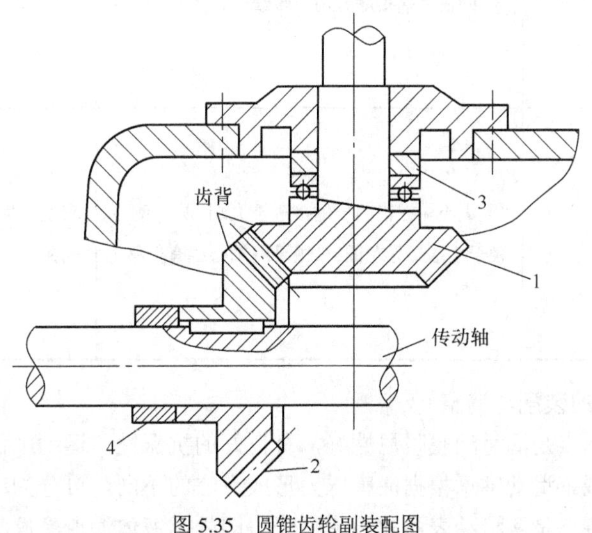

图 5.35　圆锥齿轮副装配图

1、2—圆锥齿轮；3—调整垫片；4—固定圈

③ 检验圆锥齿轮副啮合质量。圆锥齿轮副啮合质量的检验方法与圆柱齿轮副基本相同。

a．检验齿侧间隙。用压铅丝方法检查，铅丝直径不宜超过最小侧隙的 3 倍。

b．检验接触斑点。一般用涂色法检验，在无载荷时，接触斑点应在齿宽中部偏小端接触以保证工作时轮齿在全宽上能均匀地接触。圆锥齿轮接触斑点及其调整方法见表 5-4。

表 5.4 直齿圆锥齿轮接触斑点及其调整方法

接触斑点	现象及原因	调 整 方 法
 正常接触（中部偏小端接触）	① 在轻微负荷下，接触区在齿宽中部，略宽于齿宽的一半，稍近于小端，在小齿轮齿面上较高，大齿轮上较低，但都不到齿顶	
低接触 高接触 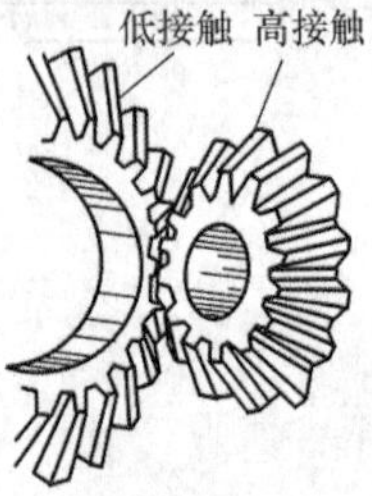 高低接触	② 小齿轮接触区太高，大齿轮太低（见左图）。由于小齿轮轴向定位有误差	小齿轮沿轴向移出，如侧隙过大，可将大齿轮沿轴向移动
	③ 小齿轮接触太低，大齿轮太高。原因同②，但误差方向相反	小齿轮沿轴向移进，如侧隙过小，则将小齿轮沿轴向移出
	④ 在同一齿的一侧接触区高，另一侧低。如小齿轮定位正确且侧隙正常，则为加工不良所致	装配无法调整，需调换零件。若只作单向传动，可按②或③法调整，可考虑另一齿侧的接触情况
 小端接触 同向偏接触	⑤ 两齿轮的齿两侧同在小端接触（见左图）。由于轴线交角太大	不能用一般方法调整，必要时修刮轴瓦
	⑥ 同在大端接触。由于轴线交角太小	
大端接触 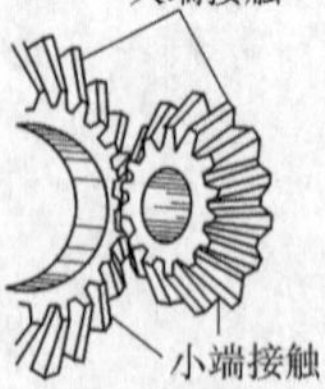 小端接触 异向偏接触	⑦ 大小轮在齿的一侧接触于大端，另一侧接触于小端（见左图）。由于两轴心线有偏移	应检查零件加工误差，必要时修刮轴瓦

2．精密滑动轴承的装配与调整

滑动轴承的主要优点是润滑油膜阻尼性好，有良好的抗振性，运动平稳、可靠，噪声小，适用于高速和高精度机械。滑动轴承根据油膜压力形成方法的不向，可分为动压滑动轴承和静压滑动轴承。它们的共同特点是两滑动表面被油膜隔开，即处于液体润滑摩擦状态，因此轴和轴承摩擦和磨损都极小，其寿命长。

（1）液体动压润滑轴承的装配与调整。轴在高速旋转时，依靠油的黏性和油与轴的附着力，把油带入轴承的楔形空间，建立起压力油膜，使轴颈与孔间的滑动表面完全隔开。用这种方式实现润滑的轴承称为液体动压润滑轴承。

① 动压润滑状态的建立。轴在静止状态时，由于轴的自重而处在轴承中的最低位置，如图 5.36（a）所示，轴颈与轴瓦局部表面直接接触。当轴颈按箭头方向旋转时，依靠油的黏性和油与轴的附着力，轴带着油层一起旋转，油在楔形油隙中产生挤压而提高压力，即产生动压。但转速不高，动压不足以使轴颈顶起，轴与轴承仍处在接触摩擦状态。由于摩擦力方向与轴颈表面的圆周速度方向相反，迫使轴沿轴承表面瞬时向左滚动、偏移，即“爬高”，如图 5.36（b）所示。当轴的转速足够高时，轴便在轴承中浮起，形成了动压润滑，如图 5.23（c）所示。

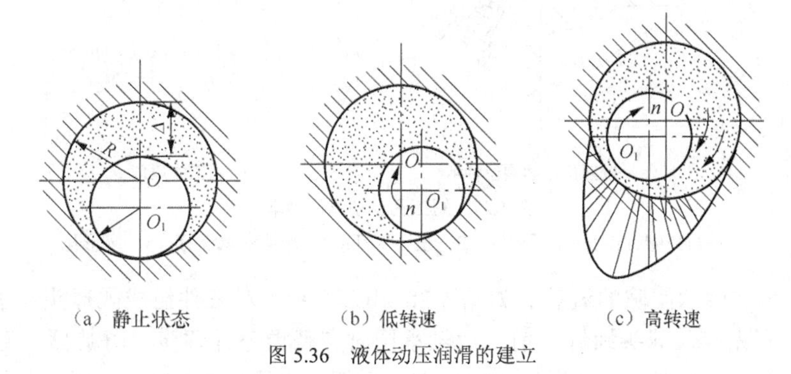

（a）静止状态　（b）低转速　（c）高转速

图 5.36　液体动压润滑的建立

②形成液体动压润滑的条件。

（a）轴颈应有足够高的转速。

（b）轴颈与轴承间隙必须适当（一般为 0.0ld～0.03d，d 为轴颈直径)。

（c）轴颈与轴承应具有一定的精度（尺寸、形状及相互位置精度)和较好的表面粗糙度。

（d）润滑油的黏度适当，有足够的供油量。

③多瓦式动压轴承的装配和调整。多瓦式动压轴承在工作时，可产生多个油膜。其类型有二、三、四、六油楔动压轴承。这种轴承的油膜刚度好、工作稳定性好，很多磨床主轴用这种支承。

（a）多瓦式动压抽承的工作原理。图 5.37 所示，为 3 个瓦块，每个瓦块由球头销支承，其支点偏离瓦块中心约 0.4B～0.45B。当主轴旋转时在油压作用下，3 块轴瓦各自绕球面支承螺钉的球头摆动而形成楔形油隙，使主轴浮在 3 块轴瓦中间。当主轴受外载荷而欲产生径向偏移时，由于楔形隙缝将变小，其油膜压力将升高；而在它的相反方向，油楔隙将变大，油膜压力将降低。所以可有一个使主轴恢复到中心位置的趋势，从而保证主轴的旋转精度。

（b）多瓦式动压轴承的装配与调整。现以短三瓦为例，介绍其装配与调整过程。

第一步，研磨轴瓦。扇形轴瓦的支承球面与球面支承螺钉的球头需配对研磨。要求其接触率达到 70%～80%，表面粗糙度 Ra 为 0.2μm。研配后成组编号，并做好旋转方向的标记。

轴瓦内孔通常采用精车。往往在加工后，需用专用研磨芯棒进行精研。精研时，将研磨芯棒夹在车床上，选用氧化铬研剂，在芯棒旋转的同时，轴瓦在其上作少量的轴向移动。需注意研磨心棒的旋转方向要与轴瓦上标注的箭头方向一致。

第二步，轴与轴承的装配。装配前要仔细清洗轴、轴瓦和球面支承螺钉等零件，测量瓦块的厚度，选择 6 块厚度相同的瓦块（厚度差不超过 0.1mm）与球面支承螺钉成对装入。注意主轴的旋转方向及瓦块上的旋转方向标记，不可装反。

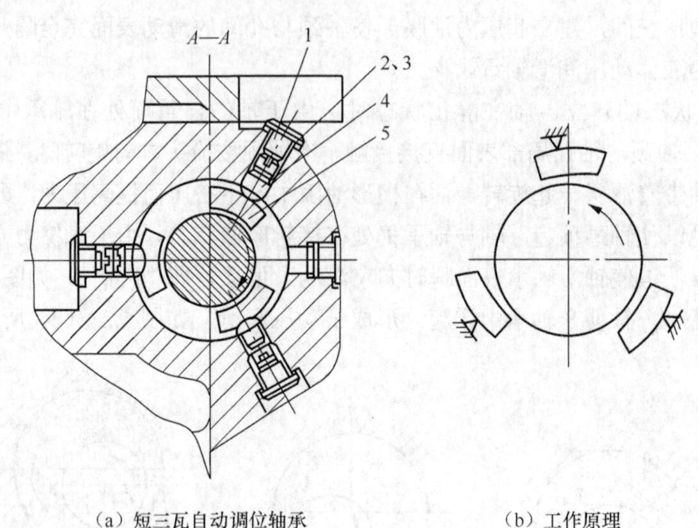

（a）短三瓦自动调位轴承　　（b）工作原理

图 5.37　短三瓦自动调位轴承

1—封口螺钉；2—锁紧螺钉；3—空心螺钉；4—球面支承螺钉；5—扇形瓦

第三步，轴和轴承间隙的调整。如图 5.38（b）所示，对三件组成式球头支承螺钉，调整轴承间隙时，应先旋入球头螺钉，前、后轴承同时交替调整并逐步刚好旋紧，直至轴不能用手转动。然后旋入空心螺钉，碰到球头支承螺钉后倒旋退回约 2～3mm，再旋入锁紧螺钉，用力拧紧。

由于球面螺钉螺纹之间的空隙关系，被拉紧后要缩回一段距离，于是瓦块与轴之间便产生了一定的间隙。用手转动轴感到灵活、均匀为宜。轴与轴瓦的间隙可以在轴的前、后端，靠近工艺套处用百分表进行测量。用手轻轻抬动上、下轴，百分表的示值差，即为它们的径向间隙差，如符合规定要求，则调整结束。再拧上封口螺钉，以防止轴承中润滑油的泄漏。

（2）液体静压轴承的装配。液体静压轴承，是靠外界供给一定压力的润滑油，进入轴承的油腔，形成油膜将轴浮起，并保证轴颈在任何速度（包括转速为零)和预定负荷下轴与轴承处于液体摩擦状态。其优点是油膜的形成与转速无关，可在极低的速度下正常工作；启动和正常运转时功耗均很小，承载能力大；轴心位置稳定、刚度大、抗振性好；旋转精度高，而且能长期保持精度。

液体静压轴承的缺点是需要有一套可靠的供油系统。

静压轴承的装配步骤如下。

① 把轴、轴承、箱体、管路等有关零件的毛刺清除干净，并彻底清洗。由于节流孔很小，要仔细清洗。清洗时不要使用棉纱，可使用绸子，以防堵塞。

② 管路不许有漏油现象，系统内不许有空气，否则会引起压力波动。液压油应按说明书严格掌握。

③ 静压轴承的外圆与轴承壳体孔的配合，应保证一定的过盈量，防止因各油孔或油槽互通，从而引起各油腔之间互通。

④ 静压轴承装入壳体内孔后，可用研磨法保证前、后轴承孔的同轴度，以及与轴颈配合间隙的要求。

⑤ 装配后接上供油系统。在启动前，先用手转动轴，感觉轻便灵活。方可启动。

3．精密滚动轴承的装配与调整

滚动轴承与轴颈、壳体孔的装配质量直接影响装配体的回转精度和使用寿命。因此，装配时必须掌握装配技术，保证装配精度要求。

（1）滚动轴承游隙的调整和预紧。

滚动轴承的游隙。滚动轴承的游隙按方向可分为径向游隙，如图 5.38（a）所示；轴向游隙，如图 5.38（b）所示。将一个套圈固定，另一套圈沿径向或轴向的最大活动量称为游隙。

根据波动轴承所处的状态不同，径向游隙分为原始游隙、配合游隙和工作游隙。

① 原始游隙是指轴承在末安装时自由状态下的游隙。新轴承的原始游隙，有专门的表格可查阅。

② 配合游隙是指轴承安装到轴颈上和壳体孔内以后存在的游隙。由于配合游隙的大小与轴承配合量有直接关系，所以配合游隙总是小于原始游隙。

③ 工作游隙是指轴承在工作状态时的游隙。轴承在工作状态时，出于内外因的温度差，以及在工作负荷的作用下，滚动体和套圈产生弹性变形。一般地在两方面综合作用下，工作游隙大于配合游隙。

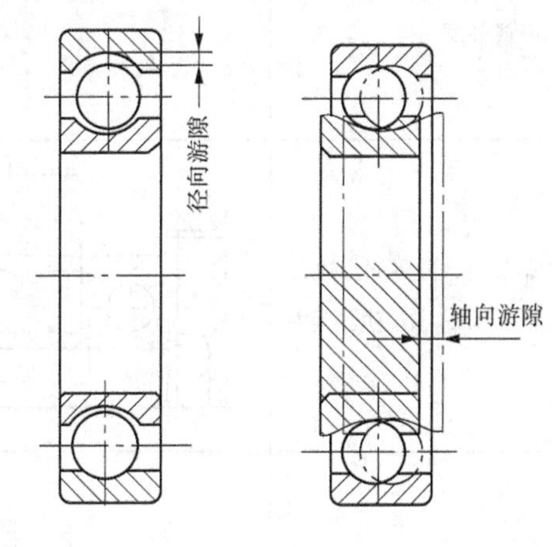

（a）径向游隙　　（b）轴向游隙

图 5.38　滚动轴承的游隙

（2）滚动轴承的调整和预紧。滚动轴承应具有必要的游隙。若游隙过小，轴承在工作中摩擦大、温升快，则加剧磨损，严重时会运转不灵活或卡死。若游隙过大，则使瞬时承受载荷的滚动体数量减少，使载荷集中，产生冲击、振动、噪声，加速磨损，影响工作精度及寿命。为了使游隙适当，通常用修磨垫片或调整螺母等方法，将轴承内、外因沿轴向作适当的相对位移，可获得合适的游隙。

对于高速和高精度机械，在安装滚动轴承时，往往没有调整预紧机构。滚动轴承的预紧是指在安装轴承时，预先给轴承一轴向载荷，不仅完全消除轴承的游隙，而且使滚动体与内、外因产生弹性变形，如图 5.39 所示。预紧后，滚动体与内、外因间接触面积增大，同时承载的滚动体数量增加，则受力均匀，防止工作时内、外因之间产生相对位移，提高了轴承的刚度和抗振性，延长了使用寿命。

滚动轴承的预紧可分为径向预紧和轴向须紧。

① 径向预紧通常采取胀大轴承内圈来实现。对于圆锥孔轴承，可使内圈在锥度轴颈上作轴向移动，如图 5.40 所示；对于圆柱孔轴承，则采取增加与轴的配合过盈量来实现。

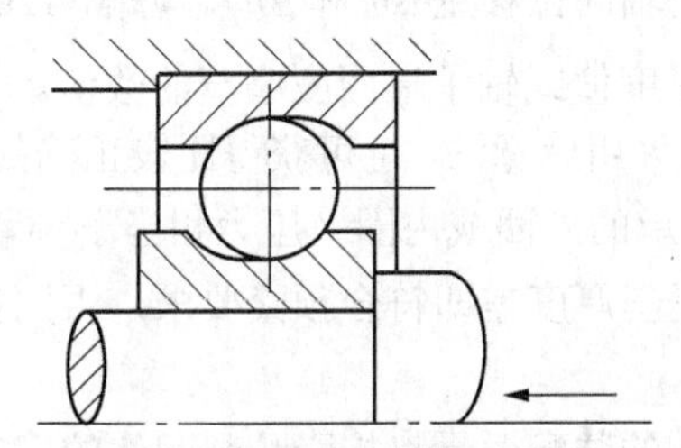
图 5.39　滚动轴承预紧的基本原理

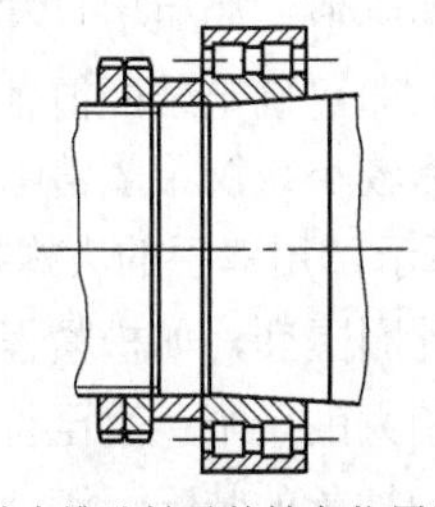
图 5.40　调整内锥孔轴承的轴向位置进行预紧

② 轴向预紧都是依靠内、外圈之间相对移动来实现。常用的方法见表 5.5。

表 5.5　　常见轴向预紧的方法

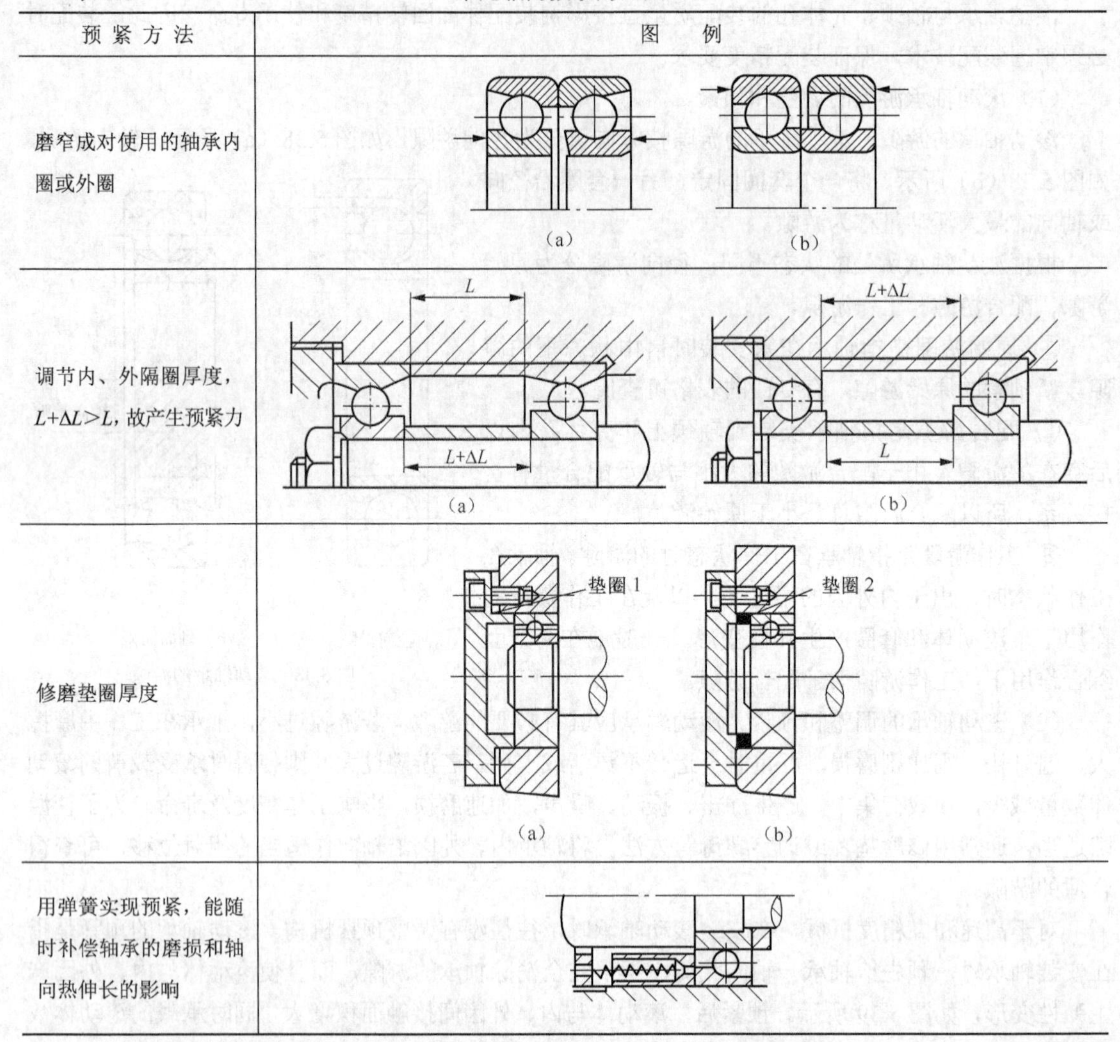

预紧方法	图例
磨窄成对使用的轴承内圈或外圈	（a）（b）
调节内、外隔圈厚度，$L+\Delta L>L$，故产生预紧力	L、$L+\Delta L$（a）；$L+\Delta L$、L（b）
修磨垫圈厚度	垫圈 1（a）；垫圈 2（b）
用弹簧实现预紧，能随时补偿轴承的磨损和轴向热伸长的影响	

预紧力的大小应适当。对不同种类和不同最高转速的轴承，预紧力应不同。当预加载荷已由设计确定时，使可用专用工具、百分表或感觉法测出在一定预紧力工作下，轴承内、外圈之间的相对位移量，从而得出加垫圈或磨窄轴承等方法所需的数值。

如图 5.41 所示，把轴承内圈套入圆柱体的轴肩上，外端面固定在套筒的端面上，在内圈施加已确定的预加载荷，然后用百分表测出轴承内、外圈轴向位移量 Δh_1 和 Δh_2。每隔 120° 测一次，取其平均值，即可确定装配前轴承端面应加垫圈的厚度值或轴承端固应磨窄的数值。

在预紧力较小或仅希望消除轴承内部游隙时，可采用感觉法，也可获得比较正确的预加负荷。如图 5.42 所示，用双手的大姆指和食指直接压紧轴承的外圈或内圈（压力相当于预紧力），用手指拨动内、外圈隔套，如松紧程度一样，则内、外隔套厚度差即符合预紧要求，否则在研磨平板上研磨阻力稍大的一个，直至符合要求。

（3）滚动轴承的装配。滚动轴承与轴颈、壳体孔的装配质量直接影响装配体的回转精度和使用寿命，要严格按装配工艺要求进行。

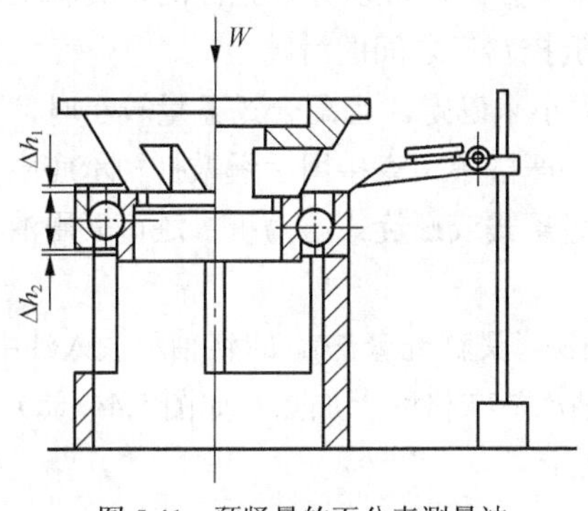

图 5.41　预紧量的百分表测量法

图 5.42　确定隔圈厚度的感觉法

① 装配前的准备工作。

（a）清洗轴承和有关零件。轴承是用防锈油封存的，可用汽油或煤油清洗。如果是用厚油和防锈油脂封存的，可用轻质矿物油加热溶解清洗（油温不超过 100℃）。把轴承浸入油内、待防锈油脂溶化后即从油中取出，冷却后两用汽油或煤油清洗，仔细擦净，再涂上一层薄薄的润滑油。对于表面无防锈油涂层并包装严密的轴承，可不进行清洗。尤其对于密封装置的轴承，严禁进行清洗。

（b）测量轴承和相关零件的配合尺寸是否符合图纸要求，检查是否有凹陷、毛刺、锈蚀等缺陷。

② 滚动轴承的装配方法。滚动轴承的装配方法应根据轴承结构、尺寸大小及轴承部件的配合性质来确定。

（a）圆柱孔轴承的装配。

ⓐ 不可分离型轴承，如向心球轴承等，应按座圈配合松紧程度决定安装顺序。当内圈与轴颈配合较紧，外圈与壳体配合较松时，应先将轴承装到轴上。装配时，在待压装圈的端面上加一铜垫或用软钢制成的装配套筒，直接加压于内圈上进行装配，如图 5.43（a）所示。当外圈与壳体配合较紧，而内圈与轴配合较松时，应先将轴承压入壳体孔中，如图 5.43（b）所示，然后将轴再装入轴承中，此时套筒的外径应略小于壳体孔直径。当轴承内圈与轴、外圈与壳体孔都是紧配合时，应把轴承同时压在轴上和壳体孔中，如图 5.43（c）所示。这时，套筒的端面应做成能同时压紧轴承内、外圈端面的圆环。

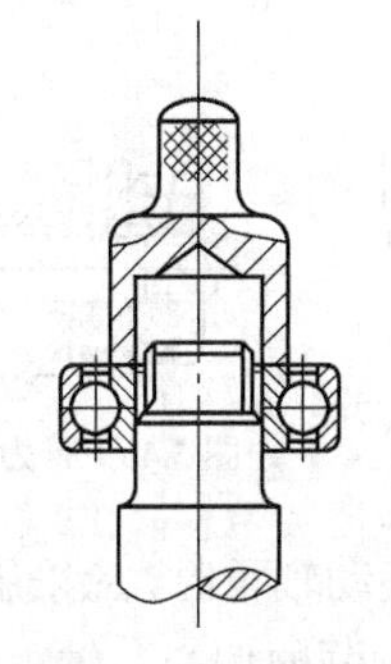

（a）内圈紧时先装在轴上

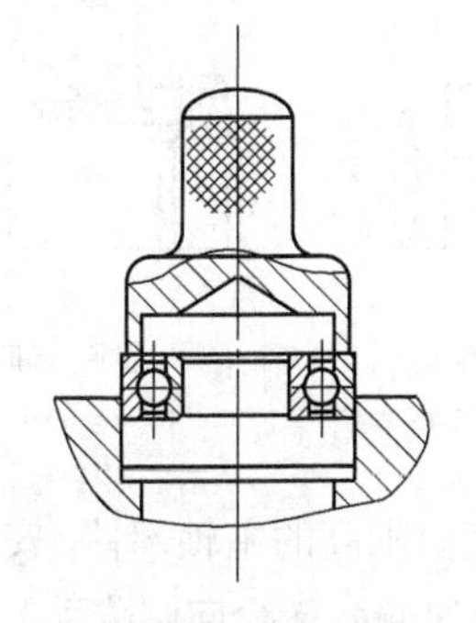

（b）外圈紧时先装入壳体中

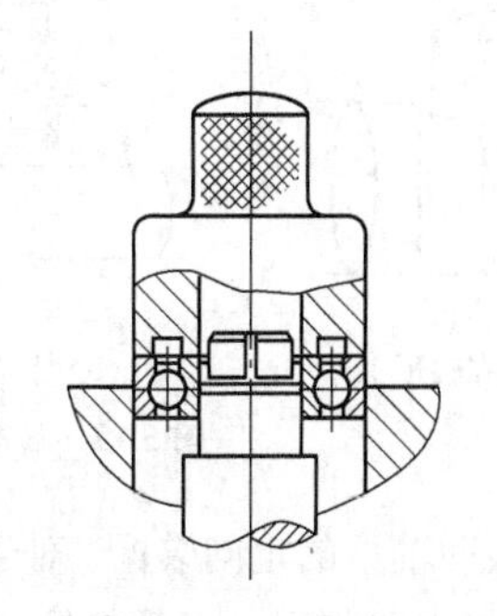

（c）内外圈都紧时同时装

图 5.43　用压入法安装圆柱孔轴承

ⓑ 分离型轴承，如圆锥滚子轴承，因其内、外圈可分离，可以分别把内圈装到轴上，外圈装到壳体孔中，然后将轴组一起装入外圈孔中，最后调控它们之间的游隙。

ⓒ 座圈压入方法的选择，主要由配合过盈量的大小来确定。当配合过盈量较小时，可用铜棒在轴承内圈（或外围）端面均匀敲入或用套筒加压。严格禁止直接用手锤敲打轴承座圈。当配合过盈量较大时，可用压力机械压入。一股常用杠杆齿条式或螺旋式压力机，还可采用油压机装压轴承。

ⓓ 对于过盈量大或精密轴承装配时，可采用热胀法（又称红套法)，即将轴承放入油中加热，一般加热温度为 80℃～110℃。对于较大轴承采用将轴承放在格网上加热，如图 5.44（a）所示。对于小型轴承可以挂在吊钩上加热，如图 5.44（b）所示。

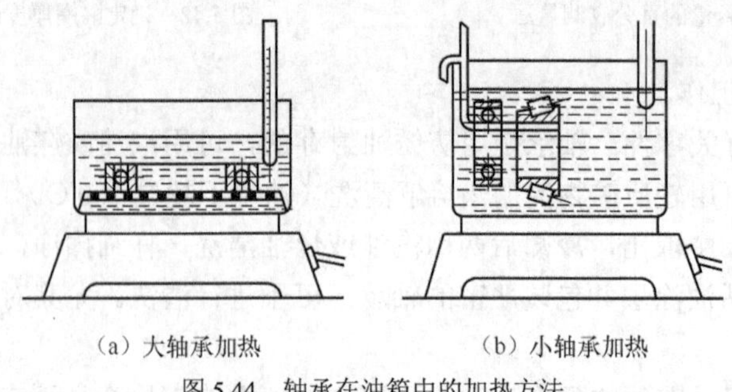

（a）大轴承加热　（b）小轴承加热

图 5.44　轴承在油箱中的加热方法

近年来，采用感应加热器（又称轴承加热器)加热轴承，应用较广泛。该法比油加热法节能、安全、操作方便、效率高。对于小型、薄壁、精密、过盈较小的轴承也可采用冷缩法。

对于带有密封装置的轴承，内部已充满润滑油脂，则不能采用热胀法、冷缩法进行装配，以防破坏原有的润滑状态。

（b）圆锥孔轴承的装配。圆锥孔轴承内孔为 1:12 的锥度孔。根据安装及使用要求不同，可直接装在有锥度的轴颈上，如图 5.45（a）所示；或装到紧定套上，如图 5.45（b）所示；或装到退卸套上，如图 5.45（c）所示。

（c）推力球轴承的装配。推力球轴承有松环和紧环之分。松环的内孔比紧环内孔大，与轴配合有间隙，能相对转动。紧环与轴配合较紧，与轴相对静止，如图 5.46 所示。装配时要使紧环装在转动零件的平面上，松环靠在静止零件的平面上。

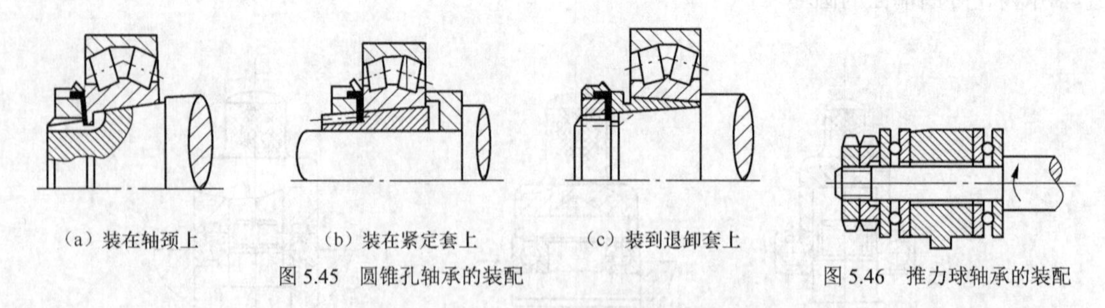

（a）装在轴颈上　（b）装在紧定套上　（c）装到退卸套上

图 5.45　圆锥孔轴承的装配

图 5.46　推力球轴承的装配

③ 滚动轴承的定向装配。对于精度要求高的主轴部件，安装滚动轴承时，应采用定向装配法。滚动轴承的定向装配，就是使轴承内圈的偏心（径向圆跳动）与轴颈的偏心、轴承外围的偏心与壳体孔的偏心都分别配置于同一轴向截面内，并按一定的方向装配，使相关零件的制造偏差相互

补偿、抵消至最小值的装配方法。它提高主轴的旋转精度。定向装配前要测出滚动轴承及其相配零件配合表面的径向圆跳动和方向，并作标记。

装配件径向圆跳动的测量方法如下。

(a) 滚动轴承内圈径向圆跳动的测量，如图 5.47 所示。检查时外圈固定不动，内圈上加一均匀的测量负荷 P，P 的数值可由表 5.6 查得。使内圈旋转 1 周以上，便可测得内圈孔表面的径向圆跳动的最大值及其方向。

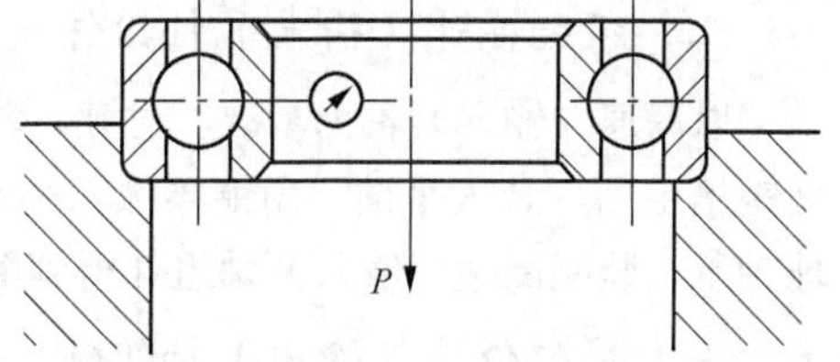

图 5.47　滚动轴承内圈径向圆跳动的测量

表 5.6　测量滚动轴承圆跳动所加的负荷

轴承公称直径/mm		检查时所加负荷/N	
超过	至	角接触球轴承	深沟球轴承
	30	40	15
30	50	80	20
50	80	120	30
80	120	150	50
120		200	60

(b) 轴颈径向圆跳动的测量，如图 5.48 所示。将主釉 1 的两轴平放在 V 形架 2 上，在主轴锥孔内插入量棒 3，转动主轴 1 周以上，便可测得最高点。在对应的主轴母线上，便是轴颈最低点的方向。

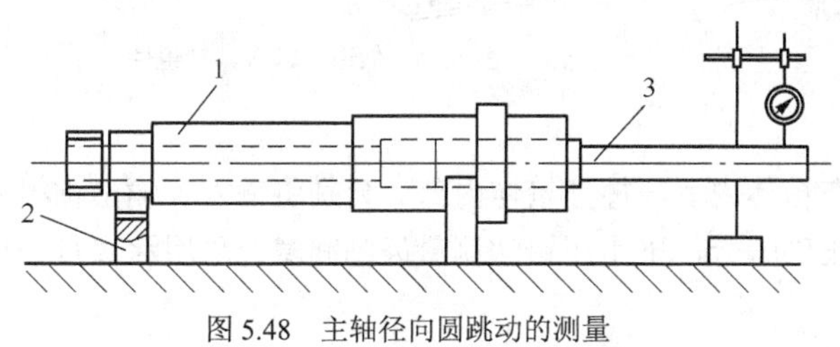

图 5.48　主轴径向圆跳动的测量

1—主轴；2—V 形架；3—量棒

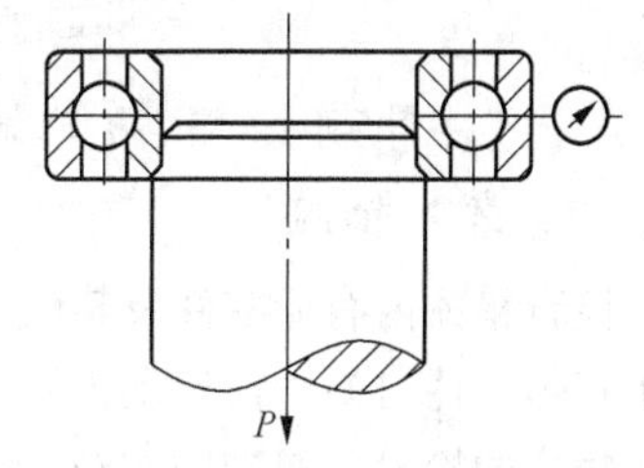

图 5.49　滚动轴承外圈径向圆跳动的测量

(c) 滚动轴承外圈径向圆跳动的测量，如图 5.49 所示。测量时，内圈固定不转，外圈端面上加均匀测量负荷 P（见表 5-6），使外圈旋转 1 周以上，便可测得外圆的径向圆跳动最大值及方向。

通过以上径向圆跳动测量后，当前、后两个滚动轴承的径向圆跳动量不等时，应使前轴承的径向圈跳动量比后轴承的小。装配时，应使滚动轴承内圈的最高点与主轴轴颈的最低点相对应，使滚动轴承外圈的最高点与壳体孔的最低点相对应。但由于一般壳体为箱体部件，由于测量孔偏差较费时间，通常可只将前、后轴承外圈的最大径向跳动点在箱体孔内装成一条直线即可。

任务实施

一、装配准备

（1）研读如图 5.1 所示装配图。

（2）清洗零件表面，清除铁屑、灰尘、油污等。

（3）修锉箱盖、轴承盖等外观表面、锐角、毛刺、碰撞印痕。

(4) 补充加工一些孔和螺纹，例如，连接螺孔的配钻与攻丝。

二、装配高速（输入）轴组件

以高速（输入）轴为基准，对键、轴承、小齿轮等零件进行试装，并配合刮、锉等工作。修理键槽毛刺，装入平键。用铜棒敲入小（主动）齿轮。两端装入挡油圈。两端用铜棒敲入 6206 球轴承，装配高速（输入）轴组件得到图 5.50 所示的效果。

三、装配低速（输出）轴组件

以低速（输出）轴为基准，对键、轴承、大齿轮等零件进行试装，并配合刮、锉等工作。修理键槽毛刺，装入平键。用铜棒敲入大（从动）齿轮。两端装入挡油圈。两端用铜棒敲入 6207 球轴承，装配低速（输入）轴组件得到图 5.51 所示的效果。

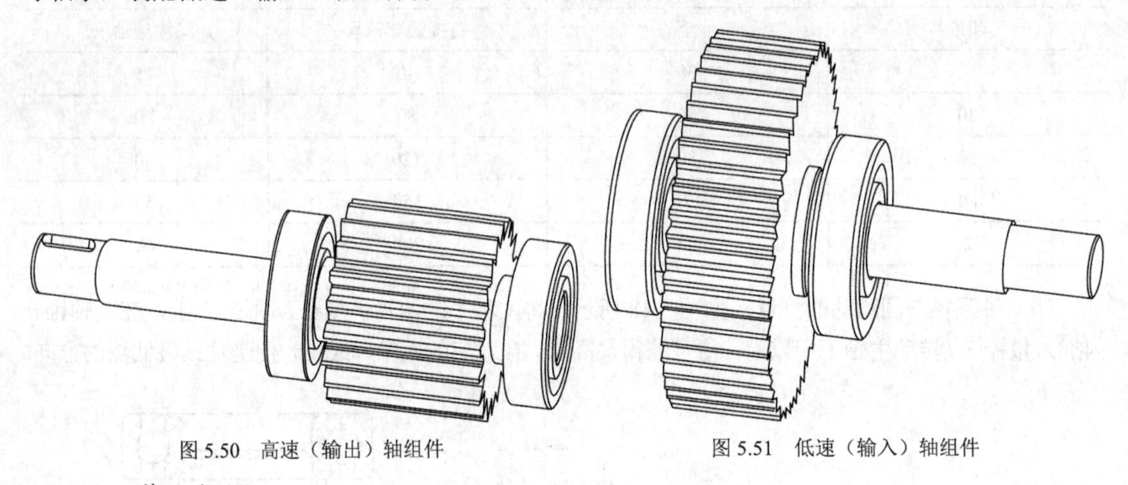

图 5.50　高速（输出）轴组件　　图 5.51　低速（输入）轴组件

四、装入轴组

检查箱体内有无零件及其他杂物留在箱体内后，擦净箱体内部。分别将输入、输出轴组件装入下箱体（件 1）中，使主、从动齿轮正确啮合，采用压铅法测量齿侧间隙，采用涂红丹粉进行接触精度的检验，得到图 5.52 所示效果。

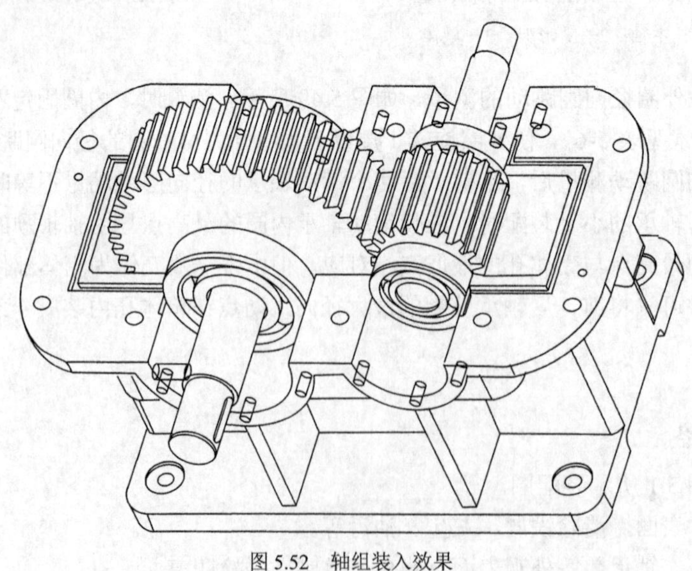

图 5.52　轴组装入效果

五、合上箱盖

将箱内各零件用棉纱擦净，并涂上机油防锈。再用手转动高速轴，观察有无零件干涉。无误后，经指导老师检查后合上箱盖。合上上箱体，以箱体加工时的 2 只工艺销钉为基准定位，装上定位销，并敲实。装上螺栓、垫圈和螺母先用手逐一拧紧后，再用扳手分多次按顺序均匀拧紧，得到如图 5.53 所示效果。

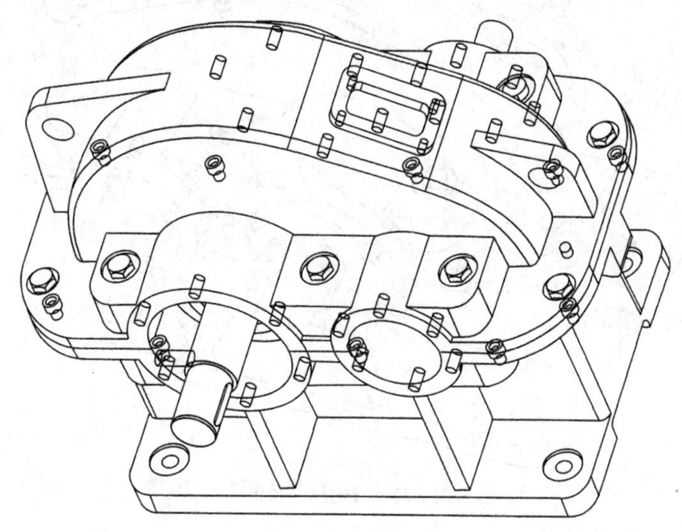

图 5.53 装配箱盖效果

六、装配盖板组件

分别在输入、输出轴两端装上盖板组件，将嵌入式端盖装入轴承压槽内，并用调整垫圈调整好轴承的工作间隙。装上螺钉、垫圈，用手逐一拧紧后，再用扳手分多次按顺序均匀拧紧，得到图 5.54 所示的效果。

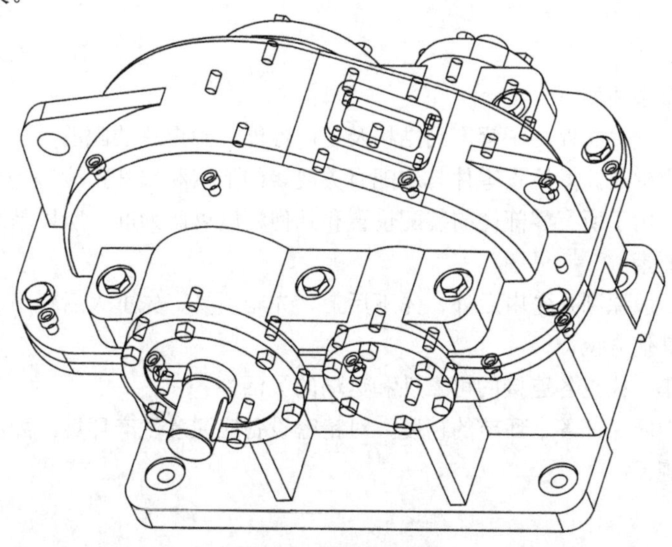

图 5.54 装配盖板效果

七、装配附件

拧入放油孔螺塞，加垫片；拧入通气塞，加垫片；安放观察孔盖板及垫片，拧紧 4 只螺钉，拧入 2 个吊环螺钉，得到图 5.55 所示的效果。

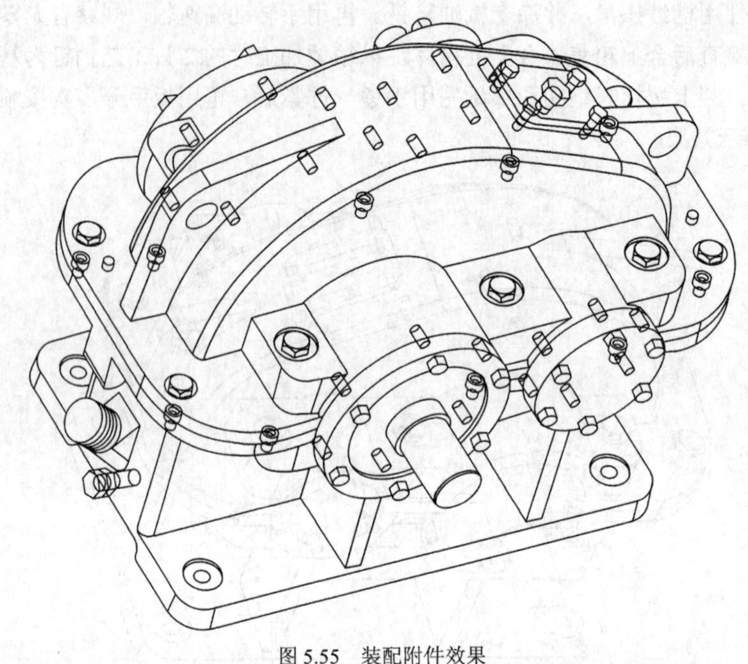

图 5.55　装配附件效果

八、检查两轴的配合

用棉纱擦净减速器外部，检查输入、输出轴转动情况，达到灵活无阻滞现象。

九、清点验收

按 6S 要求整理工具、清洁环境。

注意事项

减速箱装配注意事项如下。

（1）熟读图纸、技术文件，了解产品结构及使用性能，确定总装配的方法和顺序。

（2）在装配过程中要注意检查零件与装配有关要素的形状和尺寸精度等是否合格。

（3）确定基准，由于所有零部件的装配位置和几何精度以此为准，所以基准应具有良好的基准件和稳定的基准要素。

（4）总装配的一般原则是先内后外、先下后上、先难后易、先重大后轻小、先精密后一般、先集中同一方位后其他方位。

（5）调整和试车，检查各连接的可靠性和运动的灵活性。

（6）装配过程中应保证各个环节的精度，对精密设备应注意生产环境，如温度、湿度、气流和防尘、防振等措施。

质量评价

按照表 5.7 中的要求学习者进行自检、同伴之间互检、教师或专家进行抽检，并填写于表中，学习者根据质量评价归纳总结存在的不足，做出整改计划。

表 5.7　　作品质量检测卡

减速器装配项目作品质量检测卡						
班　级			姓　名			
小组成员						
指导老师			训练时间			
序号	检测内容	配分	评价标准	自检得分	互检得分	抽检得分
1	零件装配完整	25	超差不得分			
2	齿轮啮合	25	超差不得分			
3	端盖游隙	25	超差不得分			
4	轴配合	25	超差不得分			
5	文明生产	—	违者不计成绩			
			总分			
			签名			

任务Ⅱ　单工序冲压模的装配与调整

图 5.56 为导柱导向倒装即上出料落料模结构，该结构落料模一般用于材料较薄，同时表面平面度要求高的冲件。模具工作时，上模与压力机滑块一起做上、下运动，在冲裁之前，顶件器与凸模一起将材料压紧，上模随滑块继续下行，凸模进入凹模前，导柱已经进入导套，从而保证了在冲裁过程中凸模 2 和凹模 5 之间间隙的均匀性。凸模进入凹模，将材料冲下，在上模上行时，通过打杆打击顶件器实现推件。

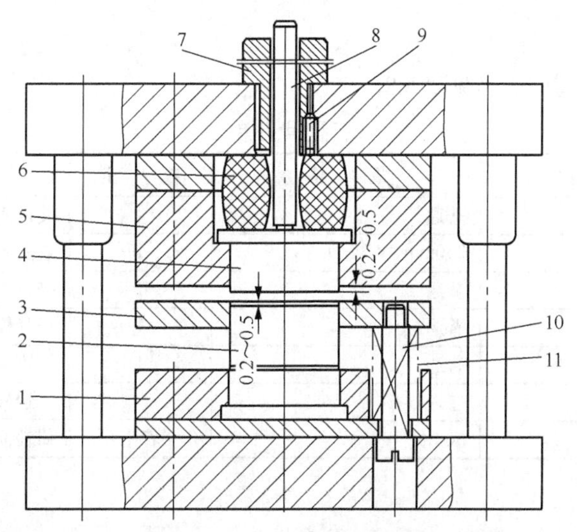

图 5.56　上出料落料模结构

1—固定板；2—凸模；3—卸料板；4—顶件器；5—凹模；6—橡胶；7—模柄；8—打杆；9—止转螺钉；10—卸料螺钉；11—弹簧

导柱式冲裁模的导向比导板模的可靠，精度高，寿命长，使用安装方便，但轮廓尺寸较大，模具较重、制造工艺复杂、成本较高。它广泛用于生产批量大、精度要求高的冲裁件。

本次学习任务是装配成整套模具，并安装与压力机上，通过试冲、调节获得合格冲压件。

学习目标

单工序冲压模的装配与调整包括模具装配，清点所有的模具零件，并经装配前的清洗、测量，将零件组装成成套模具；模具安装，按照知识准备中学习的方法，将模具安装于压力机上；模具调试，启动压力机，试冲产品，检验产品尺寸和形状。如果产品不合格，则需要做必要的修正和调节。所以完成该任务需要熟练设计模具装配工艺，正确使用装配工具进行装配，并具有按照技术要求检验装配效果的能力。所以，通过完成本项目训练可达成如下学习目标。

（1）掌握冲模装配工艺过程。

（2）熟悉模柄、导柱和导套、工作零件等典型零件的固定方法。

（3）掌握冲裁间隙控制的常用的方法。

（4）掌握 JC23-25 开式可倾压力机的结构组成。

（5）掌握冲模安装的工艺步骤及方法。

（6）掌握冲模调试的基本内容。

（7）掌握冲模维护的基本知识。

（8）具有冲压模装配工艺的设计能力。

（9）具有装配冲压模的技能。

（10）具备将冲压模安装于压力机上，并进行试模的技能。

（11）通过工艺编制具备报表制作的能力。

（12）通过小组协同作业增强沟通能力。

（13）分析缺陷，并解决问题的能力。

工具清单

完成本项目任务所需的工具见表 5.8。

表 5.8 工量具清单

序　号	名　称	规　格	数　量	用　途
1	内六角扳手	普通	1	旋内六角螺钉
2	活动扳手	250mm	1	装配模柄、调整压力机
3	紫铜棒	普通	1	敲击
4	压板	普通	1	压紧模具
5	纸片	普通	1	试模
6	金刚锉	普通	1	修锉模具
7	砂纸	300 目	若干	修锉模具

相关知识和工艺

一、冲压模装配技术要求

冲压模主要包括冲裁模、弯曲模、拉深模、成形模和冷挤压模等。对这些模具的装配，就是按照模具设计的要求，把同一模具的零件连接或固定起来，达到装配的技术要求，并保证加工出合格的制件的过程。

在模具装配之前，要仔细研究设计图纸，按照模具的结构及技术要求确定合理的装配顺序及装配方法，选择合理的检测方法及测量工具等。

各类冷冲模装配后，都应符合装配的结构及技术要求，其具体要求见表5.9。

表5.9 冲压模装配技术要求

序号	项目	要　求
1	模具外观	① 铸造表面应清理干净，使其光滑并涂以绿色、蓝色或灰色油漆，使其美观 ② 模具加工表面应平整、无锈斑、锤痕、碰伤、焊补等，并对除刃口、型孔以外的锐边、尖角倒钝 ③ 模具质量大于25kg时，模具本身应装有起重杆或吊钩、吊环 ④模具的正面模板L，应按规定打刻编号、图号、制件号、使用压力机型号、制造日期等
2	工作零件	① 凸模、凹模、侧刃与固定板安装基面装配后在100mm长度上垂直度允许误差（简称允差）： 刃口间隙≤0.06mm时小于0.04mm； 刃口间隙>0.06～0.15mm时小于0.08mm； 刃口间隙≥0.15mm时小于0.12mm ② 凸模、凹模与固定板装配后，其安装尾部与固定板安装面必须在平面磨床上磨平。Ra=1.6～0.8μm以内 ③ 对多个凸模工作部分高度的相对误差不大于0.1mm ④ 拼块的凸模或凹模，其刃口两侧平面应光滑一致，无接缝感觉。对弯曲、拉深、成型模的拼块凸模或凹模工作表面，在接缝处的不平度也不大于0.02mm
3	紧固件	① 螺栓装配后，必须拧紧。不许有任何松动。螺纹旋入长度与钢件连接时，不小于螺栓的直径。与铸件连接时不小于1.5倍螺栓直径 ② 定位圆柱销与销孔的配合松紧适度。圆柱销与每个零件的配合长度应大于1.5倍直径
4	导向零件	① 导柱压入摸座后的垂直度，在100mm长度内允差：滚珠导柱类模架≤0.005mm 滑动导柱I类模架≤0.015mm：滑动导住II类模架≤0.015mm：滑动导柱III类模架≤0.02mm ② 导料板的导向面与凹模中心线应平行。其平行度允差：冲裁模不大于100：0.05，连续模不大于100：0.02
5	凸、凹模间隙	① 冲裁凸、凹模的配合间隙必须均匀。其误差不大于规定间隙的20%，局部尖角或转角处不大于规定间隙的30% ② 压弯、成型、拉深类凸、凹模的配合间隙装配后必须均匀。其偏差值最大不超过料厚+料厚的下偏差，最小值小超过料厚+料厚的上偏差
6	模具闭合高度	① 模具闭合高度≤200mm时，允许误差1～3mm ② 模具闭合高度>200～400mm时，允许误差2～5mm ③ 模具闭合高度>400mm时，允许误差3～7mm
7	顶出与卸料件	① 冲压模具装配后，其卸料板、推件板、顶板均应露出凹模模面、凸模顶端、凸凹模顶端0.5～1mm ② 弯曲模顶件板装配后，应处于最低位置。料厚为1mm以下时允差为0.01～0.02mm。料厚大于1mm时允差为0.02～0.04mm ③ 顶杆、推杆长度，在同一模具装配后应保持一致，允差小于0.1mm ④ 卸料机构动作要灵活。无卡阻现象

续表

序号	项目	要　求
8	平行度要求	装配后上模板上平面与下模板平面的平行度有下列要求： ①冲裁模刃口间隙≤0.06mrn 时，300mm 长度内允差 0.06mm，刃口间隙>0.06mm 时，300mm 长度内允差 0.08mm ②其他模具在 300mm 长度内允差 0.10mm
9	模柄装配	①模柄对上模板垂直度在 100mm 长度内允差不大于 0.05mm ②浮动模柄凸凹球面接触面积不少于 80%

二、装配工艺过程

1．准备工作

（1）分析阅读装配图和工艺过程。通过阅读装配图了解模具的功能、原理关系、结构特征及各零件间的连接关系，通过阅读工艺规程了解模具装配工艺过程中的操作方法及验收等内容，从而清晰地知道该模具的装配顺序、装配方法、装配基准、装配精度，为顺利装配模具构思出一个切实可行的装配方案。

（2）清点零件、标准件及辅助材料。按照装配图上的零件明细表、首先列出加工零件清单，领出相应的零件等进行清洗整理，特别是对凸、凹模等重要零件进行仔细检查，以防出现裂纹等缺陷影响装配；其次列出标准件清单、准备所需的销钉、螺钉、弹簧、垫片及导柱、导套、模板等零件；再列出辅助材料清单，准备好的橡胶、铜片低熔点合金、环氧树脂、无机黏结剂等。

（3）布置装配场地。装配场地是安全文明生产不可缺少的条件，所以将划线平台和钻床等设备清理干净。还将所需的工具、量具刀具及夹具等工艺装备准备好，待用。

2．装配工作

由于模具属于单件小批生产，所以在装配过程中通常集中在一个地点装配，按装配模具的结构内容可分为组件装配和总体装配。

（1）组件装配。组件装配是把两个或两个以上的零件按照装配要求使之连成变为一个组件的局部装配工作简称组装。如冲模中的凸（凹）模与固定板的组装、顶料装置的组装等。

这是根据模具结构复杂的程度和精度要求进行的，对整体装配模具将起到一定的保证作用，能减小累积误差的影响。

（2）总体装配。总体装配是把零件和组件通过连接或固定而成为模具整体的装配工作简称总装。这是根据装配工艺规程安排的，依照装配的顺序和方法进行、保证装配精度，达到规定的各项技术指标。

3．检验

检验工作是一项重要不可缺少的工作，它贯穿于整个工艺过程之中，在单个零件加工之后，组件装配之后以及总装配完工之后，都要按照工艺规程的相应技术要求进行检验，其目的是控制和减小每个环节的误差，最终保证模具整体装配的精度要求。

模具装配完工后经过检验、认定，在质量上没有问题，这时可以安排试模，通过试模发现是否存在设计与加工等技术上的问题，并随之进行相应的调整或修配，直到使制件产品达到质量标准时，模具才算合格。

三、模柄的装配

模柄主要是用来保持模具与压力机滑块的连接，它是装配在模座板中，常用的模柄装配方式有如下几种。

1．压入式模柄的装配

压入式模柄装配如 5.57 图所示，它与上模座孔采用 H7/m6 过渡配合并加销钉（或螺钉)防止转动，装配完后将端面在平面磨床上磨平。该种模柄结构简单、安装方便、应用较广泛。

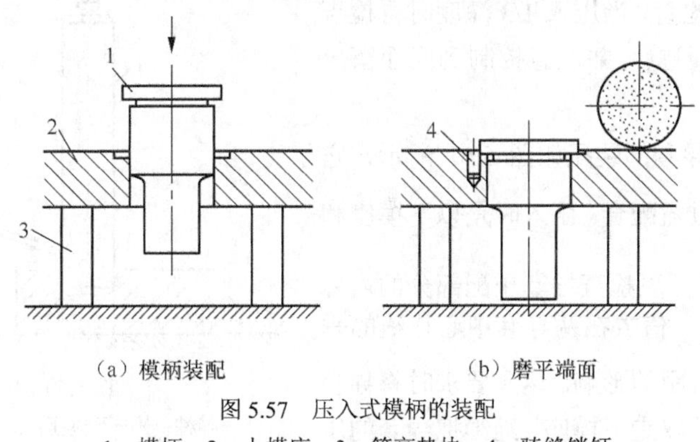

（a）模柄装配　　（b）磨平端面

图 5.57　压入式模柄的装配

1—模柄；2—上模座；3—等高垫块；4—骑缝销钉

2．旋入式模柄的装配

旋入式模柄的装配如图 5.58 所示，它通过螺纹直接旋入模板上而固定，用紧定螺钉防松，装卸方便，多用于一般冲模。

3．凸缘式模柄的装配

凸缘式模柄的装配如图 5.59 所示，它通过 3～4 个螺钉固定在上模座的孔内，其螺帽头不能外凸，多用于大型模具上。

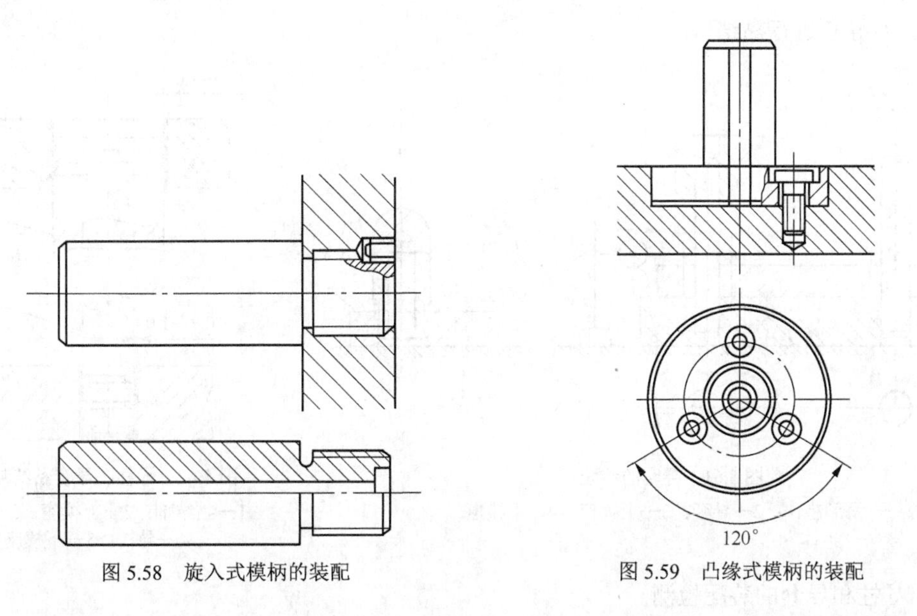

图 5.58　旋入式模柄的装配　　图 5.59　凸缘式模柄的装配

以上三种模柄装入上模座后必须保持模柄圆柱面与上模座上平面的垂直度，其误差不大于 0.05mm。

四、导柱和导套的装配

1．压入法装配

（1）装配导柱。导柱与下模座孔采用$\frac{H7}{r6}$过盈配合，装配方法如图 5.60 所示，压入时使导柱中心位于压力机中心。在压入过程中，应经常检查垂直度，压入很少一部分即要检查，当压入 1/3 深度时再检查一次，不合格应及时调整，并注意控制到底面留出 1～2mm 的间隙。

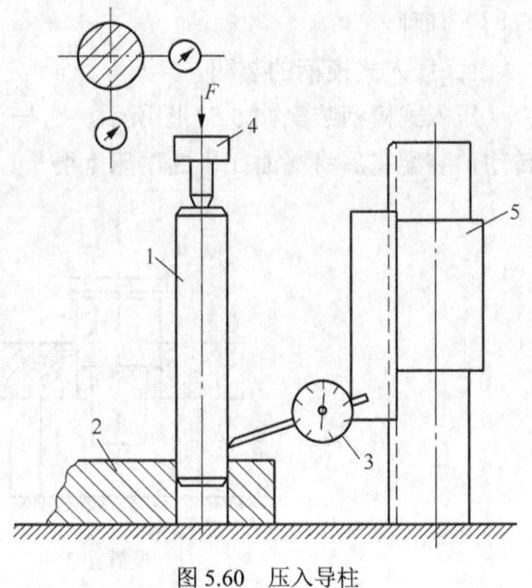

图 5.60　压入导柱

1—导柱；2—下模座；3—百分表；4—压块；5—升降座

（2）装配导套。导套的装配如图 5.61 所示，它与上模座孔采用$\frac{H7}{r6}$过盈配合。压入时是以下模座和导柱来定位的，并用千分表检查导套压配部分的内外圆的同轴度，并使$\Delta_{最大}$值放在两导套中心连线的垂直位置上，减小对中心距的影响。达到要求时将导套部分压入上模座，然后取走下模座，继续把导套的压配部分全部压入。

2．黏结法装配

压入法装配用于过盈配合时的装配。除此之外还有黏结固定和压块压紧固定应用也非常广泛。压块压紧装配非常简单，这里仅介绍黏结固定法。

黏结固定导柱和导套常用于冲裁厚度小于 2mm 以下，精度要求不高的中小型模架（见图 5.62）。其安装顺序和方法是借助垫块、套筒将导柱和导套放入安装孔中，并确定四周间隙较均匀，将导套取走，再对导柱进行黏结固定；安装导套以下模座和导柱定位，在保证间隙和垂直度之后，对导套进行黏结。

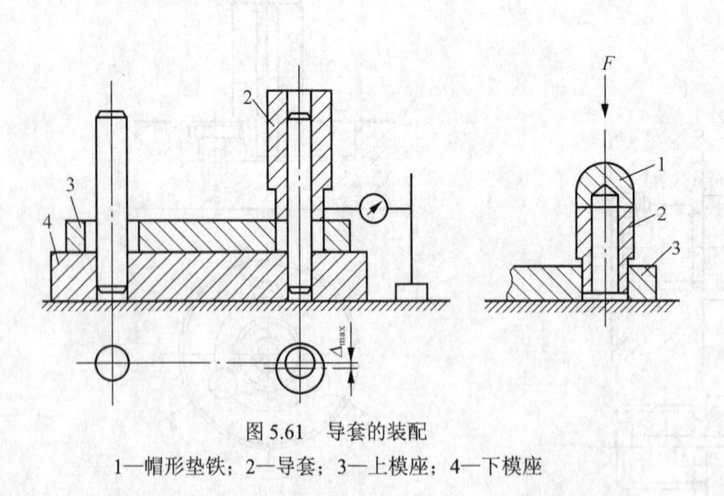

图 5.61　导套的装配

1—帽形垫铁；2—导套；3—上模座；4—下模座

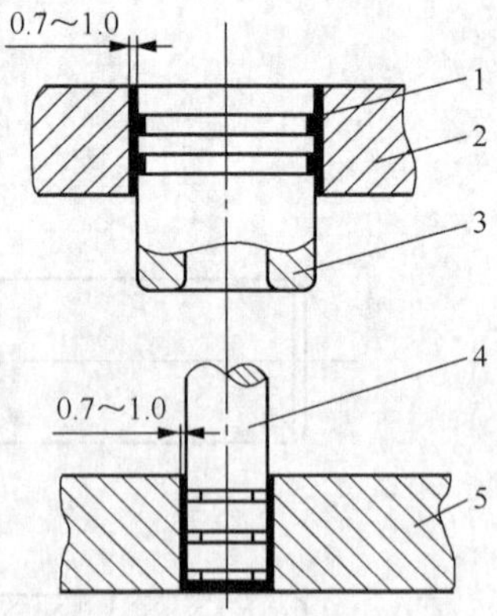

图 5.62　导柱、导套黏结装配

1—黏结剂；2—上模座；3—导套；4—导柱；5—下模座

3．导柱和导套的装配检测

不管采用什么装配方法，导柱和导套的装配精度都要进行检测，其重点是垂直度和平行度的检测。

（1）垂直度检测。导柱垂直度测量如图 5.63（a）所示，导套孔轴线对上模座上表面的垂直度可在导套孔内插入锥度为 200:0.015 的芯棒进行检查，如图 5.63（b）所示。导柱和导套的允许误差在 100mm 长度内必须到达：滚珠导柱类模架≤0.005mm；滑动导柱 I 类模架≤0.01mm；滑动导柱 II 类模架≤0.015mm；滑动导柱 III 类模架≤0.02mm。

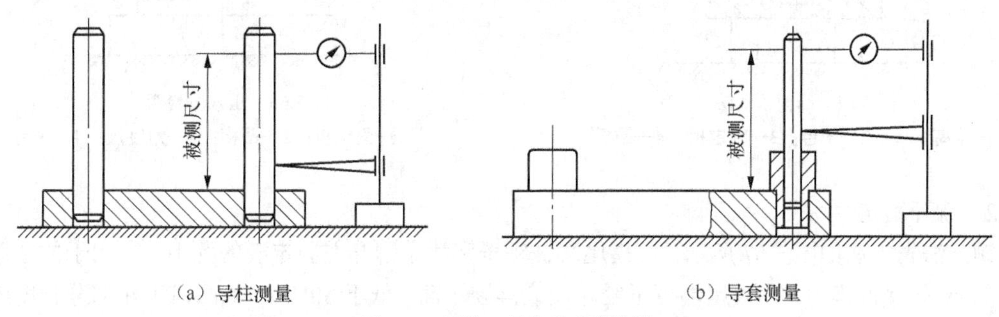

（a）导柱测量　　（b）导套测量

图 5.63　导柱、导套垂直度检测

（2）平行度检测。导柱和导套装配后，将上、下模座对合，中间垫以球形垫块如图 5.64 所示。在检验平板上检查模座上表面对底面的平行度。在被测表面内取百分表的最大与最小读数之差，即为被测模架的平行度误差。

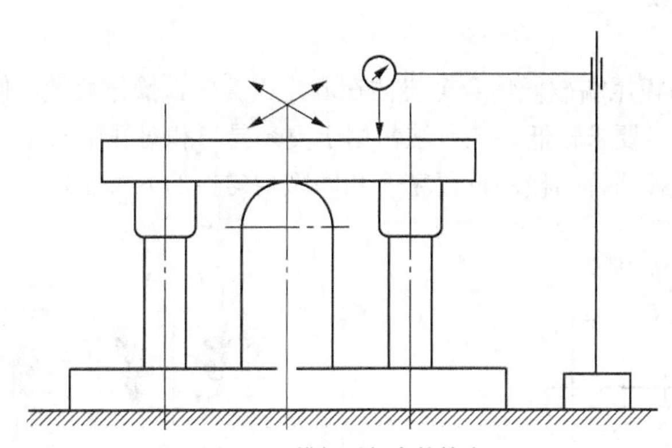

图 5.64　模架平行度的检查

五、凸模和凹模的装配

凸模和凹模在固定板上的装配属于组装冲模装配中的主要工序，其质量直接影响到冲模的使用寿命和冲模的精度。装配中关键在于凸、凹模的固定与间隙的控制。

1．压入固定

凸模与固定板采用 $\frac{H7}{n6}$ 或 $\frac{H7}{m6}$，装配时将凸模直接压入到固定板孔中，凸模压入装配与导柱压入装配方法相似，如图 5.65 和图 5.66 所示。多凸模压入次序为凡是装配易于定位，便于做其他凸模安装基准的优先压入。在压入过程中同样需要注意垂直度的检查，压入后以固定板的另一面做基准，将固定板底面及凸模底面一起磨平，然后再以此面为基准，在平面磨床上磨凸模刃口，使刃口锋利。

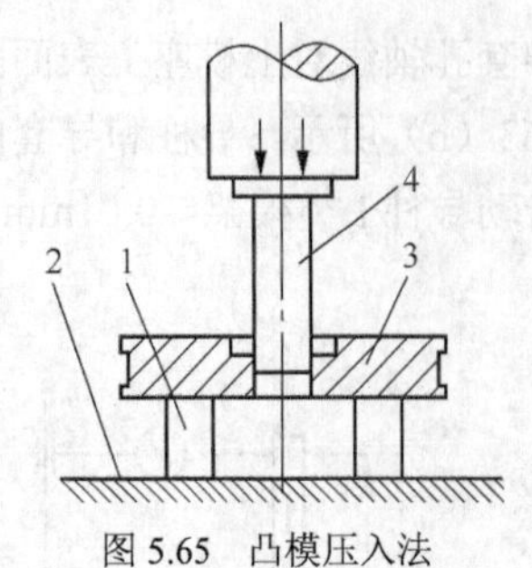

图 5.65 凸模压入法

1—等高垫块；2—平台；3—固定板；4—凸模

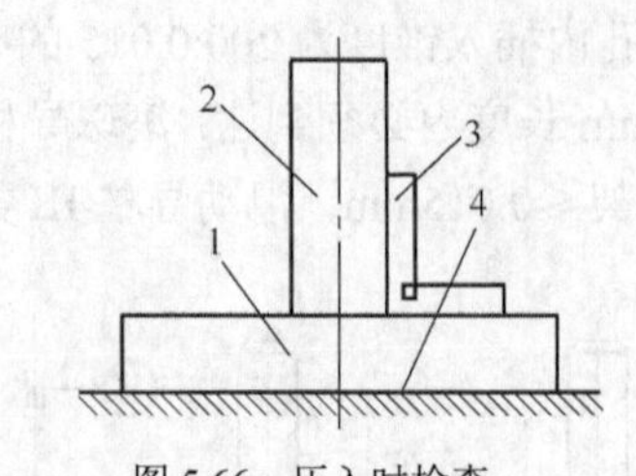

图 5.66 压入时检查

1—固定板；2—凸模；3—角度尺；4—平台

2．铆开固定

铆开法固定法如图 5.67 所示，凸模尾端被锤子和凿子铆开在固定板的孔中，常用于冲裁厚度小于 2mm 的冷冲模中。凸模尾端可不经淬硬或淬硬不高（低于 30HRC）。凸模工作部分长度应是整长的 $\frac{1}{3}\sim\frac{1}{2}$。

3．紧固件法固定

利用紧固零件将工作零件固定，形式有螺钉紧固、压块压紧、挂销固定、台肩固定等，其特点是工艺简单、紧固方便。

4．低熔合金固定

如图 5.68 所示，凸模尾端被低熔合金浇注在固定板孔中，操作简便，便于调整和维修，被浇注的型孔及零件加工精度要求较低，该方法常用于复杂异形和对孔中心距要求较高的多凸模的固定，减轻了模具装配中各凸、凹模的位置精度和间隙均匀性的调整工作。

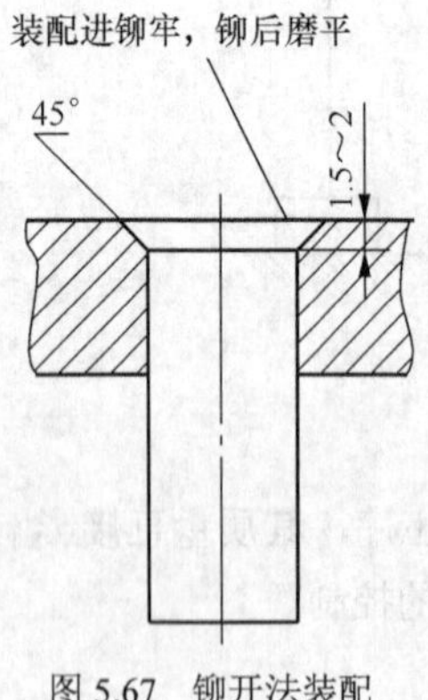

图 5.67 铆开法装配

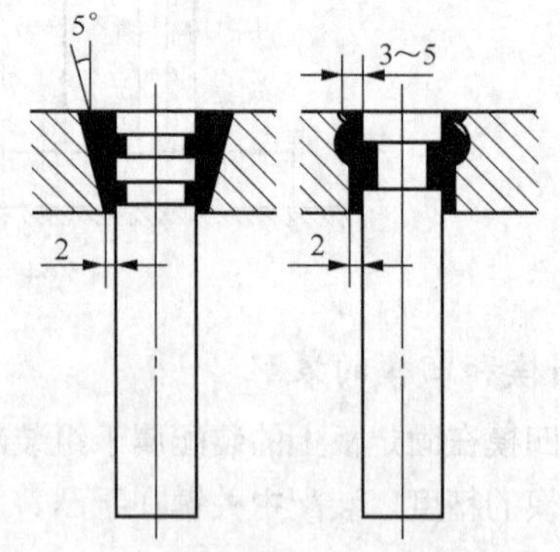

图 5.68 低熔合金固定凸模

浇注前应将固定零件进行清洗、去除油污，并将固定零件的位置找正，利用辅助工具和配合零件等进行定位。将浇注部位预热至 100℃～150℃。浇注过程中及浇注后不能触动固定零件，以防错位，一般放置 24h 充分冷却。

低熔合金不仅用于工作零件的固定，还可用于导柱的固定、电极的固定、卸料孔的浇注及型腔浇注等。常用低熔合金配方、性能及应用范围见表 5.10。

表 5.10　　冲压低熔合金配方、性能及应用范围

序号	配方（质量分数%）					性能					应用范围
	锑 Sb	铅 Pb	镉 Cd	铋 Bi	锡 Sn	熔点 /°C	硬度 /HB	抗拉强度/MPa	抗压强度/MPa	冷凝膨胀值	
1	9	28.5	—	48	14.5	120	—	900	1100	0.002	固定凸模、凹模，浇注卸料孔、导柱、导套
2	5	35	—	45	15	100	—	—	—	—	固定凸模、凹模，浇注卸料孔、导柱、导套
3	—	—	—	58	42	135	18～20	800	870	0.005	浇注型腔
4	1	—	—	54	42	135	21	770	950	—	浇注型腔
5	—	27	10	50	13	70	9～11	400	740	—	固定电极及电气靠模

5．环氧树脂黏结固定

环氧树脂在硬化状态下，对各种金属和非金属附着力非常强，而且固化收缩小，黏结时不需要附加力。如图 5.69 所示，其方法与低熔合金固定方法相似，是将环氧树脂黏结剂浇入固定零件的间隙内，经固化固定模具零件。

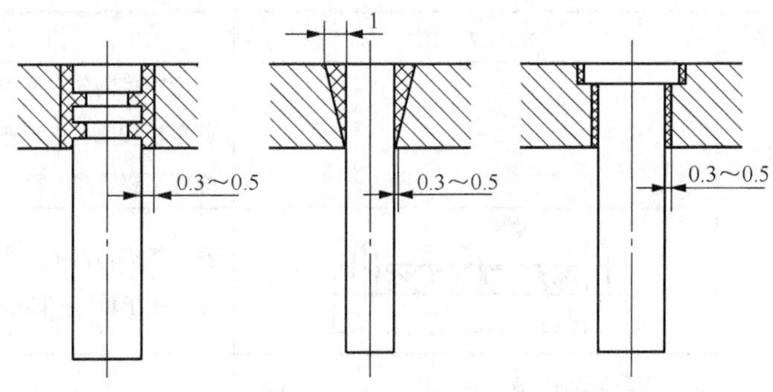

图 5.69　环氧树脂黏结固定

常用环氧树脂黏结剂配方见表 5.11。

表 5.11　　环氧树脂黏结剂配方

组成成分	名称	配比/g				
		1	2	3	4	5
黏结剂	环氧树脂 634 或 610	100	100	100	100	100
填充剂	铁粉 200～300 目	250	250	250	—	—
	石英粉 200 目	—	—	—	200	100
填塑剂	邻苯二甲酸二丁脂	15～20	15～20	15～20	10～12	15
固化剂	无水乙二胺	8～10	16～19	—	—	—
	二乙烯三胺	—	—	—	—	10
	间苯二胺	—	—	14～16	—	—
	邻苯二甲酸酐	—	—	—	35～38	—

配置环氧树脂黏结剂时，先将配方中各种成分的原料，按计算数量配比用天平称量准确。将环氧树脂在烧杯中加热到 70℃～80℃，将经过烘箱 200℃烘干的铁粉加入到加热后的环氧树脂中调制均匀。然后加入邻苯二甲酸二丁脂，继续搅拌均匀，当温度降到 40℃左右时，将无水乙二胺加入继续搅拌，待无气泡后，即可浇注。

被黏结零件必须借助辅助工具和其他零件相配合，使固定零件的位置、配合间隙达到精度要求。

六、冲裁间隙控制

冲裁模的凸模和凹模之间的间隙，在模具装配时要求严格控制，一是要求间隙值准确，即必须按照模具设计所要求的合理间隙；二是在装配时必须把间隙控制均匀，才能保证装配质量，从而保证冲压件质量和应用的使用寿命。常用的间歇控制方法有垫片法、镀铜法和透光法。

1．垫片法

用垫片法调整凸、凹模的配合间隙，使间隙均匀，然后旋紧上模座和凸模固定板间的紧固螺钉。

垫片法是根据凸模和凹模配合间隙的大小，在凸模和凹模配合间隙内垫入厚度均匀的纸片或金属片。调整凸模和凹模的相对位置，保证配合间隙均匀，其工艺见表 5.12。

表 5.12　垫片法控制冲裁间隙工艺

序　号	工　序	示 意 图	工 艺 说 明
1	初步固定凸模固定板	—	一般凹模固定在凹模座上，将装好凸模的固定板按照在上模座上，初步对准位置，螺钉不要紧固太紧
2	放垫片	垫片	在凹模刃口四周适当位置安放垫片，垫片厚度等于单边间隙值
3	合模观察、调整	凹模 凸模固定板 导套 凸模Ⅰ 导柱 凸模Ⅱ 垫片	将上模座上的导套慢慢套进导柱，观察凸模 1 及凸模 II 是否顺利进入凹模与垫片接触，用等高垫块垫好，用敲击固定板方法调整间隙到均匀为止，然后拧紧上模座螺钉
4	切纸试冲	—	在凸模与凹模间放纸，进行试冲，由切纸观察间隙是否均匀，不均匀时调整到间隙均匀为止
5	固定凸模	—	上模座与固定板钻铰定位销孔，打入定位销钉

2．镀铜法

凸模上镀铜，镀层厚度为凸模和凹模单边间隙值。镀铜法由于镀铜均匀可使装配间隙均匀。在小间隙（<0.08mm）时，只要碱性镀铜（相当于打底），否则在碱性镀铜后再进行酸性镀铜（加厚）。镀层在冲模工作中自行脱落，不必去除。镀铜法的工艺顺序见表 5.13。

表 5.13　　镀铜法控制冲裁间隙工艺

序号	工　序	操 作 要 点	工 艺 说 明
1	镀铜	将凸模距刃口 8～10mm 以外的凸模工作表面均涂上磁漆，然后将凸模放入镀铜池中进行镀铜	镀层厚度控制在小于凹模型孔与凸模的型面尺寸差之半的 0.01～0.02mm
2	消毒处理	将已镀铜的凸模浸入质量分数为 10%的硫酸亚铁溶液且与氰化钠已中和的溶液中，进行消毒	减小镀层毒性，减少对装配工人的危害
3	修刮	用小刀仔细修刮凸模上转角处可能出现的较厚涂层	确保间隙均匀
4	安装凸模	凹模通常已经固定（已打入定位销）。将凸模和固定板安装于上模座上，初步对准位置后拧紧固定螺钉，但不能拧得过紧	观察凸模能否顺利进入凹模，并用等高块的平行垫板垫在上、下模座之间，同时敲击凸模固定板来调整凸模和凹模的接触情况
5	试冲	切纸试冲	检查试件是否满足图纸要求
6	固定凸模	—	—

3．透光法

将模具的上模部分和下模部分分别装配，螺钉不要紧固，定位销先不装配。将等高垫块放在固定板及凹模之间，并用平行夹头夹紧，翻转模具如图 5.70 所示，用手电筒照射，从漏料孔观察光线透过多少，确定碱性是否均匀并调整核实。然后紧固螺钉、装配销钉。经固定后的模具要用相当于板料厚度的纸片进行试冲。如果样件四周毛刺较小且均匀，则配合间隙调整适合。如果样件某段毛刺较大，则说明间隙不均匀，该处间隙较大，应重新调整至试冲合适为止。

七、模具的安装

1．安装前的检查

（1）检查压力机。

① 核对技术指标。核对 JC23-25 开式可倾压力机的技术指标（见表 5.14），确认其公称压力大于模具所需冲压力的 1.2 倍以上、压力机闭合高度满足图 5.71 所示的关系、模柄与安装孔能否配合；工作台尺寸与模具大小的关系等。

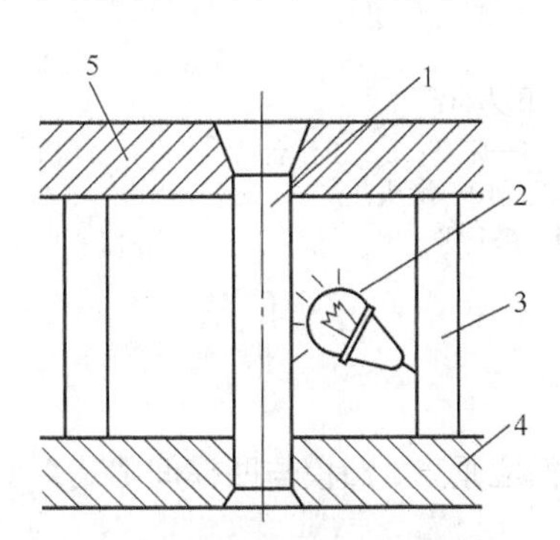

图 5.70　透光调整配合间隙

1—凸模；2—光源；3—垫块；4—固定板；5—凹模

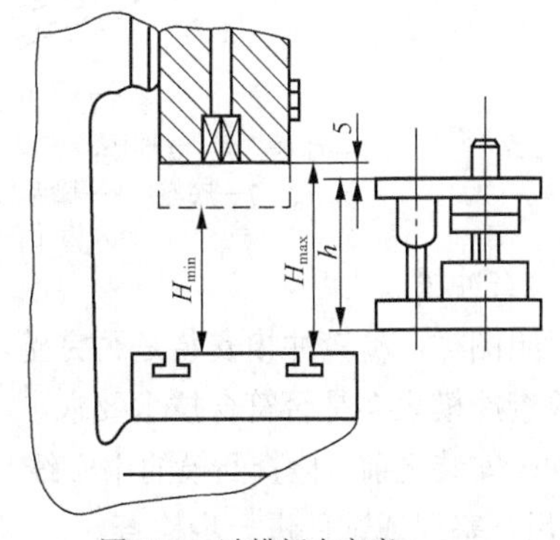

图 5.71　冲模闭合高度

② 检查压力机的技术状态。

a．检查压力机的刹车、离合器及操纵机构是否正常工作。

b．检查压力机上的打料螺钉，并把它调整到适当位置。以免调节滑块的闭合高度时，顶弯或顶断压力机上的打料机构。

c．按压力机启动手柄或脚踏板，滑块不应有连冲现象，若发生连冲，经调整消除后再安装冲模。

d．检查工作台面是否干净，否则用毛刷及棉纱擦拭干净。

表 5.14 JC23-25 开式可倾压力机技术指标

项目	指标	项目	指标
公称压力/t	25	连杆调节长度/mm	55
滑块行程/mm	65	滑块中心线至床身距离/mm	200
滑块行程次数/（次·min^{-1}）	105	工作台尺寸/mm	370×270
最大闭合高度/mm	270	模柄孔尺寸/mm	ϕ40×60

曲柄压力机的结构如图 5.72 所示。

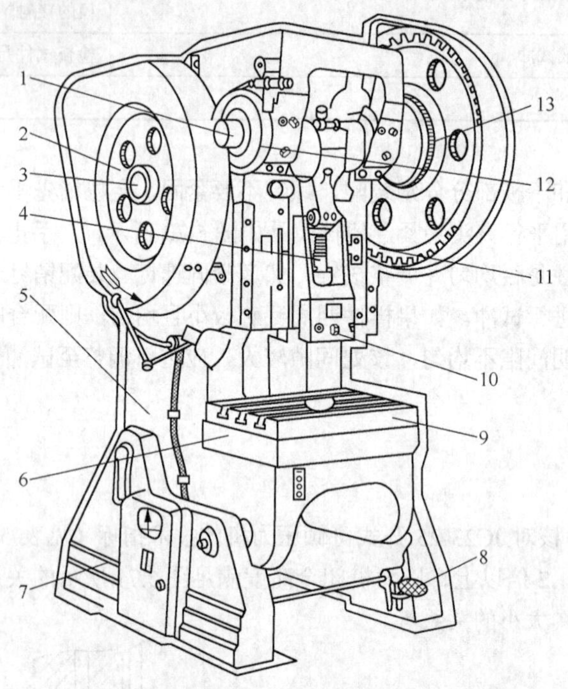

图 5.72 开式双柱可倾式曲柄压力机

1—曲柄；2—皮带轮；3—传动轴；4—连杆；5—床身；6—工作台；7—底座；8—脚踏板；9—工作台垫板；10—滑块；11—大齿轮；12—制动器；13—离合器

（2）检查冲模。

① 对照图样，检查冲模安装是否完整。

② 检查冲模表面是否符合技术要求。

③ 冲模安装之前，检查凸模的中心线与凹模工作平面应垂直、凸模与凹模间隙是否均匀，可以利用角尺、塞尺或试件进一步检查。

④ 检查凸模进入凹模的深度是否与板料厚度相符合。

（3）检查安装工具、辅具。安装冲模的螺栓、螺母及压板必须采用专用件，其标准是用压板将下模紧固在工作台面上时，其紧固用的螺栓拧入螺孔中的长度大于螺栓直径的 1.5～2 倍。压板位置使压板的基面平行于压力机的工作台面，不准偏斜。可以用目测、普通量具或百分表测量。

2．安装准备

（1）用干净棉纱把压力机工作台面、滑块的底面和模具上、下面擦拭干净。

（2）合上压力机电源开关，接通电源。

（3）如图 5.73 所示，将行程调整开关拨至“手动”位置。

（4）按下电动机“开动”按钮，启动设备；手动将滑块降至下止点，按停机按钮，关机。

（5）如图 5.74 所示，用钢直尺测量压力机工作台面到滑块底面的闭合高度。

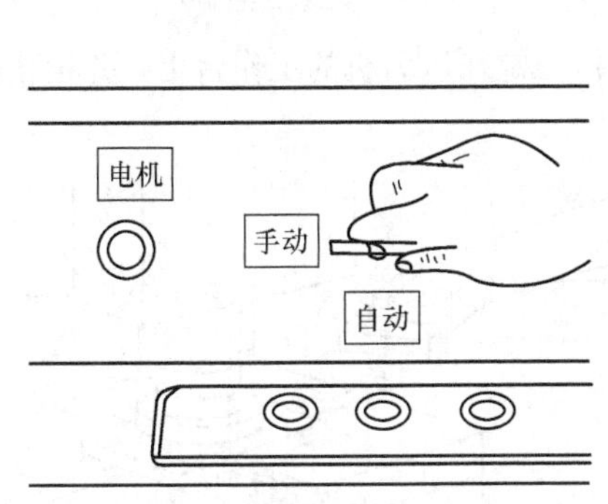

图 5.73　将开关拨至“手动”

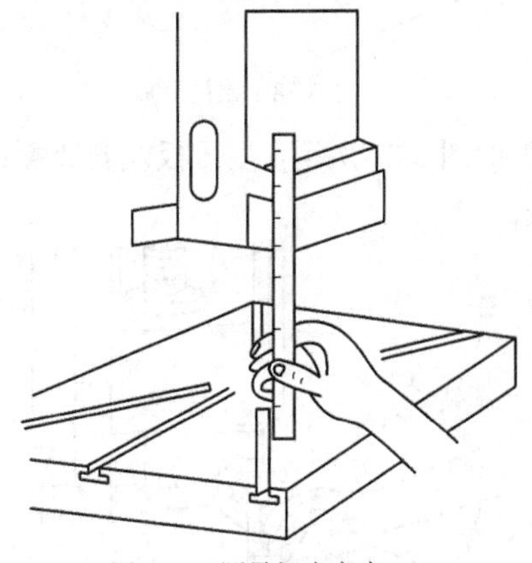

图 5.74　测量闭合高度

（6）如图 5.75 所示，用活动扳手把滑块调节螺杆的锁紧螺栓松开；再如图 5.76 所示，把滑块上固定模柄的锁紧螺栓松开。

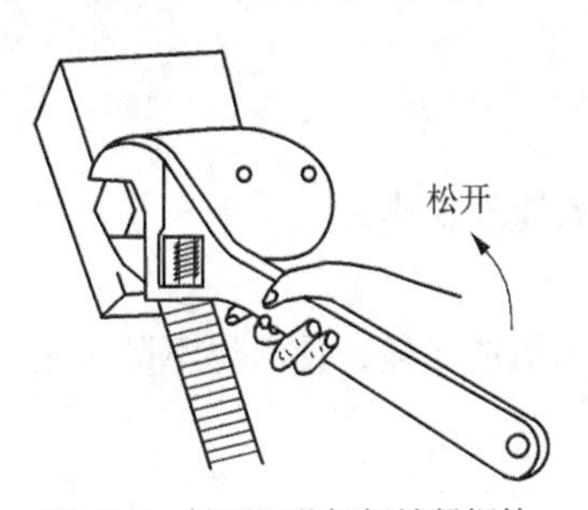

图 5.75　松开调节螺杆锁紧螺栓

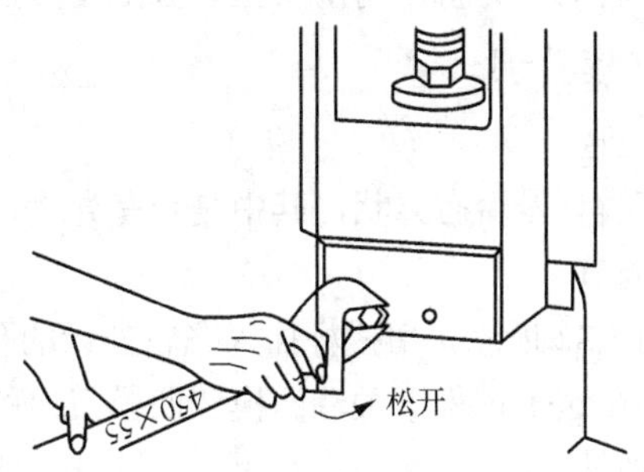

图 5.76　松开模柄锁紧螺栓

（7）如图 5.77 所示，用扳杆扳动滑块调节螺杆，将滑块调到高于待装模具闭合高度的位置上。

3．安装模具

（1）如图 5.78 所示，把模具安放在压力机工作台板中心位置上，模具的模柄应对准滑块下平面上的模柄孔。

（2）用活动扳手扳动调节螺杆，向下调整压力机的闭合高度，使模柄完全插入模柄孔内（见图 5.79）。

（3）如图 5.80 所示，用活动扳手锁紧夹紧块上的锁紧螺钉，将上模紧固在压力机的滑块上。

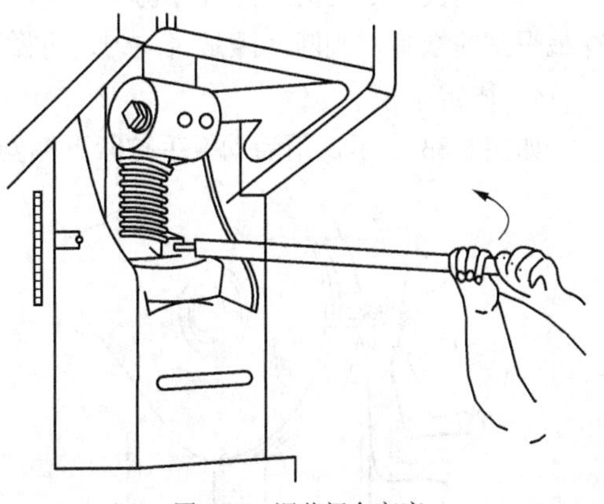

图 5.77　调节闭合高度

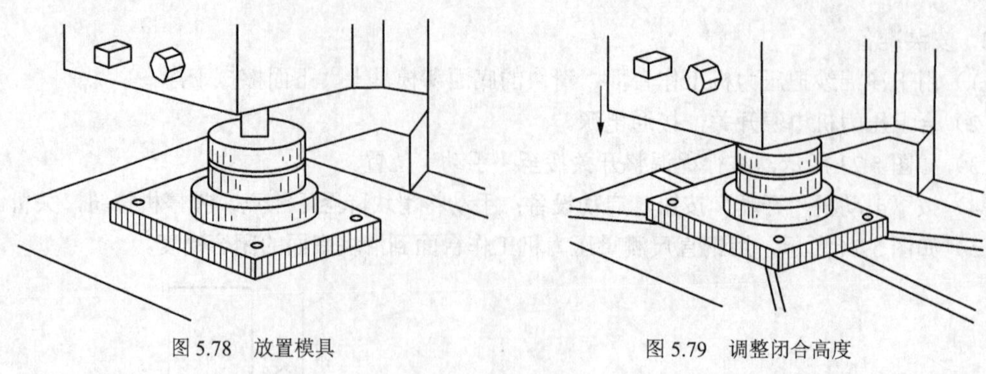

图 5.78 放置模具　　图 5.79 调整闭合高度

（4）如图 5.81 所示，用压板及安装螺钉初步将下模固定在压力机的工作台上，并稍稍拧紧安装螺钉。

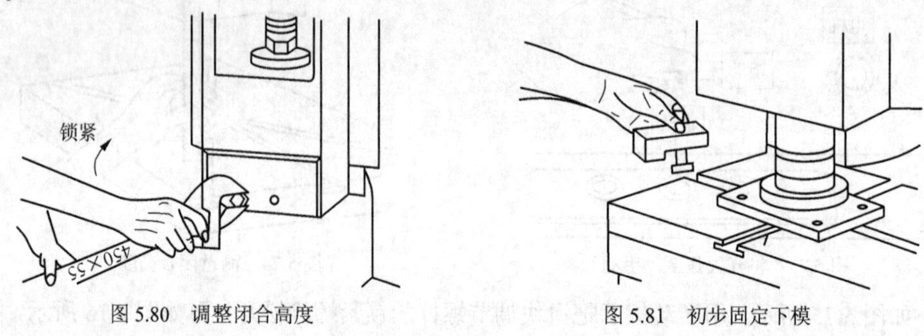

图 5.80 调整闭合高度　　图 5.81 初步固定下模

（5）启动压力机，将滑块上升到上止点后，按下停机按钮，关机完成模具的安装。

八、模具调试

1．检查

检查模具是否有异状，其中是否有异物，并作试冲前的清理工作。

2．调节

如图 5.82 所示，用撬杆插入飞轮外缘的孔内，转动压力机的飞轮，使滑块下降至上、下模完全闭合，在这个过程中关注凸模和凹模刃口的配合情况。

3．切纸

用相当板料厚度的纸片进行初步试冲。此时仍然是手动转动飞轮（可以适当加快速度），观察冲裁得到的纸片，判断间隙是否均匀，再做适当调节。

4．固定下模

如图 5.83 所示，用活动扳手拧紧下模安装螺栓，紧固下模。

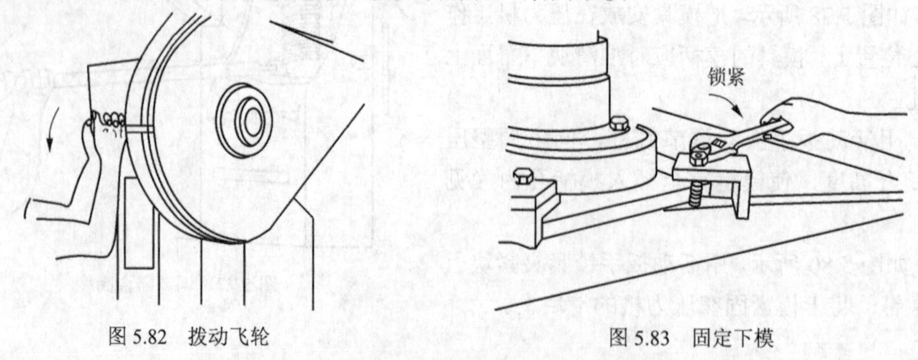

图 5.82 拨动飞轮　　图 5.83 固定下模

5．启动设备

如图 5.84 所示，启动设备，踩下脚踏开关，空运转设备几次。

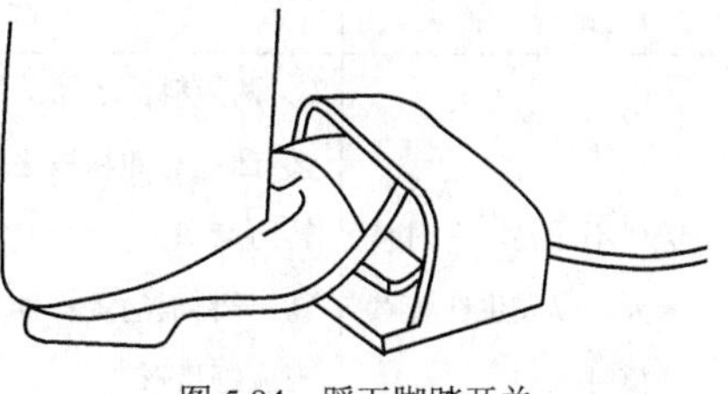

图 5.84 踩下脚踏开关

6．调试

调试是一个非常细致的工作，要仔细比较每次冲裁获得的制件，发现模具设计与制造的不足，并找出原因进行改正。冲裁模试冲常见的缺陷、产生的原因和调整方法见表 5.15。

表 5.15 冲裁模试冲时常见的缺陷、产生原因和调整方法

缺　陷	产 生 原 因	调 整 方 法
冲件毛刺过大	① 刃口不锋利或淬火硬度不够 ② 间隙过大或过小，间隙不均匀	① 修磨刃口使其锋利 ② 重新调整凸凹模间隙，使之均匀
冲件不平整	① 凹模有倒锥 ② 顶出杆与顶出器解除零件面太小 ③ 顶出杆、顶出器分布不均匀	① 修磨凹模后角 ② 更换顶出杆，加大与零件的接触面积
尺寸超差、形状不准确	凸模、凹模形状及尺寸精度差	修整凸、凹模形状及尺寸，使之达到形状及尺寸精度要求
凸模折断	① 冲裁时产生侧向力 ② 卸料板倾斜	① 在模上设置靠块抵消侧向力 ② 修整卸料板或使凸模增加导向装置
凹模胀裂	凹模有侧锥，形成上口大下口小	修磨凹模孔，消除倒锥现象
凸、凹模刃口相咬	① 上、下模座，固定板、凹模、垫板等零件安装基面不平行 ② 凸、凹模错位 ③ 凸模、导柱、导套与安装基面不垂直 ④ 导向精度差，导柱、导套配合间隙过大 ⑤ 卸料板孔位偏斜使冲孔凸模位移	① 调整有关零件重新安装 ② 重新安装凸、凹模，使之对正 ③ 调整其垂直度重新安装 ④ 更换导柱、导套 ⑤ 修整及更换卸料板
冲裁件剪切断面光亮带宽，甚至出现毛刺	冲裁间隙过小	适当放大冲裁间隙，对于冲孔模间隙放大在凹模方向上，对落料模间隙加大在凸模方向上
剪切断面光亮带宽窄不均匀，局部有毛刺	冲裁间隙不均匀	修磨或重装凸模或凹模，调整间隙保证均匀
外形与内孔偏移	① 在连续模中孔与外形偏心，并且所偏的方向一致，表明侧刃的长度与步距不一致 ② 连续模多件冲裁时，其他孔形正确，只有一孔偏心，表明该孔凸模、凹模位置有变化 ③ 复合模孔形不正确，表明凸、凹模相对位置偏移	① 加大（减小）侧刃长度或磨小（加大）挡料块尺寸 ② 重新装配凸模并调整其位置使之正确 ③ 更换凸（凹）模，重新进行装配调整合适

续表

缺 陷	产生原因	调整方法
送料不通畅，有时被卡死，易发生在连续冲模时	① 两导料板之间的尺寸过小或有斜度 ② 凸模与卸料板之间的间隙太大，致使搭边翻转而堵塞 ③ 导料板的工作面与侧刃不平行，卡住条料，形成锯齿形 ④ 侧刃与导料板挡块之间有缝隙，配合不严密，形成毛刺大	① 粗修或重新装配导料板 ② 减小凸模与导料板之间的配合间隙，重新浇注卸料板孔 ③ 重新装配导料板，使之平行 ④ 修整侧刃及挡块之间的间隙，使之达到严密
卸料及卸件困难	① 卸料装置不动作 ② 卸料弹力不够 ③ 卸料孔不畅，卡住废料 ④ 凹模有倒锥 ⑤ 漏料孔太小 ⑥ 打料杆长度不够	① 重新装配卸料装置，使之灵活 ② 增加卸料弹力 ③ 修整卸料孔 ④ 修整凹模 ⑤ 加大漏料孔 ⑥ 加长打料杆

7．结束工作

试冲产品经检验后，关机。如果需要进行生产，则用活动扳手锁紧调节螺杆的锁紧螺栓，交付使用。否则，将模具拆卸下来，贴上铭牌（一般包括模具编号、制件编号、使用压力机型号、制造日期等），涂上防锈油后经检验合格入库。

九、冲压加工安全操作规程

1．进入车间前的准备工作

进入冲压车间工作前，务必穿戴好规定的劳动护具，穿好工作服、工作鞋，戴上工作帽和手套，如图 5.85 所示。严禁挽袖子、穿拖鞋或高跟鞋、穿裙子、赤膊，并须经老师检查后才可进车间。

2．冲压前的准备工作

在老师的指导下，将模具安装于压力机上，并且做好如下 6 步检查工作。

① 检查安全操作工具或安全装置是否完好，工位布置是否符合工艺要求，工位器具是否完好齐全。

② 检查设备和模具的紧固情况。一些关键部位的紧固装置必须在开机之前重新紧固（见图 5.86）。

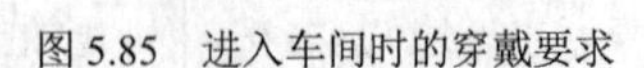

图 5.85　进入车间时的穿戴要求

③ 清理压力机工作台台面和工作地周围的废料及杂物，并将模具、工作台擦干净（见图 5.87）。

④ 检查润滑系统有无堵塞或缺油，并按规定润滑机床（见图 5.88）。

⑤ 在开动压力机前，必须检查是否有检修人员（见图 5.89）。

⑥ 检查局部照明情况，试车检查机床离合器、制动器按钮、脚踏开关、拉杆是否灵活好用。

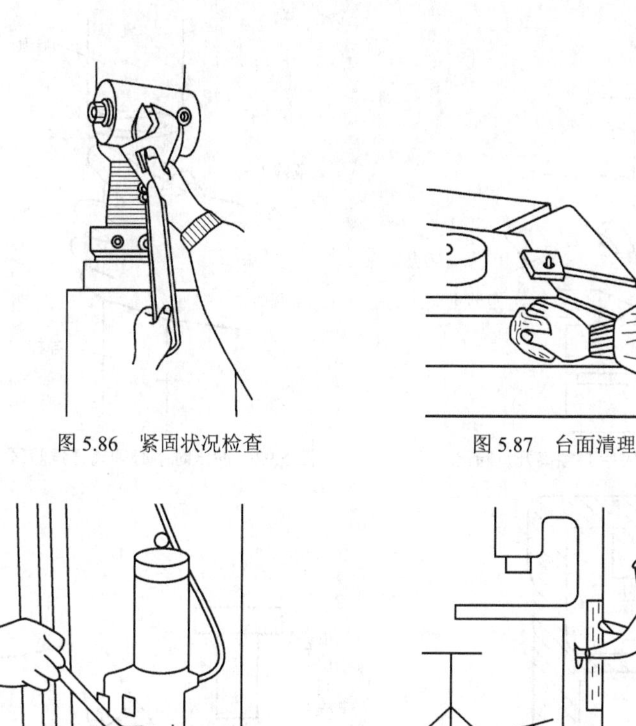

图 5.86 紧固状况检查

图 5.87 台面清理

图 5.88 润滑机床

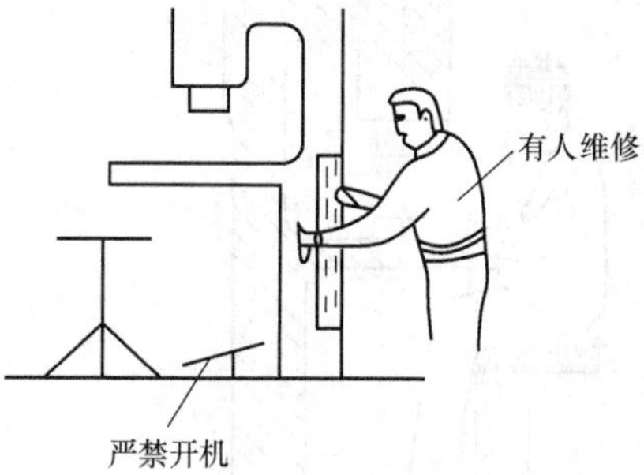

图 5.89 检修不得开机

3．开机操作的安全规程

冲压断指事件屡见不鲜，主要原因有精力不集中、操作不规范、合作不协调等。以下安全规程必须遵守。

① 工作时精神应集中，严禁打闹、说笑、打瞌睡等。注意滑块运行方向，以免滑块下行时，手误入冲模内。

② 安装模具时必须将压力机的电器开关调到手动位置（见图 5.90），然后将滑块开到下止点，高度必须正确。严禁使用脚踏开关。

③ 按照老师制定的规范操作，没有保护措施不准连车生产。

④ 在生产中发现机床运行不正常时，立即停车，并及时报告指导老师。

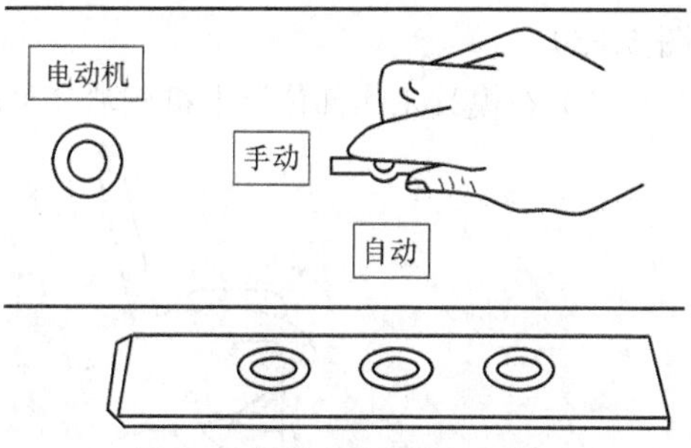

图 5.90 装模在手动状态下进行

⑤ 滑块下行时，操作人员的手不得停在危险区内（见图 5.91）。当手从冲模内取件或往冲模送料时，不准踏下开关。

⑥ 滑块运行中，不准把手扶在打料杆、导柱和冲模危险区域（见图 5.92）。

⑦ 每加工一个零件，脚或手要离开操纵机构，以免在取送料时因误动而发生事故（见图 5.93）。

⑧ 按工艺要求使用手工工具，如用电磁吸具、镊子、空气吸盘、钳子、钩子送料或取件，以防发生事故（见图 5.94）。

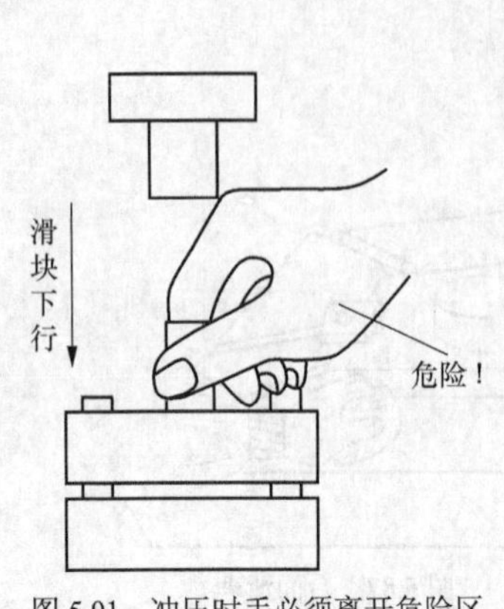

图 5.91 冲压时手必须离开危险区

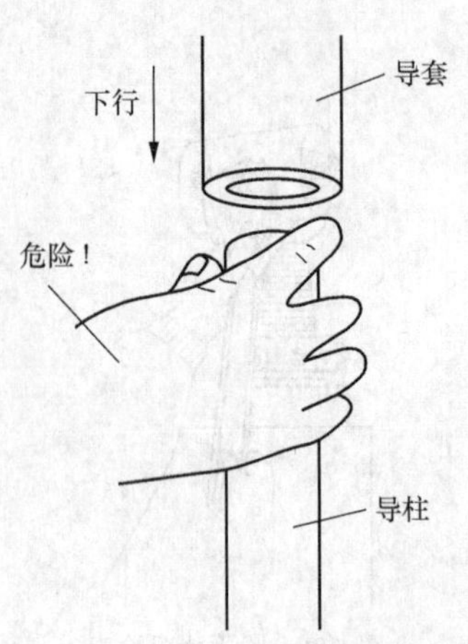

图 5.92 冲压时手必须离开危险区

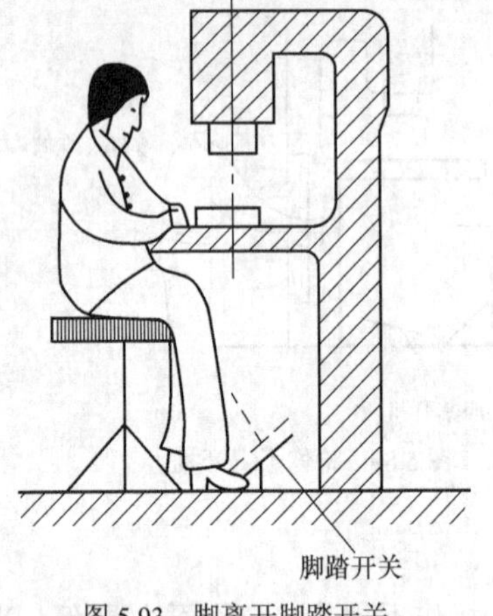

图 5.93 脚离开脚踏开关

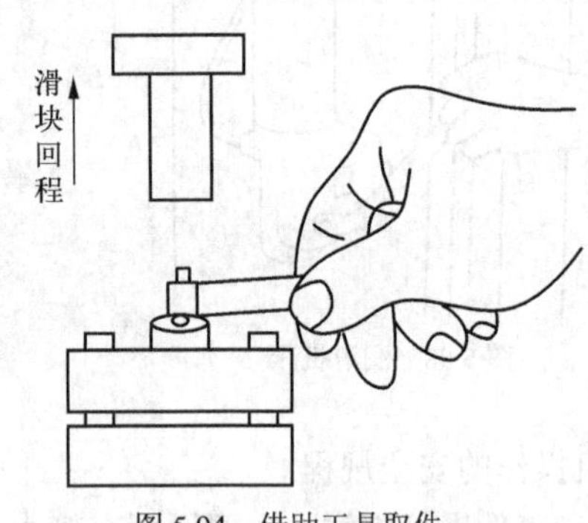

图 5.94 借助工具取件

4．下班前的维护工作

（1）关闭电源开关。对于有缓冲器的压力机，要放出缓冲器内的空气，关闭气阀（见图 5.95）。

（2）在模具工作部位涂上机械油（见图 5.96）。

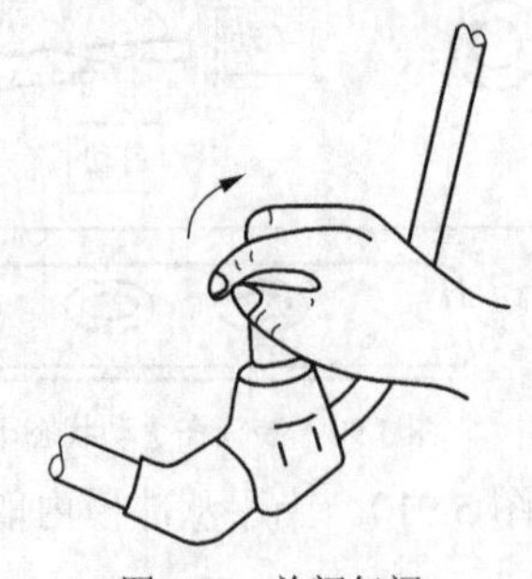
图 5.95 关闭气阀

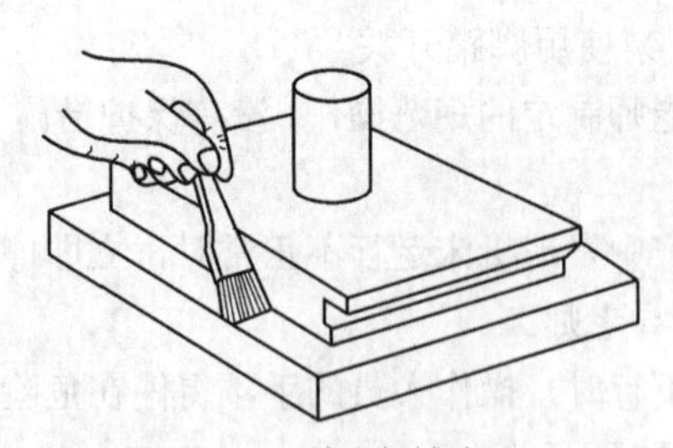
图 5.96 涂上机械油

任务实施

一、装配前的准备

（1）通读设计图纸，了解上出料落料模的装配工艺要点可保证凸模和凹模间隙均匀，上模随压力机滑块回程时，顶件器动作应及时、可靠。

（2）查对各零件是否已完成装配前的加工工序，并经检验合格。

（3）确定装配方法和装配顺序。经认定各零件已完成精加工，可保证凸、凹模间隙均匀，则可进行直接装配。该模具选用标准模架，成组装配包括模柄和凸模的装配。根据模具结构形式，可选择凸模作基准件（也可选择凹模作基准件），先安装下模，采用透光法或垫片法控制间隙。再安装上模。

（4）领用螺钉、圆销、卸料螺钉、弹簧、橡胶等，准备所需辅助工具。

二、模柄装配

本结构采用旋入式模柄，按旋入式模柄的装配基本技巧进行装配。

三、安装凸模

按台阶凸模压入固定基本技巧进行装配。

四、安装下模

标准模架的规格尺寸 $B \times L$ 是按模具零件（凹模、固定板等）的外廓尺寸选用。一般情况下，需使模板（凹模、固定板等）的中心线与标准模架上、下模座 $B \times L$ 中心线位置一致。

以凸模为基准件安装下模时，将固定板、垫板与下模座用螺钉、圆销固紧。其装配技巧按螺钉、圆销的装配基本技巧进行装配。

五、安装上模

用透光法或垫片法调整间隙基本技巧装配上模。

六、安装其他零件

（1）拆开上模，装入适量橡胶，应使顶件器在弹力作用下，工作端面低出凹模的刃口面 0.2～0.5mm，顶件器工作端面不得高于凹模刃口面。

（2）下模安装卸料板、卸料螺钉和弹簧，安装后卸料板上工作面不得低于凸模刃口面，可高出 0.2～0.5mm。

七、试冲

装配好的模具，应在指定的压力机上试冲，试冲用的材料应为冲件要求的牌号和规格尺寸（包括料厚和料宽）。试冲合格后交付使用。

注意事项

装配冲压模时要注意如下事项。

（1）相关零件的位置精度，例如，定位销与孔的位置精度；上、下模之间的位置精度等。

（2）相关零件的运动精度，包括直线运动精度、圆周运动精度及传动精度，例如，导柱和导套之间的配合状态，顶块和卸料装置的运动是否灵活可靠，进料装置的送料精度等。

（3）相关零件的配合精度，相互配合零件间的间隙和过盈程度是否符合技术要求。

（4）相关零件的接触精度，例如，模具零件接触状态如何，间隙大小是否符合技术要求，相关零件表面的吻合一致性等。

质量评价

按照表 5.16 中的要求学习者进行自检、同伴之间互检、教师或专家进行抽检，并填写于表中，学习者根据质量评价归纳总结存在的不足，做出整改计划。

表 5.16 作品质量检测卡

单工序冲压模的装配与调整项目作品质量检测卡						
班　级			姓　名			
小组成员						
指导老师			训练时间			
序号	检测内容	配分	评价标准	自检得分	互检得分	抽检得分
1	导柱和导套装配	10	灵活			
2	定位机构装配	10	精确			
3	模架水平效果	10	精密			
4	模具间隙	20	合适			
5	模具闭合高度	10	合适			
6	销钉的装配	10	准确			
7	螺钉的装配	10	完整			
8	试模零件	20	符合要求			
9	文明生产	—	违者不计成绩			
			总分			
			签名			

项目拓展

一、知识拓展

1．冲压加工

冲压加工是利用安装在压力机上的模具，对板料施加压力，使板料在模具里产生变形或分离，从而获得具有一定形状、尺寸和性能的产品零件的生产技术。由于冲压加工通常在常温状态下进行，因此也称冷冲压。冷冲压是金属压力加工的方法之一，它是建立在金属塑性变形理论基础上的材料成形工程技术。冲压加工的原材料一般是板料，所以也称为板料冲压。

2．冲压加工的要素

选定一副典型模具（见图 5.97），由实训指导老师在拆卸的同时解说它的主要结构。在条件允许的情况下，把它安装在冲床上，进行试模。

在认识冲压模的基础上，了解冲压加工是以冲压模的特定形状，通过一定的方式使原材料成形。所以，冲压零件生产过程中，合理的冲压成形工艺、先进的模具、高效的冲压设备是 3 个要素（见图 5.98）。

3．冲压加工特点

图 5.99（a）所示的垫圈，它的尺寸精度由模具来保证，质量稳定，互换性好；图 5.99（b）所示的弯曲制件，如果利用其他加工方法，就不能制造这样的壁薄、重量轻、刚性好、表面质量高、形状复杂的零件；图 5.99（c）所示的拉深制件，是用一个圆形薄板材料冲压而成，不需要像切削加工那样需要切削大量的金属而造成浪费，它的经济性非常好。

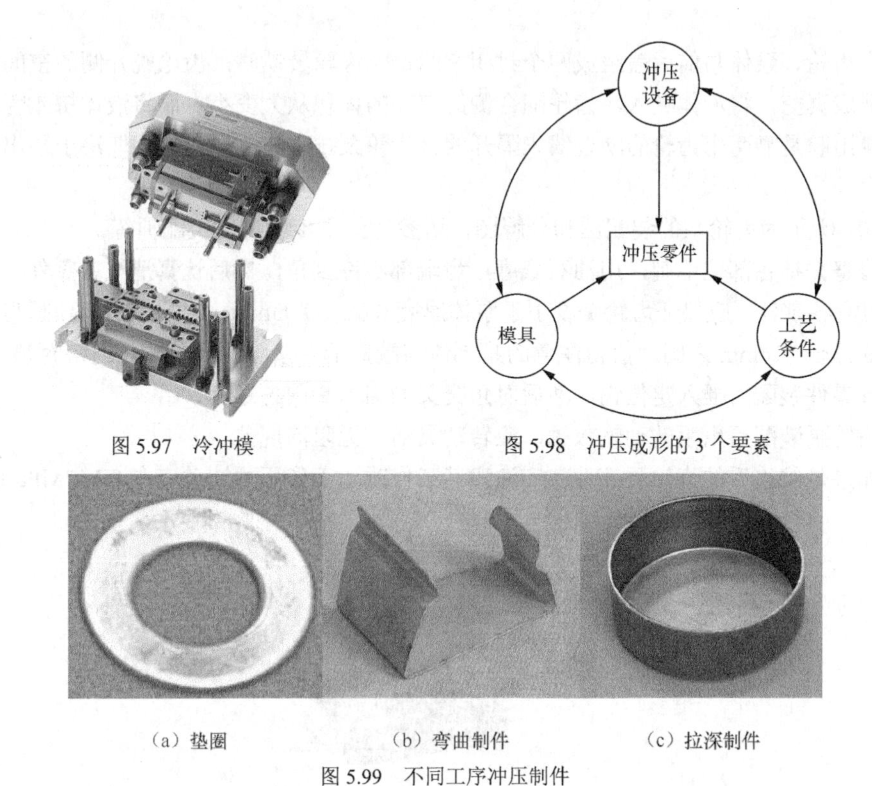

图 5.97　冷冲模　　图 5.98　冲压成形的 3 个要素

（a）垫圈　（b）弯曲制件　（c）拉深制件

图 5.99　不同工序冲压制件

和其他加工方法相比，冲压加工有以下特点。

① 质量稳定，互换性好。

② 可获得其他加工方法不能制造或很难制造的壁薄、重量轻、刚性好、表面质量高、形状复杂的零件。

③ 一般不需要加热毛坯，也不像切削加工那样，大量切削金属，造成浪费。

④ 普通压力机每分钟可以生产几十件，而高速压力机每分钟可以生产几百件甚至上千件。所以冲压加工是一种高效率的加工方法。

由于冲压工艺具有上面这些突出的特点，所以它在国民经济各个领域得到了广泛应用，如图 5.100 所示。例如，航空航天、机械、电子信息、交通、兵器、日用电器等产业都使用冲压加工。不但产业界广泛用到它，而且每一个人每一天都与冲压产品发生着联系。

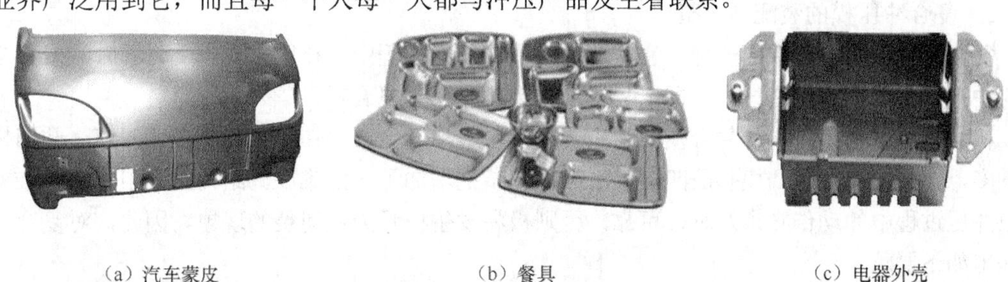

（a）汽车蒙皮　（b）餐具　（c）电器外壳

图 5.100　不同行业冲压制件

二、技能拓展

1．齿轮泵的装配与调整

齿轮泵是依靠泵缸与啮合齿轮间所形成的工作容积变化和移动来输送液体或使之增压的回转

泵。由两个齿轮、泵体与前后盖组成两个封闭空间，当齿轮转动时，齿轮脱开侧的空间的体积从小变大，形成真空，将液体吸入，齿轮啮合侧的空间的体积从大变小，而将液体挤入管路中去。吸入腔与排出腔是靠两个齿轮的啮合线来隔开的。齿轮泵排出口的压力完全取决于泵出处阻力的大小。

图 5.101 所示为齿轮泵的装配图和分解图，请参考如下步骤进行装配训练。

（1）修整去掉各部位毛刺，用油石修磨，齿端部不许倒角，然后认真清洗各零件。

（2）检测各零件，应保证齿轮宽度小于泵体厚度 0.02～0.03mm，装配后的齿顶圆与泵体弧面间隙应在 0.13～0.16mm 之间，值得注意的是泵体与端盖配合接触面间不加任何密封垫。

（3）各零件装配后插入定位销，然后对角交叉均匀力紧固各螺钉。

（4）齿轮泵装配后用手转动输入轴，应转动灵活，无阻滞现象。

（5）如果是维修后的齿轮泵部件，应注意其工作时，工作压力波动应在 0.147MPa 以内。

（a）装配图

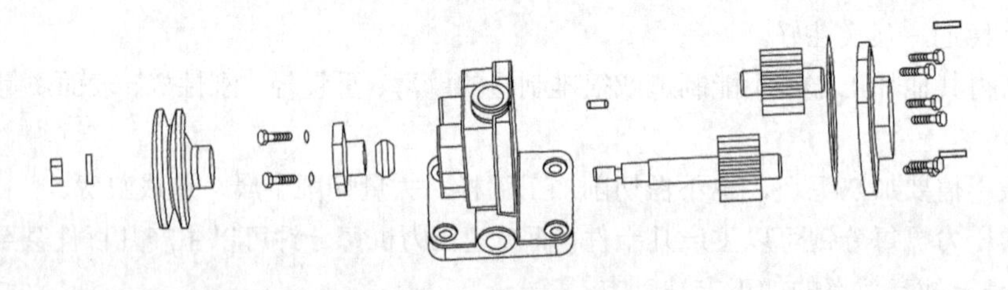

（b）分解图

图 5.101 齿轮泵装配图

2．复合冲压模的装配与调整

复合模是多工序模中的一种，它是在压力机的一次行程中，在同一位置上，同时完成几道工序的冲模，根据落料凹模位置不同，分正装复合模和倒装复合模。

相对于单工序模来说，复合模的结构要复杂得多，其主要工作零件（凸模、凹模、凸凹模）数量多，上、下模都有凸模和凸凹模，给加工和装配增加了一定难度。结构上采用打料、推料机构在冲压过程中的动作必须及时、可靠，否则极易发生模具刃口崩裂的现象。因此，对复合模装配提出如下要求。

（1）主要工作零件（凸模、凹模、凸凹模）和相关零件（如顶件器、推件板）必须保证加工精度。

（2）加工和装配时，凸模和凹模之间的间隙应均匀一致。

（3）如果是依靠压力机滑块中横梁的打击来实现推件的，推杆机构推力合力的中心应与模柄中心重合。为保证推件机构工件可靠，推件机构的零件（如顶杆）工作中不得歪斜，以防止工件和废料推不出，导致小凸模折断。

（4）下模中设置的顶件机构应有足够的弹力，并保持工作平稳。

复合模所选用装配方法和装配顺序的原则与单工序冲裁模基本相同，但具体装配技巧应根据具体的模具结构而确定。

图 5.102 所示为一副落料—冲孔正装冲裁模典型结构，它是在压力机的一次行程中，在模具同一位置上，同时完成落料和冲孔两道冲压工序。落料凹模和冲孔凸模装在下模，冲孔凹模和落料凸模装在上模。模具工作时，上模与压力机滑块一起下行，卸料板首先将板料压紧在凹模端面上，压力机滑块继续下行时，凸凹模与推板一起将落料部分的材料压紧，以防工件变形，压力机的滑块下滑到最低点时，凸凹模进入落料凹模，同时完成落料、冲孔。上模随滑块上行，推板将工件从落料凹模中推出，卸料板在橡皮作用下将条料从凸凹模上卸下，打杆将冲孔废料从凸凹模中打出。在左侧有两个定位销控制条料送料方向，中间的一个定位销控制条料送料步距。

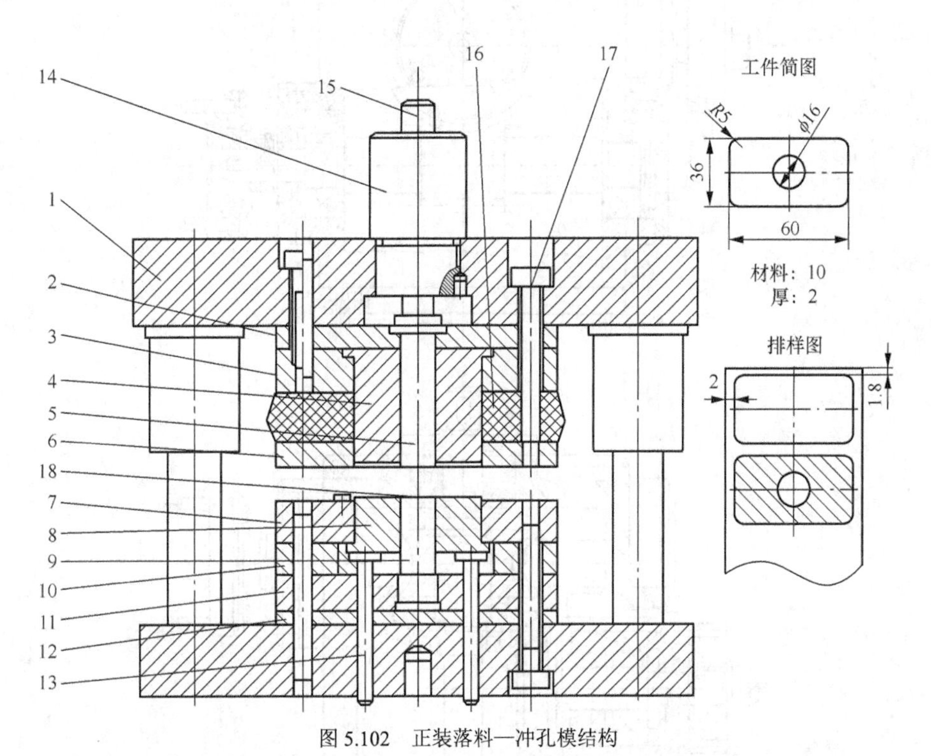

图 5.102　正装落料—冲孔模结构

1—模架；2—垫板（一）；3—凸凹模固定板；4—凸凹模；5—推杆；6—卸料板；7—落料凹模；8—推板；9—凸模；10—垫板（二）；11—凸模固定板；12—垫板；13—顶杆；14—模柄；15—打杆；16—橡胶；17—卸料螺钉；18—定位销

落料、冲孔模是在模具同一位置上完成两道冲压工序，则在模具同一位置上要安装两套凸、凹模，如何安装两套凸、凹模，并保证冲裁间隙均匀，两套凸、凹模相互位置正确，是这类模具装配要解决的主要问题。

请参考如下步骤装配复合模。

（1）凸凹模的装配。

（2）冲孔凸模、落料凹模安装及间隙调整。

（3）其他零件装配。

（4）试模调整。

强化训练

1．蜗轮与圆锥齿轮减速器的装配与调整

如图 5.103 所示的蜗轮与圆锥齿轮减速器。由七个组件组成，即锥齿轮轴套、蜗轮轴、联轴器、三个轴承盖及箱盖。装配过程包括分析、准备、预装、组装、总装及调整，试完成其装配与调整工作。

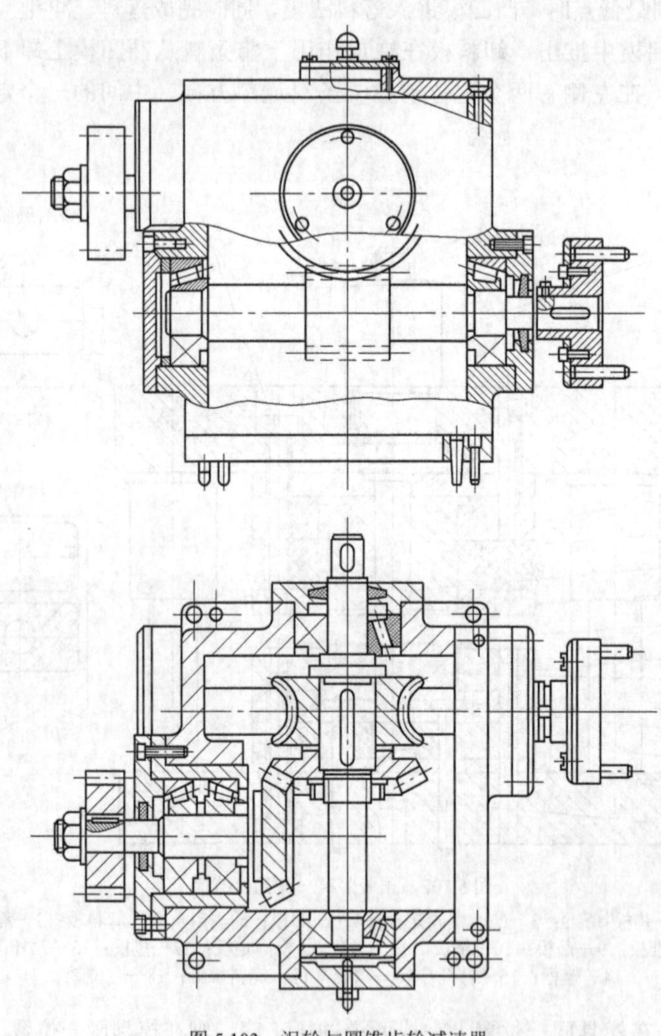

图 5.103 涡轮与圆锥齿轮减速器

2．落料模具的装配与调整

完成图 5.104 所示的冲孔模的装配，并将其安装于冲床上，进行试冲，仔细观察冲件断面质量、检测尺寸，再进行调节，最终获得合格的制件。

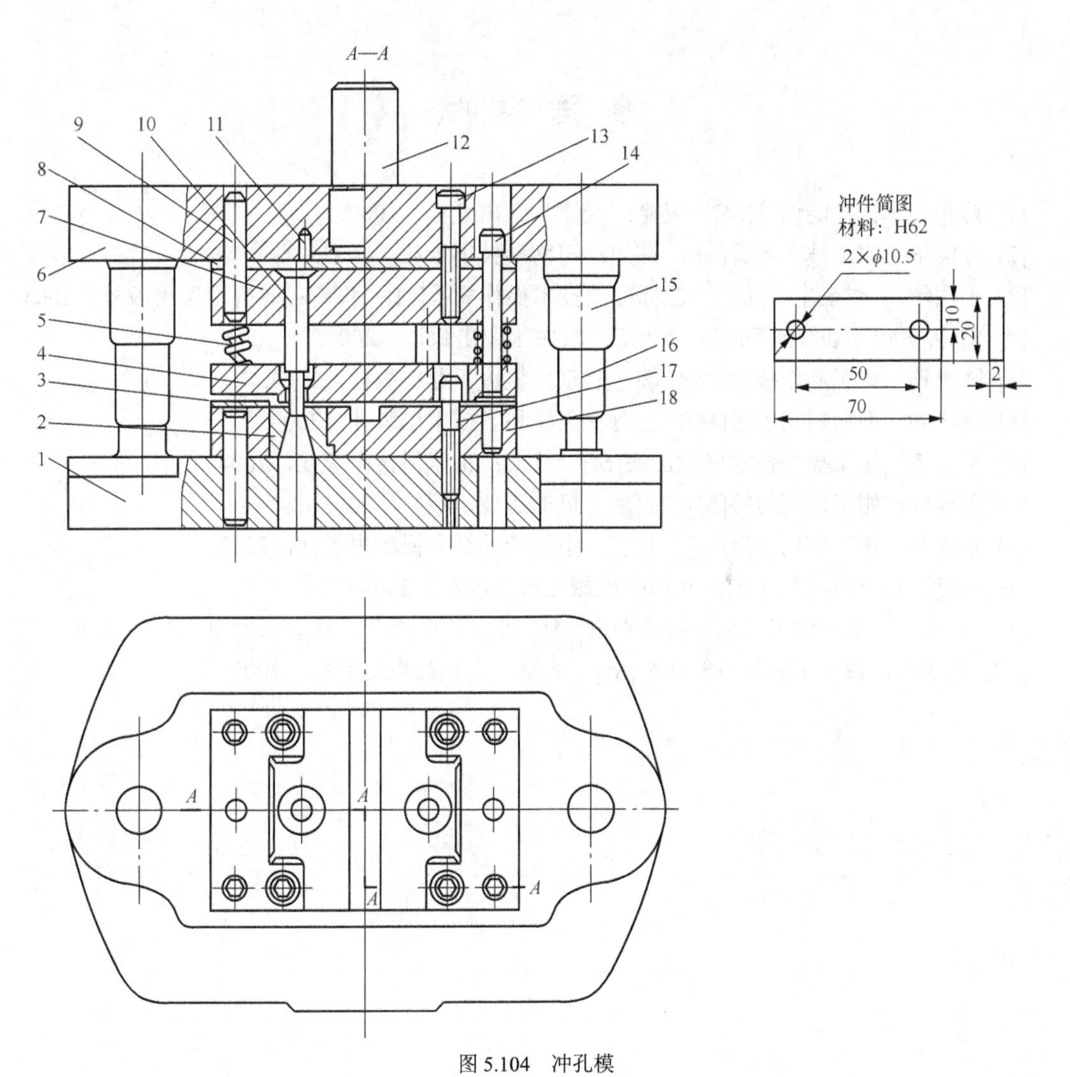

图 5.104 冲孔模

1—下模座；2—凹模；3—定位板；4—弹压卸料板；5—弹簧；6—上模座；7、18—固定板；8—垫板；9、11—定位销钉；10—凸模；12—模柄；13、14、17—螺钉；15—导套；16—导柱

参 考 文 献

[1] 杨和．车钳技能训练[M]．天津：天津大学出版社，2000.
[2] 孙庚午．钳工技术问答[M]．郑州：河南科技出版社，2007.
[3] 王振华． 钳工生产加工工艺标准及技术操作规范[M]．济南：齐鲁音像出版社，2005.
[4] 刘莇． 钳工划线问答[M]． 北京：机械工业出版社，2000.
[5] 陈宏钧．钳工操作技能手册[M]．北京：机械工业出版社，2004.
[6] 黄涛勋．简明钳工手册[M]．上海：上海科学技术出版社，2009.
[7] 王志鑫．钳工操作技术要领图解[M]．济南：山东科技出版社，2004.
[8] 黄祥成．钳工装配问答[M]．北京：机械工业出版社，2001.
[9] 张锁荣．钳工实用手册[M]．北京：中国劳动社会保障出版社，2002.
[10] 夏致斌．模具钳工[M]．北京：机械工业出版社，2009.
[11] 杜文宁．工具钳工工艺与技能训练[M]．北京：中国劳动社会保障出版社，2008.
[12] 高永红．钳工工艺与技能训练[M]．北京：人民邮电出版社，2009.